陳會安 著

U0067668

Power
Automate
自動化大全
串接 Excel、ChatGPT、SQL 指令，
打造報表處理、網路爬蟲、資料分析超高效流程

感謝您購買旗標書,
記得到旗標網站
www.flag.com.tw
更多的加值內容等著您…

<請下載 QR Code App 來掃描>

- FB 官方粉絲專頁:旗標知識講堂
- 旗標「線上購買」專區:您不用出門就可選購旗標書!
- 如您對本書內容有不明瞭或建議改進之處,請連上旗標網站,點選首頁的 聯絡我們 專區。

若需線上即時詢問問題,可點選旗標官方粉絲專頁留言詢問,小編客服隨時待命,盡速回覆。

若是寄信聯絡旗標客服 email, 我們收到您的訊息後,將由專業客服人員為您解答。

我們所提供的售後服務範圍僅限於書籍本身或內容表達不清楚的地方,至於軟硬體的問題,請直接連絡廠商。

學生團體　訂購專線:(02)2396-3257 轉 362
　　　　　傳真專線:(02)2321-2545

經銷商　服務專線:(02)2396-3257 轉 331
　　　　將派專人拜訪
　　　　傳真專線:(02)2321-2545

國家圖書館出版品預行編目資料

Power Automate 自動化大全:串接 Excel、ChatGPT、SQL 指令, 打造報表處理、網路爬蟲、資料分析超高速流程 / 陳會安作. -- 臺北市:旗標科技股份有限公司, 2023.10　面;　公分

ISBN 978-986-312-768-0(平裝)

1.CST: 自動化 2.CST: 電子資料處理

312.1　　112015256

作　　者/陳會安

發 行 所/旗標科技股份有限公司

台北市杭州南路一段15-1號19樓

電　　話/(02)2396-3257(代表號)

傳　　真/(02)2321-2545

劃撥帳號/1332727-9

帳　　戶/旗標科技股份有限公司

監　　督/陳彥發

執行企劃/王菀柔

執行編輯/王菀柔

美術編輯/林美麗

封面設計/古鴻杰

校　　對/王菀柔

新台幣售價:630 元

西元 2023 年 10 月 初版

行政院新聞局核准登記-局版台業字第 4512 號

ISBN 978-986-312-768-0

序

Power Automate 是 Microsoft 微軟的低程式碼自動化工具，可以建立雲端和桌面流程來自動化執行一系列動作，能夠幫助我們自動化操控 Windows 應用程式、從 Web 網頁擷取資料和自動化處理 Excel 資料，全方位簡化你日常工作上重複且無趣的例行操作，輕鬆提昇辦公室的工作效率。

在本書內容詳細說明 Power Automate 的 Excel 自動化，使用 Power Automate 桌面流程實作 Excel 資料處理，例如：建立活頁簿、存取儲存格資料、管理工作表和在多活頁簿之間進行資料交換，可以進行多 Excel 活頁簿的資料彙整，分割和合併 Excel 活頁簿，輕鬆完成 Excel VBA 和 Python 程式才能達成的 Excel 自動化。

不只如此，透過生成式 AI 的 ChatGPT 幫助，可以幫助我們學習 SQL 語法來快速升級 Excel 成為資料庫，輕鬆整合 Power Automate X SQL 建立高效率的 Excel 資料分析和資料處理，直接使用 SQL 指令執行資料篩選、群組查詢、子查詢、聯集查詢和合併查詢，最後說明如何使用 SQL 指令來建立 Excel 樞紐分析表，讓你靈活運用 SQL 方式來進行 Excel 商業資料分析。

在 Windows 自動化部分詳細說明 UI 元素和影像比對的使用，並且使用多個實作範例來說明如何將 Windows 應用程式的操作轉換成 Power Automate 自動化桌面流程，包含自動填寫程式表單來輸入資料，和取得 Windows 應用程式的資料。

Web 自動化或稱為 Web 瀏覽器自動化就是網路爬蟲，在 Power Automate 只需使用一個動作，就可以輕鬆爬取 Web 頁面的清單和表格資料，不只如此，還可以自動替我們處理分頁切換來爬取多頁面的資料，例如：爬取分頁的表格資料，更可以自動填寫 HTML 表單，例如：自動註冊會員和登入網站。

除了 Windows 和 Web 自動化外，更詳細說明檔案和資料夾處理、日期 / 時間處理，PDF 資料擷取，和圖片 OCR 的文字識別，讓我們可以輕鬆整合各種應用來打造你專屬的機器人助理。

最後更在 Power Automate 桌面流程整合 ChatGPT API，可以讓 ChatGPT API 自動替我們撰寫客戶回應，和使用 Power Automate 雲端版的網路服務來建立你的客製化辦公室自動化。

如何閱讀本書

本書架構上是循序漸進從 Power Automate 的安裝和基本使用開始，在說明提昇工作效率的 Excel 自動化後，再依序說明 Windows 和 Web 自動化，最後說明 Power Automate 雲端流程。

☆ 第一篇：Power Automate 基本使用與流程控制

第一篇是 Power Automate 桌面版的基本使用，在第 1 章詳細說明 RPA 和 Power Automate 桌面版的安裝。第 2 章說明如何建立你的第一個 Power Automate 桌面流程、使用介面和流程控制的子流程建立與呼叫。在第 3 章是 Power Automate 的變數、資料型態、條件、迴圈和清單，最後說明如何進行桌面流程的除錯。

☆ 第二篇：Power Automate 高效率 Excel 資料處理術

第二篇是 Excel 自動化和使用 SQL 進行 Excel 商業資料分析，在第 4 章說明檔案和資料夾的自動化處理，日期 / 時間資料的處理。第 5 章說明如何自動化建立與儲存 Excel 檔案、在 Excel 工作表新增整列和整欄資料、讀取和編輯 Excel 儲存格資料，最後說明自動化 Excel 工作表的處理。在第 6 章是 Power Automate 的 Excel 進階動作，詳細說明如何處理多個活頁簿的工作表、分割與合併 Excel 活頁簿和工作表和自動化執行 Excel VBA 程式，最後說明自動化 Excel 活頁簿的資料彙整。

第 7 章說明如何使用 Power Automate 桌面流程來執行 SQL 指令，在使用 ChatGPT 學習 SQL 語言後，直接使用 SQL 指令篩選 Excel 資料和進行資料分析，新增與編輯 Excel 資料，最後使用 SQL 指令處理 Excel 遺漏值，和刪除 Excel 工作表的記錄。在第 8 章說明 SQL 語言的高效率 Excel 資料分析，在說明更多 SQL 資料篩選指令後，說明 SQL 群組查詢、子查詢、聯集查詢和合併查詢，最後說明如何使用 SQL 指令建立 Excel 樞紐分析表。

☆ 第三篇：Power Automate 辦公室自動化

第三篇是 Windows 和 Web 自動化的 Power Automate 辦公室自動化，在第 9 章是 Windows 自動化和 OCR，在詳細說明如何建立 Windows 自動化操作流程後，使用 OCR 進行圖片的文字識別。第 10 章是 Web 自動化的網路爬蟲，詳細說明如何擷取單一、清單、單一表格和分頁表格資料，並且說明 PDF 的資料擷取。在第 11 章說明自動化填寫 Windows 應用程式表單和 Web 表單後，使用 Power Automate 桌面流程串接 ChatGPT API 來使用生成式 AI，最後說明如何自動化下載網路資料來存入 Excel 活頁簿。

☆ 第四篇：整合 Power Automate 雲端流程建立辦公室自動化

第三篇是 Power Automate 雲端流程，在第 12 章說明如何使用 Power Automate 雲端版，並且使用 3 個範例來說明如何建立三種雲端流程，最後整合 Office 365 的 Excel 和 Outlook 來建立自動化業績資料加總和寄送業績未達標通知的電子郵件。

在附錄 A 是 ChatGPT 的申請與使用。編著本書雖力求完美，但學識與經驗不足，謬誤難免，尚祈讀者不吝指正。

陳會安於台北
hueyan@ms2.hinet.net
2023.8.30

書附範例檔內容說明

為了方便讀者學習 Power Automate 高效率 Excel 資料處理術、自動化網頁資料擷取與辦公室自動化，筆者已經將本書的 Power Automate 桌面流程的 .txt 檔、Excel 範例、提示文字的 .txt 檔和相關檔案都收錄在書附範例檔，如下表所示：

資料夾	說明
Ch01~Ch12 資料夾	本書各章 Power Automate 桌面流程的 txt 檔、Excel 範例、提示文字的 .txt 檔和相關檔案

請連到以下網址，即可取得本書的範例檔：

https://www.flag.com.tw/bk/st/F3037

目錄

第一篇 Power Automate 基本使用與流程控制

1 chapter 認識 Power Automate 和 RPA

1-1 RPA 的基礎 1-2
1-2 認識 Power Automate 1-4
1-3 下載與安裝 Power Automate 桌面版 1-7
1-4 在瀏覽器安裝 Power Automate 擴充功能 1-11
1-4-1 安裝 Chrome 瀏覽器擴充功能 1-11
1-4-2 安裝 Edge 瀏覽器擴充功能 1-15

2 chapter Power Automate 基本使用

2-1 認識 Power Automate 桌面流程 2-2
2-2 建立第一個 Power Automate 桌面流程 2-4
2-3 Power Automate 使用介面說明 2-14
2-3-1 Power Automate 使用介面 2-14
2-3-2 在桌面流程編輯動作項目 2-17
2-4 匯出 / 匯入 Power Automate 桌面流程 2-18
2-5 Power Automate 的流程控制 2-20

3 chapter 變數、條件/迴圈與清單

3-1 Power Automate 變數與資料型態 3-2
3-2 Power Automate 運算式與資料型態轉換 3-10
3-2-1 Power Automate 的算術運算式 3-10
3-2-2 Power Automate 的資料型態轉換 3-12
3-3 Power Automate 的條件、清單與迴圈 3-15

3-3-1 條件 3-15
3-3-2 清單與迴圈 3-21
3-4 Power Automate 桌面流程的除錯 3-26

第二篇 Power Automate 高效率 Excel資料處理術

4 chapter 自動化檔案/資料夾與日期/時間處理

4-1 自動化檔案與資料夾處理 4-2
4-1-1 取得目錄下的檔案和資料夾清單 4-2
4-1-2 重新命名檔案、建立資料夾和移動檔案 4-6
4-1-3 複製檔案和刪除檔案 4-8
4-1-4 取得檔案路徑的相關資訊 4-11
4-1-5 文字檔案處理 4-13
4-2 自動化日期 / 時間處理 4-15
4-3 實作案例：替整個資料夾檔案更名和移動檔案 4-21
4-4 實作案例：建立延遲指定秒數的條件迴圈 4-24

5 chapter 自動化操作 Excel 工作表

5-1 自動化建立與儲存 Excel 檔案 5-2
5-1-1 用 CSV 檔案建立 Excel 檔案 5-2
5-1-2 用資料表建立 Excel 檔案 5-6
5-2 自動化在 Excel 工作表新增整列和整欄資料 5-8
5-2-1 在 Excel 工作表新增整列資料 5-8
5-2-2 在 Excel 工作表新增整欄資料 5-10
5-3 自動化讀取和編輯 Excel 儲存格資料 5-12
5-3-1 讀取指定儲存格或範圍資料 5-12
5-3-2 讀取整個工作表的資料 5-15
5-3-3 讀取 Excel 工作表資料儲存成 CSV 檔案 5-18
5-3-4 編輯指定儲存格的資料 5-19
5-4 自動化 Excel 工作表的處理 5-21
5-5 實作案例：自動化統計和篩選 Excel 工作表的資料 5-25

6 chapter 自動化操作 Excel 活頁簿

6-1 自動化處理多個 Excel 活頁簿的資料 6-2
6-2 自動化 Excel 活頁簿和工作表的分割與合併 6-13
6-2-1 將活頁簿的每一個工作表分割成活頁簿 6-13
6-2-2 合併同一個活頁簿的多個工作表 6-17
6-2-3 合併指定目錄下的所有活頁簿.. 6-19
6-3 自動化執行 Excel VBA 程式..6-22
6-4 實作案例：自動化 Excel 活頁簿的資料彙整 6-25
6-5 實作案例：自動化匯出 Excel 成為 PDF 檔 6-33

7 chapter Power Automate + SQL 高效率 Excel 資料處理術

7-1 用 Power Automate 桌面流程執行 SQL 指令 7-2
7-2 用 ChatGPT 學習 SQL 語言 7-7
7-2-1 認識 SQL.. 7-7
7-2-2 SQL 語言的 SELECT 指令 7-8
7-2-3 用 ChatGPT 幫助我們學習 SQL 語言 7-11
7-3 用 SQL 指令篩選 Excel 資料和進行資料分析..........7-13
7-3-1 用 SQL 指令篩選 Excel 資料 7-14
7-3-2 用 SQL 指令進行 Excel 資料分析.................................. 7-18
7-4 用 SQL 指令新增與編輯 Excel 資料 7-22
7-4-1 用 SQL 指令在 Excel 工作表新增記錄.......................... 7-22
7-4-2 用 SQL 指令更新 Excel 工作表的記錄資料 7-26
7-5 實作案例：用 SQL 指令處理 Excel 遺漏值 7-29
7-6 實作案例：用 SQL 指令在 Excel 工作表刪除記錄..7-34

8 chapter SQL 語言的高效率 Excel 資料分析

8-1 更多 SQL 資料篩選指令 8-2
8-2 SQL 群組查詢與空值處理 8-6
8-2-1 GROUP BY 子句 8-7

8-2-2 HAVING 子句.. 8-9
8-2-3 空值處理.. 8-11

8-3 SQL 子查詢與 UNION 聯集查詢..8-12
8-3-1 SQL 子查詢.. 8-12
8-3-2 UNION 聯集查詢.. 8-15

8-4 關聯式資料庫與 INNER JOIN 合併查詢..8-17
8-4-1 認識關聯式資料庫.. 8-17
8-4-2 INNER JOIN 內部合併查詢.. 8-19

8-5 實作案例：用 SQL 指令合併 Excel 工作表..8-22
8-6 實作案例：用 SQL 指令建立 Excel 樞紐分析表......8-27

第三篇 Power Automate辦公室自動化

9 chapter 自動化操控 Windows 應用程式與 OCR

9-1 自動化操作 Windows 應用程式.. 9-2
9-1-1 認識與使用 UI 元素.. 9-2
9-1-2 自動化操作 Windows 記事本.. 9-7

9-2 擷取 Windows 應用程式的資料..9-17
9-3 自動化操作 OCR 文字識別..9-23
9-4 實作案例：列印 Excel 工作表成為 PDF 檔..9-27
9-5 實作案例：用 OCR 擷取發票號碼存入 Excel..9-31

10 chapter 自動化擷取 Web 網頁和 PDF 資料

10-1 自動化拍攝網頁的螢幕擷取畫面..10-2
10-2 建立網路爬蟲擷取 Web 網頁資料..10-7
10-2-1 擷取 Web 網頁的單一資料.. 10-7
10-2-2 爬取 Web 網頁清單的多筆記錄..10-10

10-3 從 PDF 檔案擷取資料..10-18
10-4 實作案例：切換頁面爬取分頁 HTML 表格資料...10-23
10-5 實作案例：分割與合併 PDF 檔案的頁面..10-29

11 chapter 自動化填寫表單、ChatGPT API 與下載網路資料

11-1 自動化填寫 Windows 應用程式表單 11-2
11-2 自動化填寫 Web 介面的 HTML 表單 11-7
11-3 Web 服務與 ChatGPT API..11-14
11-3-1 取得 OpenAI 帳戶的 API Key 11-14
11-3-2 用 Power Automate 串接 ChatGPT API..................11-17
11-4 實作案例：自動化下載網路 CSV 檔和匯入 Excel 檔 11-27
11-5 實作案例：自動化登入 Web 網站 11-33

第四篇 整合 Power Automate 雲端流程建立辦公室自動化

12 chapter Power Automate 雲端版的網路服務

12-1 認識 Power Automate 桌面與雲端流程 12-2
12-2 使用 Power Automate 雲端版....................................12-3
12-3 建立您的 Power Automate 雲端流程.......................12-5
12-3-1 用 Outlook.com 寄送電子郵件.................................. 12-5
12-3-2 將 Outlook.com 電子郵件附件儲存到您的 OneDrive...12-11
12-3-3 排程取得 MSN 天氣來寄送 Outlook.com 郵件通知.....12-17
12-4 實作範例：用 Office 365 Excel X Outlook 自動化寄送業績未達標通知.......................................12-22

註冊與使用 ChatGPT

A-1 註冊與使用 ChatGPT A-2

B appendix 下載與安裝 SQL Server Express 版

B-1 下載與安裝 SQL Server Express 資料庫管理系統.... B-2

CHAPTER

1

認識 Power Automate 和 RPA

- 1-1 | RPA 的基礎
- 1-2 | 認識 Power Automate
- 1-3 | 下載與安裝 Power Automate 桌面版
- 1-4 | 在瀏覽器安裝 Power Automate 擴充功能

1-1 RPA 的基礎

RPA 的英文全名是 Robotic Process Automation，即機器人程序自動化，這是如同機器人般的自動化流程技術，一種自動化執行所需工作的電腦軟體或技術，微軟的 Power Automate 就是一種 RPA 工具。

簡單的說，RPA 就是一位軟體機器人 (Software Robot)，你專屬不會罷工的機器人助理，可以模擬人類在電腦上執行的操作，幫助我們自動化執行重複性的例行流程。目前的 RPA 已經被廣泛運用在銀行、保險、電信、公用事業等行業，可以有效率優化其後台流程，改善客戶體驗，隨著 RPA 技術的發展，其應用的領域也將不斷的擴大。

我們可以詢問 ChatGPT 什麼是 RPA，其詳細的問題描述 (ch1-1_gpt.txt)，如下所示：

請使用繁體中文回答，什麼是 RPA？

RPA (Robotic Process Automation) 是指機器人流程自動化的縮寫，它是一種透過軟體機器人來模擬和自動化組織內部的重複性、規則性工作流程的技術。這些機器人能夠模擬人類使用電腦的方式，進行數據輸入、操作應用程式、執行特定任務等，以提高工作效率、降低錯誤率並節省時間。

RPA 並不是一個新的概念，但近年來因為技術進步和相關產業的發展，它變得更加普及和成熟。RPA 不需要對現有的系統進行重大改動，通常可以通過錄製和重放操作、設定規則和條件等方式來設置機器人的行為。

RPA 的應用範圍廣泛，包括但不限於以下領域：資料輸入、資料整理、自動化報表生成、客戶服務自動化、人力資源流程優化等。它可以在金融、製造、醫療、零售、客戶服務等各個行業中發揮作用，幫助企業提高效率、降低成本並改善工作流程。

基本上，RPA 技術依其特性可以應用在標準化、高重複性且單調、明確規則；固定步驟和大量批次的日常事務性工作，這些工作不會因人而異、不需人類判斷，而且不論是誰來做都是相同的結果。我們可以繼續交談過程，詢問 ChatGPT 關於 RPA 的常見應用，其詳細的問題描述 (ch1-1a_gpt.txt)，如下所示：

請問 RPA 的常見應用？

RPA (Robotic Process Automation) 的常見應用非常廣泛，以下列舉了一些常見的應用場景：

1. 資料輸入和處理：自動從不同來源收集和處理資料，例如將電子郵件附件中的資料匯入到資料庫、將網站表單填寫的資料自動導入企業系統等。
2. 報表生成：自動收集數據並生成報表，幫助企業實現數據分析和報告的自動化。
3. 客戶服務自動化：機器人可以處理常見的客戶查詢、回答問題，或將客戶需求轉發給相關部門，提高客戶服務效率。
4. 財務和會計流程：自動化發票處理、帳單管理、支付處理等，幫助企業節省時間並減少錯誤。
5. 人力資源管理：自動處理員工入職手續、離職手續、休假申請等流程，提高人力資源部門的效率。
6. 庫存管理：自動監測庫存水平，根據需要自動發送訂單，確保庫存持平。
7. 客戶關係管理：自動更新客戶資料、跟進銷售機會，提高銷售和市場部門的效率。
8. 銀行業務處理：自動處理交易、開戶申請、貸款處理等金融業務。
9. 保險業務處理：自動處理保單申請、索賠處理等保險相關流程。
10. 醫療保健：自動處理病歷記錄、醫藥訂購等醫療保健業務。

這些只是RPA應用的一小部分例子，實際上RPA可以應用於任何需要自動化處理重複性和規則性工作的領域。透過RPA，企業能夠節省時間和人力資源，提高效率，降低錯誤率，讓員工能夠更集中精力於更具價值的工作任務上。

上述 10 項是 ChatGPT 回答的內容。我們可以進一步詢問 ChatGPT 關於 RPA 的主要優勢，其詳細的問題描述 (ch1-1b_gpt.txt)，如下所示：

RPA 的主要優勢有哪些？請列出四大主要的優勢？

RPA (Robotic Process Automation) 的主要優勢包括：

1. 提高工作效率：RPA 可以自動化重複性、規則性的工作流程，這些工作通常是耗時且容易出錯的。透過機器人的自動處理，可以大幅提高工作效率，從而釋放員工時間，讓他們專注於更具價值的工作任務。
2. 降低成本：自動化流程可以減少人力資源成本，一旦建立好RPA系統，運營成本相對較低，且機器人不需要休息，可24/7持續運作。
3. 提高準確性：機器人在執行任務時通常具有高度的精確性，因為它們按照預定規則和準則執行操作，減少了人為錯誤的可能性。
4. 強化合規性：RPA 可以確保工作流程按照預設的合規標準和規則執行，減少了人為的違規風險，幫助企業保持符合相關法規和政策的狀態。

綜合來看，RPA的主要優勢在於提高效率、降低成本、提高準確性以及確保合規性。這些優勢使得RPA成為許多企業優化流程、提升競爭力的重要工具。但同時，RPA的引入也需要合理評估，確保自動化流程的設計合理且風險可控。

1-2 認識 Power Automate

Power Automate 是微軟推出的自動化工具，可以讓開發人員、個人或企業用戶輕鬆自動化重複性作業和複雜流程，提升員工的生產力，和降低企業成本。

☆什麼是 Power Automate

微軟 Power Automate 是微軟公司推出的流程自動化工具，最早的名稱是 Microsoft Flow，可以讓我們建立跨不同應用程式和服務的自動化流程，也就是當符合特定事件時，Power Automate 就會自動執行流程的一系列操作，例如：連接雲端服務、執行應用程式、處理 Excel 資料、發送電子郵件、備份檔案和輸出 PDF 報表等。

簡單的說，Power Automate 就是一位個人專屬的機器人秘書，可以將日常工作中需要重複且固定流程的操作都丟給 Power Automate 來自動化處理，當成功建立起標準的自動化流程後，即可大幅簡化日常事務，讓你將更多時間和心力放在更有價值的工作上。

我們可以詢問 ChatGPT 什麼是 Power Automate，其詳細的問題描述(ch1-2_gpt.txt)，如下所示：

請使用繁體中文回答，什麼是微軟的 Power Automate？

微軟的 Power Automate（原名為 Microsoft Flow）是一個強大的自動化工具，旨在幫助使用者輕鬆地創建自動化流程和工作流。它是微軟的一部分，屬於Power Platform（Power 平台）的一員。

Power Automate 允許使用者在不需要寫程式碼的情況下，建立各種連接和整合不同的應用程式、服務和系統。這些連接可以包括 Office 365、SharePoint、Dynamics 365、Power BI、OneDrive、Azure、Outlook、Teams 等等。除了微軟的產品，它還支援許多第三方服務，例如 Google Sheets、Twitter、Slack 等。

使用 Power Automate，使用者可以創建自動化流程，這些流程通常是由觸發器、動作和條件構成的。觸發器是啟動流程的事件，而動作是在觸發後要執行的任務。條件則用於設定流程中的條件邏輯。

這些自動化流程可以解決日常重複性工作，如自動發送郵件、創建和更新項目、從一個應用程式移到另一個應用程式的資料，自動化報表和通知等。Power Automate 的目的是使企業流程更加高效，節省時間和精力，並提高工作效率。

☆ 微軟 Power Automate 的版本

微軟 Power Automate 主要有兩個版本，如下所示：

◆ **Power Automate 雲端版**：一套雲端付費授權的自動化工具，可以建立跨不同應用程式和服務的自動化流程，輕鬆將公司或組織內部的工作流程自動化。Power Automate 支援超過 500 種連接器來自動化連接各種雲端服務，透過這些服務的連接來強化跨公司各部門的合作，例如：Microsoft 365、Salesforce、Google、LINE、Twitter(X)、Zoom 和 Dropbox 等。

◆ **Power Automate 桌面版（或稱 Power Automate Desktop）**：這是一套 Windows 桌面的自動化工具，在 Windows 11 作業系統已經成為內建功能；Windows 10 可免費下載使用，Power Automate 桌面版可以自動化桌面應用程式和網頁操作，將日常單調且重複的操作都交給電腦，而且桌面版也提供視覺化流程設計工具，可以讓我們輕鬆建立和管理桌面自動化的工作流程。

☆ 微軟 Power Automate 的主要功能與特點

微軟 Power Automate 的主要功能與特點，如下所示：

◆ **低程式碼自動化**：Power Automate 提供圖形化介面來建立作業流程，我們並不需要寫出程式碼，只需了解程式流程的觀念，就可以建立所需的自動化流程。

◆ **連接各種網路應用和服務**：Power Automate 可以連接 Office 365、Dynamics 365 和其他廠商雲端應用程式的各種服務，輕鬆建立不同系統之間的企業級自動化流程。

◆ **雲端部署**：Power Automate 雲端版是直接部署在雲端，可以提供企業建立高可用性和擴展性的自動化流程。

◆ **範本和連接器**：Power Automate 提供各種預建範本和豐富的連接器，能夠快速建立各類不同應用的自動化解決方案。

◆ **AI 驅動的機器人流程自動化**：運用 AI 建立的 UI 流程自動化，可以讓我們記錄和重播人工的操作。

◆ **支援行動裝置**：Power Automate 提供行動應用程式 App，可以讓使用者在任何地方輕鬆管理和執行流程。

◆ **安全控管和審核追溯**：提供企業級安全控管和流程審核操作。

1-3 下載與安裝 Power Automate 桌面版

Power Automate 提供 Windows 用戶端桌面工具稱為 Power Automate 桌面版，可以幫助我們建立在 Windows 作業系統自動化執行的桌面流程。Windows 11 作業系統已經內建 Power Automate 桌面版，所以並不用自行安裝。

請注意！ Power Automate 桌面版需要登入微軟帳號，因為相關流程是儲存在此帳號掛定的 OneDrive 雲端硬碟，如果讀者尚未申請微軟帳號，請先進入 https://account.microsoft.com/ 網址申請一個微軟帳號。

☆ 下載 Power Automate 桌面版

Windows 10 使用者可以免費下載安裝程式來自行安裝 Power Automate 桌面版，其下載步驟如下所示：

1. 請啟動瀏覽器進入 https://flow.microsoft.com/zh-tw/desktop/，按**免費開始 >** 鈕下載 Power Automate 桌面版。

2. 請選 Install Power Automate using the MSI installer 超連結下載 MSI 安裝程式。

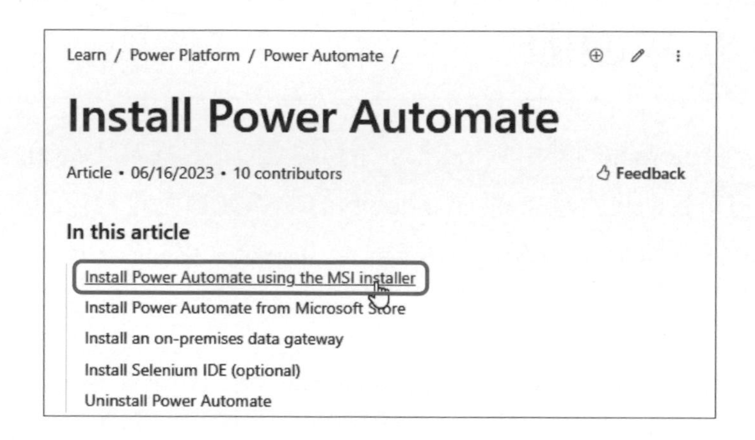

3. 再選 Download the Power Automate installer 超連結下載安裝程式檔案。

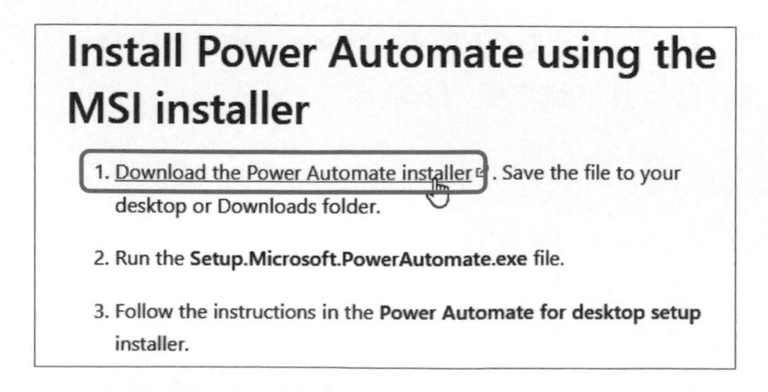

在本書下載的安全程式檔名：Setup.Microsoft.PowerAutomate.exe。

☆ 安裝 Power Automate 桌面版

當成功下載 Power Automate 桌面版安裝程式檔案後，就可以在 Windows 10 作業系統安裝 Power Automate 桌面版，其安裝步驟如下所示：

1. 請雙擊 Setup.Microsoft.PowerAutomate.exe 安裝程式，可以看到 Power Automate 套件的說明，按下一步鈕。

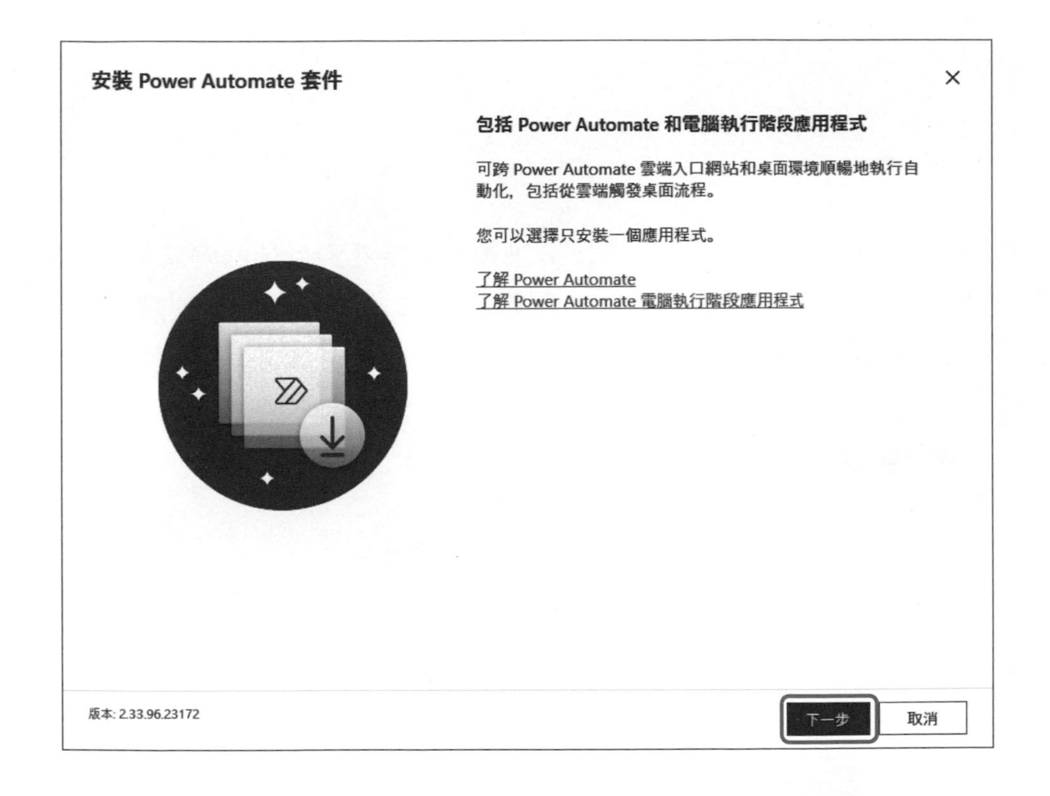

2. 可以看到安裝的詳細資訊，包含安裝路徑和套件內容，不用更改，請勾選最後一個選項同意授權後，按安裝鈕。

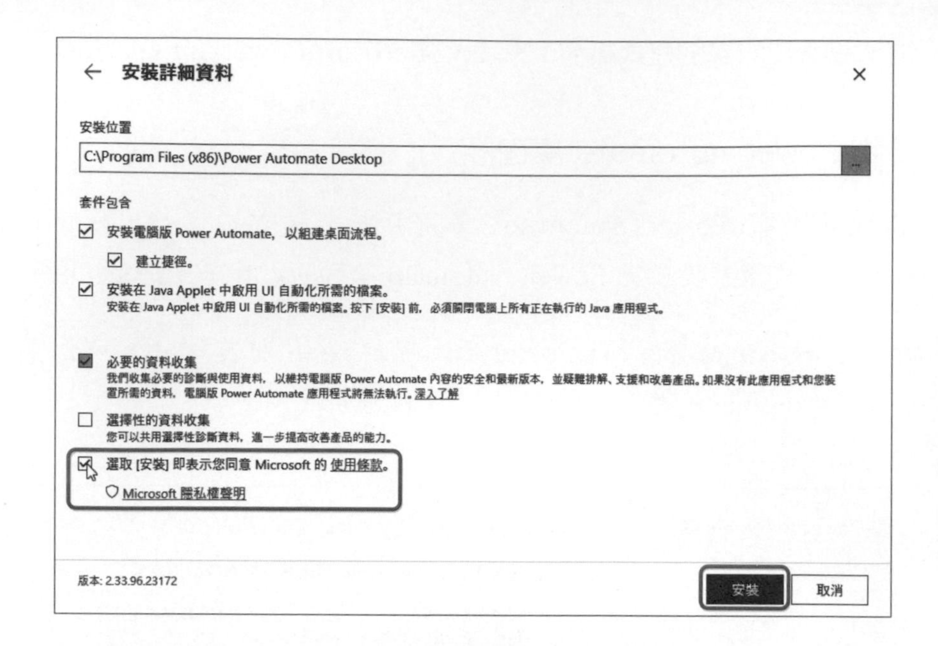

3. 當看到使用者帳戶控制，請按是鈕後，可以看到目前的安裝進度，請稍等一下，等到安裝完成，按**啟動應用程式**鈕可以馬上啟動 Power Automate 桌面版，請按**關閉**鈕結束安裝。

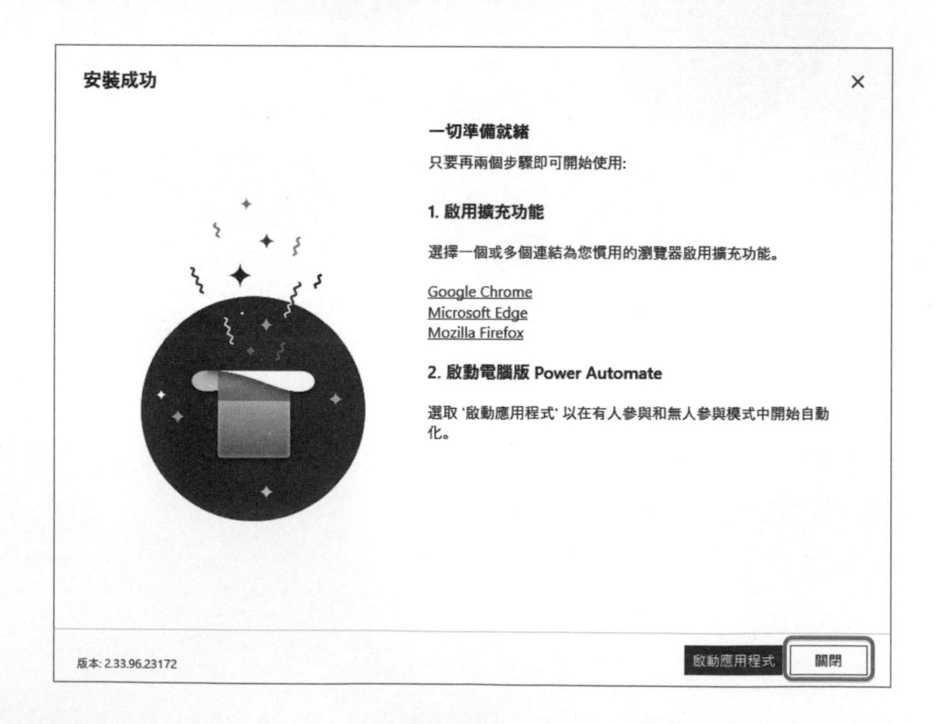

1-4 在瀏覽器安裝 Power Automate 擴充功能

在本書第 10 和 11 章的 Power Automate 是 Web 自動化，需要使用瀏覽器擴充功能來取得 UI 元素。在這一節就是說明如何在 Chrome 和 Edge 瀏覽器安裝擴充功能，和進行相關設定。

1-4-1 安裝 Chrome 瀏覽器擴充功能

Microsoft Power Automate 擴充功能可以幫助我們使用 Chrome 瀏覽器建立 Web 自動化的桌面流程，我們可以從 Chrome 應用程式商店來安裝 Microsoft Power Automate 擴充功能。

☆ 安裝 Microsoft Power Automate 擴充功能

在 Chrome 瀏覽器安裝 Microsoft Power Automate 擴充功能的步驟，如下所示：

1. 請啟動 Chrome 瀏覽器進入 https://chrome.google.com/webstore/ 應用程式商店，在左上方欄位輸入 Microsoft Power Automate，按 Enter 鍵，可以在右邊看到搜尋結果，請點選第 1 個 Microsoft Power Automate。

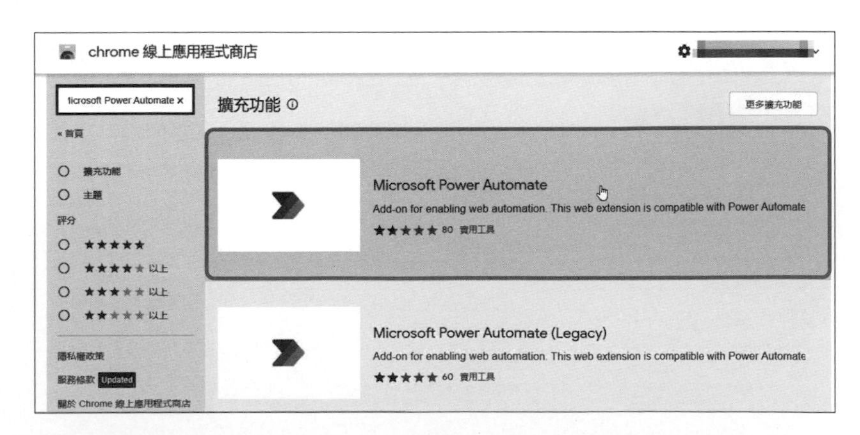

2. 按加到 Chrome 鈕。

3. 可以看到權限說明對話方塊，按新增擴充功能鈕安裝 Microsoft Power Automate。

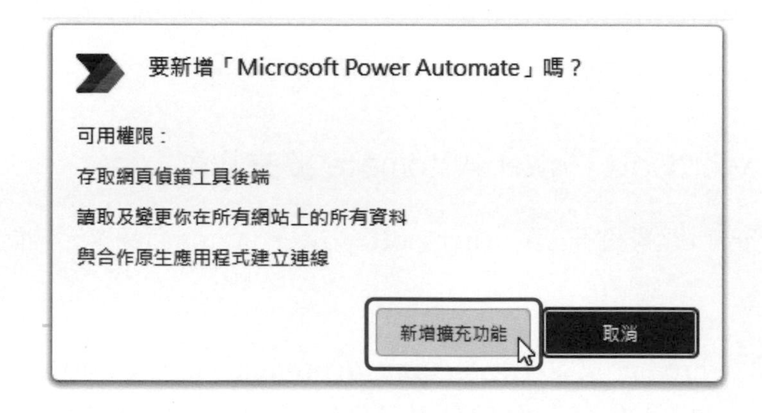

4. 稍等一下，即可看到已經在工具列新增擴充功能的圖示，如下圖所示：

5. 因為 Chrome 擴充功能預設不會固定在工具列，請選旁邊的拼圖圖示，找到 Microsoft Power Automate 後，點選之後的圖釘圖示，就可以將擴充功能圖示固定在工作列，如下圖所示：

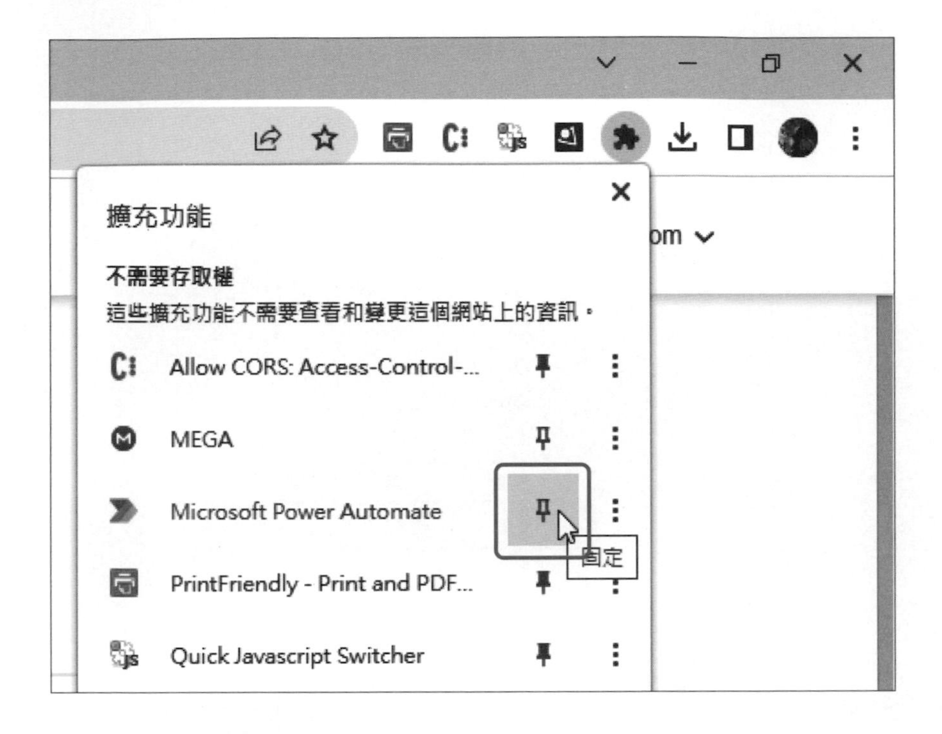

☆ 設定 Chrome 瀏覽器

當成功在 Chrome 瀏覽器新增 Microsoft Power Automate 擴充功能後，為了避免 Power Automate 桌面流程啟動 Chrome 時發生錯誤，我們需要關閉瀏覽器的背景作業，即關閉 Chrome 瀏覽器就停止繼續執行背景程式，其步驟如下所示：

1. 請點選 Chrome 瀏覽器右上方垂直 3 個點的圖示開啟主功能表，執行設定命令。

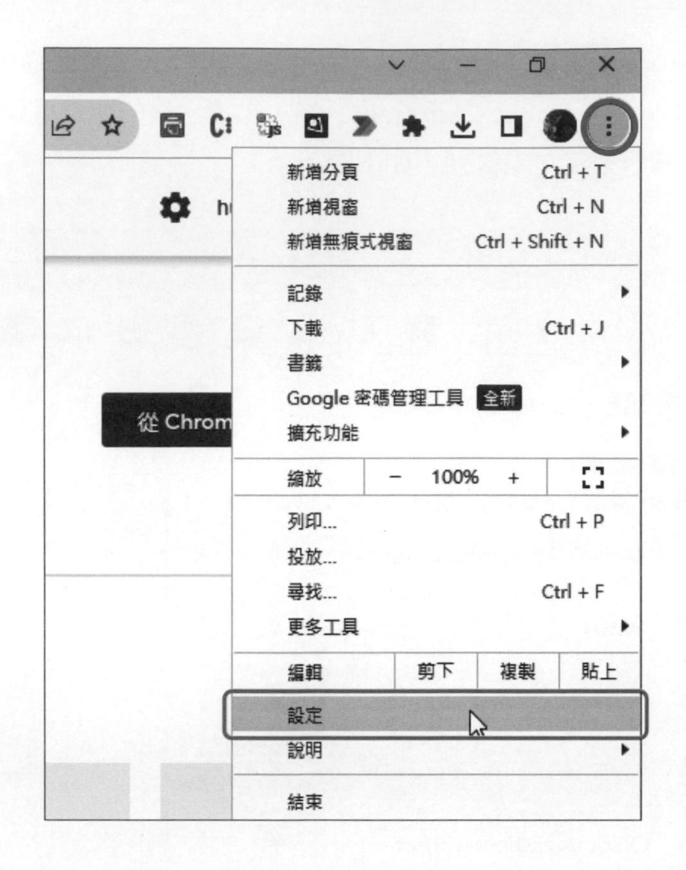

2. 在左邊選系統，然後在右邊取消選取 Google Chrome 關閉時繼續執行背景應用程式選項，即關閉此選項。

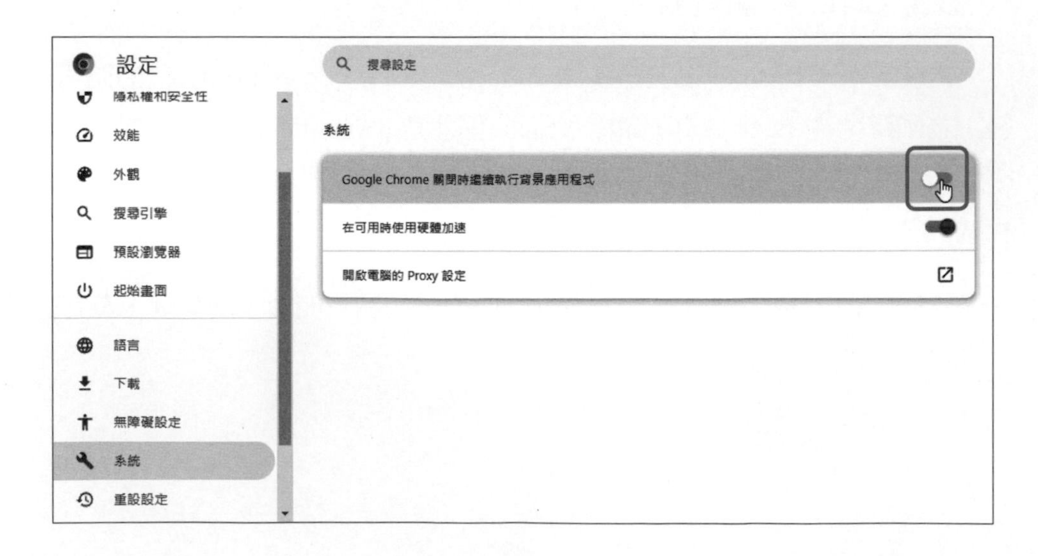

1-4-2 安裝 Edge 瀏覽器擴充功能

Microsoft Power Automate 擴充功能可以幫助我們使用 Edge 瀏覽器來建立 Web 自動化的桌面流程，我們可以從 Edge 附加元件商店來安裝 Microsoft Power Automate 擴充功能。

☆安裝 Microsoft Power Automate 擴充功能

在 Edge 瀏覽器安裝 Microsoft Power Automate 擴充功能的步驟，如下所示：

1. 請啟動 Edge 瀏覽器進入 https://microsoftedge.microsoft.com/addons 附加元件商店，在左上方欄位輸入 Microsoft Power Automate，按 Enter 鍵，可以在右邊看到搜尋結果，請按第 2 個 Microsoft Power Automate 的取得鈕。

2. 可以看到權限說明對話方塊，按新增擴充功能鈕安裝 Microsoft Power Automate。

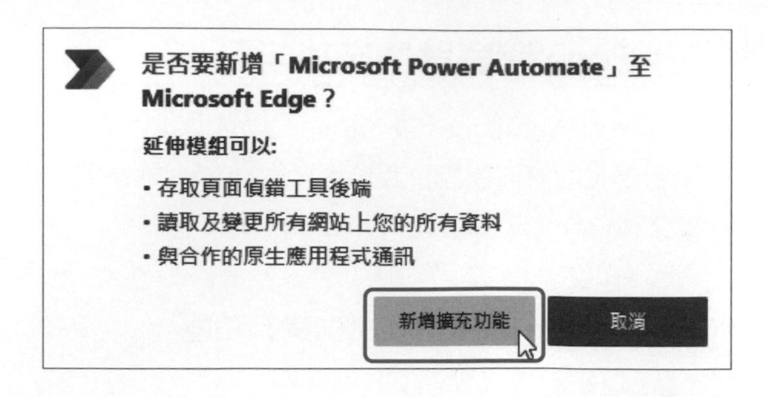

3. 稍等一下，即可看到已經在工具列新增擴充功能的圖示，如下圖所示：

4. 因為 Edge 擴充功能預設不會顯示在工具列，請選旁邊的拼圖圖示，找到 Microsoft Power Automate 後，點選之後的眼睛圖示，就可以將擴充功能顯示在工作列，如下圖所示：

☆ 設定 Edge 瀏覽器

當成功在 Edge 瀏覽器新增 Microsoft Power Automate 擴充功能後，為了避免 Power Automate 桌面流程啟動 Edge 時發生錯誤，我們需要關閉瀏覽器的背景作業，即關閉 Edge 瀏覽器就停止繼續執行背景程式，其步驟如下所示：

1. 請點選 Edge 瀏覽器右上方水平 3 個點的圖示開啟主功能表，執行設定命令。

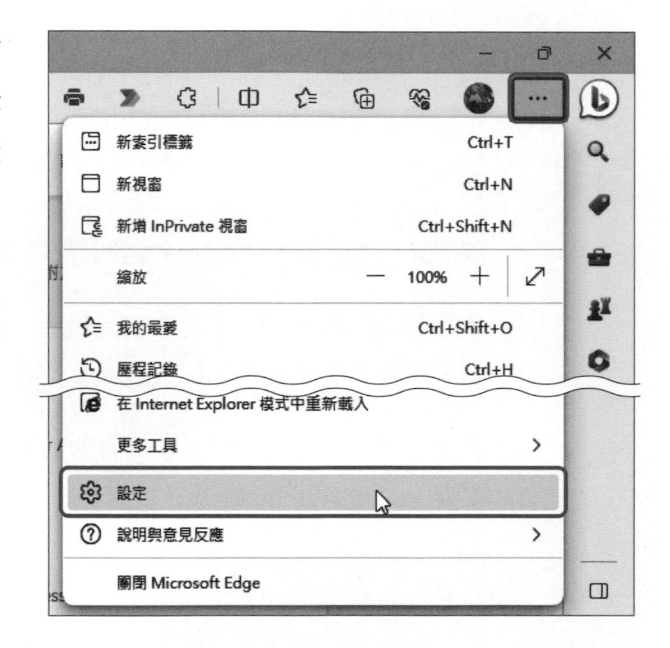

2. 在左邊選**系統與效能**，然後在右邊取消選取**當 Microsoft Edge 關閉時，繼續執行背景擴充功能及應用程式**選項，即關閉此選項。

1. 請問什麼是 RPA？
2. 請簡單說明 Power Automate？Power Automate 的版本有幾種？
3. 請問什麼是 Power Automate 擴充功能？
4. 如果是 Windows 10 作業系統的讀者，請參閱第 1-3 節的說明，自行下載安裝 Power Automate 桌面版。
5. 請參閱第 1-4 節的說明，在慣用的 Chrome 或 Edge 瀏覽器安裝 Power Automate 擴充功能。

CHAPTER

2

Power Automate 基本使用

- 2-1 | 認識 Power Automate 桌面流程
- 2-2 | 建立第一個 Power Automate 桌面流程
- 2-3 | Power Automate 使用介面說明
- 2-4 | 匯出 / 匯入 Power Automate 桌面流程
- 2-5 | Power Automate 的流程控制

2-1 認識 Power Automate 桌面流程

Power Automate 桌面流程就是「動作」和「順序」的組合，如下所示：

- **動作**：完成自動化作業所需的動作 (多個動作)，在桌面流程的每一個動作都可以完成整個自動化作業的部分功能，透過每一個動作所完成的功能來逐步建立出所需的自動化作業。
- **順序**：除了找出自動化作業的所有動作外，我們還需要正確的安排執行每一個動作的順序，只有透過正確的動作執行順序，才能夠成功的完成整個自動化作業。

基本上，Power Automate 桌面流程大部分是一個動作接著一個動作循序的執行，使用箭頭線來標示動作執行的順序，如右圖所示：

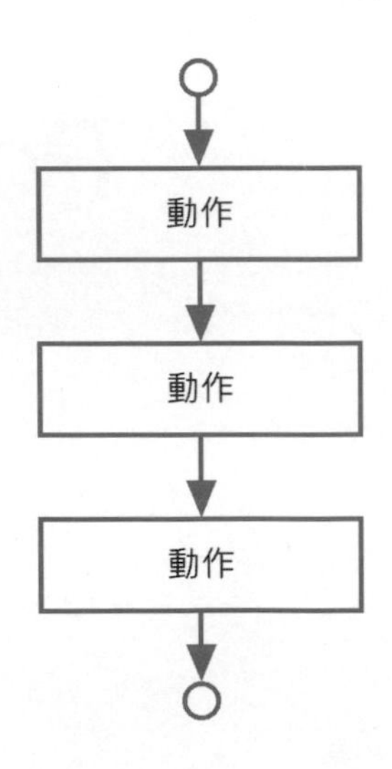

對於複雜的自動化作業，為了達成預期功能，我們需要使用條件和迴圈來改變動作的執行順序，以便完成所需的自動化作業，如下所示：

☆ 條件

條件就是一個選擇題，可以分為單選、二選一或多選一共三種。其執行順序是依照比較運算式的條件，決定執行哪一個區塊的 1~ 多個動作，如同從公司走路回家，因為回家的路不只一條，當走到十字路口時，可以決定向左、向右或直走，雖然最終都可以到家，但經過的路徑並不相同。從左至右依序為單選、二選一或多選一，如下圖所示：

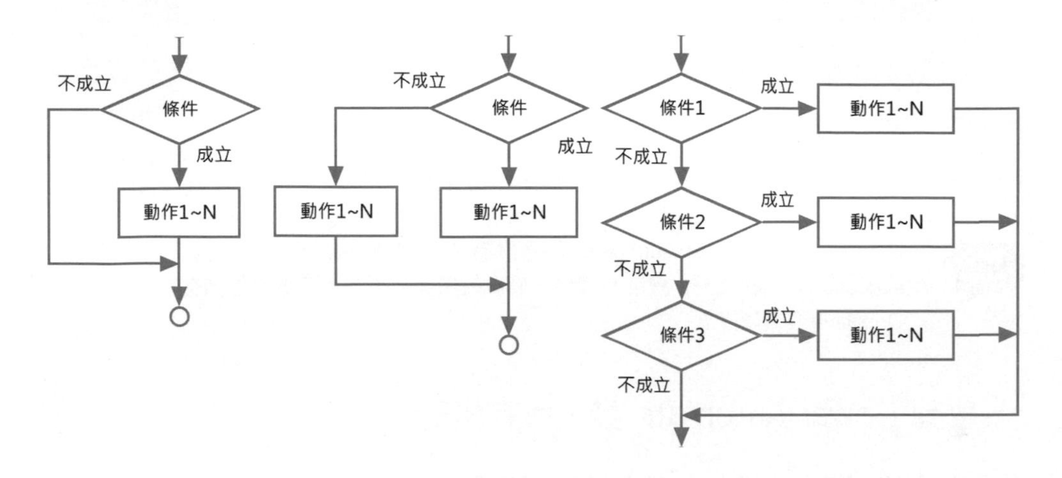

☆ 迴圈

迴圈就重複執行一個區塊的 1~ 多個動作，並且提供一個結束條件來結束迴圈的執行，如同搭乘環狀捷運回家，因為捷運系統一直環繞著軌道行走，上車後可依不同情況來決定蹺幾圈才下車，上車是進入迴圈；下車就是離開迴圈回家，如下圖所示：

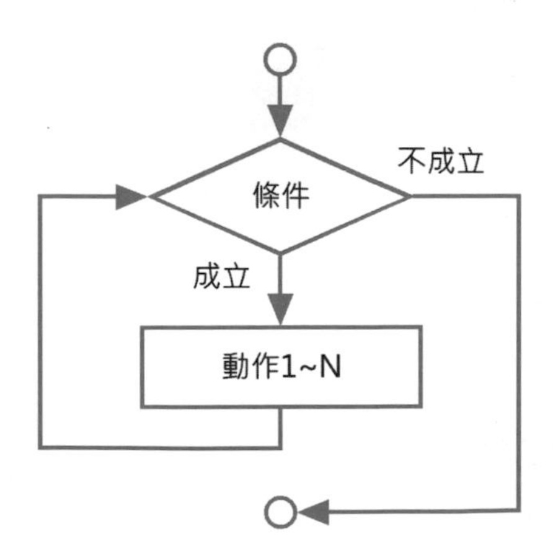

2-2 建立第一個 Power Automate 桌面流程

在第 1-3 節成功安裝 Power Automate 桌面版後，我們就可以啟動 Power Automate 建立第一個桌面流程 (Desktop Flows)。如果本書沒有特別說明，在前 11 章的 Power Automate 是指 Power Automate 桌面版。

請注意！使用 Power Automate 需要擁有微軟帳號，如果沒有，請先進入 https://account.microsoft.com/ 網址申請好一個微軟帳號，因為桌面流程是儲存在微軟帳號的 OneDrive 雲端硬碟。

☆ 啟動 Power Automate 登入微軟帳號

在申請好微軟帳號後，我們就可以啟動 Power Automate 來登入微軟帳號，和看到 Power Automate 執行畫面的首頁，其步驟如下所示：

1. 請執行「開始 /Power Automate/Power Automate」命令啟動 Power Automate，在欄位輸入微軟帳號後，按登入鈕。

2. 然後輸入此微軟帳號的密碼後，按登入鈕。

3. 在選擇國家和地區後，按開始使用鈕。

4. 可以看到歡迎使用的訊息視窗，按**開始導覽**鈕可以快速瀏覽 Power Automate，請按**跳過**鈕後，再按**了解**鈕。

5. 可以看到 Power Automate 執行畫面的歡迎使用的首頁。

☆ 建立第一個 Power Automate 桌面流程

現在，我們就可以使用 Power Automate 建立第一個桌面流程，其步驟依序是：

Q
1. 在輸入對話方塊輸入姓名。
2. 在訊息視窗顯示歡迎此姓名的訊息。

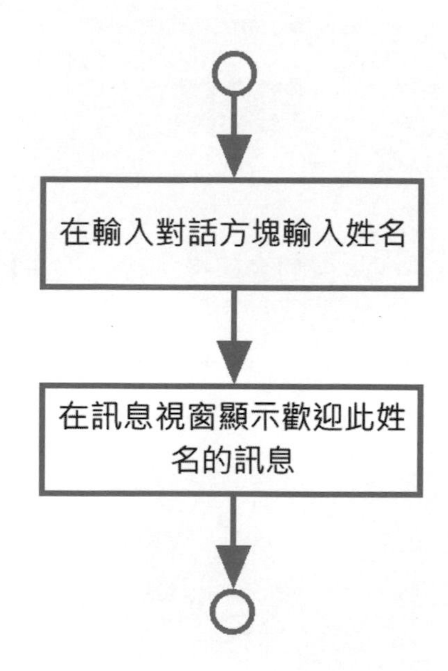

上述 2 個動作可以完成此自動化作業，其建立步驟如下所示：

1. 若尚未啟動，請執行「開始 /Power Automate/Power Automate」命令啟動 Power Automate，選**我的流程**標籤，可以看到目前並沒有任何流程，請點選左上方 + **新流程**新增流程。

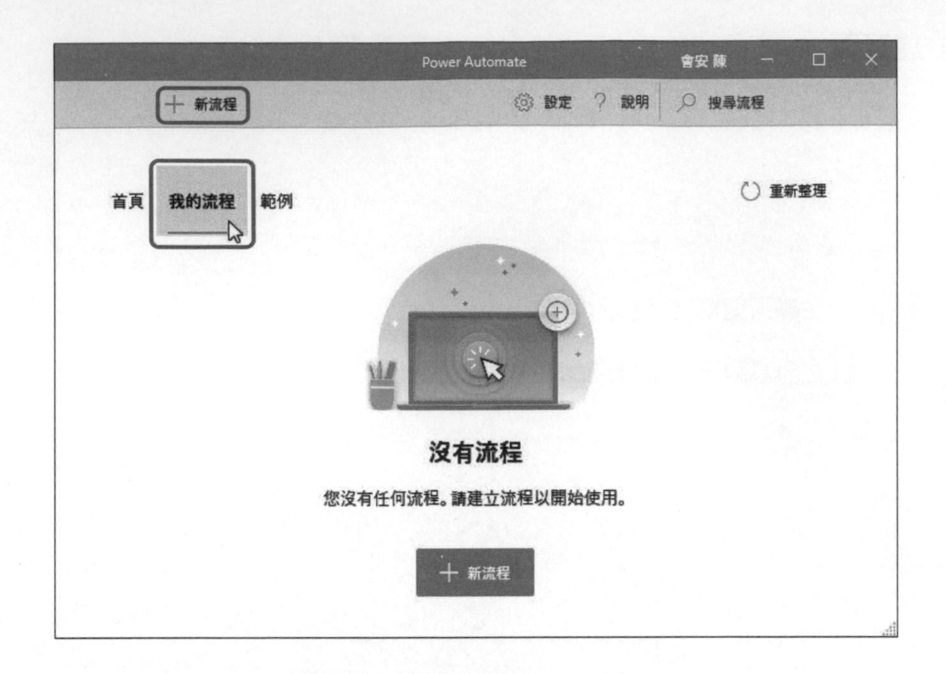

2. 在流程名稱欄輸入第一個流程的名稱後，按建立鈕建立桌面流程。

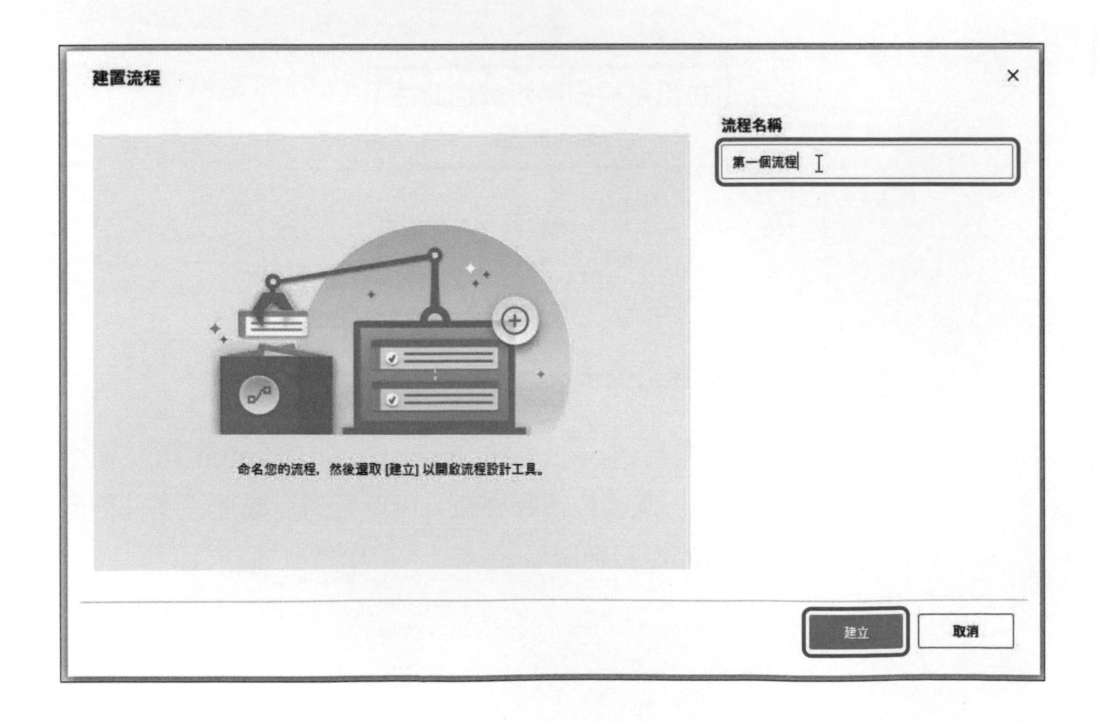

3. 可以在**我的流程**標籤看到新增的流程。

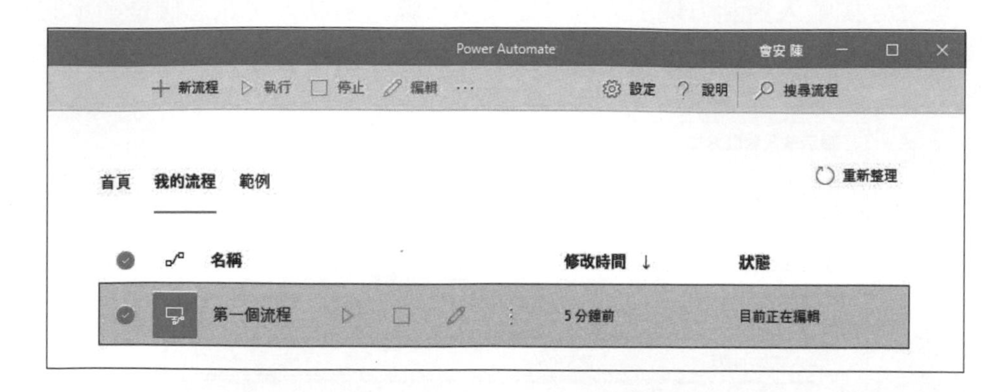

4. 系統會馬上自動啟動桌面流程設計工具，請在左邊的「動作」窗格展開**訊息方塊**分類後，拖拉**顯示輸入對話方塊**動作至中間名為 Main 標籤的子流程，即可新增此動作。

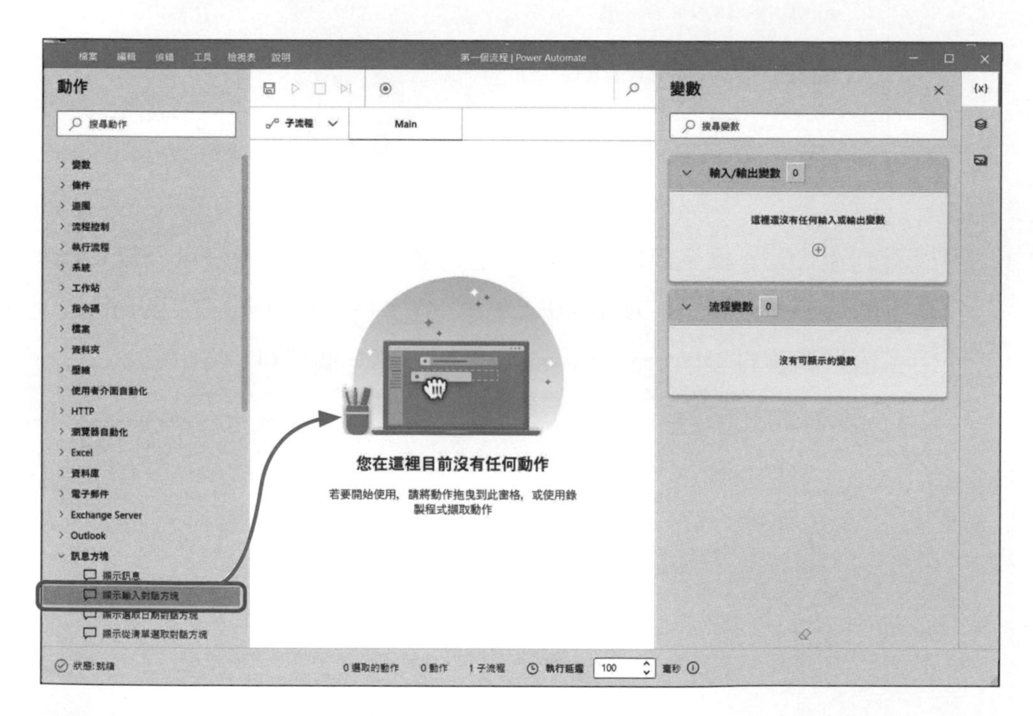

在 Power Automate 桌面流程可以新增多個子流程，每一個子流程是一頁標籤頁，預設建立名為 Main 的子流程，即主流程，因為執行流程就是從此流程的第 1 個動作開始，在第 2-5 節有進一步的說明。

5. 在新增動作後，馬上就會顯示對話方塊來編輯動作參數，請在**輸入對話方塊標題**欄輸入對話方塊上方的標題文字，**輸入對話方塊訊息**欄是顯示的訊息內容，在下方是產生的變數，按**儲存**鈕儲存動作參數。

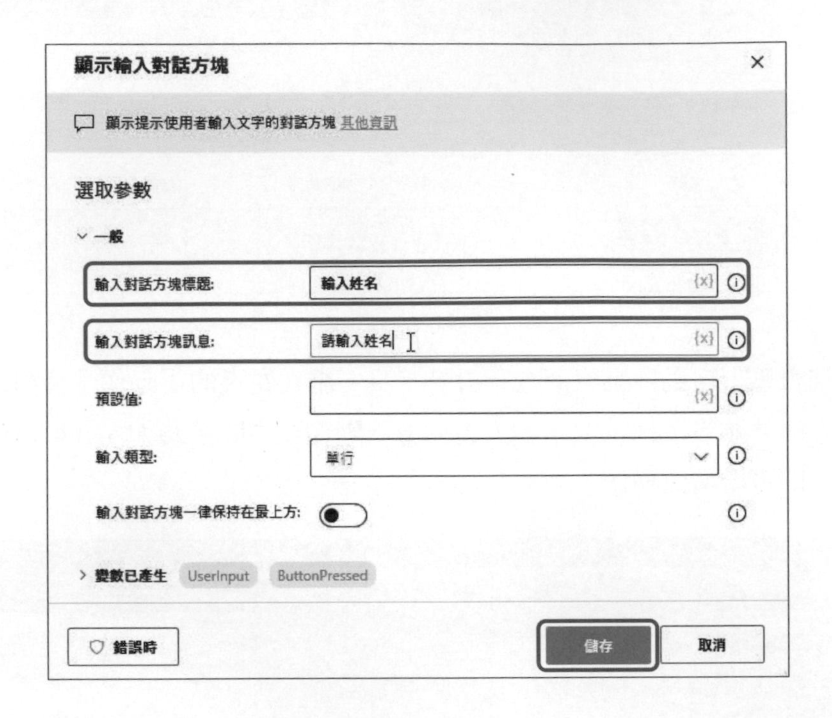

6. 可以看到在 Main 標籤新增的動作，在右邊的「變數」窗格可以看到此動作產生的 UserInput 和 ButtonPressed 共 2 個流程變數，UserInput 是使用者輸入的資料；ButtomPressed 是按下哪一個按鈕。

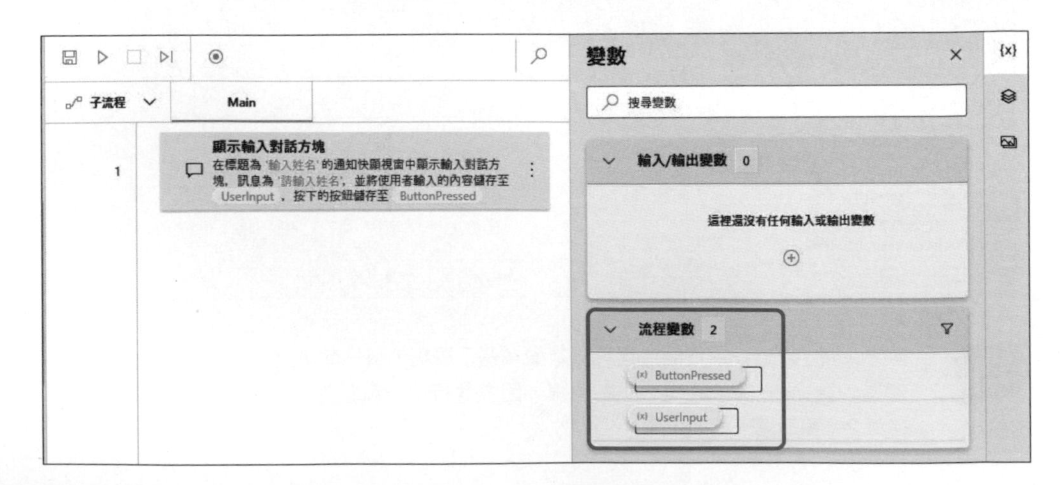

7. 請拖拉**訊息方塊**分類下的**顯示訊息**動作至中間 Main 標籤，其位置是在第 1 個動作之下來新增此動作。

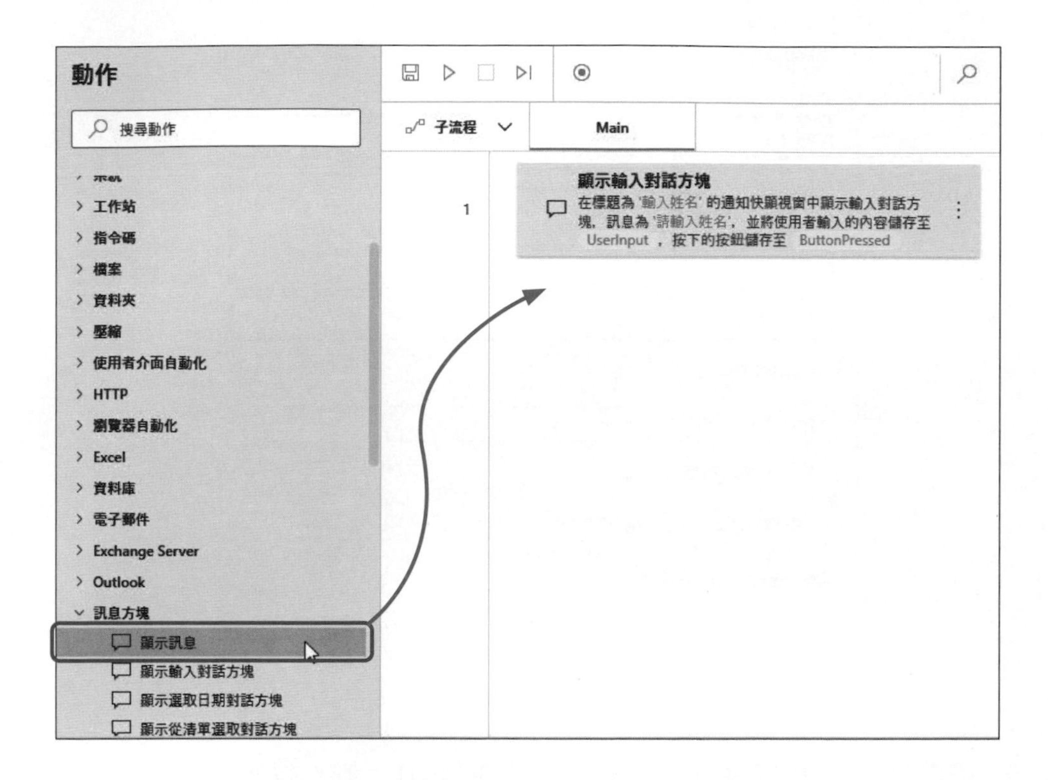

8. 然後編輯動作參數，在**訊息方塊標題**欄輸入上方標題文字；**訊息方塊圖示**欄是顯示的圖示，例如：訊息；在**要顯示的訊息**欄是顯示的訊息文字，我們準備加上之前的 UserInput 變數，請注意！如果在字串中使用變數，需在變數名稱前後加上「%」(稱為佔位符)，如下所示：

```
歡迎使用者: %UserInput%
```

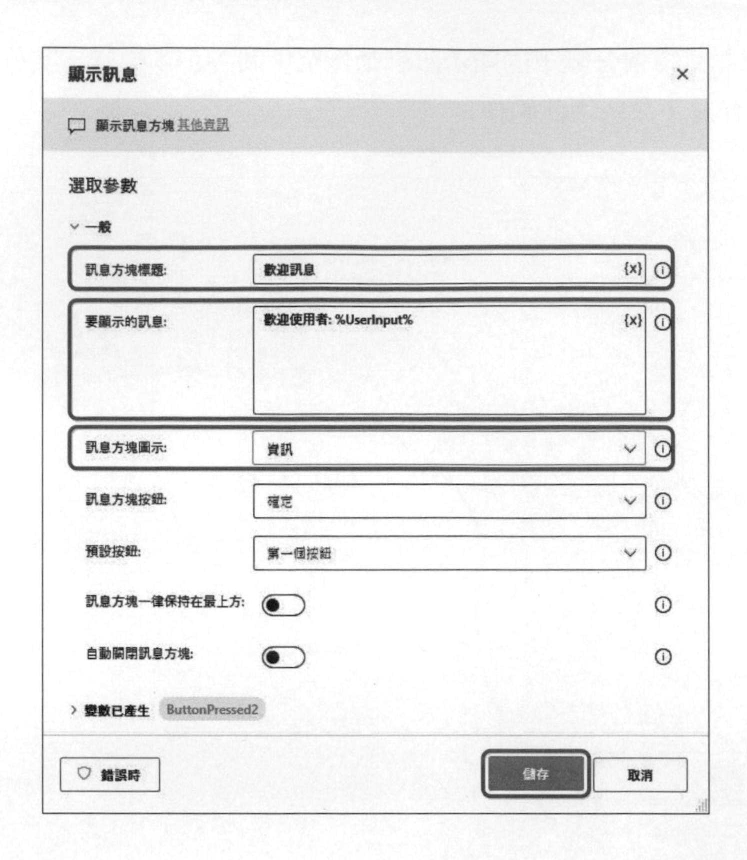

9. 按儲存鈕，可以看到在 Main 標籤新增的動作，在右邊的「變數」窗格也多了一個 ButtonPressed2 變數。

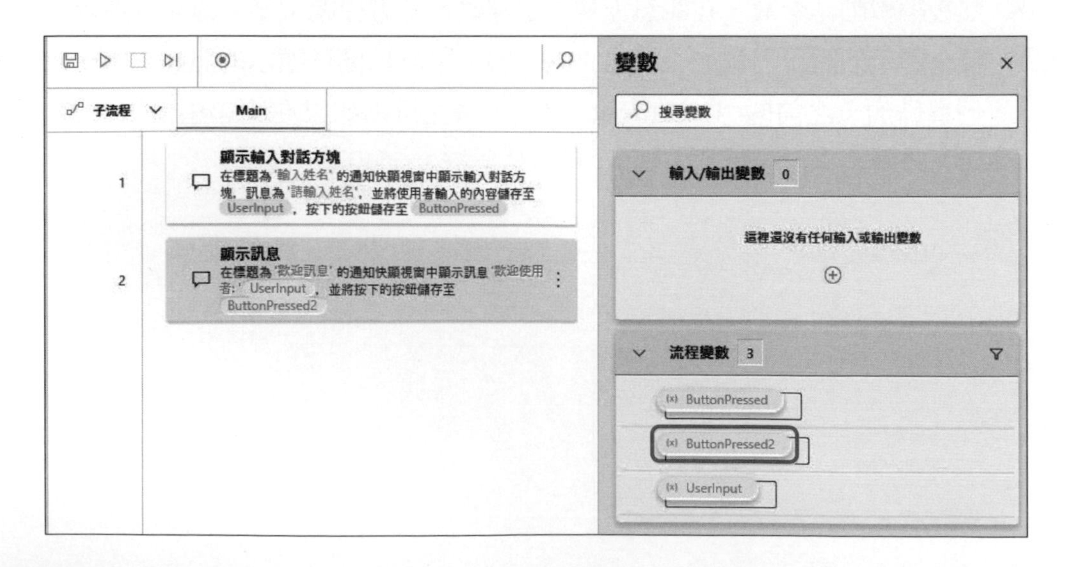

10.現在我們已經完成桌面流程的建立，請執行「檔案 / 儲存」命令儲存流程，然後在 Windows 工作列切換至桌面流程管理工具，即可在名為第一個流程的項目，點選游標所在的三角箭頭來執行桌面流程。

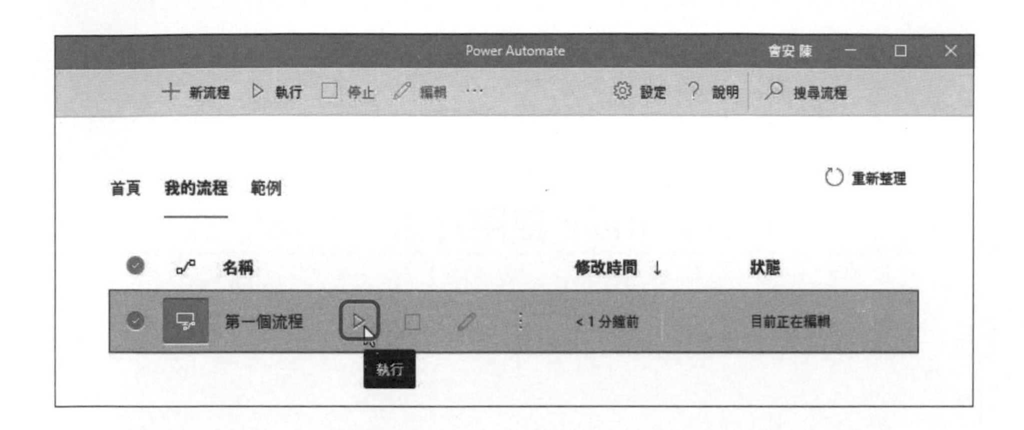

我們也可以在桌面流程設計工具 Main 標籤上方的工具列來執行流程，第 1 個磁片圖示是儲存桌面流程，按第 2 個三角箭頭圖示鈕，可以執行桌面流程，第 3 個圖示是停止執行桌面流程，如下圖所示：

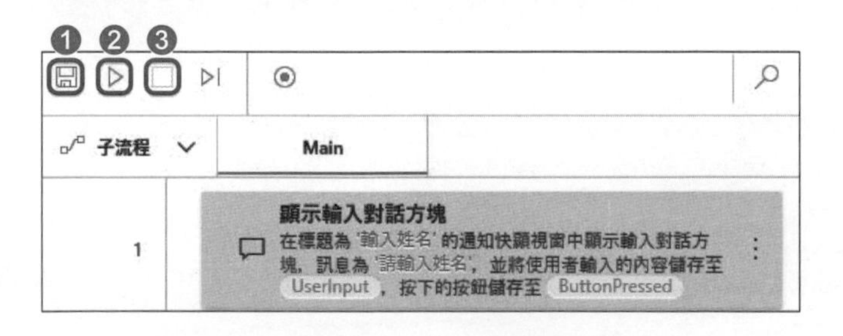

11.稍等一下，可以看到輸入對話方塊，請在欄位輸入姓名後，按 OK 鈕。

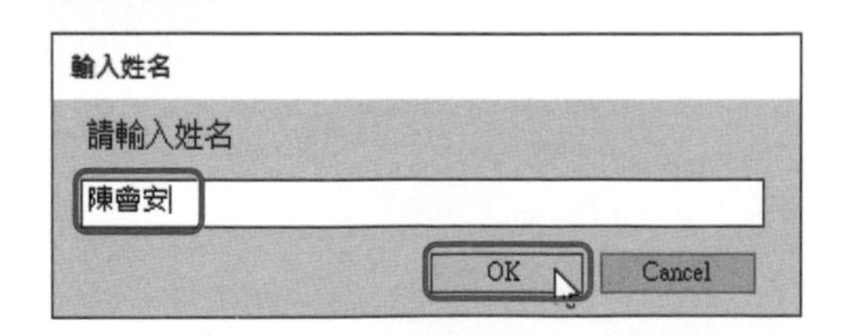

12.可以看到一個訊息視窗顯示歡迎訊息文字和你輸入的姓名，按確定鈕繼續。

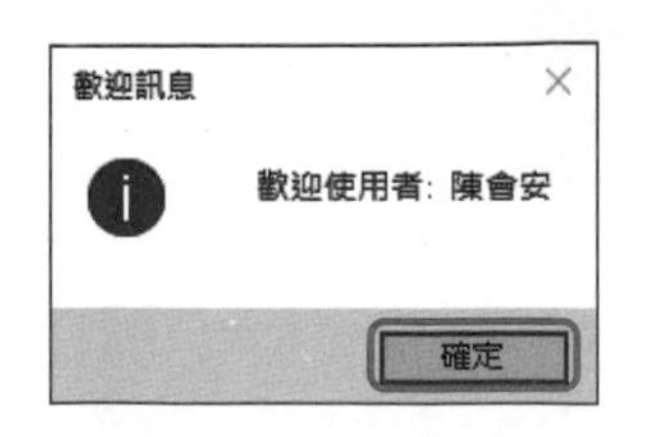

2-3 Power Automate 使用介面說明

Power Automate 使用介面主要是管理和設計桌面流程兩大工具，因為目前版本並沒有提供匯出 / 匯入桌面流程的功能，我們只能使用複製和貼上方式來處理桌面流程的匯出與匯入。

2-3-1 Power Automate 使用介面

Power Automate 使用介面主要有兩個工具：流程管理的桌面流程管理工具，和設計流程的桌面流程設計工具。

☆ 桌面流程管理工具

在 Power Automate 新增桌面流程後，就會在桌面流程管理工具的**我的流程**標籤，看到建立的桌面流程，如下圖所示：

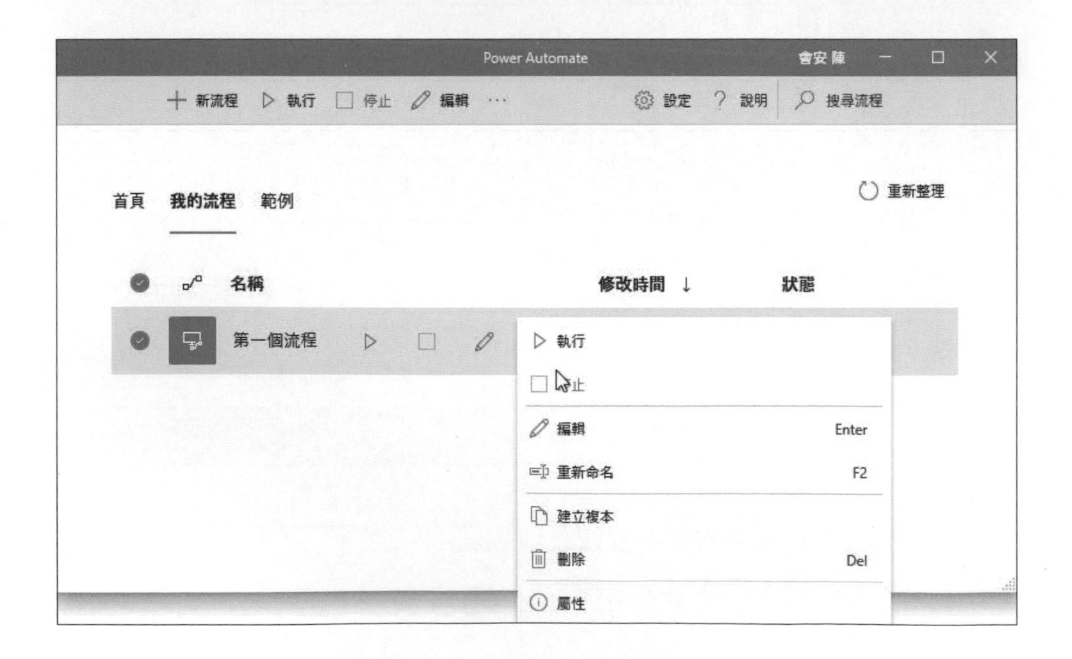

上述清單的每一個項目是一個桌面流程，在名稱後的 3 個圖示依序是執行桌面流程、停止桌面流程執行和編輯桌面流程，點選垂直 3 個點，可以顯示更多動作的選單，其選單命令的簡單說明，如下表所示：

命令	說明
執行	執行此桌面流程
停止	停上執行此桌面流程
編輯	編輯此桌面流程
重新命名	重新命名此桌面流程
建立複本	替此桌面流程建立一個完全相同的複本
刪除	刪除此桌面流程
屬性	顯示此桌面流程的相關屬性

☆ 桌面流程設計工具

在新建桌面流程，或在桌面流程項目點選第 3 個圖示，都可以開啟桌面流程設計工具，如下圖所示：

上述 Power Automate 桌面流程設計工具的上方標題列是功能表，最下方是狀態列，在工具區標籤頁的上方是工具列，可以儲存和執行桌面流程，三個主要窗格和狀態列的說明，如下所示：

◆ **動作窗格**：使用分類方式來顯示桌面流程支援的動作清單，我們可以點選來展開或摺疊各分類的動作清單。因為 Power Automate 支援的動作相當的多（持續增加中），請活用上方搜尋欄，直接輸入關鍵字來搜尋所需動作，例如：輸入**迴圈**，可以馬上在下方顯示符合關鍵字的動作清單，如右圖所示：

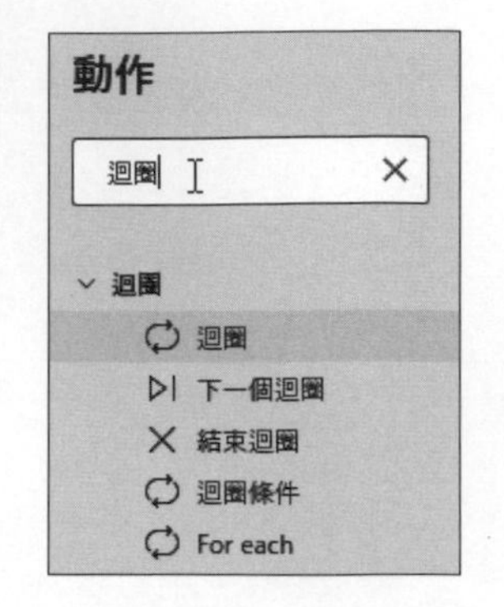

◆ **工作區標籤頁**：這是桌面流程的編輯區域，預設新增名為 Main 的子流程標籤頁，對於複雜的桌面流程，我們可以將相關動作分割成多個子流程，詳見第 2-5 節的說明。

◆ **變數窗格**：如果沒有看到此窗格，請點選右方垂直標籤的 {x} 圖示來切換顯示變數窗格（在第 2~3 個圖示依序是 UI 元素和影像，在第 9-1-1 節有進一步的說明），此窗格顯示的是桌面流程中使用的變數，包含：輸出 / 輸入變數和流程變數，如下圖所示：

◆ **狀態列**：在下方狀態列的前方是目前的狀態訊息，在中間顯示選取的動作數、目前的子流程數和動作數，在**執行延遲**欄可以指定延遲時間的毫秒數(1000 毫秒等於 1 秒)，這是執行每一個動作之間延遲的時間，如下圖所示：

2-3-2 在桌面流程編輯動作項目

當開啟指定桌面流程的桌面流程設計工具後，在 Main 子流程標籤可以看到桌面流程的動作清單，前方數字是執行順序，只需雙擊動作項目，就可以開啟動作參數對話方塊來重新編輯動作參數，直接拖拉動作可以調整桌面流程的動作順序，如下圖所示：

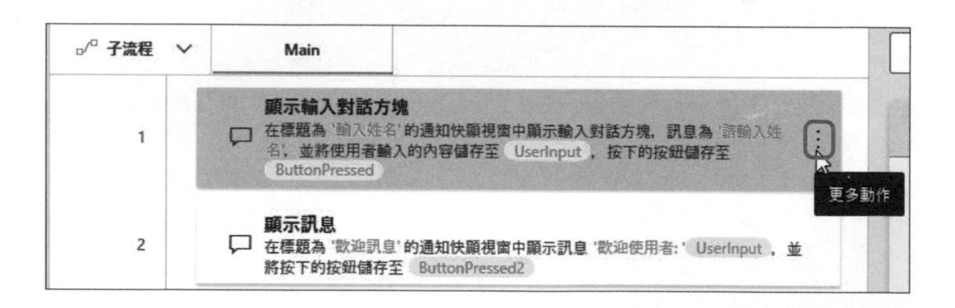

在上述桌面流程選取指定動作項目後，可以在後方看到垂直 3 個點，這是更多動作的選單，點選會出現針對此動作項目的更多動作選單，如右圖所示：

動作	快速鍵
編輯	Enter
從這裡執行	Alt+F5
復原	Ctrl+Z
重做	Ctrl+Y
剪下	Ctrl+X
複製	Ctrl+C
貼上	Ctrl+V
上移	Shift+Alt+Up
下移	Shift+Alt+Down
停用動作	
刪除	Del

上述選單命令的簡單說明，如下表所示：

命令	說明
編輯	編輯此動作
從這裡執行	可以從此步驟的動作開始執行
復原、重做	復原編輯操作；重做已復原的編輯操作
剪下、複製、貼上	剪貼簿的相關命令，可以剪下此動作至剪貼簿、複製此動作至剪貼簿或貼上剪貼簿的動作
上移	調整桌面流程中此動作的順序往上移，我們也可以直接在流程中拖拉動作來調整順序
下移	調整桌面流程中此動作的順序往下移，我們也可以直接在流程中拖拉動作來調整順序
停用動作	可以讓此動作沒有作用，在執行時就會自動跳過此動作不處理，幫助我們進行流程測試和除錯
刪除	刪除此動作

請注意！在 Power Automate 編輯工具選取項目或元素時，如果在最後有出現 3 個點時，就表示有提供更多功能操作。

2-4 匯出 / 匯入 Power Automate 桌面流程

在 Power Automate 雲端版本有支援流程匯出 / 匯入功能，但是目前的 Power Automate 桌面版本並沒有匯出 / 匯入桌面流程的功能，我們只能自行使用複製和貼上方式來匯出 / 匯入桌面流程。

☆匯出 Power Automate 桌面流程

我們準備使用複製和貼上方式來匯出第 2-2 節建立的桌面流程，其步驟如下所示：

1. 請開啟第 2-2 節桌面流程的桌面流程設計工具後，點選 Main 標籤的工作區，即可按 Ctrl + A 鍵全選欲匯出的動作，可以看到灰底顯示所有選取動作，然後按 Ctrl + C 鍵複製此桌面流程的所有動作。

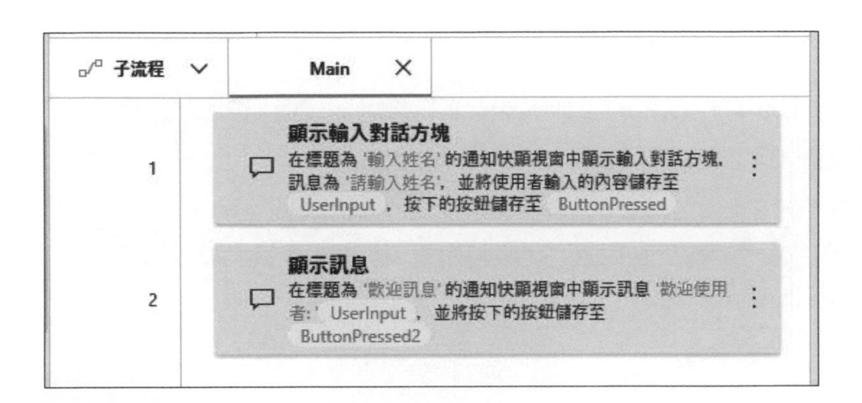

2. 然後啟動記事本，按 Ctrl + V 鍵貼上內容後，再按 Ctrl + S 鍵儲存成 "ch2-2.txt" 檔案。

☆匯入 Power Automate 桌面流程

當成功將複製的桌面流程動作儲存成 .txt 檔案後，我們就可以匯入 Power Automate 桌面流程，例如："ch2-2.txt"，其匯入步驟如下所示：

1. 請啟動記事本開啟 "ch2-2.txt" 檔案後，首先執行「編輯 / 全選」命令後，再執行「編輯 / 複製」命令複製全部內容。

2. 然後啟動 Power Automate，點選左上方 + 新流程新增名為 Test 的新桌面流程。

3. 點選 Main 標籤頁的工作區後，按 Ctrl + V 鍵貼上記事本中的內容至新桌面流程，即可匯入第 2-2 節的桌面流程。

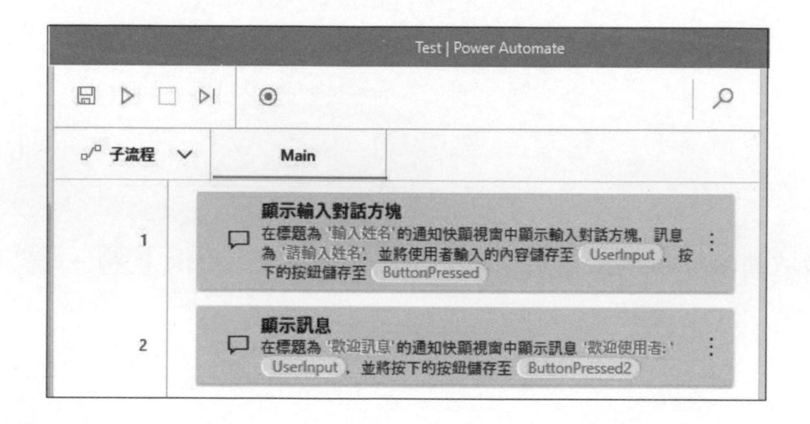

2-5 Power Automate 的流程控制

Power Automate 的流程控制是用來管理你的桌面流程，可以控制動作和子流程的執行順序，也可以使用與流程控制相關的動作來執行桌面流程的控制與管理，例如：建立子流程。

請注意！在此的流程控制並不是指桌面流程中各動作執行順序的流程控制，動作本身的流程控制是對比傳統程式語言的條件和迴圈結構，在 Power Automate 是使用條件和迴圈分類的動作來處理，詳見第 3 章的說明。

Power Automate 流程控制動作是位在**流程控制**分類，在這一節只準備說明子流程的建立和在主流程執行子流程，對比傳統程式語言就是程序呼叫，如右圖所示：

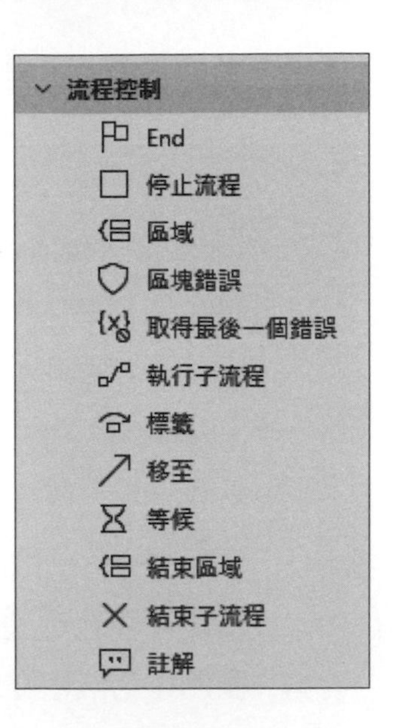

☆ 在桌面流程建立子流程

ch2-5.txt

我們準備在建立第 2-2 節桌面流程的複本後，新增名為**輸入姓名**子流程，然後將 Main 主流程的第一個動作複製至**輸入姓名**子流程來建立子流程的動作，其建立步驟如下所示：

1. 請在桌面流程管理工具點選**第一個流程**項目垂直 3 個點的更多動作，執行**建立複本**命令後，在**流程名稱**欄輸入**第一個流程 2** 的新名稱後，按**儲存**鈕。

2. 稍等一下，可以看到已儲存桌面流程，請按關閉鈕。

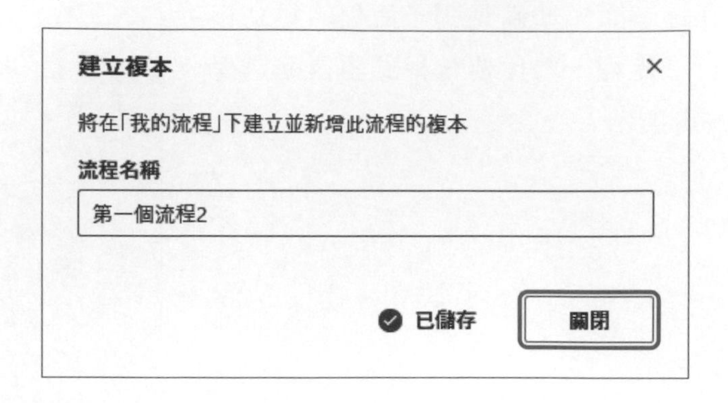

3. 在**我的流程**標籤可以看到此時位在第 1 個位置的桌面流程，這就是流程複本，請點選第 3 個圖示編輯桌面流程，如下圖所示：

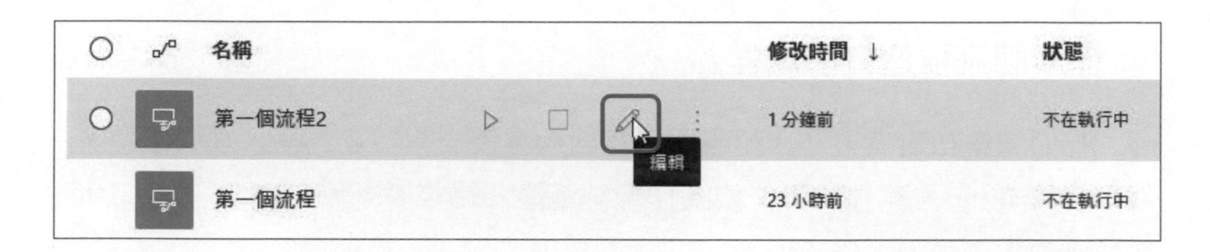

4. 請點選子流程後的向下箭頭，再選下方＋ **新的子流程**來新增子流程，如下圖所示：

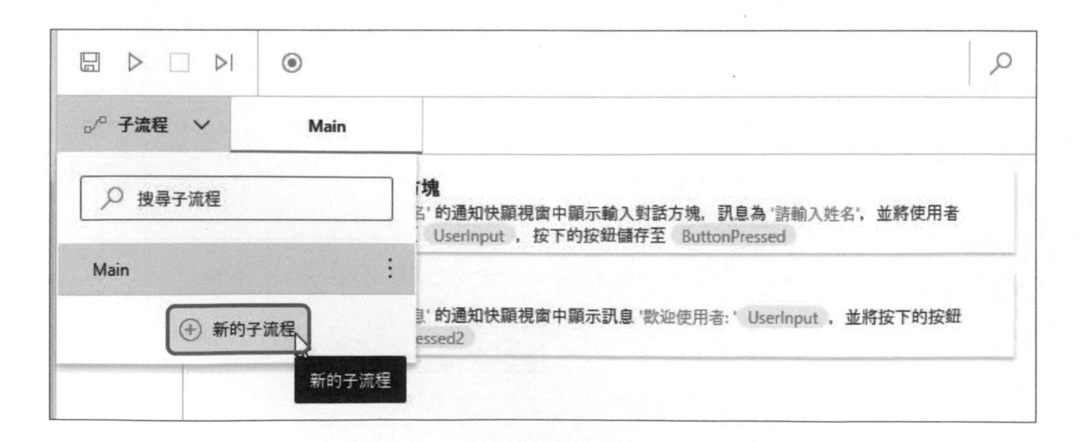

5. 在**子流程名稱**欄輸入子流程名稱**輸入姓名**，按**儲存**鈕建立子流程，可以在上方看到新增的**輸入姓名**標籤。

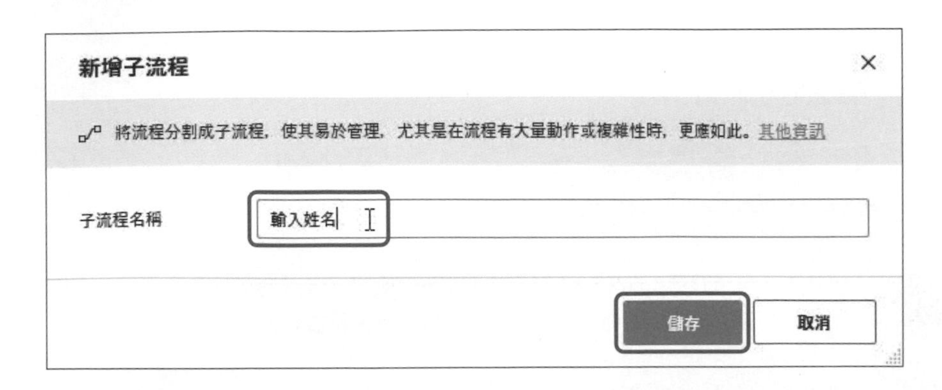

6. 選 **Main** 標籤，在第 1 個動作上，執行右鍵快顯功能表的**複製**命令複製此動作，如下圖所示：

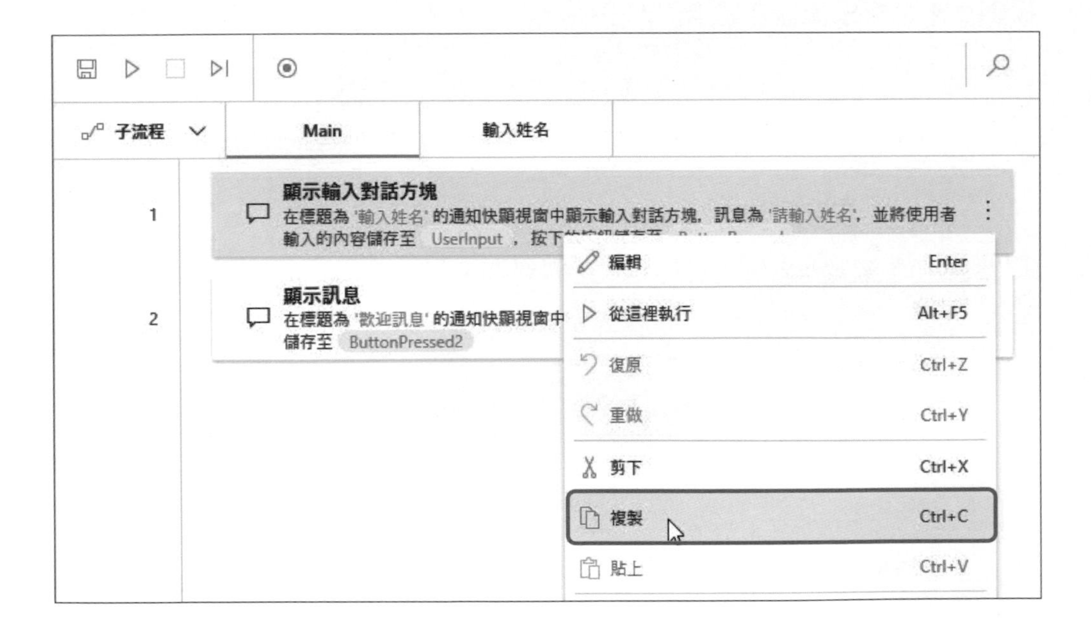

7. 然後選**輸入姓名**標籤切換至子流程後，點選編輯區域，按 Ctrl + V 鍵貼上複製的動作，就完成子流程的建立，如下圖所示：

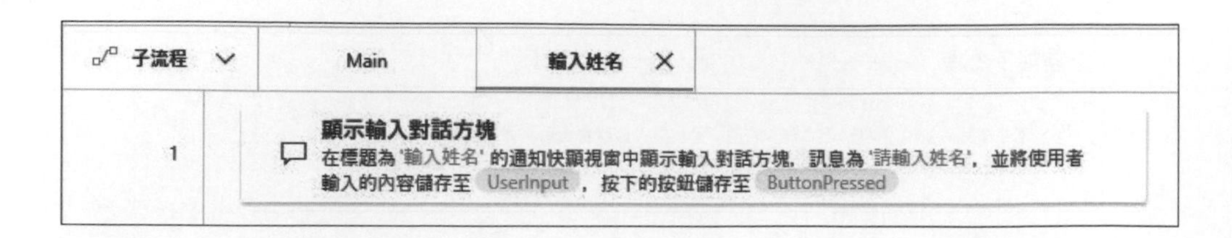

請注意！在流程檔：ch2-5.txt 只有桌面流程的動作，並沒有子流程的**輸入姓名**標籤，讀者需自行建立此子流程標籤後，再在此標籤貼上流程檔的內容。

☆ 修改主流程執行子流程　　ch2-5a.txt

當成功建立子流程後，我們就可以修改主流程改用**流程控制 > 執行子流程**動作來執行子流程，其步驟如下所示：

1. 請繼續上一小節的步驟，選 Main 標籤切換至主流程，請先刪除第 1 個動作後，從「動作」窗格拖拉**流程控制 > 執行子流程**動作來取代成為第 1 個動作。

2. 在動作參數編輯對話方塊的**執行子流程**欄選**輸入姓名**子流程後，按**儲存**鈕。

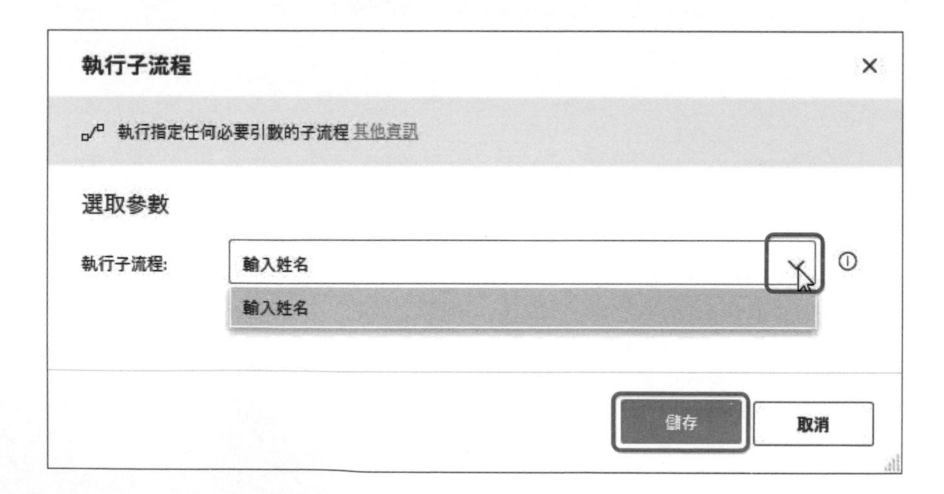

3. 可以看到修改後的主流程，如下圖所示：

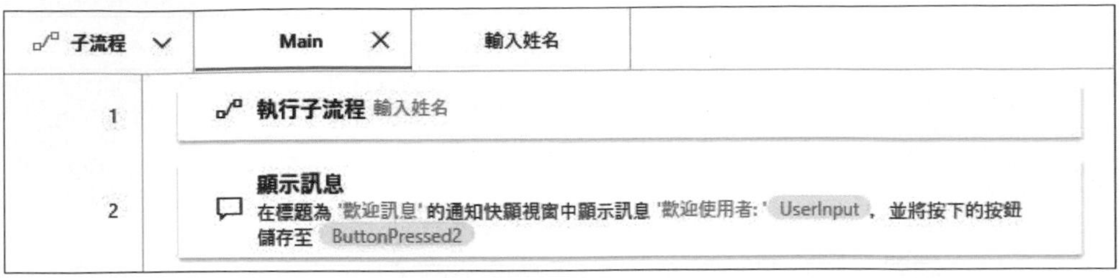

子流程 Main 輸入姓名

1 執行子流程 輸入姓名

2 顯示訊息
在標題為 '歡迎訊息' 的通知快顯視窗中顯示訊息 '歡迎使用者: ' UserInput ，並將按下的按鈕儲存至 ButtonPressed2

上述桌面流程的執行結果和第 2-2 節完全相同，從執行過程可以看到首先從主流程的第 1 個動作跳至**輸入姓名**子流程的第 1 個動作，在執行完子流程的動作後，再回到主流程執行第 2 個動作，然後結束流程的執行。

事實上，本節桌面流程的執行過程就是程序呼叫，這和傳統程式語言程序呼叫的執行過程完全相同。

1. 請簡單說明 Power Automate 桌面流程？
2. 請簡單說明 Power Automate 的兩大主要使用介面，其功能分別為何？
3. 請問 Power Automate 桌面版需要如何匯出和匯入流程？
4. 請簡單說明 Power Automate 主流程是如何執行子流程？
5. 請建立一個 Power Automate 桌面流程可以依序輸入身高和體重值，然後使用顯示訊息動作顯示這 2 個輸入值。

CHAPTER

3

變數、條件 / 迴圈與清單

- 3-1 | Power Automate 變數與資料型態
- 3-2 | Power Automate 運算式與資料型態轉換
- 3-3 | Power Automate 條件、清單與迴圈
- 3-4 | Power Automate 桌面流程的除錯

3-1 Power Automate 變數與資料型態

Power Automate 在執行桌面流程時常常需要記住各動作和子流程之間的一些資料，例如：使用者輸入值或運算結果等，使用的就是「變數」(Variables)。

☆ 認識變數

在日常生活中，去商店買東西時，為了比較價格，需要記下商品價格，同樣的，程式是使用變數儲存這些執行時需記住的資料，也就是將這些值儲存至變數，當變數擁有儲存值後，就可以在需要的地方取出變數值，例如：執行數學運算和比較運算等。

當我們想將零錢存起來時，可以準備一個盒子來存放這些錢，並且隨時看看已經存了多少錢，這個盒子如同一個變數，可以將目前金額存入變數，或取得變數值來看看存了多少錢，如右圖所示：

☆ Power Automate 的變數

在 Power Automate 桌面流程設計工具的「變數」窗格，可以顯示目前桌面流程所建立的變數，如右圖所示：

上述「變數」窗格的 Power Automate 變數分為兩種，其簡單說明如下所示：

◆ **輸入 / 輸出變數**：在自動化桌面流程之間分享資料的變數，請在此框按 + 鈕來新增變數，因為本書內容主要是建立單一桌面流程，所以並不會使用到輸入 / 輸出變數。

◆ **流程變數**：桌面流程各動作之間分享資料的變數，在新增動作時就會自動產生相關變數，當然也可以自行新增流程變數。

請注意！**在本書如果沒有特別說明，所謂的變數就是指流程變數。**

我們準備在建立第 2-2 節桌面流程的複本後，編輯修改桌面流程來新增 UserMsg 變數，可以儲存歡迎訊息的字串，其步驟如下所示：

1. 在 Power Automate **我的流程**標籤頁的**第一個流程**項目，點選垂直 3 個點的更多動作，執行**建立複本**命令。

2. 在**流程名稱**欄更改流程名稱成為**建立流程變數**後，按**儲存**鈕。

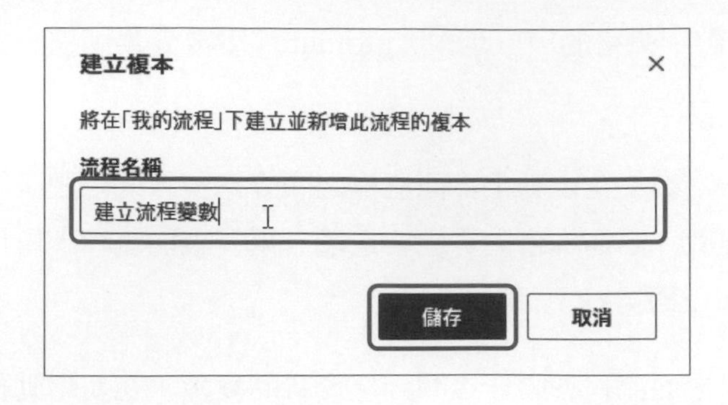

3. 稍等一下，等到成功儲存後，按關閉鈕。

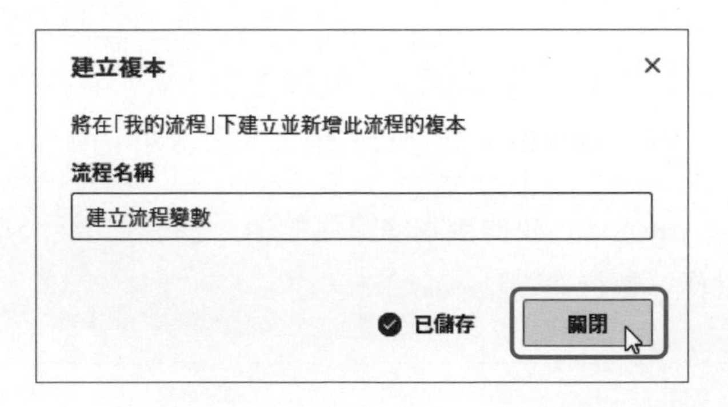

4. 可以看到新增的桌面流程，請在此項目，點選名稱後的第 3 個圖示來編輯此桌面流程。

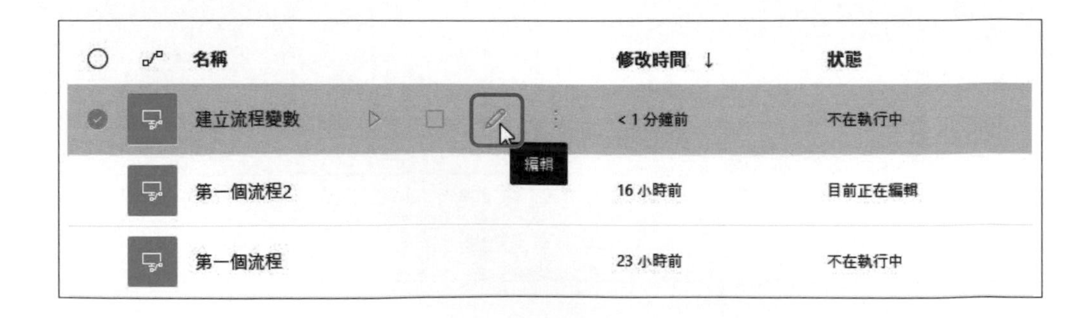

5. 請拖拉**變數 > 設定變數**動作至**顯示輸入對話方塊**動作的前方，可以看到一條插入線，即可插入成為流程的第 1 個動作。

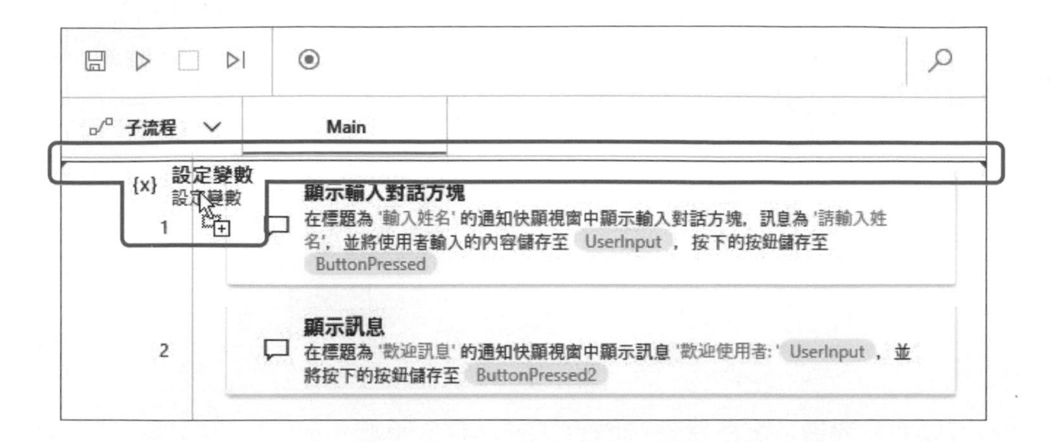

6. 馬上顯示編輯動作參數的對話方塊，首先點選 NewVar 變數名稱來更改變數名稱。

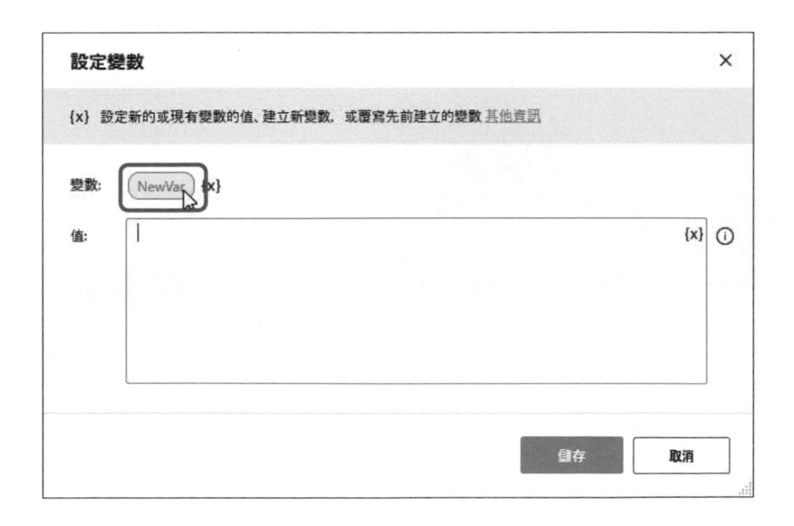

7. 變數名稱可用中文、英文字母、數字和「_」底線，但是第 1 個字元不能是數字，請直接將變數名稱改為 UserMsg 後，在下方輸入變數值**歡迎使用者 :**，按**儲存**鈕。

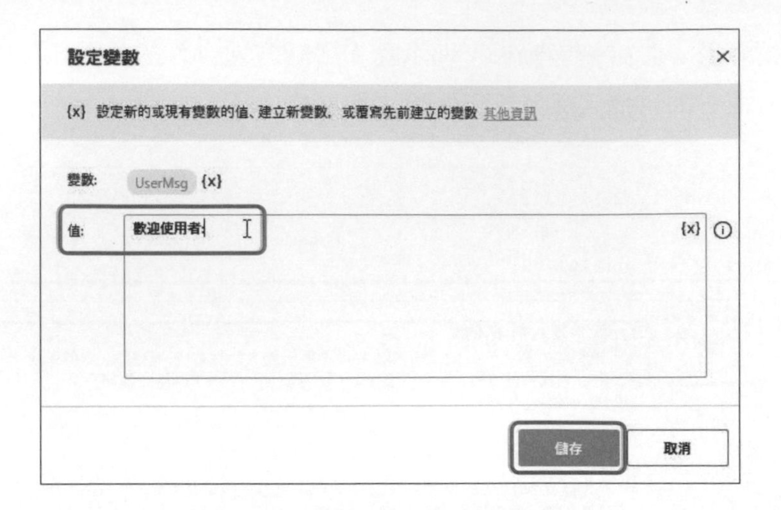

8. 可以在「變數」窗格看到新增的 UserMsg 變數。

9. 然後雙擊最後 1 個顯示訊息動作，在要顯示的訊息欄改為顯示 UserMsg 和 UserInput 變數值後，按儲存鈕，如下所示：

```
%UserMsg% %UserInput%
```

10.此桌面流程的執行結果和第 2-2 節相同，當執行流程後，可以在「變數」窗格看到執行後的變數值。

請注意！在 Power Automate 使用變數時，在變數名稱前後需加上「%」符號，這是佔位符，表示在此位置填入變數或運算式的值，我們可以詢問 ChatGPT 此種變數寫法，詳細的問題描述 (ch3-1_gpt.txt)，如下所示：

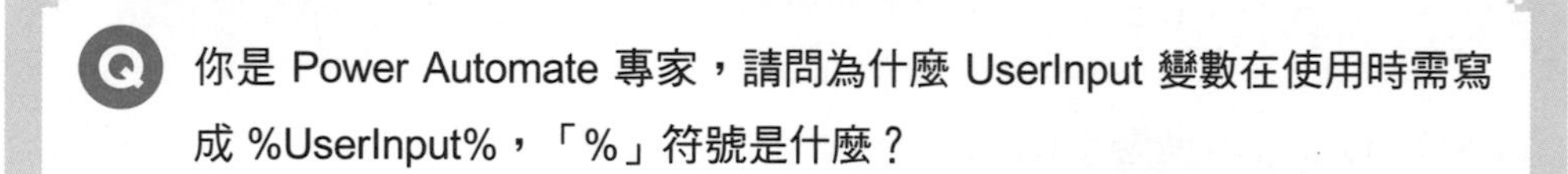

對於Power Automate（以前稱為Microsoft Flow）中的變數，特別是使用者輸入變數，需要在使用時使用「%」符號包圍變數名稱，例如%UserInput%。這是Power Automate中的一種表示方法，稱為動態內容引用。這種表示方法用於指示Power Automate在執行期間將該變數的實際值插入到相應的步驟中。

「%」符號的作用是告訴Power Automate，後面的內容是一個變數名稱，而不是普通的文本。當你在Power Automate的操作步驟中使用變數時，將變數名稱包圍在「%」符號中，系統將會將該變數的值動態地插入到該步驟中，以供後續處理。

這種方式讓Power Automate可以動態地引用和處理不同的變數，並根據實際情況動態調整工作流程。因此，當你在Power Automate中使用使用者輸入變數時，需要使用「%」符號包圍變數名稱，以確保變數在執行期間被正確解析和使用。

上述 ChatGPT 的回答說明這是動態內容引用，可以在執行流程時，將變數值插入至「%」符號的位置，簡單的說，變數是佔用此位置來顯示值，所以「%」符號也稱為佔位符。

☆ 變數的字面值

變數擁有名稱，例如：Name 和 Height，其儲存的資料 "Tom" 和 100，稱為「字面值」(Literals)，如下所示：

```
100
15.3
"Tom"
```

上述 3 個字面值（也稱為常數）的前 2 個是數值，最後一個是使用「"」括起的一序列字元值，稱為字串 (Strings)。

☆ 變數的資料型態

變數的「資料型態」(Data Types) 就是變數儲存字面值的類型，可能是字串、整數或浮點數等，資料型態能夠決定變數可以執行的運算，例如：只有整數或浮點數變數能執行四則運算，如果資料型態不同，需要先轉換成相同的資料型態後，才能執行所需的運算。

我們可以詢問 ChatGPT 關於 Power Automate 變數的資料型態，但因為 Open AI 的 ChatGPT 資料比較舊，筆者改詢問微軟 Bing Chat，其詳細的問題描述 (ch3-1a_gpt.txt)，如下所示：

Q 你是 Power Automate 專家，請問 Power Automate 流程變數可以使用的資料型態有哪些，請一一列出？

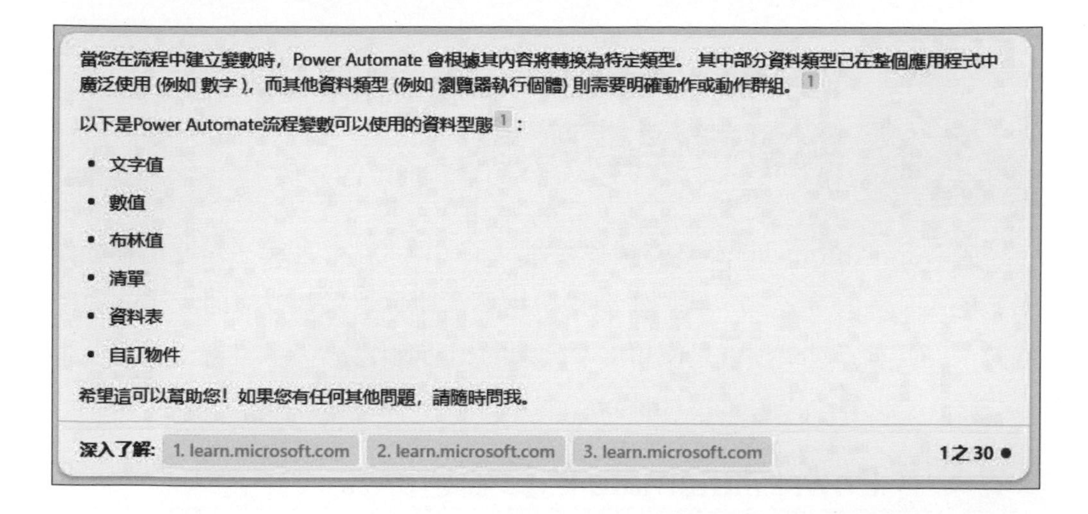

上述 Bing Chat 的回答列出 Power Automate 變數資料類型的種類，文字值就是字串，我們可以進一步詢問指定資料型態支援的屬性清單，請繼續 Bing Chat 的交談過程，其詳細的問題描述 (ch3-1b_gpt.txt)，如下所示：

Q 你是 Power Automate 專家，請問變數的字串資料型態支援哪些屬性？

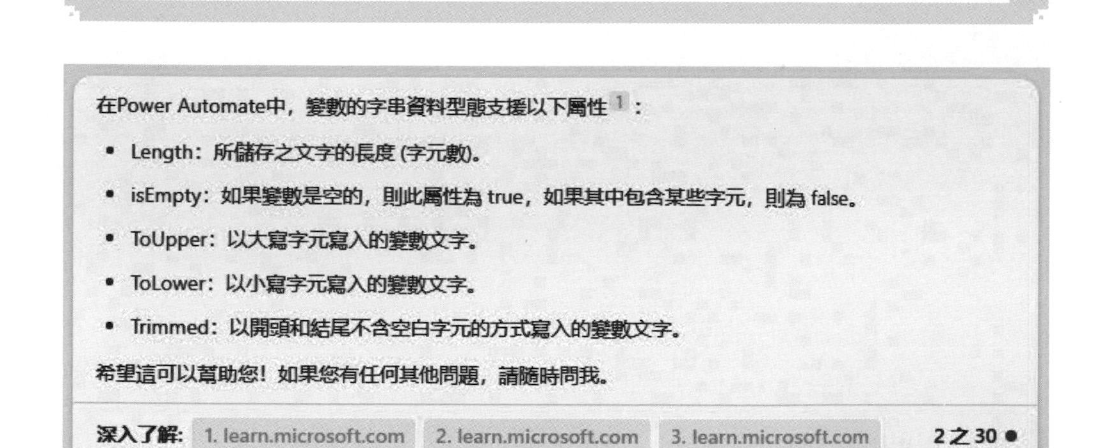

上述 Bing Chat 的回答是字串資料型態的屬性，在第 3-3-1 節就是使用 Length 屬性來取得字串長度。相同方式，我們可以詢問 Bing Chat 其他資料型態是什麼？和其支援的屬性清單。

3-2 Power Automate 運算式與資料型態轉換

Power Automate 雖然支援多種運算子，但大部分運算子是使用在動作參數的編輯，在實務上，我們主要是使用算術運算子來執行桌面流程的數學運算，而資料型態轉換就是使用文字分類的相關動作。

3-2-1 Power Automate 的算術運算式

我們可以詢問微軟 Bing Chat 關於 Power Automate 支援的算術運算子，其詳細的問題描述 (ch3-2-1_gpt)，如下所示：

Q 你是 Power Automate 專家，請問 Power Automate 桌面流程支援的算術運算子有哪些，請一一列出？

Power Automate桌面流程支援的算術運算子有加法 (+)、減法 (-)、乘法 (*) 和除法 (/) 1 . 您可以使用所有的基本算術運算子，例如加法、減法、乘法和除法。算術運算主要用於數值及變數。不過，您也可以使用加法運算子來串連字串。在同一個運算式中加入數字和文字字串，會將數字轉換成文字，然後串連這些數字與其他文字字串 1 .

希望這能幫助到您!

深入了解: 1. learn.microsoft.com 2. learn.microsoft.com 3. learn.microsoft.com 1之30 ●

上述 Bing Chat 的回答說明 Power Automate 支援的算術運算子有加法 (+)、減法 (-)、乘法 (*) 和除法 (/)。除了四則運算子外，Power Automate 還支援 mod 運算子的餘數運算。

在 Power Automate 的算術運算式桌面流程 (流程檔：ch3-2-1.txt) 就是測試上述算術運算子，變數 X 的值是 10；Y 是 3，運算結果為了方便說明，變數名稱改用中文來命名，如下所示：

```
%X + Y%
%X - Y%
%X * Y%
%X / Y%
%X mod Y%
```

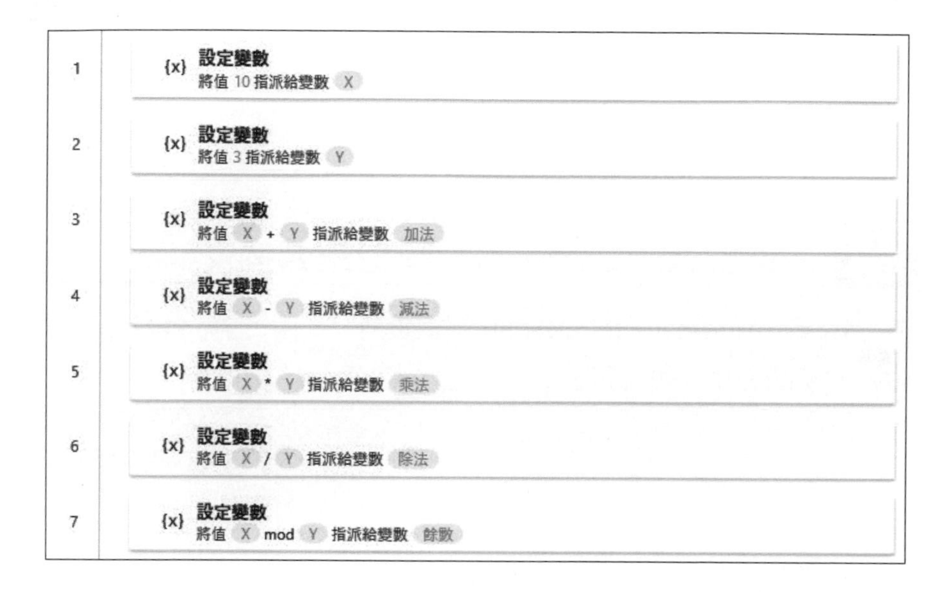

上述桌面流程的執行結果，可以看到變數 X 和 Y 的運算結果，如右圖所示：

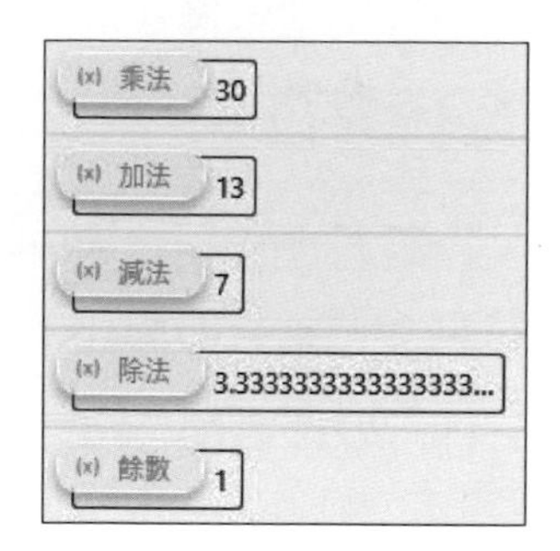

Power Automate 的加法運算子也是字串連接運算子，在 Power Automate 的算術運算式 2 桌面流程（流程檔：ch3-2-1a.txt）就是測試字串連接運算子，如下所示：

```
%A + B%
```

1 {x} 設定變數
將值 'This is' 指派給變數 A

2 {x} 設定變數
將值 ' a book.' 指派給變數 B

3 {x} 設定變數
將值 A + B 指派給變數 Result

上述桌面流程的執行結果，可以看到 Result 變數值是 2 個字串變數的字串連接結果："This is a book."。

3-2-2 Power Automate 的資料型態轉換

在 Power Automate 的**文字**分類支援資料型態轉換的相關動作，如右圖所示：

- 將文字轉換為數字
- 將數字轉換為文字
- 將文字轉換為日期時間
- 將日期時間轉換為文字

上述 4 個動作分別是文字轉數字、數字轉文字、文字轉日期時間和日期時間轉文字，後 2 個動作的說明請參閱第 6 章，在這一節說明的是文字和數字資料型態的轉換。

在 Power Automate 的**資料型態轉換**桌面流程（流程檔：ch3-2-2.txt）共有 6 個步驟的動作，分別測試上述文字和數字資料型態的轉換動作，在第一部分的 Step 1 ~ Step 4 是測試數字轉文字，如下圖所示：

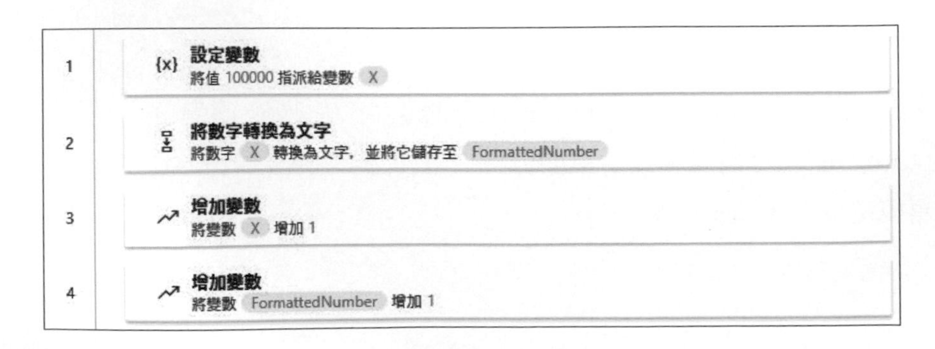

上述 Step 1 建立變數 X，值是 100000，Step 2 是文字 > **將數字轉換為文字**動作，可以將**將轉換的數字**欄的整數變數 X 轉換成 FormattedNumber 變數的字串，擁有千分位和小數點下 2 位（即**小數位數**欄），如下圖所示：

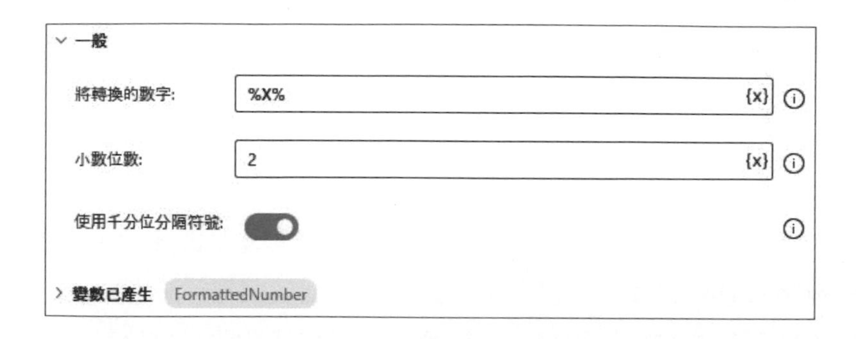

在 Step 3 和 Step 4 分別將變數 X 和 FormattedNumber 加一，可以發現不論是數值或字串型態，當字串內容都是數字時，都能夠進行數學運算，上述桌面流程的執行結果，2 個變數值都加 1，如下圖所示：

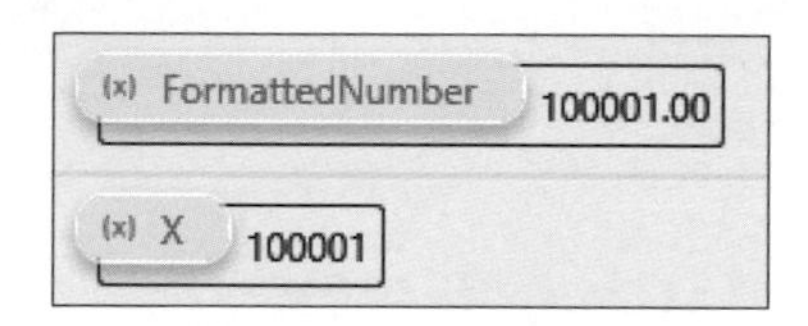

第二部分的 Step 5 ~ Step 6 測試文字轉數字，在 Step 5 建立變數 Y，值是字串 "100000 元 "，如下圖所示：

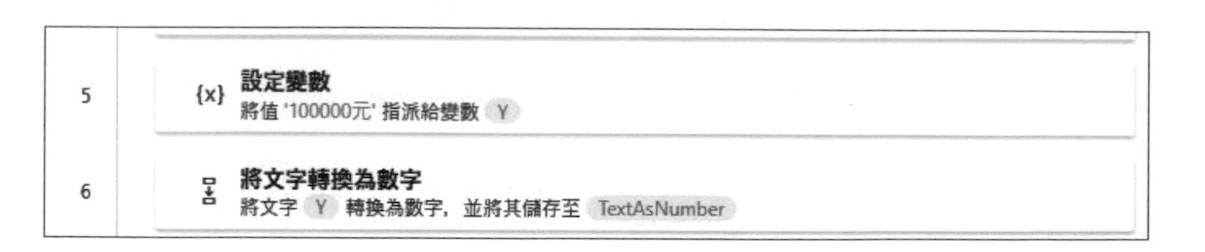

本書只要有看到 Step 符號，指的都是 Power Automate Desktep 流程前的編號。

上述 Step 6 是文字 > 將文字轉換為數字動作，可以將要轉換的文字欄的字串變數 Y 轉換成 TextAsNumber 數字變數，如下圖所示：

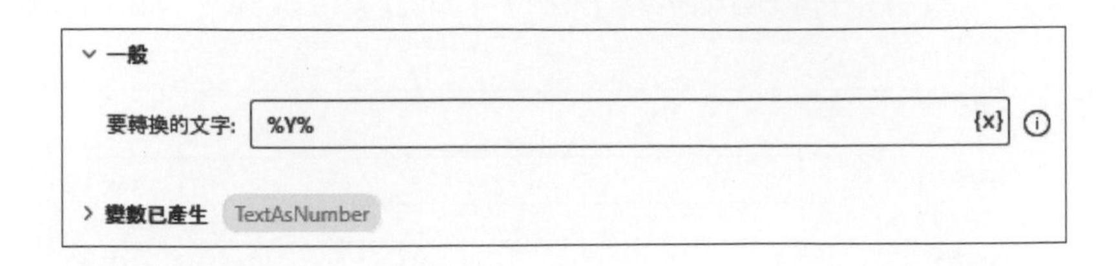

上述桌面流程的執行結果，因為字串變數 Y 有非數字的中文字，所以轉換成數字時就會失敗，可以看到下方顯示「錯誤清單」窗格，指出錯誤所在的子流程和是第幾行的步驟，並且顯示錯誤描述的訊息文字，其進一步說明請參閱第 3-4 節，如下圖所示：

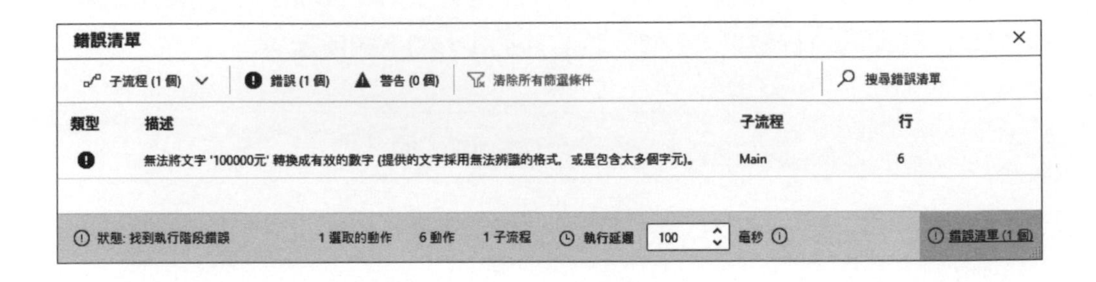

因為桌面流程的 Step 6 有錯誤，當執行桌面流程後，就會在此步驟項目前顯示錯誤圖示，和顯示紅色方框來標示有錯誤，如下圖所示：

3-3 Power Automate 的條件、清單與迴圈

Power Automate 桌面流程可以使用條件分類的動作來更改流程的執行順序，或使用迴圈分類的動作來重複執行動作，Power Automate 的清單 (List) 就是對比傳統程式語言的陣列。

3-3-1 條件

Power Automate 的條件是使用 If、Else 和 Else if 動作所組成，If 動作是建立單選條件、If + Else 動作建立二選一條件，If + Else if + Else 動作建立多選一條件。

☆ 單選條件

ch3-3-1.txt

我們準備修改第 2-2 節的流程，新增 If 條件判斷在輸入資料後，使用者是否是按 OK 鈕，如果是，才顯示訊息，其步驟如下所示：

1. 請用第一個流程建立名為單選條件的桌面流程複本，然後編輯流程，在「動作」窗格拖拉條件 >If 動作至 2 個動作之間。

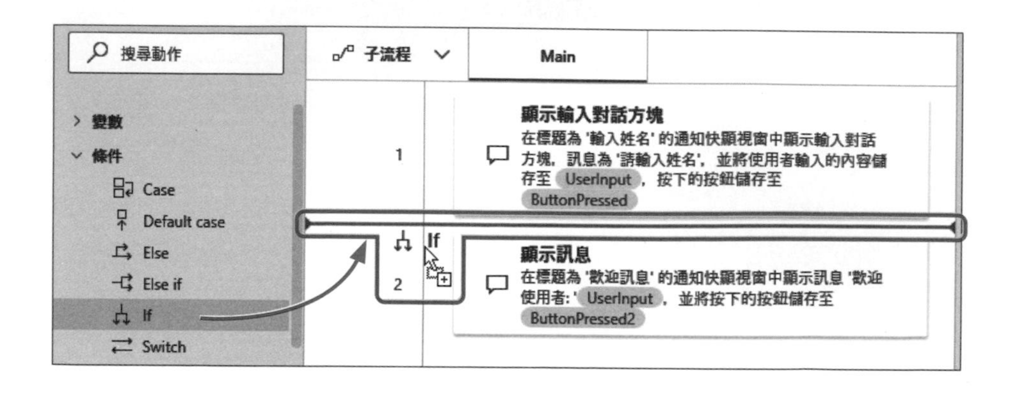

2. 接著編輯動作參數，在第一個運算元欄位輸入 ButtonPressed 變數（此變數值是輸入對話方塊按下的按鈕名稱），請注意！在動作參數的欄位輸入變數時也需要加上前後「%」符號，以便和字串字面值作區分。

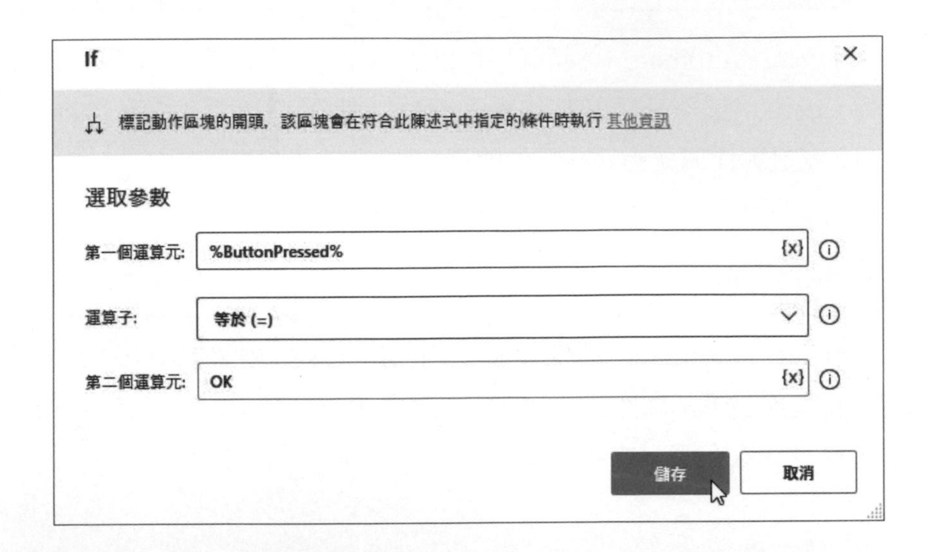

3. 在運算子欄位選大於、等於和小於的比較運算子，以此例是等於 (=)，在第二個運算元欄位輸入變數值等於 "OK"（因為沒有前後的「%」符號，所以這是字串，而且在輸入字串時也不用在前後加上「"」），這是按下 OK 鈕的變數值，按儲存鈕儲存參數。

在編輯動作參數的欄位後如果看到 {x} 圖示，表示欄位可以選擇變數來直接填入欄位，點選即可選擇可用的變數，如下圖所示：

4. 當拖拉 If 動作至桌面流程後，在桌面流程就會自動新增 End 動作，此時當條件成立，就是執行這 2 個動作之間的動作，請直接拖拉下方的訊息方塊 > 顯示訊息動作至這 2 個動作之間。

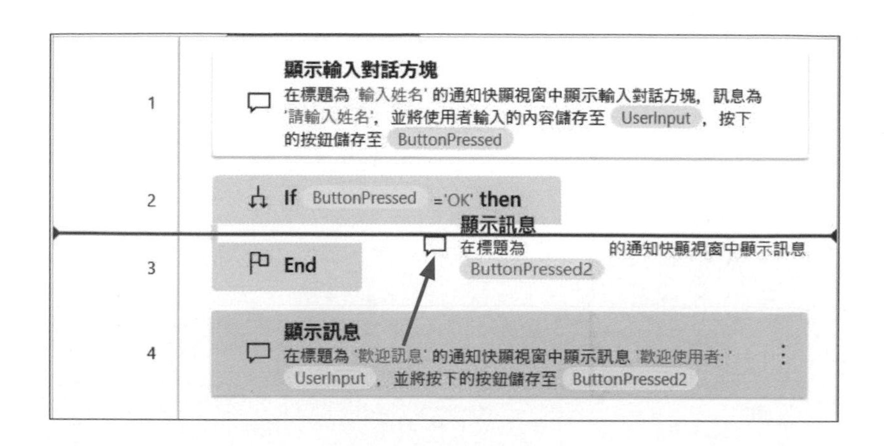

5. 可以看到我們建立的桌面流程，顯示訊息動作是位在 If 和 End 動作之間，這就是傳統程式語言的程式區塊，換句話說，當條件成立，就執行此程式區塊的動作（可能不只一個）。

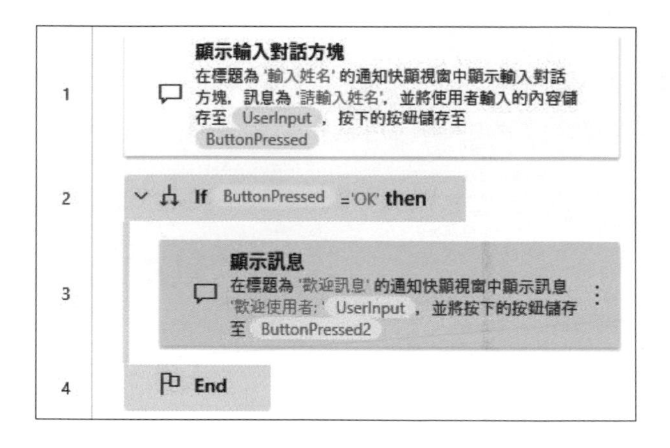

請執行上述桌面流程，當在輸入對話方塊，按下 Cancel 鈕，可以看到什麼事都沒有發生，只有按下 OK 鈕才會顯示訊息視窗。

☆ 二選一條件 ch3-3-1a.txt

單選條件只是執行或不執行，當條件不成立時，什麼事也不會發生，因為使用者並不應該按 Cancel 鈕，所以加上 Else 動作，改建立成二選一條件，當按下 Cancel 鈕時，顯示另一個說明的訊息視窗。

請使用單選條件建立名為二選一條件的桌面流程複本，然後編輯此桌面流程，拖拉條件>Else 動作至顯示訊息動作之後，如右圖所示：

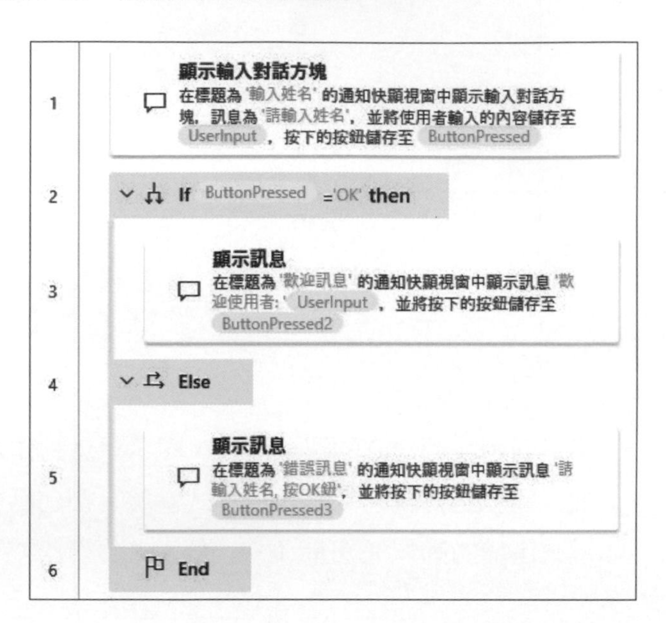

然後，再拖拉 1 個訊息方塊 > 顯示訊息動作至 Else 和 End 動作之間，這是條件不成立時執行的動作，即可編輯動作參數，如下圖所示：

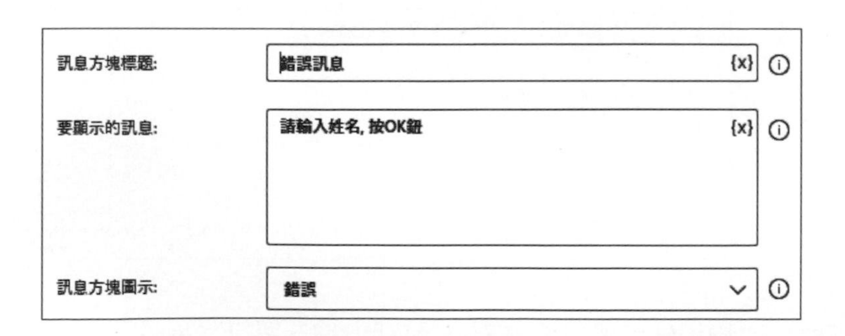

執行上述桌面流程，當按下 Cancel 鈕，可以看到顯示另一個訊息視窗，如右圖所示：

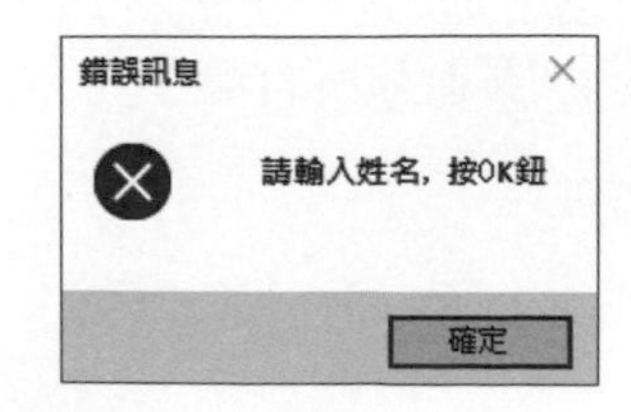

☆ 多選一條件

ch3-3-1b.txt

多選一條件是 If 動作的延伸，可以在 If 和 End 動作之間新增 Else if 動作的條件來建立多選一條件，例如：修改二選一條件桌面流程新增多選一條件，用來檢查輸入的姓名字串，第 1 個條件為姓名是空的，第 2 個條件是姓名長度小於 2 個字，如果輸入姓名都不符合上述 2 個條件，就表示輸入了正確的姓名。

請使用二選一條件建立名為多選一條件的桌面流程複本，然後編輯此桌面流程，首先新增一個變數 > 設定變數動作，接著拖拉條件 >If 動作至 Step 2 的 If 動作之後，建立內層 If 單選條件，然後依序拖拉條件 >Else if 和條件 >Else 動作至內層 If 單選條件之中，建立內層的多選一條件，如下圖所示：

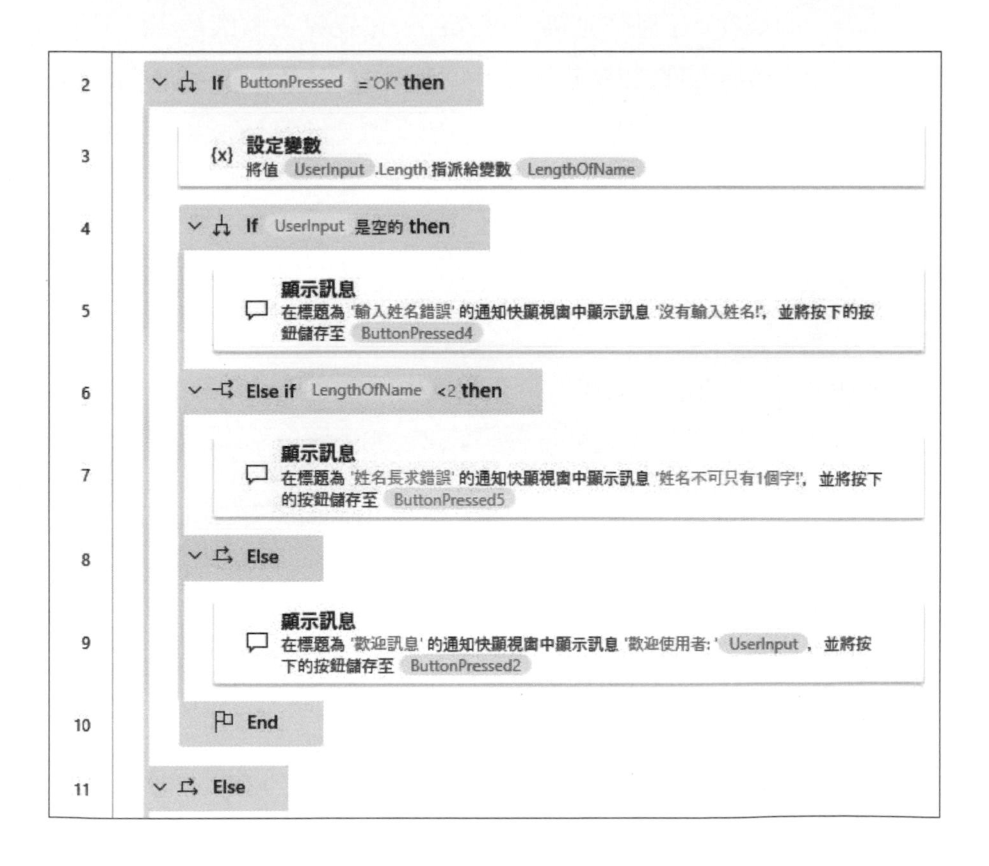

上述 Step 3 的變數 > 設定變數動作是使用 Length 屬性來取得輸入姓名 UserInput 變數的長度，如下所示：

```
%UserInput.Length%
```

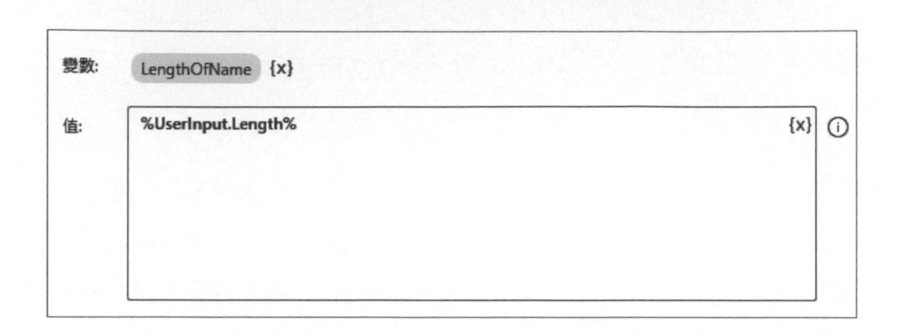

在 Step 4 的條件 >If 動作是第 1 個條件，在運算子欄選是空的，可以判斷輸入的 UserInput 變數是否是空的，如下圖所示：

第一個運算元: %UserInput% {x}

運算子: 是空的

Step 6 的條件 >Else if 動作是第 2 個條件，在運算子欄選小於 (<)，可以判斷 UserInput 變數的字串長度是否小於 2，如下圖所示：

第一個運算元: %LengthOfName% {x}

運算子: 小於 (<)

第二個運算元: 2 {x}

然後，拖拉原 Step 3 的**顯示訊息**動作至內層多選一條件的 Else 動作之後的 Step 9 後，再依序拖拉 2 個**訊息方塊 > 顯示訊息**動作，這是 2 個條件不成立時顯示的訊息視窗，其說明如下所示：

- 第 1 個：拖拉至 If 和 Else if 動作之間，即 Step 5，可以顯示 " 沒有輸入姓名！ " 的錯誤訊息 (因為是空的)。
- 第 2 個：拖拉至 Else if 和 Else 動作之間，即 Step 7，可以顯示 " 姓名不可只有 1 個字！ " 的錯誤訊息 (因為長度小於 2)。

執行上述桌面流程，如果沒有輸入姓名就按 OK 鈕，可以顯示錯誤訊息視窗，如右圖所示：

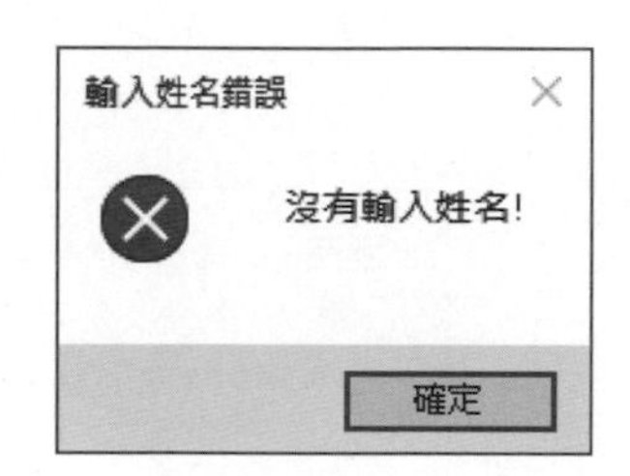

如果輸入的姓名長度只有 1 個字，可以顯示另一個錯誤訊息視窗，如右圖所示：

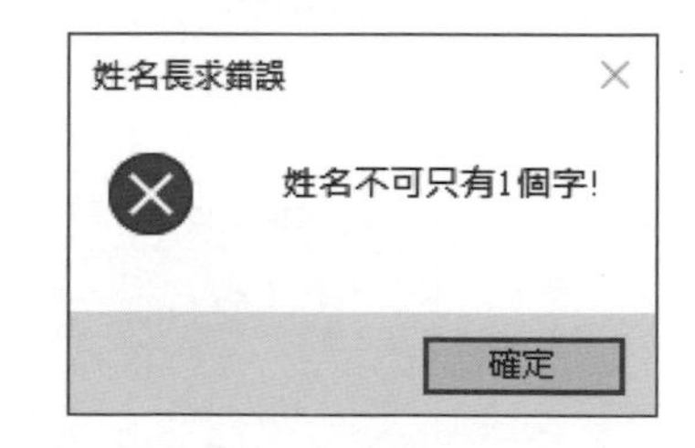

3-3-2 清單與迴圈

Power Automate 支援多種迴圈，在這一節說明**迴圈**動作的計數迴圈，和走訪清單項目的 For each 迴圈，第 4-4 節才會講解**迴圈條件**動作的條件迴圈。

☆ 使用迴圈建立清單

ch3-3-2.txt

Power Automate 變數可以儲存桌面流程所需的單一資料，如果需要儲存大量資料，例如：6 個英文單字，使用變數需要建立 6 個變數；清單就只需一個，可以儲存 6 個英文單字，每一個單字是清單的一個元素 (項目)。

我們準備使用迴圈動作來建立清單，清單元素值就是計數迴圈的計數值，其建立步驟如下所示：

1. 請在 Power Automate 新增名為**使用迴圈建立清單**的桌面流程，首先新增**變數 > 建立新清單**動作，預設建立名為 List 的變數，這是一個沒有元素的空清單。

2. 然後拖拉**迴圈 > 迴圈**動作至**建立新清單**動作之後，就可以設定動作參數，在**開始位置**欄是計數迴圈的起始值 1；**結束位置**是終止值 10；**遞增量**欄是每次增加 2，按**儲存**鈕。

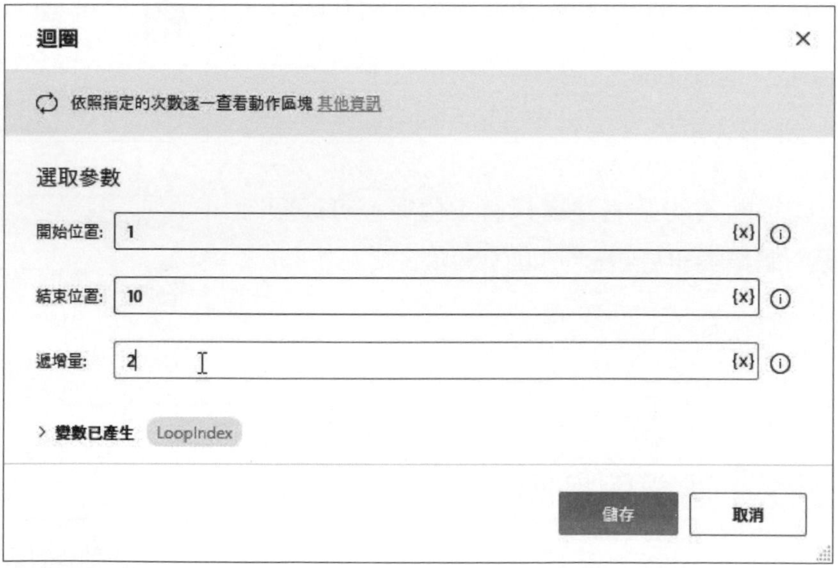

迴圈
依照指定的次數逐一查看動作區塊 其他資訊
選取參數
開始位置: 1
結束位置: 10
遞增量: 2
> 變數已產生 LoopIndex
儲存 取消

上述**迴圈**動作稱為計數迴圈，因為迴圈是從開始位置的值開始，遞增至結束位置的值，每次增加遞增量的值，以此例是從 1 至 10，每次加 2，LoopIndex 變數值依序是 1、3、5、7、9，當再加 2 成為 11 時，因為超過結束位置值 10，所以結束迴圈的執行。同理，如果遞增量的值是 1，LoopIndex 變數值依序是 1、2、3、4、5、6、7、8、9、10。

3. 目前建立的桌面流程共有 3 個動作，包含自動加上的 End 動作，每一次迴圈重複執行的部分，就是位在迴圈和 End 動作之間的動作（可能有多個動作）。

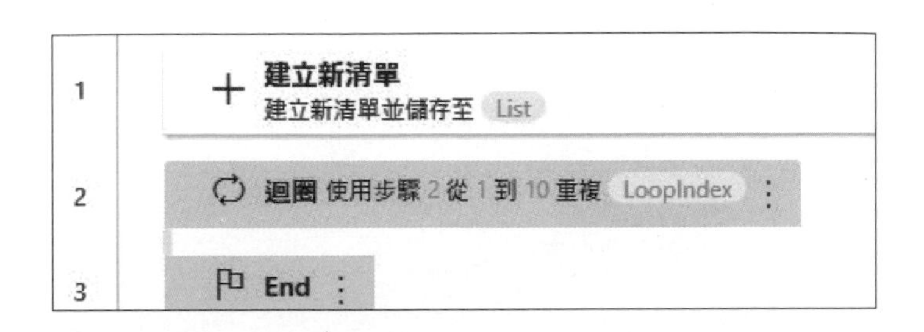

4. 因為我們準備將 LoopIndex 變數值依序新增至清單，請拖拉變數 > 新增項目至清單動作至迴圈和 End 動作之間，然後編輯動作參數，在新增項目欄輸入迴圈的 LoopIndex 變數（別忘了前後「%」符號表示是變數，不是字串）；在至清單欄輸入 List 清單變數後，按儲存鈕。

新增項目至清單
將新項目附加至清單 其他資訊
選取參數
一般
新增項目: %LoopIndex%
至清單: %List%
儲存 取消

5. 最後可以看到我們建立的桌面流程。

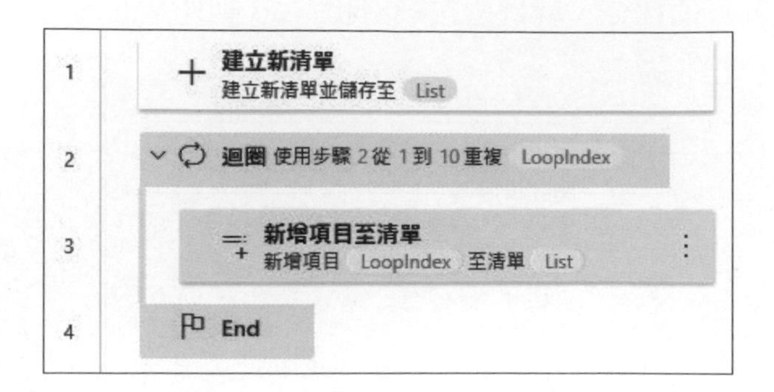

執行上述桌面流程後，會看到重複執行**新增項目至清單**動作來新增項目至清單，最後可以在「變數」窗格看到 List 變數值是 1、3、5、7、9，如下圖所示：

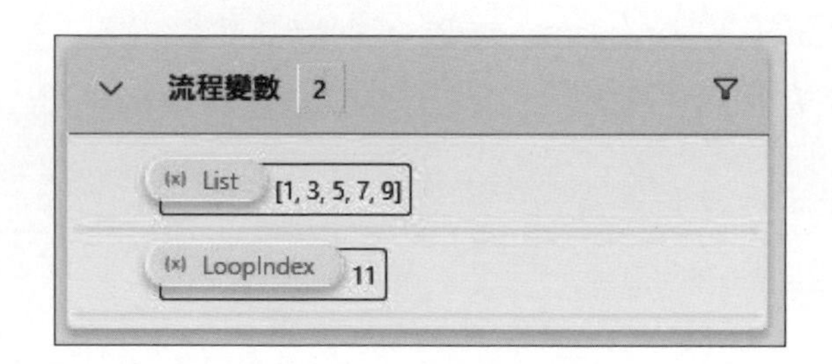

☆For each 迴圈顯示清單項目 ch3-3-2a.txt

在**使用迴圈建立清單**桌面流程是建立 List 清單變數和新增 5 個項目，我們準備修改此桌面流程，會用到 For each 迴圈來顯示清單項目，並使用**顯示訊息**動作，其建立步驟如下所示：

1. 請使用**使用迴圈建立清單**建立名為 **For each 迴圈顯示清單項目**的桌面流程複本，然後編輯此桌面流程，拖拉**迴圈>For each** 動作至流程最後，即可編輯動作參數，走訪 List 清單變數來一一儲存至 CurrentItem 變數，請在**要逐一查看的值**欄選 List 變數後，按**儲存**鈕。

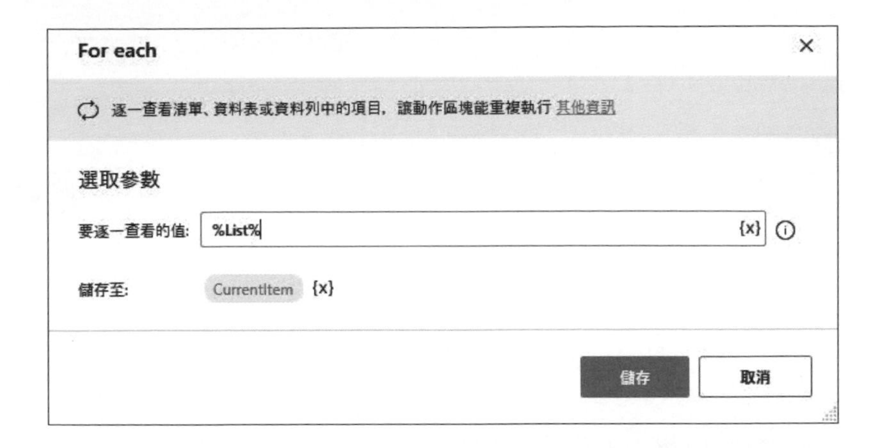

2. 同樣的，For each 動作也會自動新增 End 動作，請拖拉訊息方塊 > 顯示訊息動作至 For each 和 End 動作之間後，編輯此動作的參數，標題是項目值；顯示的訊息是 CurrentItem 變數值。

訊息方塊標題: 項目值 {x}

要顯示的訊息: 項目值: %CurrentItem% {x}

3. 最後，可以看到我們修改建立的桌面流程。

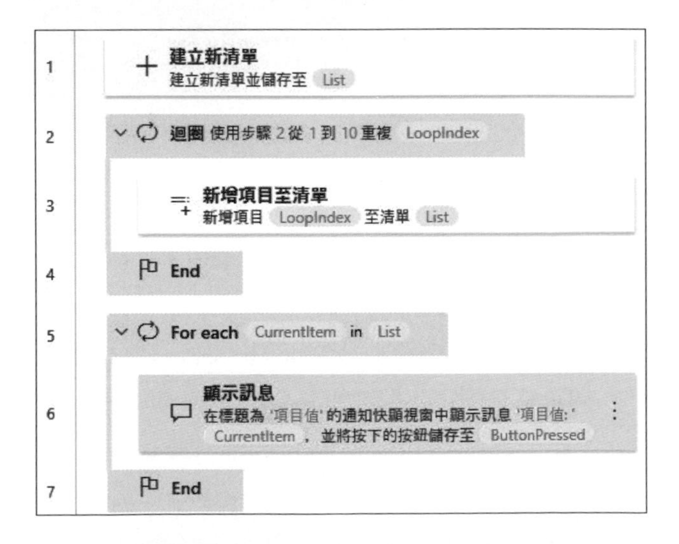

執行上述桌面流程，會看到 For each 迴圈重複使用訊息視窗來顯示項目值，因為共有 5 個項目，所以會顯示 5 次，請持續按 5 次**確定**鈕，可以看到值依序是 1、3、5、7 和 9，如右圖所示：

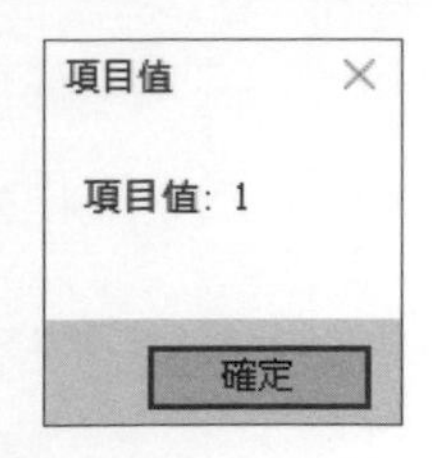

3-4 Power Automate 桌面流程的除錯

Power Automate 在執行流程時，如果動作有錯誤，就會在下方顯示「錯誤清單」窗格來顯示錯誤訊息，如果是桌面流程的執行結果並不符合預期的結果，此時就可以使用中斷點、**停用動作**和**從這裡執行**命令來進行桌面流程的除錯。

☆在「錯誤清單」窗格的錯誤訊息

當 Power Automate 執行流程發生錯誤時，就會在桌面流程設計工具下方看到「錯誤清單」窗格顯示的錯誤訊息，提供發生錯誤動作所需的除錯資訊，如下圖所示：

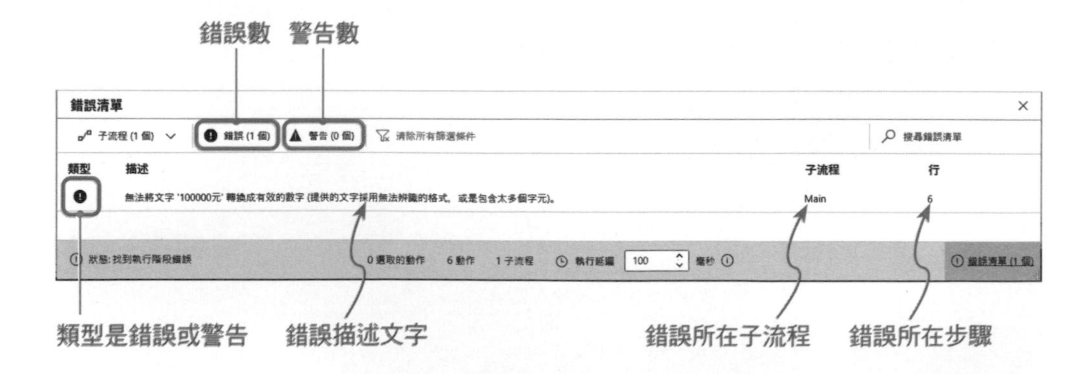

上述窗格的上方可以顯示桌面流程共產生幾個錯誤和警告，在錯誤清單的每一個項目是一個動作的錯誤或警告，會提供類型、錯誤描述文字、錯誤所在子流程和所在步驟的錯誤資訊，幫助我們進行除錯。

☆ 使用中斷點進行除錯

在 Power Automate 桌面流程可以指定中斷點，換句話說，執行桌面流程就是執行至此中斷點的步驟為止，可以讓我們檢視流程變數值後，一步一步的執行來找出可能的錯誤原因。

請開啟第 3-2-1 節的 Power Automate 的算術運算式 2 桌面流程來設定 Step 3 的中斷點，其步驟如下所示：

1. 點選步驟數字或前方區域，即可在此步驟設定中斷點，在前方顯示紅色圓形小圖示來標示中斷點（再點一次即可取消中斷點），如下圖所示：

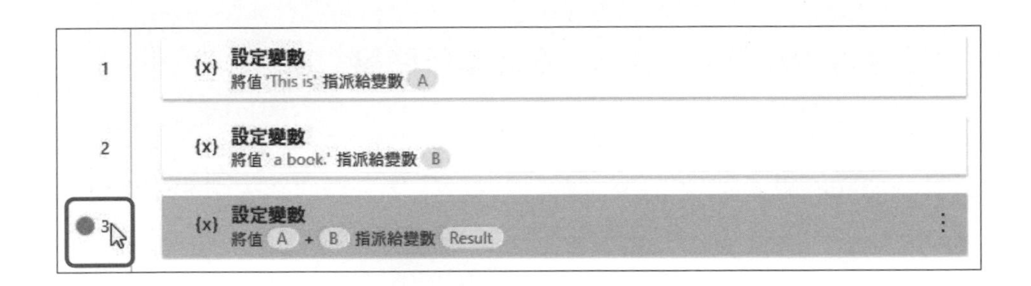

2. 請按上方工具列的第 2 個執行圖示來執行流程，可以看到執行過程就中斷在中斷點的 Step 3（不含 Step 3），如下圖所示：

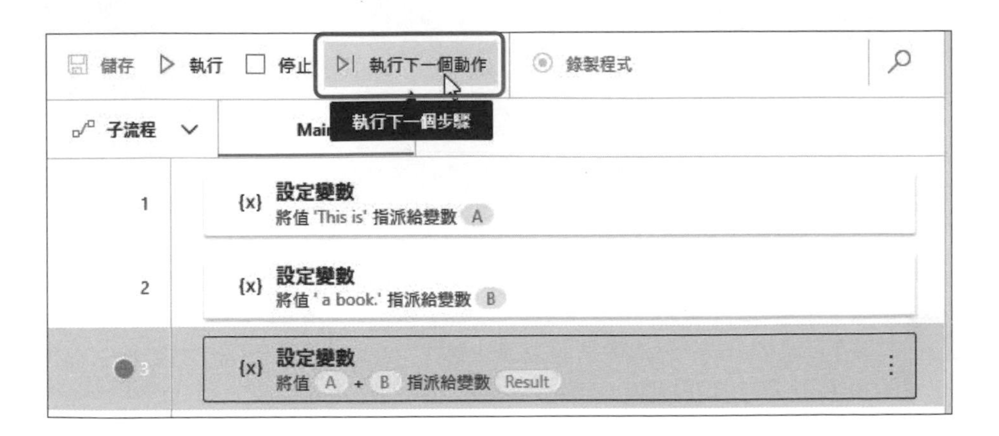

3. 在「變數」窗格可以看到變數 A 和 B 的值，因為尚未執行 Step 3，所以沒有 Result 變數值，如右圖所示：

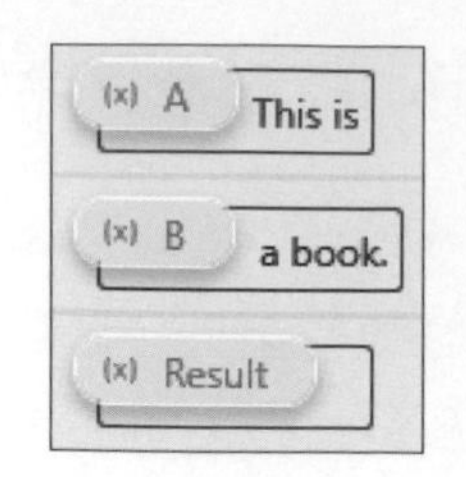

4. 請按上方工具列的**執行下一個動作鈕**，就可以繼續執行下一個步驟來顯示 Result 變數值（此按鈕可以一步一步的執行流程），如右圖所示：

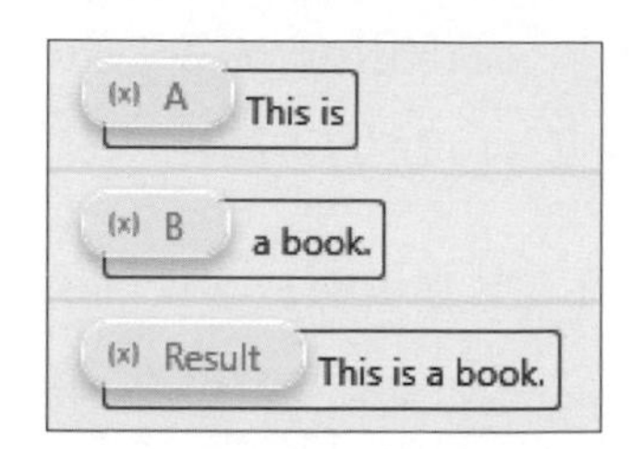

☆ 使用停用動作和從這裡執行命令進行除錯

對於複雜的 Power Automate 桌面流程的每一個步驟，都可以點選最後垂直 3 個點的更多動作，執行**從這裡執行**命令直接從此步驟開始執行流程來進行除錯，即可跳過一些沒有問題的步驟，如下圖所示：

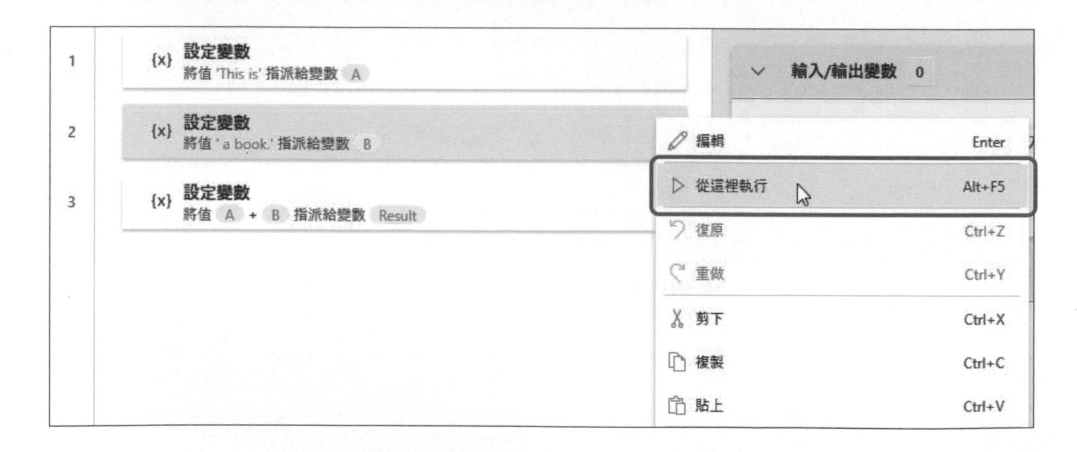

請注意！當使用**從這裡執行**命令執行流程進行除錯時，因為部分變數是在之前步驟所產生，例如：在本書後面說明的 Excel 執行個體，就會因此在之後步驟產生錯誤，當有此種情況，就無法使用此方式來進行除錯。

不只如此，我們也可以在桌面流程透過**停用動作**命令，在執行流程時，直接跳過這些停用步驟來找出可能的錯誤原因。

1. 請問什麼是 Power Automate 變數與資料型態？在 Power Automate 使用變數的目的為何？

2. 請簡單說明 Power Automate 支援哪些條件判斷和迴圈的動作？

3. 請問什麼是 Power Automate 的清單？在桌面流程是如何走訪和顯示清單的每一個項目？

4. 請問 Power Automate 桌面流程如何進行除錯？

5. 請繼續第 2 章學習評量 5 的桌面流程，可以計算輸入身高和體重值的 BMI 值，其公式是體重 (公斤) 除以身高 (公尺) 的平方。

6. 請繼續學習評量 5 的桌面流程，新增多選一條件來判斷 BMI 值範圍的建康狀態，當 BMI < 18.5 顯示體重過輕；18.5 ≤ BMI < 24 顯示健康體重；24 ≤ BMI < 27 顯示體重過重；BMI ≥ 27 顯示肥胖。

MEMO

CHAPTER

4

自動化檔案 / 資料夾與日期 / 時間處理

- 4-1 | 自動化檔案與資料夾處理
- 4-2 | 自動化日期 / 時間處理
- 4-3 | 實作案例：替整個資料夾檔案更名和移動檔案
- 4-4 | 實作案例：建立延遲指定秒數的條件迴圈

4-1 自動化檔案與資料夾處理

Power Automate 檔案與資料夾處理的相關動作是位在檔案和資料夾分類，可以執行資料夾與檔案的複製、移動、重新命名和刪除等相關的自動化操作，如下圖所示：

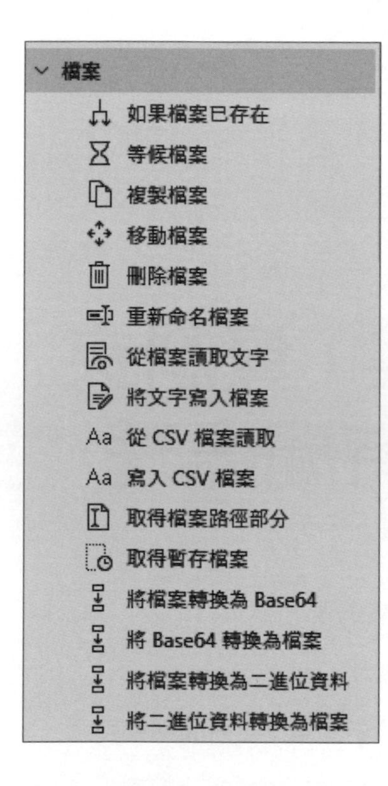

資料夾
如果資料夾存在
取得資料夾中的子資料夾
取得資料夾中的檔案
建立資料夾
刪除資料夾
清空的資料夾
複製資料夾
移動資料夾
重新命名資料夾
取得特殊資料夾

4-1-1 取得目錄下的檔案和資料夾清單

我們可以建立 Power Automate 桌面流程來取出指定目錄下的檔案和資料夾清單，例如：「D:\PowerAutomate\ch04\ 教育訓練成績」，如下圖所示：

> Data (D:) > PowerAutomate > ch04 > 教育訓練成績

名稱	修改日期
A	2023/7/3 上午 09:58
B	2023/7/3 上午 09:58
C	2023/7/3 上午 09:58
A班.csv	2023/7/3 上午 09:55
A班.xlsx	2023/6/18 下午 01:56
B班.csv	2023/7/3 上午 09:56
B班.xlsx	2023/7/3 上午 09:55
C班.csv	2023/7/3 上午 09:57
C班.xlsx	2023/7/3 上午 09:55

在取得目錄下的檔案和資料夾清單桌面流程（流程檔：ch4-1-1.txt）共有 4 個步驟的動作，如下圖所示：

Step 1 **變數 > 設定變數**動作可以指定變數 SourceFolder 的路徑是「D:\PowerAutomate\ch04\ 教育訓練成績」(請自行修改路徑)。

Step 2 **資料夾 > 取得資料夾中的子資料夾**動作可以取得指定路徑下的資料夾清單儲存至 Folders 變數，**資料夾**欄位是目標路徑，其值可以是變數，或點選欄位後第 1 個資料夾圖示來選擇路徑（第 2 個圖示是選變數），**資料夾篩選**欄是過濾條件，「*」符號表示所有資料夾，下方的**包含子資料夾**，可以選擇是否取得包含子資料夾下的所有資料夾，如下圖所示：

∨ 一般	
資料夾:	%SourceFolder%
資料夾篩選:	*
包含子資料夾:	(關閉)
> 進階	
> 變數已產生	Folders

Step 3 **資料夾 > 取得資料夾中的檔案**動作可以取得指定路徑下的檔案清單儲存至 Files 變數，在**資料夾**欄位是目標路徑，**檔案篩選**欄是過濾條件，「*」符號表示所有檔案，**包含子資料夾**，可以選擇是否包含子資料夾下的所有檔案，如下圖所示：

∨ 一般	
資料夾:	%SourceFolder%
檔案篩選:	*
包含子資料夾:	(關閉)
> 進階	
> 變數已產生	Files

Step 4 **資料夾 > 取得資料夾中的檔案**動作和 Step 3 相同，檔案清單是儲存至 Files2 變數，檔案的篩選條件是 *.xlsx，可以過濾出副檔名是 .xlsx 的 Excel 檔案，如下圖所示：

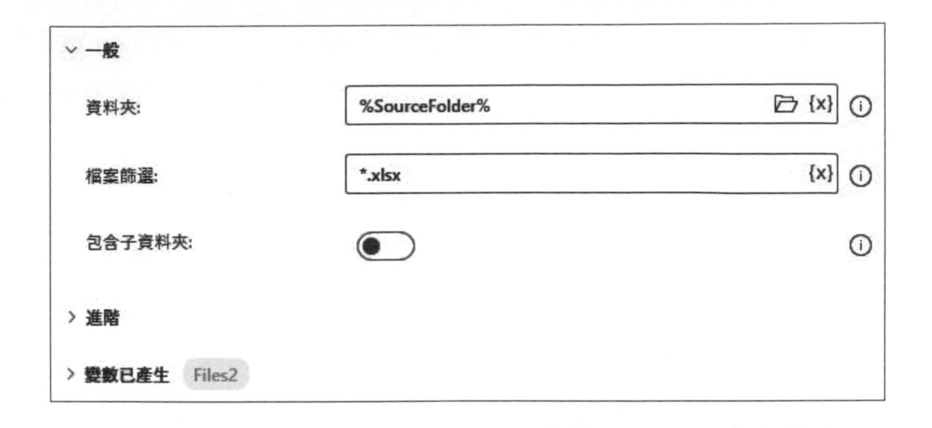

上述桌面流程的執行結果，可以在「變數」窗格檢視流程變數的值，其值就是取得的檔案和資料夾清單，如右圖所示：

上述 Files、Files2 和 Folders 變數的資料型態是清單，請雙擊變數名稱，例如：Files2，可以看到此清單的項目，每一個項目就是一個 Excel 檔案，如下圖所示：

上述變數 Files2 因為有篩選條件，所以只顯示 .xlsx 檔案，如果是雙擊 Files 變數，可以看到 .xlsx 和 .csv 檔案清單；Folders 變數則是資料夾清單。

4-1-2 重新命名檔案、建立資料夾和移動檔案

Power Automate 桌面流程可以將 Excel 檔案移動至全新目錄後，重新命名檔案。首先請開啟 Windows 檔案總管，自行複製「ch04\Excel」目錄成為「ch04\sales」目錄，如右圖所示：

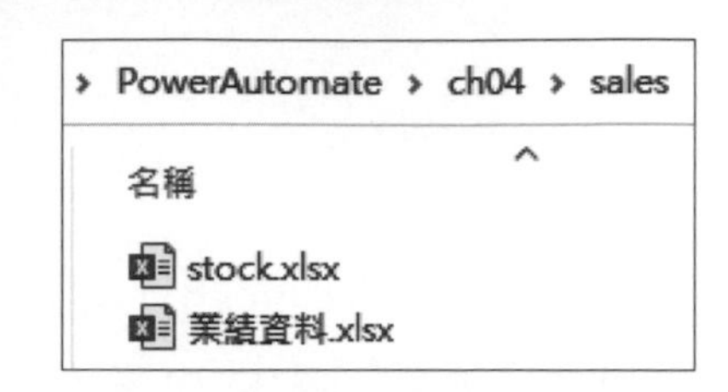

我們準備建立「ch04\sales\Output」目錄，將「ch04\sales」目錄下的**業績資料 .xlsx** 檔案移動至新建目錄，最後更名成**公司業績資料 .xlsx**。在**重新命名檔案、建立資料夾和移動檔案**桌面流程（流程檔：ch4-1-2.txt）共有 3 個步驟的動作，如下圖所示：

Step 1 **資料夾 > 建立資料夾**動作可以在**建立新資料夾於**欄的目錄下建立名為**新資料夾名稱**欄的資料夾，並且儲存至 NewFolder 變數，以此例是建立「D:\PowerAutomate\ch04\sales\Output」資料夾，如下圖所示：

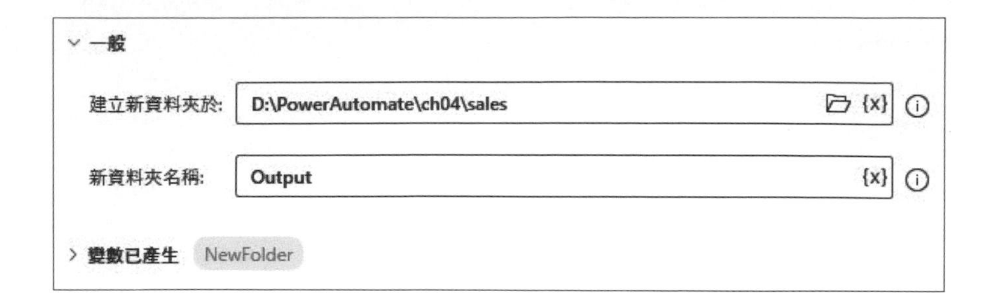

Step 2 檔案 > **移動檔案**動作可以搬移檔案，在**要移動的檔案**欄是欲搬移的 Excel 檔案，**目的地資料夾**欄是新建資料夾的 NewFolder 變數，如果檔案已經存在就覆寫檔案，所有搬移的檔案是儲存在 MovedFiles 清單變數，如下圖所示：

一般
要移動的檔案: D:\PowerAutomate\ch04\sales\業績資料.xlsx {x}
目的地資料夾: %NewFolder% {x}
如果檔案已存在: 覆寫
變數已產生 MovedFiles

Step 3 檔案 > **重新命名檔案**動作是更名檔案，在**要重新命名的檔案**欄是欲更名的檔案，因為在 Step 2 只有移動 1 個檔案，所以 MovedFiles[0] 變數值就是此檔案的名稱，在**重新命名配置**欄選**設定新名稱**後，即可在下方**新檔名**欄指定新檔名，然後點選開啟**保留副檔名**和選檔案存在就覆寫，如下圖所示：

一般

要重新命名的檔案: %MovedFiles[0]%

重新命名配置: 設定新名稱

新檔名: 公司業績資料

保留副檔名:

如果檔案已存在: 覆寫

變數已產生 RenamedFiles

上述桌面流程的執行結果，可以在新資料夾「D:\PowerAutomate\ch04\sales\Output」下，看到搬移且更名的 Excel 檔案，如下圖所示：

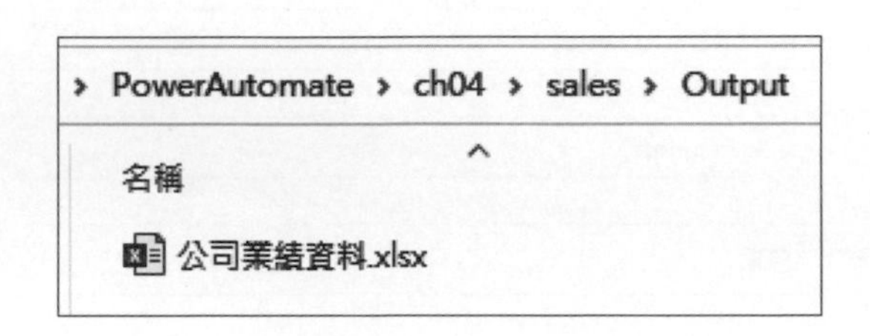

4-1-3 複製檔案和刪除檔案

在第 4-1-2 節的「ch04\sales」目錄下有 1 個 "stock.xlsx" 檔案，我們準備建立桌面流程搬移此檔案至「ch04\sales\Output」目錄，不過，在本節的作法是先複製檔案後，再刪除原來的檔案。

在**複製檔案和刪除檔案**桌面流程（流程檔：ch4-1-3.txt）共有 7 個步驟的動作，在設定路徑變數後，使用**如果檔案已存在**動作來檢查檔案是否存在，當存在，才使用複製和刪除檔案動作來搬移檔案，如下圖所示：

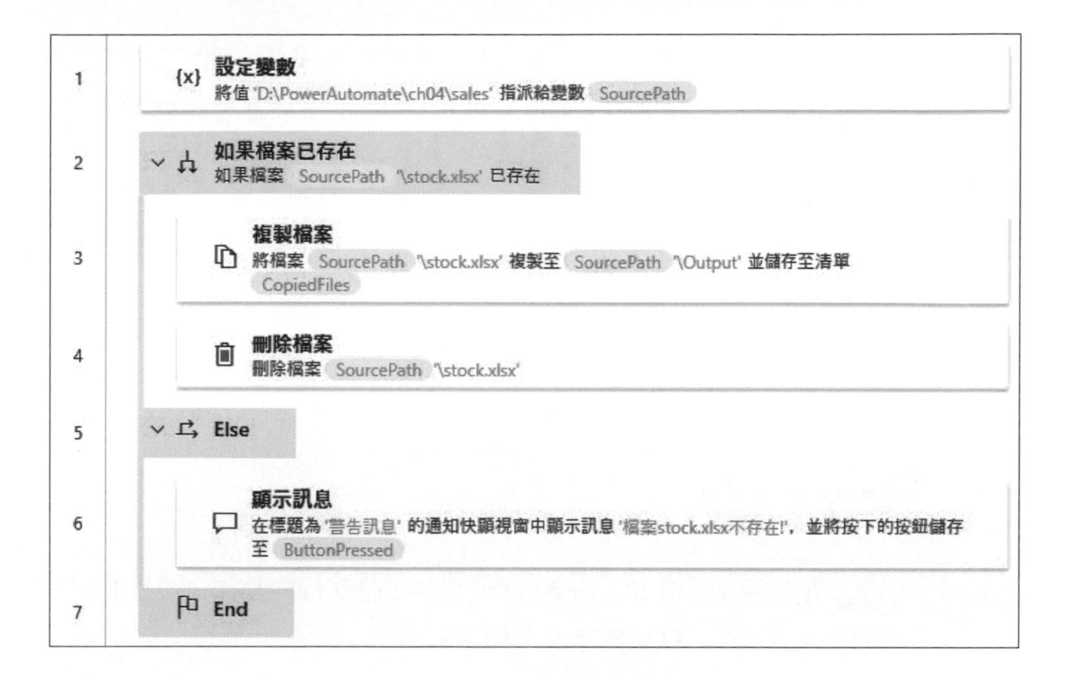

Step 1 變數 > 設定變數動作可以指定變數 SourcePath 的路徑是「D:\PowerAutomate\ch04\sales」(請自行修改路徑)。

Step 2 ～ Step 7 檔案 > 如果檔案已存在動作是一個二選一條件，當新增此動作，預設就會在最後加上 End 動作 (即 Step 7)，在如果檔案欄選擇檢查檔案存在或不存在，檔案路徑欄是檢查檔案的路徑，這是使用 SourcePath 變數來建立 stock.xlsx 檔案路徑，如下所示：

```
%SourcePath%\stock.xlsx
```

⌄ 一般

如果檔案: 存在

檔案路徑: %SourcePath%\stock.xlsx

Step 3 檔案 > 複製檔案動作是 Step 2 當檔案存在時執行的動作，可以將 "stock.xlsx" 檔案複製至「Output」子目錄，檔案存在就覆寫檔案，如下圖所示：

一般

要複製的檔案: %SourcePath%\stock.xlsx {x}

目的地資料夾: %SourcePath%\Output {x}

如果檔案已存在: 覆寫

變數已產生 CopiedFiles

Step 4 檔案 > 刪除檔案動作是 Step 2 當檔案存在時執行的動作，可以將原目錄的 "stock.xlsx" 檔案刪除掉，如下圖所示：

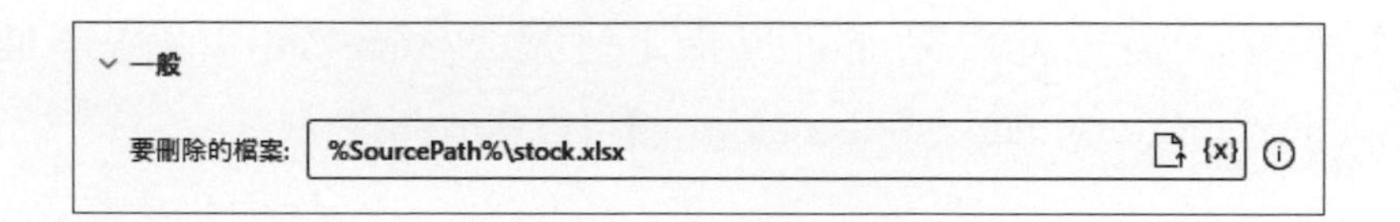

Step 5 條件 >Else 動作是當檔案不存在執行的操作。

Step 6 訊息方塊 > 顯示訊息動作可以顯示檔案不存在的訊息視窗，如下圖所示：

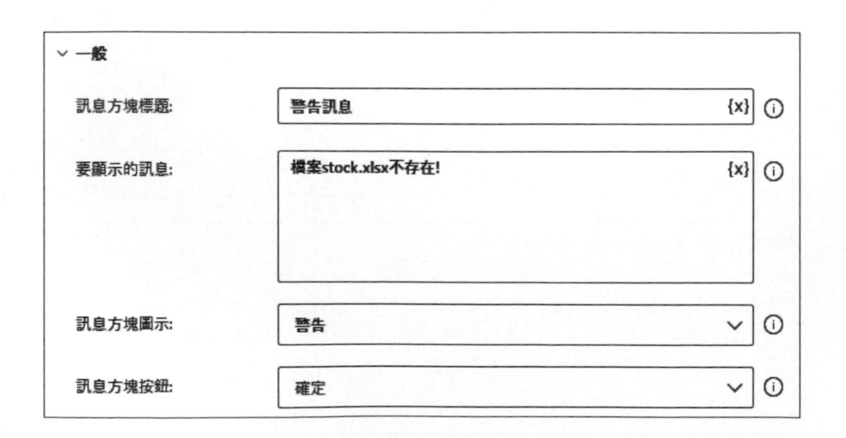

上述桌面流程的執行結果，可以在「Output」資料夾看到搬移至此目錄的 Excel 檔案 "stock.xlsx"，如右圖所示：

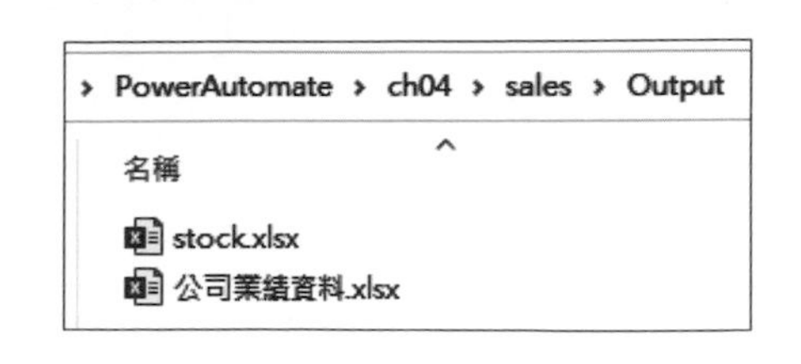

因為 "stock.xlsx" 檔案已經移動，當再次執行上述桌面流程，可以看到檔案不存在的訊息視窗。

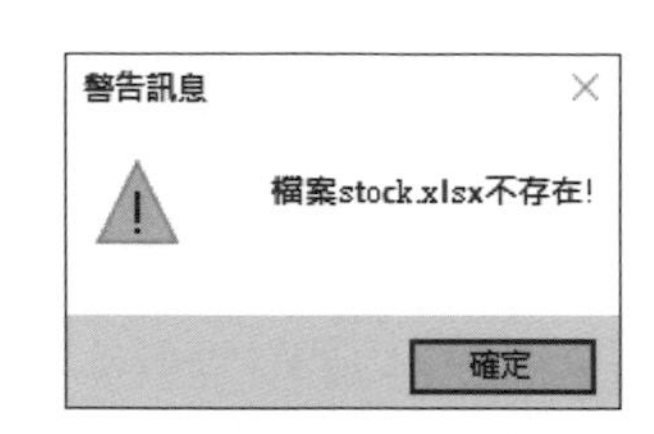

4-1-4 取得檔案路徑的相關資訊

Power Automate 提供動作可以取得 Windows 作業系統的桌面、文件、程式和我的最愛等特殊資料夾的路徑，也可以分割完整的檔案路徑，從其中取出檔名、副檔名、資料夾等檔案路徑的相關資訊。

首先請將「ch04\stock.xlsx」檔案複製至「文件」資料夾（即「C:\Users\< 使用者 >\Documents」目錄），然後建立**取得檔案路徑的相關資訊**桌面流程來取得此檔案的相關資訊，如下圖所示：

1	☆ **取得特殊資料夾** 取得資料夾 文件 的路徑，並將其儲存至 SpecialFolderPath
2	**取得檔案路徑部分** 取得任何根路徑，並將根路徑儲存至 RootPath，將目錄儲存至 Directory，將檔案名稱儲存至 FileName，將不含副檔名的檔案名稱儲存至 FileNameNoExtension，將副檔名儲存至 FileExtension

Step 1 資料夾 > 取得特殊資料夾動作可以取得 Windows 作業系統一些預設的資料夾路徑儲存至 SpecialFolderPath 變數，在**特殊資料夾名稱**欄可以選擇特殊資料夾的名稱，例如：文件、桌面等，在下方**特殊資料夾路徑**欄就會自動填入對應的路徑，以此例是文件，在路徑中的 hueya 是使用者名稱，如下圖所示：

選取參數

特殊資料夾名稱: 文件

特殊資料夾路徑: C:\Users\hueya\Documents

> 變數已產生 SpecialFolderPath

Step 2 檔案 > 取得檔案路徑部分動作可以從檔案路徑中取出檔名、副檔名和路徑等，以此例是取出「文件」資料夾 "stock.xlsx" 檔案的檔案路徑資訊，如下圖所示：

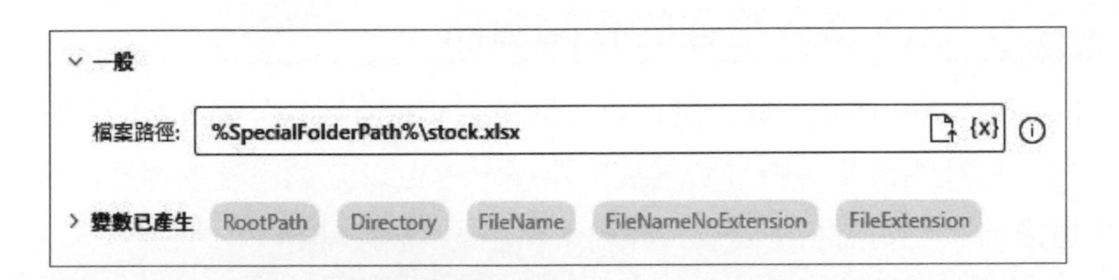

上述桌面流程的執行結果，可以在「變數」窗格檢視流程變數的值，其值就是取得 "stock.xlsx" 檔案的檔案路徑資訊，如右圖所示：

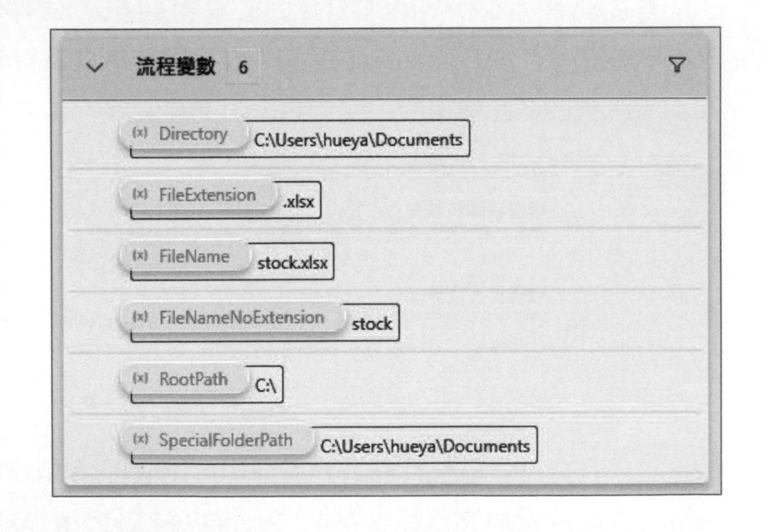

上述 Directory 變數是路徑；FileExtension 是副檔名；FileName 是檔名；FileNameNoExtension 是沒有副檔名的檔案名稱；RootPath 是根路徑。

4-1-5 文字檔案處理

Power Automate 在**檔案**分類提供文字檔案讀寫動作來處理文字檔案。在**文字檔案處理**桌面流程共有 3 個動作，首先指定檔案路徑變數，然後將 2 行字串寫入文字檔案 "note.txt"，即可馬上讀取文字檔案內容，如下圖所示：

Step 1 **變數 > 設定變數**動作是指定變數 FilePath 的文字檔案路徑，即「D:\PowerAutomate\ch04\note.txt」(請自行修改檔案路徑)。

Step 2 **檔案 > 將文字寫入檔案**動作是將文字內容寫入**檔案路徑**欄的檔案路徑，即 FilePath 變數，**要寫入的文字**欄是寫入的 2 行字串，點選開啟**附加新行**，可在後面加上新行字元來換行，在**如果檔案已存在**欄可選是覆寫現有內容，或附加內容，即加在現有內容最後，在**編碼**欄選檔案編碼 UTF-8，如下圖所示：

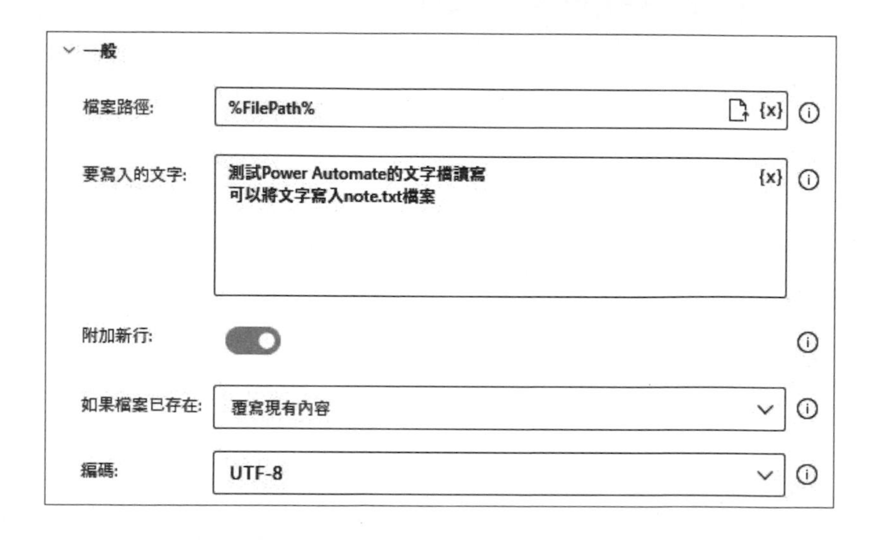

Step 3 檔案 > 從檔案讀取文字動作可以讀取檔案路徑欄的文字檔案內容存入 FileContents 變數，將內容儲存為欄是選擇讀取成單一文字值或清單，以此例是清單（即每一行文字是一個元素），在編碼欄選檔案編碼 UTF-8，如下圖所示：

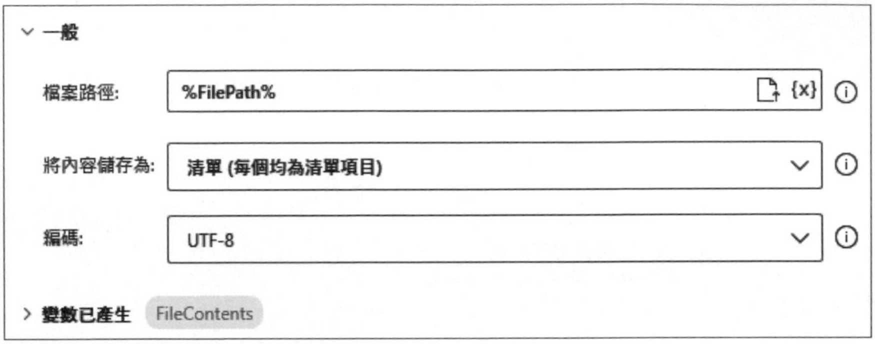

一般

檔案路徑: %FilePath%

將內容儲存為: 清單 (每個均為清單項目)

編碼: UTF-8

變數已產生 FileContents

上述桌面流程的執行結果可以建立文字檔案 "note.txt"，在「變數」窗格可以檢視 FileContents 變數的內容是清單，如下圖所示：

變數值

FileContents (清單文字值)

#	項目
0	測試Power Automate的文字檔讀寫
1	可以將文字寫入note.txt檔案

關閉

4-2 自動化日期 / 時間處理

Power Automate 的日期 / 時間處理動作是位在**日期時間**分類，可以取得今天的日期 / 時間、調整日期 / 時間和計算 2 個日期 / 時間差，如下圖所示：

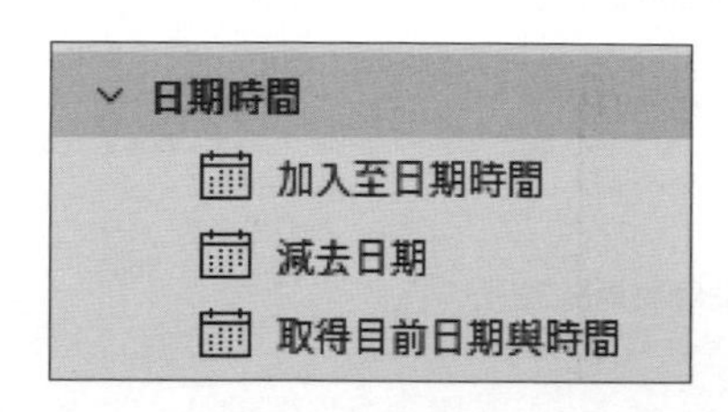

☆ 取得和顯示目前的日期 / 時間 ch4-2.txt

在**日期時間**分類的**取得目前日期與時間**動作是取得目前的日期時間，我們需要配合**文字**分類的**將日期時間轉換為文字**動作來轉換日期 / 時間格式成為字串，除了預設格式外，也可以自訂日期格式，如下所示：

```
yyyy-MM-dd
```

上述英文字元 yyyy、MM 和 dd 是格式字元，分別是年、月和日的顯示格式，各種格式字元的說明如下表所示：

格式字元	說明
yyyy	顯示 4 位數的年份，例如：2023
MM	顯示 2 位數的月份，例如：08
dd	顯示 2 位數的日期，例如：10
hh	顯示 12 小時制的小時，例如：10
HH	顯示 24 小時制的小時，例如：20
mm	顯示時間的分鐘數，例如：10
ss	顯示時間的秒數，例如：30
dddd	顯示是星期幾，例如：星期二

在取得和顯示目前的日期 / 時間桌面流程共有 4 個步驟的動作，首先取得目前的日期時間後，使用 3 個將日期時間轉換為文字動作來顯示 3 種格式的日期 / 時間資料，如下圖所示：

1 取得目前日期與時間
擷取時區目前日期時間，並將其儲存至 CurrentDateTime

2 將日期時間轉換為文字
使用 簡短日期 格式將日期時間 CurrentDateTime 轉換為文字並將其儲存至 FormattedDateTime

3 將日期時間轉換為文字
使用 完整日期時間 (完整時間) 格式將日期時間 CurrentDateTime 轉換為文字並將其儲存至 FormattedDateTime2

4 將日期時間轉換為文字
使用 'yyyy-MM-dd' 格式將日期時間 CurrentDateTime 轉換為文字並將其儲存至 FormattedDateTime3

Step 1 日期時間 > 取得目前日期與時間動作可以取得目前的日期時間儲存至 CurrentDateTime 變數，在擷取欄可選目前的日期時間，或僅日期，時區欄可以設定時區，如下圖所示：

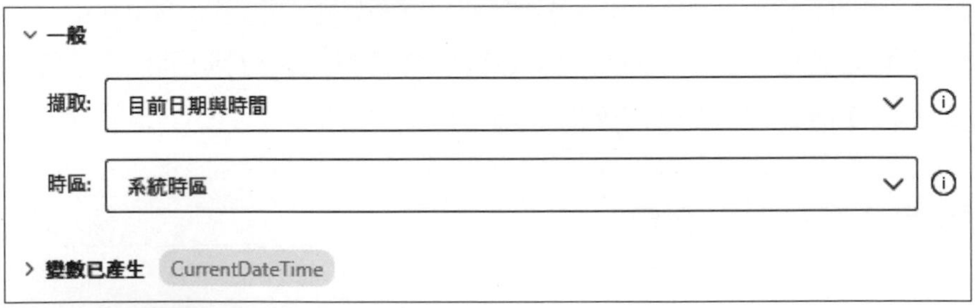

一般
擷取: 目前日期與時間
時區: 系統時區
變數已產生 CurrentDateTime

Step 2 ~ Step 3 2 個文字 > 將日期時間轉換為文字動作是使用標準格式來轉換 CurrentDateTime 變數成為文字，Step 2 是簡短日期格式；Step 3 是完整日期時間（完整時間）格式，以 Step 2 為例如下圖所示：

要轉換的日期時間:	%CurrentDateTime% {x}
要使用的格式:	標準
標準格式:	簡短日期
樣本	2020/5/19

> 變數已產生 FormattedDateTime

Step 4 文字 > 將日期時間轉換為文字動作是使用自訂格式來轉換 CurrentDateTime 變數成為文字，在自訂格式欄就是使用之前的格式字元所建立的格式字串，如下圖所示：

要轉換的日期時間:	%CurrentDateTime% {x}
要使用的格式:	自訂
自訂格式:	yyyy-MM-dd {x}
樣本	2020-05-19

> 變數已產生 FormattedDateTime3

上述桌面流程的執行結果，可以在「變數」窗格檢視流程變數的值，FormattedDateTime 是簡短日期；FormattedDateTime2 是完整日期時間；FormattedDateTime3 是自訂日期格式，如右圖所示：

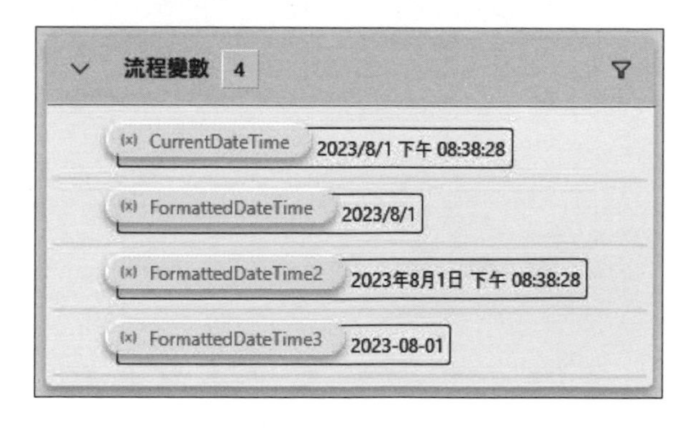

☆取得幾天前和幾天後的日期 ch4-2a.txt

在日期時間分類的加入至日期時間動作可以使用日、月等不同單位來增減日期時間。取得幾天前和幾天後的日期桌面流程可以取得一個星期前和一個星期後的日期時間，如下圖所示：

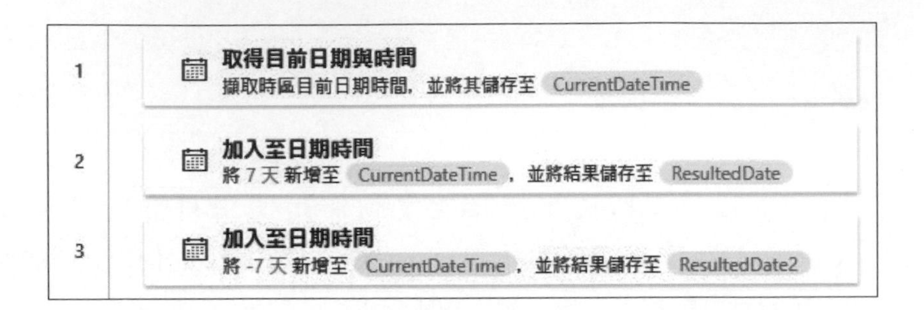

Step 1 日期時間 > 取得目前日期與時間動作是使用系統時區取得目前的日期時間儲存至 CurrentDateTime 變數。

Step 2 日期時間 > 加入至日期時間動作是加上 7 天來調整日期時間，即下一個星期，在日期時間欄是 CurrentDateTime 變數的目前日期時間，加欄是調整值，7 就是加 7，在時間單位欄可以選年、月、天、時、分、秒，選天是加 7 天，如下圖所示：

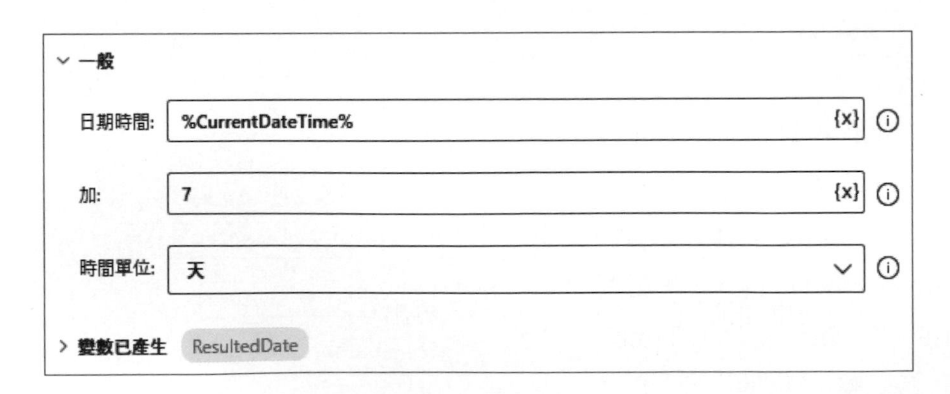

Step 3 **日期時間 > 加入至日期時間**動作是減 7 天來調整日期時間，即前一個星期，在**日期時間**欄是 CurrentDateTime 變數的目前日期時間，**加**欄是調整值，-7 因為是負值，就是減 7，在**時間單位**欄選**天**是減 7 天，如下圖所示：

⌄ 一般

日期時間: %CurrentDateTime% {x}

加: -7 {x}

時間單位: 天

› 變數已產生 ResultedDate2

上述桌面流程的執行結果，可以在「變數」窗格檢視流程變數的值，ResultedDate 是 7 天後；ResultedDate2 是 7 天前，如下圖所示：

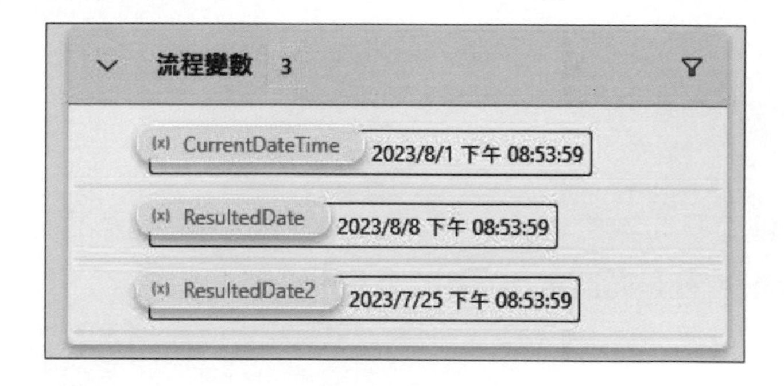

☆ 計算 2 個日期 / 時間的時間差 ch4-2b.txt

在上一個桌面流程，我們調整時間計算出 7 天後和 7 天前的日期 / 時間，接著，就可以使用**日期時間**分類的**減去日期**動作來計算這 2 個日期 / 時間之間的時間差。

請建立 ch4-2a.txt 桌面流程的複本成為 ch4-2b.txt 的計算 2 個日期 / 時間的時間差桌面流程，然後在最後新增 Step 4 的減去日期動作，如下圖所示：

Step 4 日期時間 > 減去日期動作是用來計算時間差，在開始日期欄是 ResultedDate 變數的 7 天後，減去日期欄是 ResultedDate2 的 7 天前，取得差異欄是時間單位天，如下圖所示：

一般

開始日期: %ResultedDate%

減去日期: %ResultedDate2%

取得差異: 天

變數已產生 TimeDifference

上述桌面流程的執行結果，可以在「變數」窗格檢視流程變數的值，TimeDifference 就是時間差 14 天，如下圖所示：

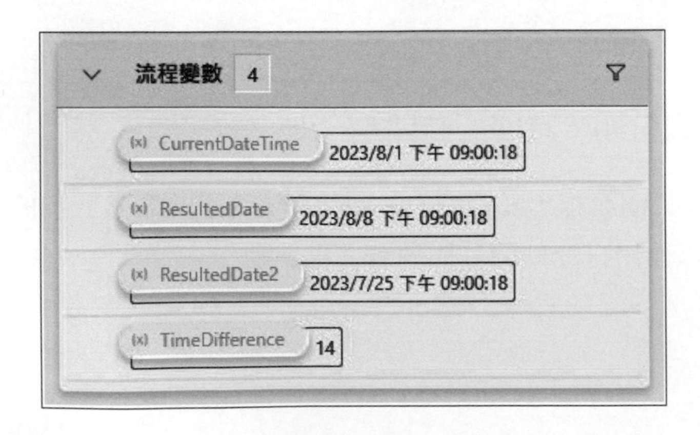

4-3 實作案例：替整個資料夾檔案更名和移動檔案

Power Automate 桌面流程可以將整個目錄下的 Excel 檔案重新命名來加上日期後，搬移這些 Excel 檔案至另一個全新目錄。首先請開啟 Windows 檔案總管，自行複製「ch04\examples」目錄成為「ch04\test」目錄，如右圖所示：

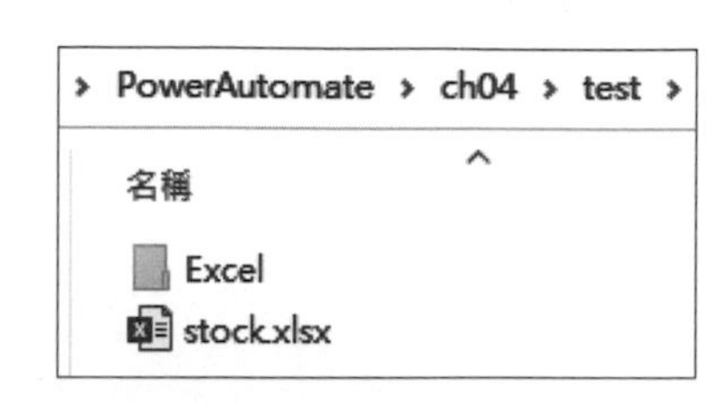

上述 Excel 檔案是位在「Excel」子目錄，共有營業額 1~4.xlsx 四個 Excel 檔案，流程可以將這些 Excel 檔名後加上日期，然後全部搬移至新建的「ch04\test\Output」目錄。

在批次重新命名和移動檔案桌面流程（流程檔：ch4-3.txt）共有 8 個步驟的動作，在取得指定目錄下的檔案清單後，使用 For each 迴圈一一更名檔案加上日期後，將更名檔案搬移至新目錄，如下圖所示：

1 {x} 設定變數
將值 'D:\PowerAutomate\ch04\test' 指派給變數 SourcePath

2 建立資料夾
將資料夾 'Output' 建立至 SourcePath

3 取得資料夾中的檔案
擷取符合 '*' 之資料夾 SourcePath '\Excel' 中的檔案，並將其儲存至 Files

4 For each CurrentItem in Files

5 重新命名檔案
加入日期時間至檔案名稱以重新命名檔案 CurrentItem，並儲存至清單 RenamedFiles

6 End

7 移動檔案
將檔案 SourcePath '\Excel*.xlsx' 移動至 SourcePath '\Output' 並儲存至清單 MovedFiles

8 刪除資料夾
刪除資料夾 SourcePath '\Excel'

Step 1 **變數 > 設定變數**動作可以指定變數 SourcePath 的路徑是「D:\PowerAutomate\ch04\test」(請自行修改路徑)。

Step 2 **資料夾 > 建立資料夾**動作是建立新資料夾，在**建立新資料夾於**欄是新資料夾的根路徑，**新資料夾名稱**欄是新建的資料夾名稱，以此例是建立「ch04\test\Output」目錄，如下圖所示：

一般
建立新資料夾於: %SourcePath%
新資料夾名稱: Output
變數已產生 NewFolder

Step 3 **資料夾 > 取得資料夾中的檔案**動作可以取得「ch04\test\Excel」路徑下的所有檔案清單，儲存至 Files 變數。

Step 4 ～ Step 6 **迴圈 >For each** 迴圈動作的迴圈是走訪 Files 清單，在取出每一個 CurrentItem 項目變數的檔案後，在 Step 5 更名檔案。

Step 5 **檔案 > 重新命名檔案**動作是更名檔案，欲更名的檔案是 CurrentItem 變數值，在**重新命名配置**欄選**加入日期時間**後，即可在下方指定加入目前的日期/時間、位置在名稱之後、分隔符號是底線、格式是 yyyyMMdd，和不處理存在的檔案，如右圖所示：

Step 7 **檔案 > 移動檔案**動作可以搬移檔案，要搬移的檔案是位在「Excel」目錄下的所有 Excel 檔案 (*.xlsx)，目的地資料夾是「Output」，如果檔案已經存在就覆寫檔案，如下圖所示：

一般
要移動的檔案: %SourcePath%\Excel*.xlsx
目的地資料夾: %SourcePath%\Output
如果檔案已存在: 覆寫
變數已產生 MovedFiles

Step 8 **資料夾 > 刪除資料夾**動作就是刪除「Excel」資料夾，在**要刪除的資料夾**欄是欲刪除資料夾的路徑，如下圖所示：

一般
要刪除的資料夾: %SourcePath%\Excel

上述桌面流程的執行結果，可以在「Output」資料夾看到搬移至此的 Excel 檔案清單，和在檔名後看到加上的目前日期，如下圖所示：

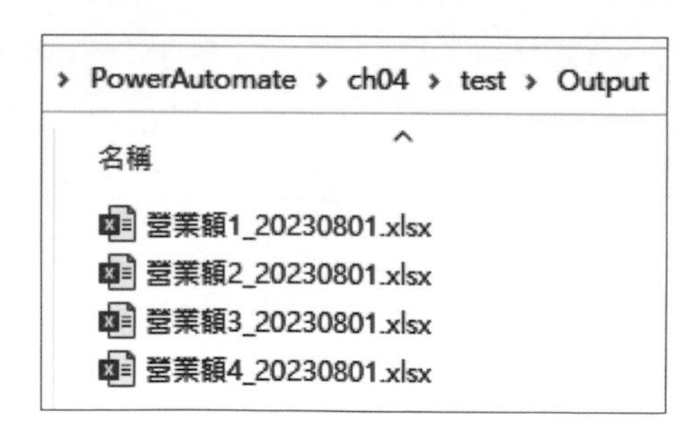

4-4 實作案例：建立延遲指定秒數的條件迴圈

雖然 Power Automate 在**流程控制**分類下提供**等候**動作可以暫停指定秒數，事實上，我們也可以自行使用**日期時間**分類的動作，配合迴圈條件來建立延遲指定秒數的條件迴圈。

在**建立延遲指定秒數的條件迴圈**桌面流程（流程檔：ch4-4.txt）共有 7 個步驟的動作，如下圖所示：

Step 1 **變數 > 設定變數**動作可以指定變數 DelayTime 的值是 10，即延遲 10 秒。

Step 2 **日期時間 > 取得目前日期與時間**動作是取得目前的系統日期與時間儲存至 CurrentDateTime 變數，在**擷取**欄選**取得目前日期與時間**，或**僅目前日期**，**時區**欄設定使用的時區，如下圖所示：

一般	
擷取:	目前日期與時間
時區:	系統時區
變數已產生	CurrentDateTime

Step 3 **日期時間 > 加入至日期時間**動作是用來調整日期 / 時間後，儲存至 ResultedDate 變數，在**日期時間**欄是欲調整的日期 / 時間，以此例是之前的 CurrentDateTime 變數值，**加**欄是增加值，增加 DelayTime 變數的值 10，即增加 10 個單位，單位是在**時間單位**欄指定，可以選年、月份、天、小時、分鐘和秒，如下圖所示：

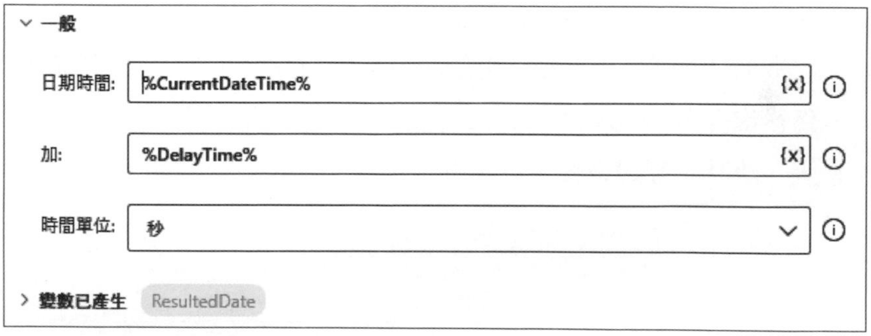

一般	
日期時間:	%CurrentDateTime%
加:	%DelayTime%
時間單位:	秒
變數已產生	ResultedDate

Step 4 ～ Step 7 **迴圈 > 迴圈條件**動作是建立條件迴圈，當條件成立就繼續執行迴圈區塊中的 Step 5 ～ Step 6，直到條件不成立為止，迴圈的條件如下所示：

```
CurrentDateTime < ResultedDate
```

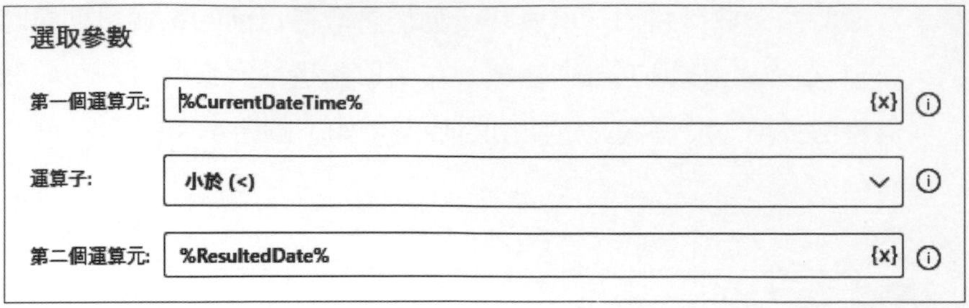

選取參數

第一個運算元: %CurrentDateTime% {x}

運算子: 小於 (<)

第二個運算元: %ResultedDate% {x}

Step 5 日期時間 > 取得目前日期與時間動作可以取得目前的系統日期與時間儲存至 CurrentDateTime 變數，每一次迴圈都可以取得最新的日期 / 時間來更新 CurrentDateTime 變數值，如下圖所示：

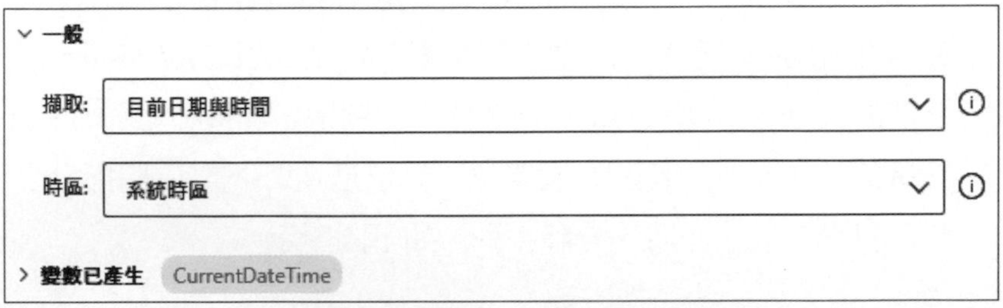

一般

擷取: 目前日期與時間

時區: 系統時區

變數已產生 CurrentDateTime

Step 6 日期時間 > 減去日期動作可以計算開始日期欄和減去日期欄的時間差，然後儲存至 TimeDifference 變數，計算單位是取得差異欄，可以選天、小時、分鐘或秒，以此例是選秒，其計算公式如下所示：

```
ResultedDate - CurrentDateTime
```

一般

開始日期: %ResultedDate% {x}

減去日期: %CurrentDateTime% {x}

取得差異: 秒

變數已產生 TimeDifference

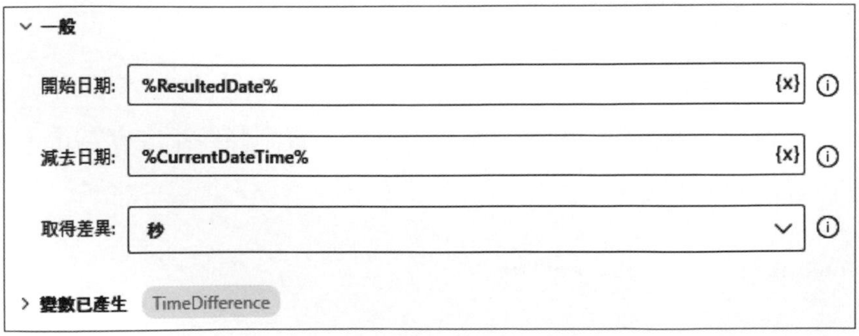

上述桌面流程的執行結果，可以在「變數」窗格檢視整個流程執行過程的變數值，如下圖所示：

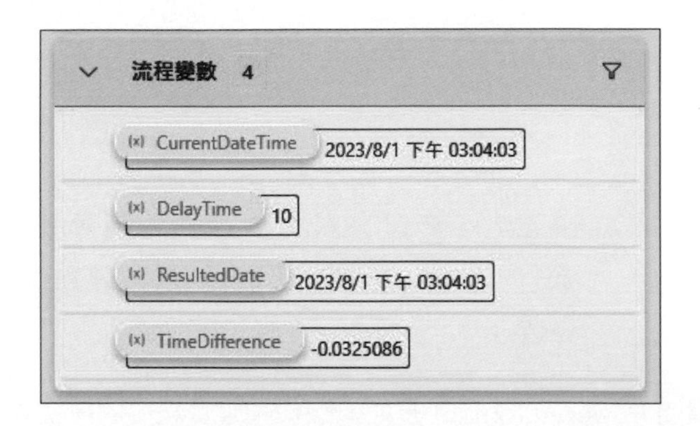

上述 TimeDifference 變數值從約 10 秒逐漸減少至 0 秒，時間差因為流程本身執行每一動作都有延遲時間，所以產生誤差，等到 CurrentDateTime 變數值大於等於 ResultedDate 變數值時，就結束迴圈執行，其經過時間大約等於 DelayTime 變數值的 10 秒。

1. Power Automate 檔案與資料夾處理的相關動作是位在 ________ 和 ________ 分類。日期 / 時間處理動作是位在 ________ 分類。

2. 請問 Power Automate 是如何取得指定資料夾的檔案清單？

3. 請問 Power Automate 是如何取得現在的日期 / 時間？和轉換日期 / 時間格式？

4. 請建立 Power Automate 桌面流程處理資料夾下的 JPG 和 PNG 格式的所有圖檔，請分別建立名為 JPG 和 PNG 的子資料夾，然後依據副檔名，可以將圖檔依副檔名搬移至對應子資料夾，和更名加上今天日期。

5. 在 Excel 檔案名稱的前 2 碼是部門編碼 HR 人事部、MK 業務部、RD 研發部和 MF 製造部，請建立 Power Automate 桌面流程建立各部門編碼的子資料夾後，將 Excel 檔案依部門編碼搬移至對應的子資料夾。

   提示：使用「文字 > 取得子文字」動作來取出部門編碼。

CHAPTER

5

自動化操作 Excel 工作表

- 5-1 | 自動化建立與儲存 Excel 檔案
- 5-2 | 自動化在 Excel 工作表新增整列和整欄資料
- 5-3 | 自動化讀取和編輯 Excel 儲存格資料
- 5-4 | 自動化 Excel 工作表的處理
- 5-5 | 實作案例：自動化統計和篩選 Excel 工作表的資料

5-1 自動化建立與儲存 Excel 檔案

Power Automate 針對 Excel 資料處理提供專屬 Excel 分類的動作（在**進階**下有更多動作），提供全方位 Excel 自動化，如下圖所示：

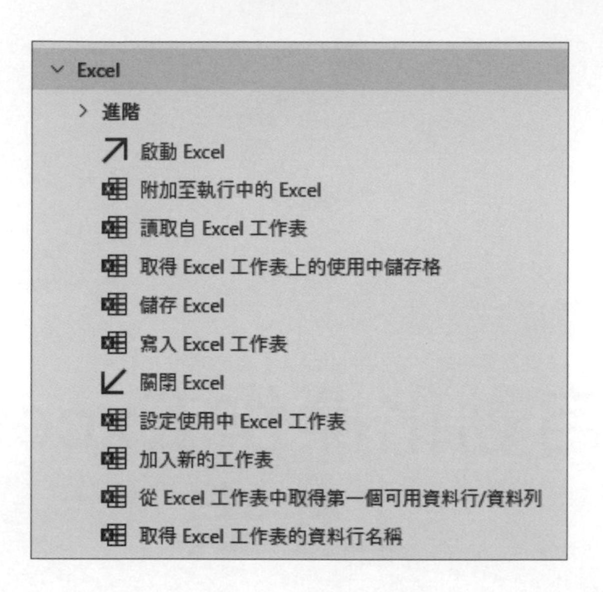

在本節準備將公司第一季的業績資料建立成 Excel 檔案，其一月和二月份的業績資料如右表所示：

月份	網路商店	實體店面
一月	35	25
二月	24	43

5-1-1 用 CSV 檔案建立 Excel 檔案

首先，請自行啟動 Excel 建立一個名為 "第一季業績資料 .xlsx" 的空白活頁簿，然後將業績表格轉換成 CSV 檔案 "第一季業績資料 .csv"，並新增兩筆資料，如右圖所示：

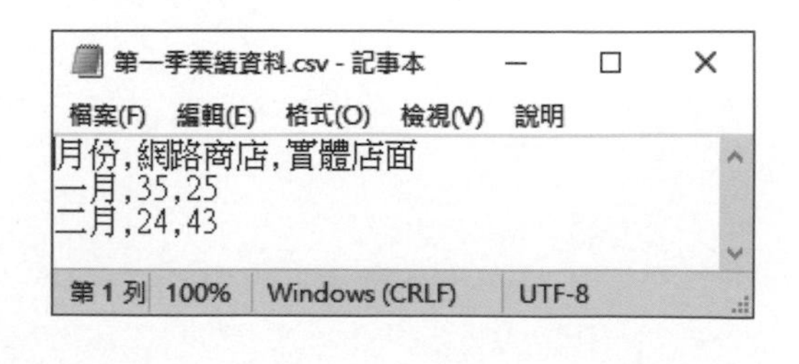

然後建立用 CSV 檔案建立 Excel 檔案桌面流程（流程檔：ch5-1-1.txt），可以將上述 CSV 檔匯入儲存成 Excel 檔案，此桌面流程共有 5 個步驟的動作，如下圖所示：

Step 1 Excel> 啟動 Excel 動作可以啟動 Excel 儲存成 ExcelInstance 變數（此變數是 Excel 執行個體，用來區分不同的 Excel 檔案），在**啟動 Excel** 欄選**並開啟後續文件**在啟動後開啟指定 Excel 檔案，請在**文件路徑**欄點選後方文件圖示，選取 Excel 檔案路徑「D:\PowerAutomate\ch05\ 第一季業績資料 .xlsx」，如下圖所示：

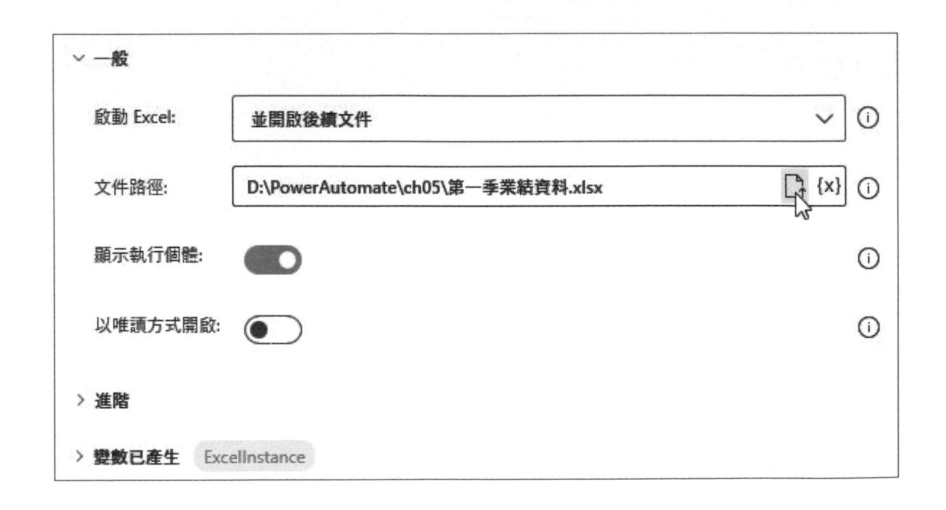

Step 2 **檔案 > 從 CSV 檔案讀取**動作可以讀取 CSV 檔案內容成為 CSVTable 變數的資料表資料，然後在之後將資料寫入 Excel 工作表，在**檔案路徑**欄是 CSV 檔案路徑；**編碼**欄是 UTF-8 編碼，如下圖所示：

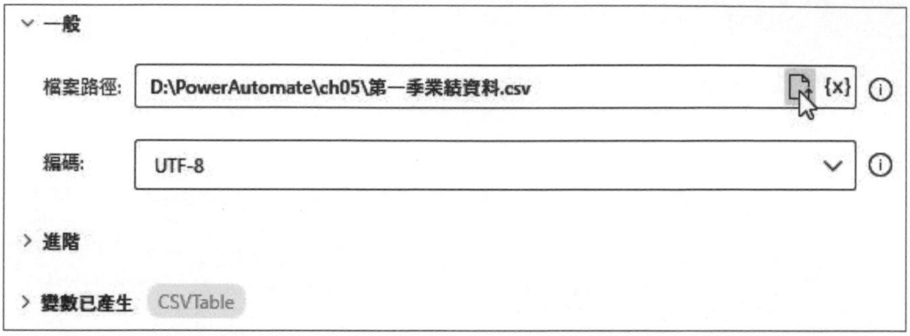

∨ 一般

檔案路徑: D:\PowerAutomate\ch05\第一季業績資料.csv {x}

編碼: UTF-8

> 進階

> 變數已產生 CSVTable

Step 3 **Excel> 寫入 Excel 工作表**動作可以將讀取的 CSV 資料寫入 Excel 工作表，在**要寫入的值**欄就是之前 CSV 資料的 CSVTable 變數，**寫入模式**欄選**於指定的儲存格**開始寫入，**資料行**是 A 欄；**資料列**是 1 列，即從 "A1" 儲存格開始寫入 CSV 資料，如下圖所示：

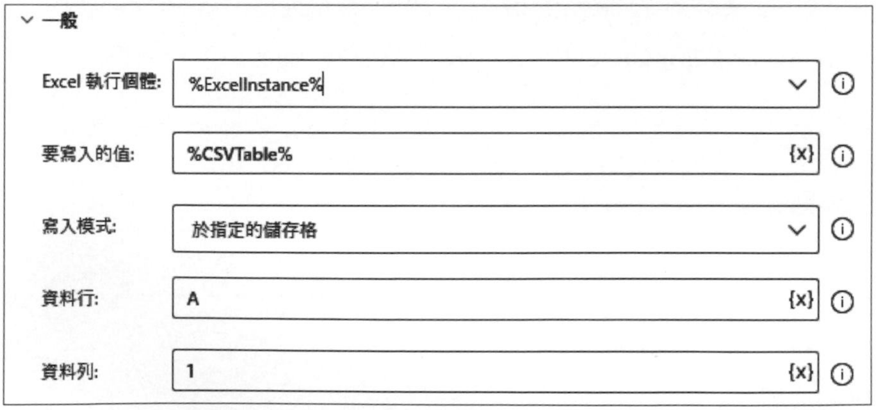

∨ 一般

Excel 執行個體: %ExcelInstance%

要寫入的值: %CSVTable% {x}

寫入模式: 於指定的儲存格

資料行: A {x}

資料列: 1 {x}

Step 4 **Excel> 儲存 Excel** 動作是儲存或另存 Excel 檔案，在**儲存模式**欄選**另存文件為**，可以另存成全新的 Excel 檔案，**文件格式**欄是預設值 (依據副檔名判斷)，**文件路徑**欄是另存檔案的路徑，以此例是另存成 " 第一季業績資料 2.xlsx"，如下圖所示：

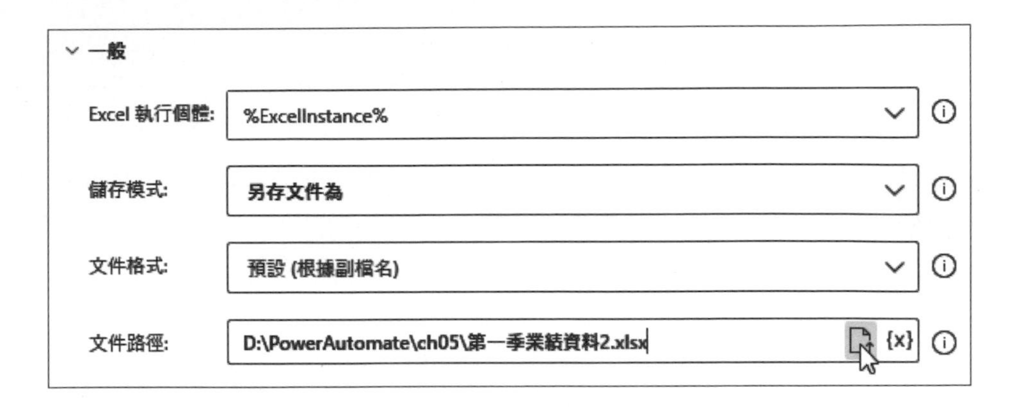

Step 5 Excel> 關閉 Excel 動作是關閉 Excel，在在關閉 Excel 之前欄選不要儲存文件，即可直接關閉 Excel 不儲存文件 (選儲存文件是儲存後關閉；選另存文件為和 Step 4 相同)，如下圖所示：

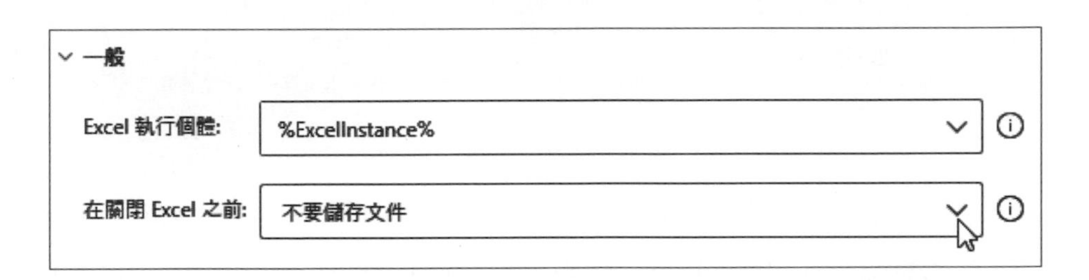

上述桌面流程的執行結果，可以在相同目錄新增寫入 CSV 資料的 Excel 檔案 " 第一季業績資料 2.xlsx"，如下圖所示：

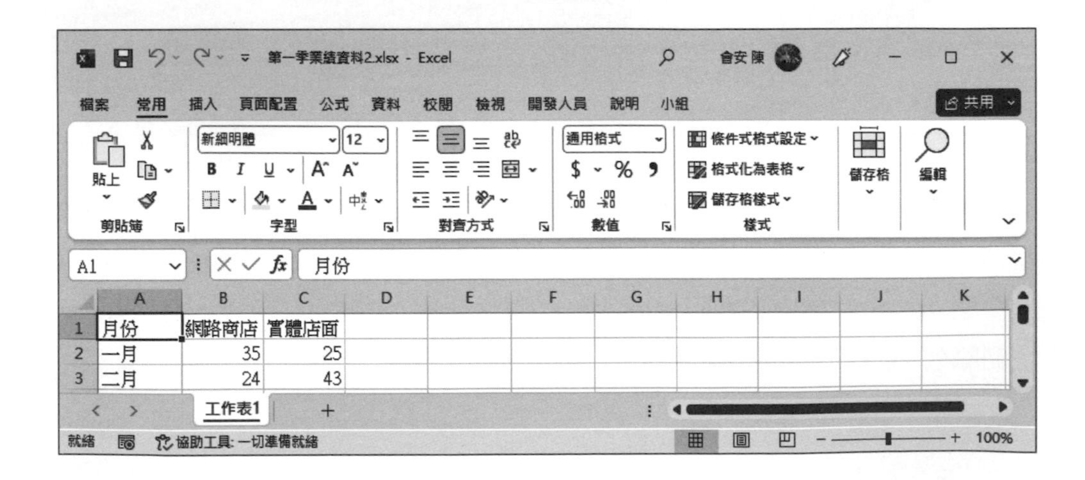

5-1-2 用資料表建立 Excel 檔案

Power Automate 桌面流程可以建立 DataTable 物件後，再將 DataTable 資料表寫入 Excel 檔案。在用資料表建立 Excel 檔案桌面流程 (流程檔：ch5-1-2.txt) 是將建立的 DataTable 物件儲存成 Excel 檔案，此桌面流程共有 4 個步驟的動作，如下圖所示：

Step 1 變數 > 資料表 > 建立新資料表動作可以新增 DataTable 物件的變數，預設儲存成 DataTable 變數，在新增資料表欄按之後編輯鈕，即可編輯資料表，如下圖所示：

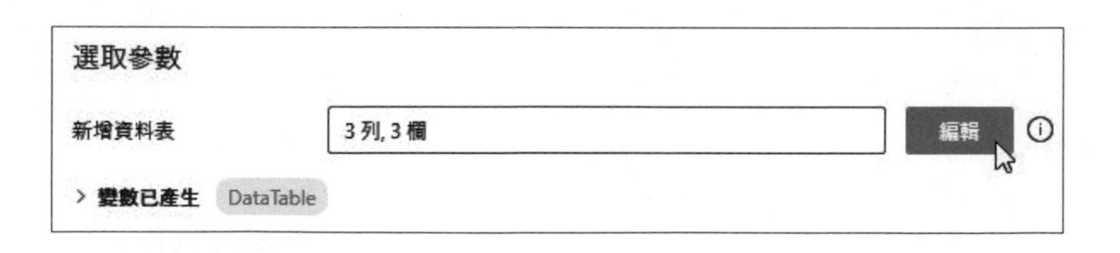

我們準備編輯存入 Excel 檔案的資料表，在輸入時，別忘了第 1 列的標題列，點選右上方 + 是新增欄；左下方 + 是新增列，在欄位標題上，執行右鍵快顯功能表的**刪除資料行**命令，可以刪除此欄，同理執行**刪除資料列**命令是刪除列，如下圖所示：

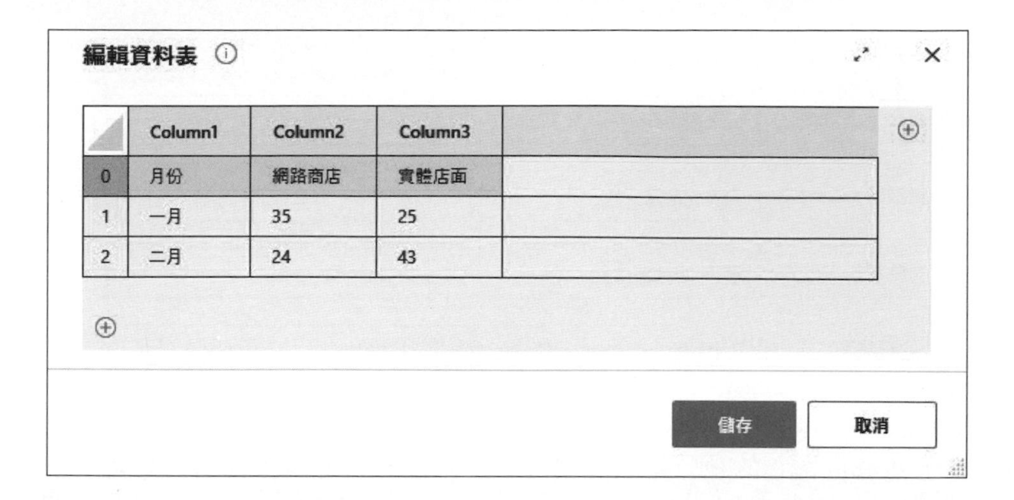

Step 2 Excel> 啟動 Excel 動作是啟動 Excel 和開啟 Excel 檔案「D:\PowerAutomate\ch05\ 第一季業績資料 .xlsx」。

Step 3 Excel> 寫入 Excel 工作表動作可以將 DataTable 變數寫入 Excel 工作表，在要寫入的值欄是 DataTable 變數，寫入模式欄選於指定的儲存格開始寫入，資料行是 A 欄；資料列是 1 列，即從 "A1" 儲存格開始寫入，如下圖所示：

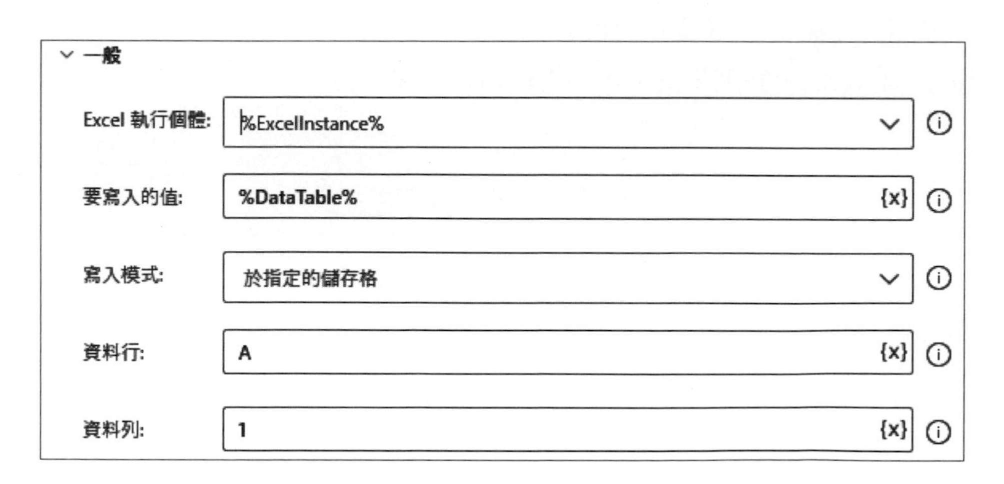

Step 4 Excel> 關閉 Excel 動作是在在關閉 Excel 之前欄選另存文件為，即可在文件路徑欄輸入另存檔案的路徑，另存成 " 第一季業績資料 2.xlsx" 後才關閉 Excel，如下圖所示：

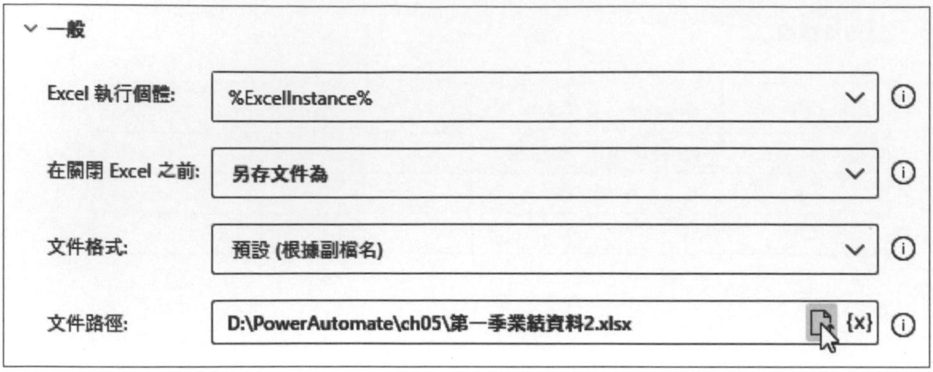

∨ 一般

Excel 執行個體: %ExcelInstance%

在關閉 Excel 之前: 另存文件為

文件格式: 預設 (根據副檔名)

文件路徑: D:\PowerAutomate\ch05\第一季業績資料2.xlsx {x}

上述桌面流程的執行結果和第 5-1-1 節相同，可以在相同目錄新增寫入資料表資料的 Excel 檔案 " 第一季業績資料 2.xlsx"。

5-2 自動化在 Excel 工作表新增整列和整欄資料

對於已經存在的 Excel 檔案，我們可以建立 Power Automate 桌面流程開啟 Excel 檔案來新增工作表的整列和整欄資料。

5-2-1 在 Excel 工作表新增整列資料

在第 5-1 節建立 Excel 檔案 " 第一季業績資料 2.xlsx" 後，我們準備建立桌面流程來新增三月的業績資料：15、32，然後儲存成 " 第一季業績資料 3.xlsx"。

在在 Excel 工作表新增整列資料桌面流程 (流程檔：ch5-2-1.txt) 共有 5 個步驟的動作，可以在工作表新增三月的整列業績資料，如下圖所示：

Step 1 Excel> 啟動 Excel 動作是啟動 Excel 和開啟 Excel 檔案「D:\PowerAutomate\ch05\第一季業績資料 2.xlsx」。

Step 2 ～ Step 4 使用 3 個 Excel> 寫入 Excel 工作表動作將三月、15 和 32 資料依序寫入 "A4"、"B4" 和 "C4" 儲存格，以 Step 2 為例是在寫入模式欄選於指定的儲存格，資料行是第 A 欄；資料列是第 4 列，即在 "A4" 儲存格寫入要寫入的值欄的三月值，如下圖所示：

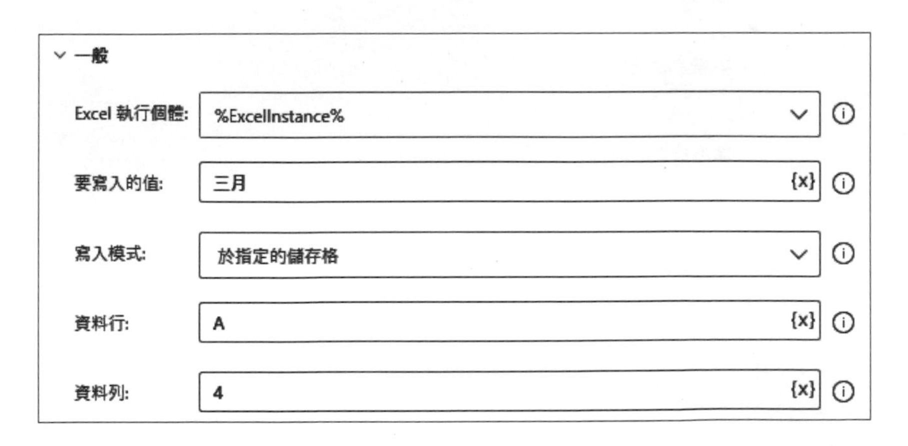

Step 3 和 Step 4 依序在 "B4" 和 "C4" 儲存格寫入 2 個通路的業績資料。

Step 5 Excel> 關閉 Excel 動作是另存成 " 第一季業績資料 3.xlsx" 後才關閉 Excel。

上述桌面流程的執行結果，可以在相同目錄看到寫入整列資料的 Excel 檔案 " 第一季業績資料 3.xlsx"，如右圖所示：

	A	B	C
1	月份	網路商店	實體店面
2	一月	35	25
3	二月	24	43
4	三月	15	32

5-2-2 在 Excel 工作表新增整欄資料

Excel 工作表的整欄資料可以使用清單來新增，我們準備在 Excel 檔案 " 第一季業績資料 3.xlsx"，新增整欄業務直銷的業績資料：33、25、12 後，儲存成 " 第一季業績資料 4.xlsx"。

在在 Excel 工作表新增整欄資料桌面流程 (流程檔：ch5-2-2.txt) 共有 9 個步驟的動作，可以在工作表新增業務直銷的整欄業績資料，如下圖所示：

1	**建立新清單** 建立新清單並儲存至 List
2	**新增項目至清單** 新增項目 '業務直銷' 至清單 List
3	**新增項目至清單** 新增項目 33 至清單 List
4	**新增項目至清單** 新增項目 25 至清單 List
5	**新增項目至清單** 新增項目 12 至清單 List
6	**啟動 Excel** 使用現有的 Excel 程序啟動 Excel 並開啟文件 'D:\PowerAutomate\ch05\第一季業績資料3.xlsx'，並將之儲存至 Excel 執行個體 ExcelInstance
7	**從 Excel 工作表中取得第一個可用資料行/資料列** 針對執行個體儲存至 ExcelInstance 的 Excel 文件，擷取其使用中工作表的第一個空白欄/列，並儲存至 FirstFreeColumn 和 FirstFreeRow
8	**寫入 Excel 工作表** 在 Excel 執行個體 ExcelInstance 的欄 FirstFreeColumn 與列 1 的儲存格中寫入值 List
9	**關閉 Excel** 儲存 Excel 文件為 'D:\PowerAutomate\ch05\第一季業績資料4.xlsx' 並關閉 Excel 執行個體 ExcelInstance

Step 1 變數 > 建立新清單動作可以新增 List 變數的空白清單。

Step 2 ～ Step 5 使用 4 個變數 > 新增項目至清單動作依序新增業務直銷、33、25 和 12 至 List 變數，如下圖所示：

Step 6 Excel> 啟動 Excel 動作是啟動 Excel 和開啟 Excel 檔案「D:\PowerAutomate\ch05\ 第一季業績資料 3.xlsx」。

Step 7 Excel> 從 Excel 工作表中取得第 1 個可用資料行 / 資料列動作可以取得 Excel 工作表第 1 個可用的欄和第 1 個可用列的索引，即 FirstFreeColumn 和 FirstFreeRow 變數，如下圖所示：

一般

Excel 執行個體: %ExcelInstance%

變數已產生 FirstFreeColumn FirstFreeRow

Step 8 Excel> 寫入 Excel 工作表動作可以將清單資料寫入工作表，寫入動作從指定儲存格垂直寫入之後的儲存格，在要寫入的值欄是 List 變數，寫入模式欄請選於指定的儲存格，資料行是 FristFreeColumn 變數的第 1 個可用欄，即最後 1 欄，資料列是 1，如下圖所示：

一般

Excel 執行個體: %ExcelInstance%

要寫入的值: %List%

寫入模式: 於指定的儲存格

資料行: %FirstFreeColumn%

資料列: 1

Step 9 Excel> 關閉 Excel 動作是另存成 " 第一季業績資料 4.xlsx" 後才關閉 Excel。

上述桌面流程的執行結果，可以在相同目錄看到寫入整欄資料的 Excel 檔案 " 第一季業績資料 4.xlsx"，如右圖所示：

	A	B	C	D
1	月份	網路商店	實體店面	業務直銷
2	一月	35	25	33
3	二月	24	43	25
4	三月	15	32	12

5-3 自動化讀取和編輯 Excel 儲存格資料

Power Automate 支援 Excel 讀寫的相關動作，可以讓我們讀取指定 Excel 儲存格、整個工作表、或匯出工作表成為 CSV 檔案。

5-3-1 讀取指定儲存格或範圍資料

我們可以使用**讀取自 Excel 工作表**動作來讀取指定儲存格或範圍資料。在**讀取指定儲存格或範圍資料**桌面流程（流程檔：ch5-3-1.txt）共有 4 個步驟的動作，可以讀取工作表指定儲存格和儲存格範圍的資料，如下圖所示：

1 **啟動 Excel**
使用現有的 Excel 程序啟動 Excel 並開啟文件 'D:\PowerAutomate\ch05\第一季業績資料4.xlsx'，並將之儲存至 Excel 執行個體 ExcelInstance

2 **讀取自 Excel 工作表**
讀取欄 'A' 列 2 中儲存格的值，並將其儲存至 ExcelData

3 **讀取自 Excel 工作表**
讀取範圍從欄 'A' 列 2 至欄 'C' 列 3 的儲存格值，並將其儲存至 ExcelData2

4 **關閉 Excel**
關閉已儲存至 ExcelInstance 中的 Excel 執行個體

Step 1 **Excel> 啟動 Excel** 動作是啟動 Excel 和開啟 Excel 檔案「D:\PowerAutomate\ch05\ 第一季業績資料 4.xlsx」。

Step 2 第 1 個 **Excel> 讀取自 Excel 工作表**動作是讀取指定儲存格的資料後，儲存至 ExcelData 變數，在 **Excel 執行個體**欄指定讀取哪一個 Excel 檔案，**擷取**欄選**單一儲存格的值**，可以取得指定儲存格的資料，在**開始欄**是第 A 欄；**開始列**是第 2 列，即讀取 "A2" 儲存格的值，如下圖所示：

一般

Excel 執行個體: %ExcelInstance%

擷取: 單一儲存格的值

開始欄: A

開始列: 2

進階

變數已產生 ExcelData

Step 3 第 2 個 **Excel> 讀取自 Excel 工作表**動作是讀取指定範圍的儲存格資料後，儲存至 ExcelData2 變數，在**擷取**欄選**儲存格範圍中的值**，可以取得儲存格範圍的資料，在**開始欄**是第 A 欄；**開始列**是第 2 列；**結尾欄**是第 C 欄；**結尾列**是第 3 列，可以讀取 "A2:C3" 儲存格範圍的值，如下圖所示：

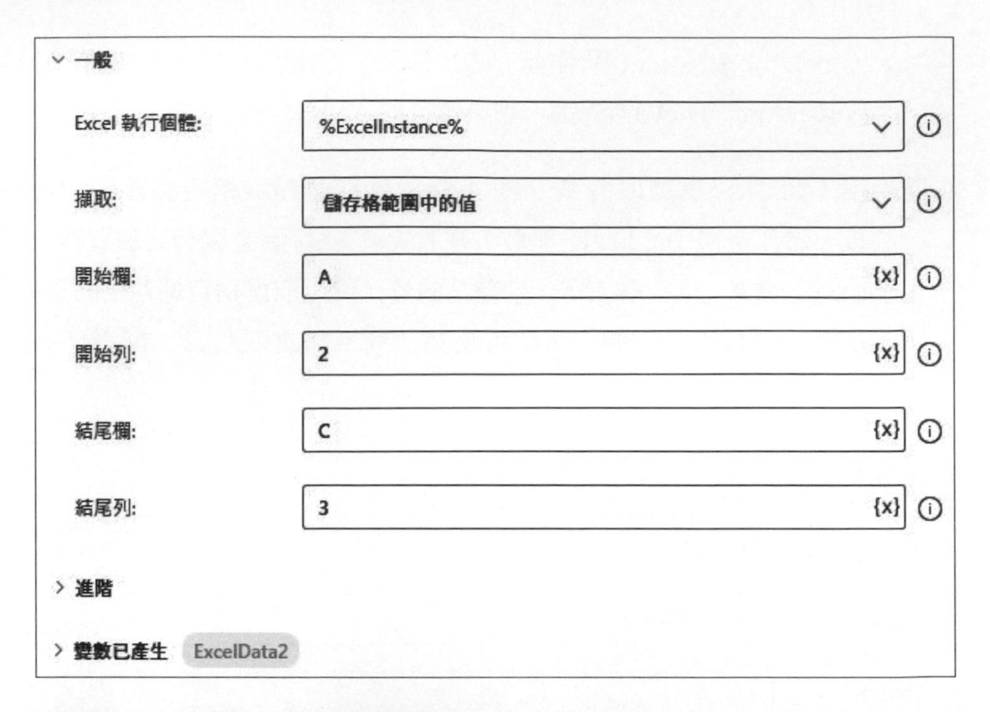

展開進階，可以選擇開啟是否以文字取得儲存格值，和包含欄名的標題文字，如右圖所示：

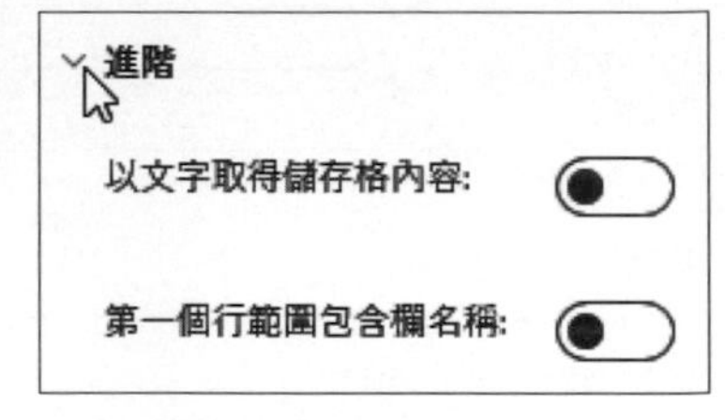

Step 4 Excel> 關閉 Excel 動作是不儲存文件直接關閉 Excel。

上述桌面流程的執行結果，可以在「變數」窗格的流程變數框看到變數 ExcelData 和 ExcelData2 取得的儲存格值，如下圖所示：

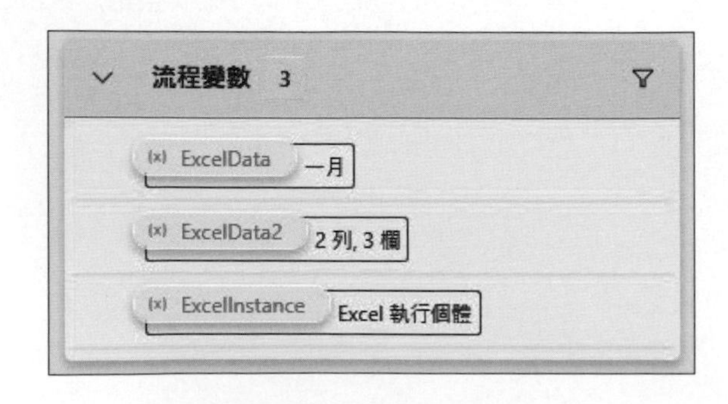

雙擊 ExcelData2 變數，可以看到取得的儲存格範圍資料，這是 DataTable 資料表物件，如右圖所示：

變數值

ExcelData2 (資料表)

#	Column1	Column2	Column3
0	一月	35	25
1	二月	24	43

關閉

5-3-2 讀取整個工作表的資料

Power Automate 可以使用從 Excel 工作表中取得第 1 個可用資料行 / 資料列動作取得工作表可用的第 1 列和第 1 欄後，只需將取得值都減 1，即可取得工作表的範圍，讓我們自動化讀取整個工作表的資料。

在讀取整個工作表的資料桌面流程（流程檔：ch5-3-2.txt）共有 4 個步驟的動作，可以讀取整個工作表有資料範圍的資料，如下圖所示：

Step 1 Excel> 啟動 Excel 動作是啟動 Excel 和開啟 Excel 檔案「D:\PowerAutomate\ch05\ 第一季業績資料 4.xlsx」。

Step 2 Excel> **從 Excel 工作表中取得第 1 個可用資料行 / 資料列**動作可以取得工作表第 1 個可用的欄和第 1 個可用列的索引，即 FirstFreeColumn 和 FirstFreeRow 變數，如下圖所示：

Step 3 Excel> **讀取自 Excel 工作表**動作是讀取儲存格範圍的資料後，儲存至 ExcelData 變數，在**擷取**欄選**儲存格範圍中的值**，**開始欄**是第 1 欄；**開始列**是第 1 列；**結尾欄**和**結尾列**是使用減 1 的運算式來取得範圍，在「%」符號之中不只可以是單一變數，也可以是一個數學運算式，如下所示：

```
%FirstFreeColumn - 1%
%FirstFreeRow - 1%
```

一般

Excel 執行個體: %ExcelInstance%

擷取: 儲存格範圍中的值

開始欄: A

開始列: 1

結尾欄: %FirstFreeColumn - 1%

結尾列: %FirstFreeRow - 1%

進階

變數已產生 ExcelData

Step 4 Excel> 關閉 Excel 動作是不儲存文件直接關閉 Excel。

上述桌面流程的執行結果，可以在「變數」窗格的流程變數框看到 ExcelData 變數取得的儲存格值，如下圖所示：

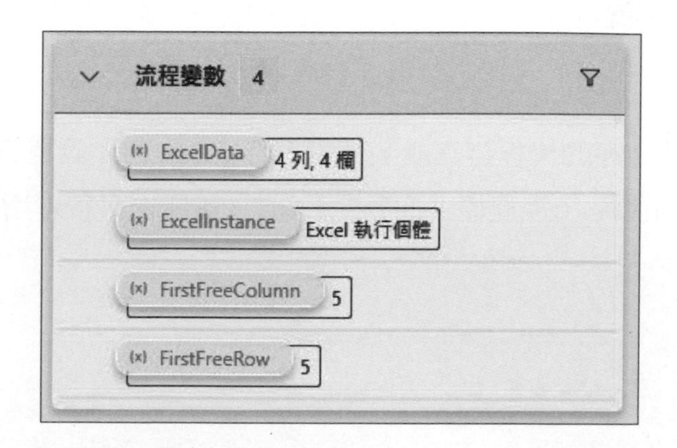

上述可用的範圍都是 5，減 1 就是 4，所以工作表的範圍是第 4 欄 D 和第 4 列，即 "A1:D4"。雙擊 ExcelData 變數，可以看到取得的儲存格範圍資料，這是 DataTable 資料表物件，如下圖所示：

變數值 ×

ExcelData (資料表)

#	Column1	Column2	Column3	Column4
0	月份	網路商店	實體店面	業務直銷
1	一月	35	25	33
2	二月	24	43	25
3	三月	15	32	12

關閉

5-3-3 讀取 Excel 工作表資料儲存成 CSV 檔案

在第 5-3-2 節已經建立桌面流程來自動化讀取 Excel 工作表有資料範圍的資料，這是一個 DataTable 資料表物件，在桌面流程只需再使用寫入 CSV 檔案動作，就可以將 DataTable 資料表物件儲存成 CSV 檔案，換句話說，就是讀取 Excel 工作表資料儲存成 CSV 檔案。

請將第 5-3-2 節的流程建立成名為**讀取 Excel 工作表資料儲存成 CSV 檔案**的複本桌面流程（流程檔：ch5-3-3.txt），然後在最後新增 Step 5，如下圖所示：。

Step 5 檔案 > 寫入 CSV 檔案動作可以將 DataTable 資料表物件寫入 CSV 檔案，在要寫入的變數欄選 ExcelData 變數；檔案路徑欄是 CSV 檔案路徑；編碼欄是 UTF-8 編碼，如下圖所示：

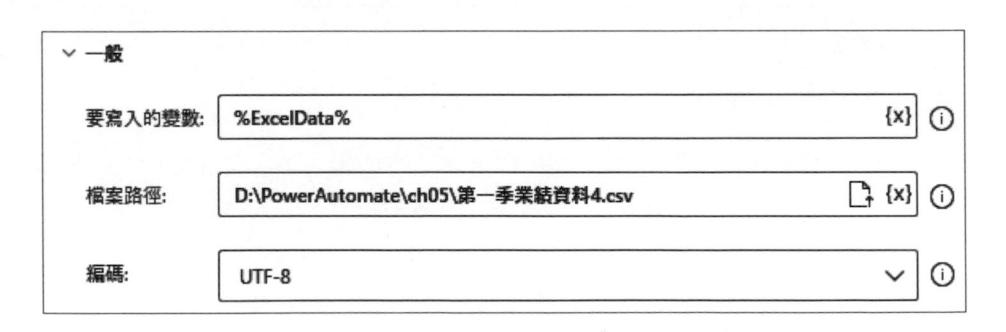

上述桌面流程的執行結果，可以在 Excel 檔案的相同目錄看到 CSV 檔案 " 第一季業績資料 4.csv"。

5-3-4 編輯指定儲存格的資料

我們一樣可以使用 Power Automate 桌面流程來編輯工作表的儲存格資料，在開啟 Excel 檔案 " 第一季業績資料 4.xlsx" 後，依序更改二月的網路商店業績成為 26，三月的實體店面改成 35 後，儲存成 " 第一季業績資料 5.xlsx"。

在**編輯指定儲存格的資料**桌面流程（流程檔：ch5-3-4.txt）共有 4 個步驟的動作，可以編輯指定儲存格 "B3" 和 "C4" 的資料，如下圖所示：

Step 1 Excel> 啟動 Excel 動作是啟動 Excel 和開啟 Excel 檔案「D:\PowerAutomate\ch05\ 第一季業績資料 4.xlsx」。

Step 2 Excel> 寫入 Excel 工作表動作可以更改二月的網路商店業績成為 26，在要寫入的值欄是值 26，寫入模式欄選於指定的儲存格，資料行是第 B 欄；資料列是第 3 列，即在 "B3" 儲存格寫入 26，如下圖所示：

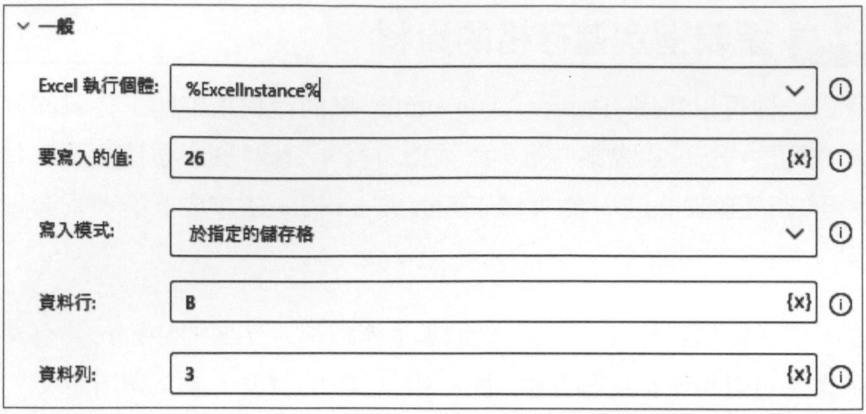

∨ 一般

Excel 執行個體: %ExcelInstance%

要寫入的值: 26 {x}

寫入模式: 於指定的儲存格

資料行: B {x}

資料列: 3 {x}

Step 3 Excel> 寫入 Excel 工作表動作可以將三月的實體店面業績改成 35，在要寫入的值欄是值 35，寫入模式欄選於指定的儲存格，資料行是第 C 欄；資料列是第 4 列，即在 "C4" 儲存格寫入 35，如下圖所示：

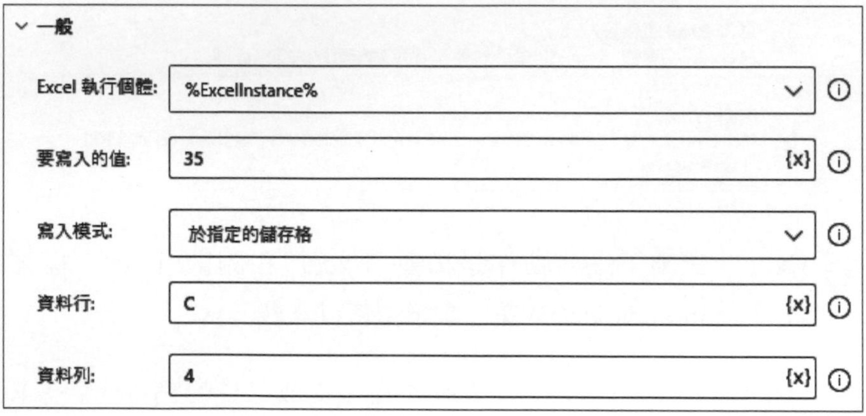

∨ 一般

Excel 執行個體: %ExcelInstance%

要寫入的值: 35 {x}

寫入模式: 於指定的儲存格

資料行: C {x}

資料列: 4 {x}

Step 4 Excel> 關閉 Excel 動作是另存成 " 第一季業績資料 5.xlsx" 後才關閉 Excel。

上述桌面流程的執行結果，可以在相同目錄看到更改 2 個儲存格資料的 Excel 檔案 " 第一季業績資料 5.xlsx"，如右圖所示：

	A	B	C	D
1	月份	網路商店	實體店面	業務直銷
2	一月	35	25	33
3	二月	26	43	25
4	三月	15	35	12

5-4 自動化 Excel 工作表的處理

在 Excel 檔案 "各班的成績管理.xlsx" 是 2 個班級的成績資料，如右圖所示：

	A	B	C	D
1	姓名	國文	英文	數學
2	陳會安	89	76	82
3	江小魚	78	90	76
4	王陽明	75	66	66

工作表1 | 工作表2

我們準備將工作表 1 更名成 A 班，然後刪除工作表 2 的 Excel 工作表後，新增一個名為 B 班的全新工作表，最後將 A 班前 2 列資料複製至 B 班的新工作表。

在自動化 Excel 工作表的處理桌面流程（流程檔：ch5-4.txt）共有 8 個步驟的動作，可以自動化新增、刪除和更名工作表，如下圖所示：

1	**啟動 Excel** 使用現有的 Excel 程序啟動 Excel 並開啟文件 'D:\PowerAutomate\ch05\各班的成績管理.xlsx'，並將之儲存至 Excel 執行個體 ExcelInstance
2	**重新命名 Excel 工作表** 重新命名執行個體已儲存至 ExcelInstance 之 Excel 文件的工作表 '工作表1'
3	**刪除 Excel 工作表** 刪除屬於執行個體已儲存至 ExcelInstance 的 Excel 文件，索引 2 的工作表
4	**讀取自 Excel 工作表** 讀取範圍從欄 'A' 列 1 至欄 'D' 列 2 的儲存格值，並將其儲存至 ExcelData
5	**加入新的工作表** 將名稱 'B班' 的新工作表加入執行個體 ExcelInstance 的 Excel 文件
6	**設定使用中 Excel 工作表** 啟用 Excel 執行個體 ExcelInstance 的工作表 'B班'
7	**寫入 Excel 工作表** 在 Excel 執行個體 ExcelInstance 的欄 'A' 與列 1 的儲存格中寫入值 ExcelData
8	**關閉 Excel** 儲存 Excel 文件為 'D:\PowerAutomate\ch05\各班的成績管理2.xlsx' 並關閉 Excel 執行個體 ExcelInstance

Step 1 Excel> 啟動 Excel 動作是啟動 Excel 和開啟 Excel 檔案「D:\PowerAutomate\ch05\ 各班的成績管理 .xlsx」。

Step 2 Excel> 進階 > 重新命名 Excel 工作表動作可以使用索引或名稱來更名工作表，在重新命名工作表欄選名字是用名稱（選索引是用工作表索引），工作表名稱欄輸入工作表 1；工作表新名稱欄輸入 A 班來更名工作表，如下圖所示：

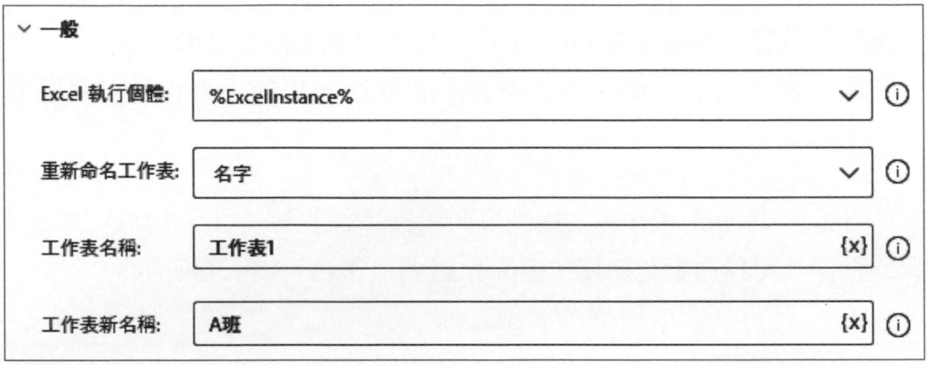

⌄ 一般

Excel 執行個體: %ExcelInstance%

重新命名工作表: 名字

工作表名稱: 工作表1 {x}

工作表新名稱: A班 {x}

Step 3 Excel> 進階 > 刪除 Excel 工作表動作可以使用索引或名稱來刪除工作表，在刪除工作表欄選索引使用工作表索引（從 1 開始），工作表索引欄輸入 2 是刪除第 2 個工作表，即工作表 2，如下圖所示：

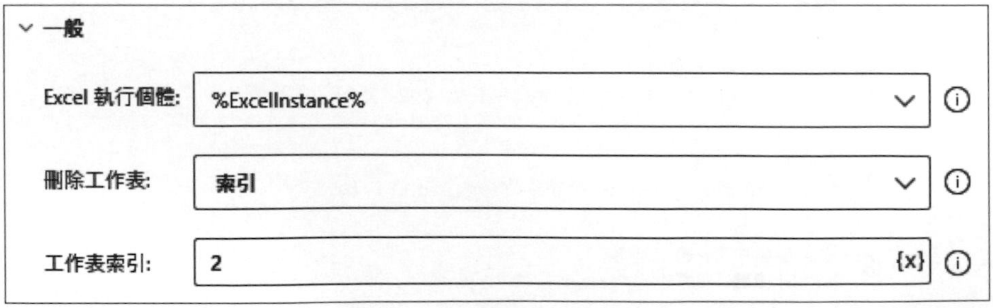

⌄ 一般

Excel 執行個體: %ExcelInstance%

刪除工作表: 索引

工作表索引: 2 {x}

Step 4 Excel> 讀取自 Excel 工作表動作是讀取指定範圍的儲存格資料後，儲存至 ExcelData 變數，在擷取欄選儲存格範圍中的值，可以取得儲存格範圍的資料，在開始欄是第 A 欄；開始列是第 1 列；結尾欄是第 D 欄；結尾列是第 2 列，即讀取 "A1:D2" 儲存格範圍，即前 2 列資料，如下圖所示：

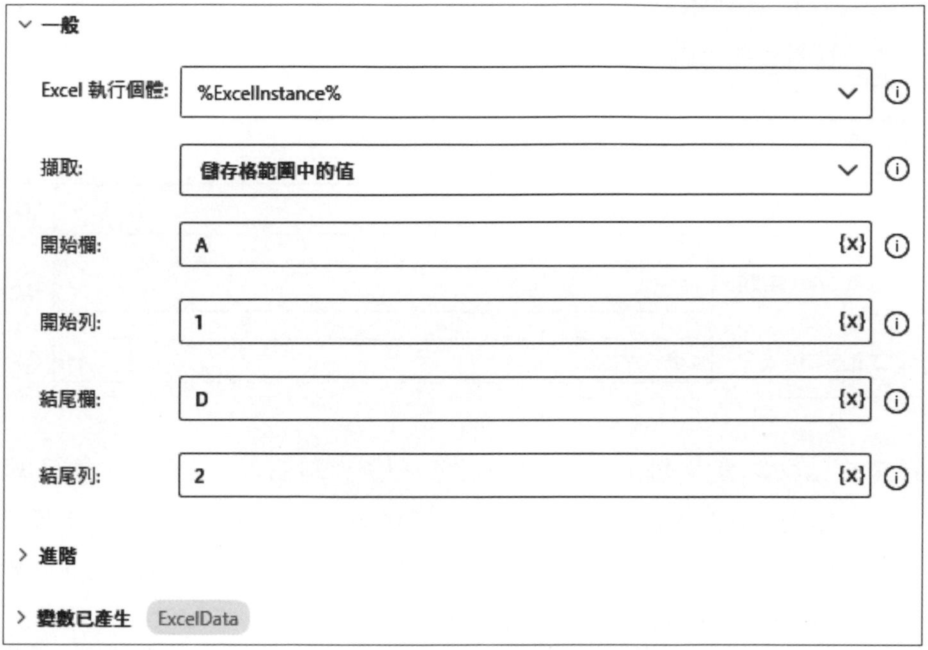

∨ 一般	
Excel 執行個體:	%ExcelInstance%
擷取:	儲存格範圍中的值
開始欄:	A
開始列:	1
結尾欄:	D
結尾列:	2
> 進階	
> 變數已產生	ExcelData

Step 5 Excel> 加入新的工作表動作可以加入新工作表成為第 1 個或最後 1 個工作表，在新的工作表名稱欄輸入工作表名稱 B 班，加入工作表做為欄選最後一個工作表新增至最後（第一個工作表是新增成為第 1 個工作表），如下圖所示：

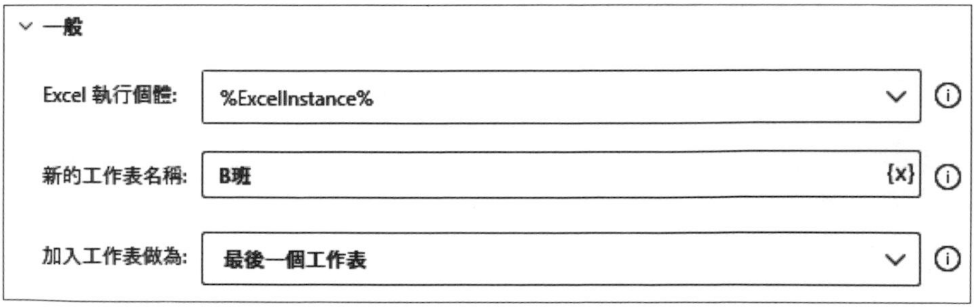

∨ 一般	
Excel 執行個體:	%ExcelInstance%
新的工作表名稱:	B班
加入工作表做為:	最後一個工作表

Step 6 Excel> **設定使用中的工作表**動作可以指定目前作用中的工作表是哪一個，在**啟用工作表時搭配**欄選**名字**是用名稱（**索引**是用工作表索引），**工作表名稱**欄輸入 B 班，可以指定此工作表是目前作用中的工作表，如下圖所示：

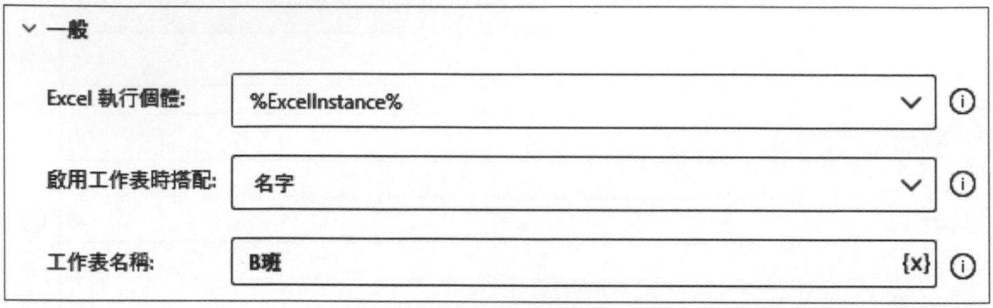

∨ 一般	
Excel 執行個體:	%ExcelInstance%
啟用工作表時搭配:	名字
工作表名稱:	B班

Step 7 Excel> **寫入 Excel 工作表**動作可以將資料寫入目前作用中的 B 班工作表，在**寫入模式**欄選**於指定的儲存格**，**資料行**是第 A 欄；**資料列**是第 1 列，即在 "A1" 儲存格寫入**要寫入的值**欄的 ExcelData 變數（A 班工作表的前 2 列），如下圖所示：

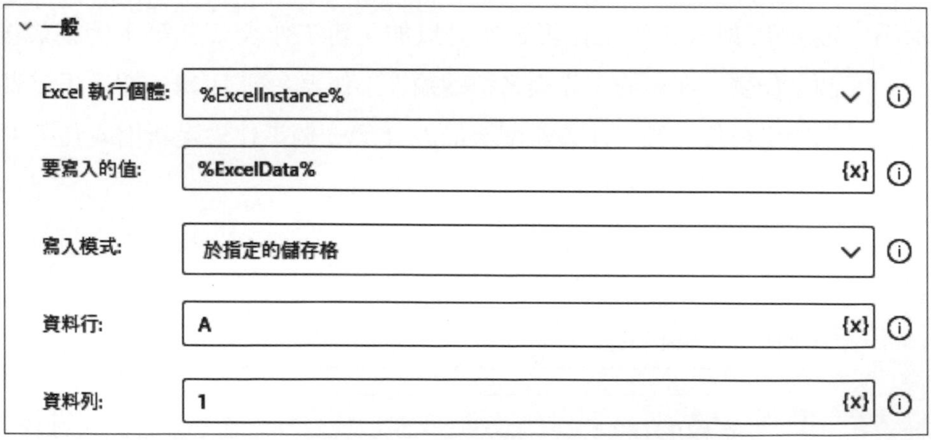

∨ 一般	
Excel 執行個體:	%ExcelInstance%
要寫入的值:	%ExcelData%
寫入模式:	於指定的儲存格
資料行:	A
資料列:	1

Step 8 Excel> **關閉 Excel** 動作是另存成 " 各班的成績管理 2.xlsx" 後才關閉 Excel。

上述桌面流程的執行結果，可以在相同目錄看到更名、刪除和新增工作表的 Excel 檔案 " 各班的成績管理 2.xlsx"，如右圖所示：

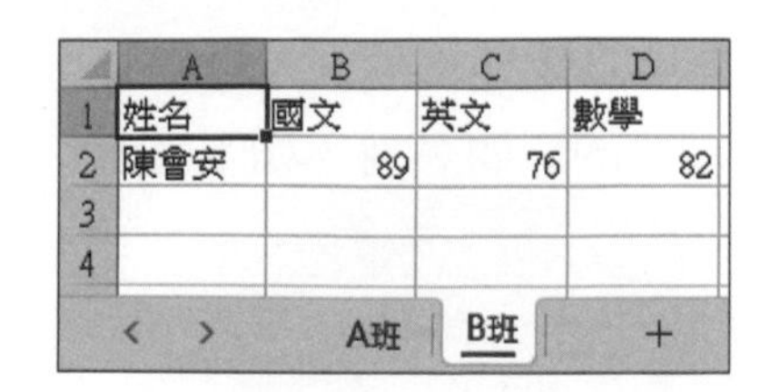

	A	B	C	D
1	姓名	國文	英文	數學
2	陳會安	89	76	82
3				
4				

5-5 實作案例：自動化統計和篩選 Excel 工作表的資料

Excel 檔案 " 第一季業績資料 4.xlsx" 是三個通路第一季的業績資料，如下圖所示：

	A	B	C	D	E	F
1	月份	網路商店	實體店面	業務直銷		
2	一月	35	25	33		
3	二月	24	43	25		
4	三月	15	32	12		

工作表1

我們準備建立桌面流程計算 3 個通路的業績總和儲存至 "E" 欄，並且在 "F" 欄顯示當業績總和小於等於 60 時，顯示 " 業績沒有達標 !"。

☆ 自動化統計 Excel 工作表的資料 ch5-5.txt

請建立自動化統計 Excel 工作表的資料桌面流程，這是第 5-3-2 節讀取整個工作表的資料桌面流程的複本，我們需要修改 Step 3 的讀取自 Excel 工作表動作，展開進階後，點選開啟第 2 個選項第一個行範圍包含欄名稱，如右圖所示：

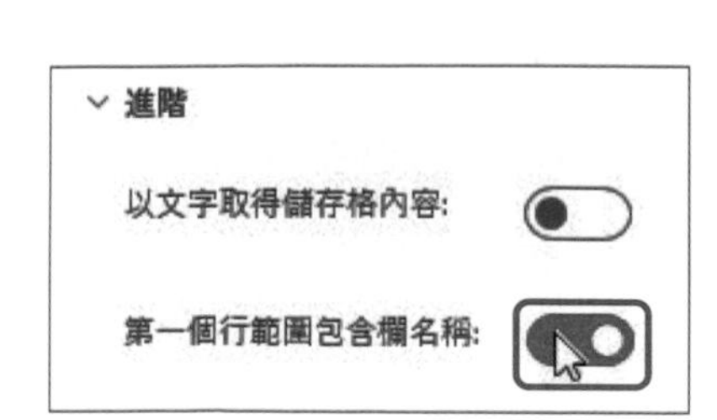

然後執行流程，可以看到取得 Excel 工作表的 DataTable 物件是擁有欄位的標題名稱，如下圖所示：

變數值

ExcelData (資料表)

#	月份	網路商店	實體店面	業務直銷
0	一月	35	25	33
1	二月	24	43	25
2	三月	15	32	12

關閉

現在，我們可以在原 Step 4 的關閉 Excel 動作前新增 Step 4 ~ Step 5 的 2 個動作，如下圖所示：

Step 4 Excel> 寫入 Excel 工作表動作是在 E 欄新增標題文字，在要寫入的值欄是業績總和，寫入模式欄選於指定的儲存格，資料行是第 E 欄；資料列是第 1 列，即在 "E1" 儲存格寫入 " 業績總和 "，如下圖所示：

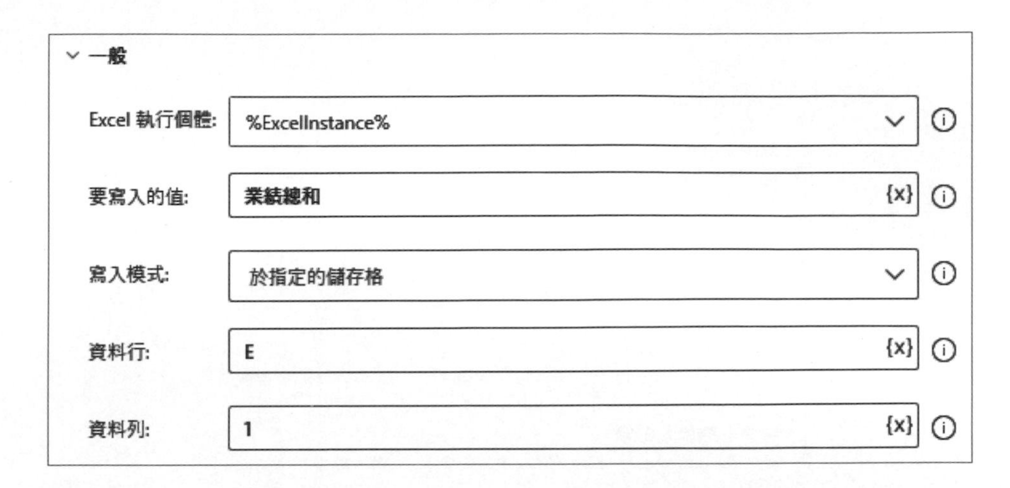

Step 5 Excel> **進階** > **啟用 Excel 工作表中的儲存格**動作可以啟用作用中的儲存格，因為準備在此欄自動依序向下寫入業績總和，所以在**啟用**欄是選**絕對定位的指定儲存格**，**資料行**是第 E 欄；**資料列**是第 1 列，即從 "E1" 儲存格開始，如下圖所示：

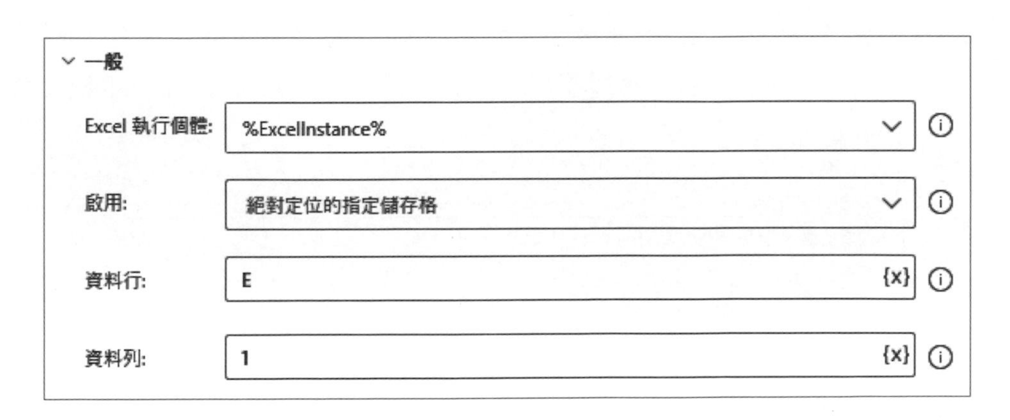

然後，我們需要新增 Step 6 ~ Step 12 的 For each 迴圈動作來走訪 Excel 工作表的每一列，即走訪 ExcelData 變數來計算 3 個通路的業績總和，如下圖所示：

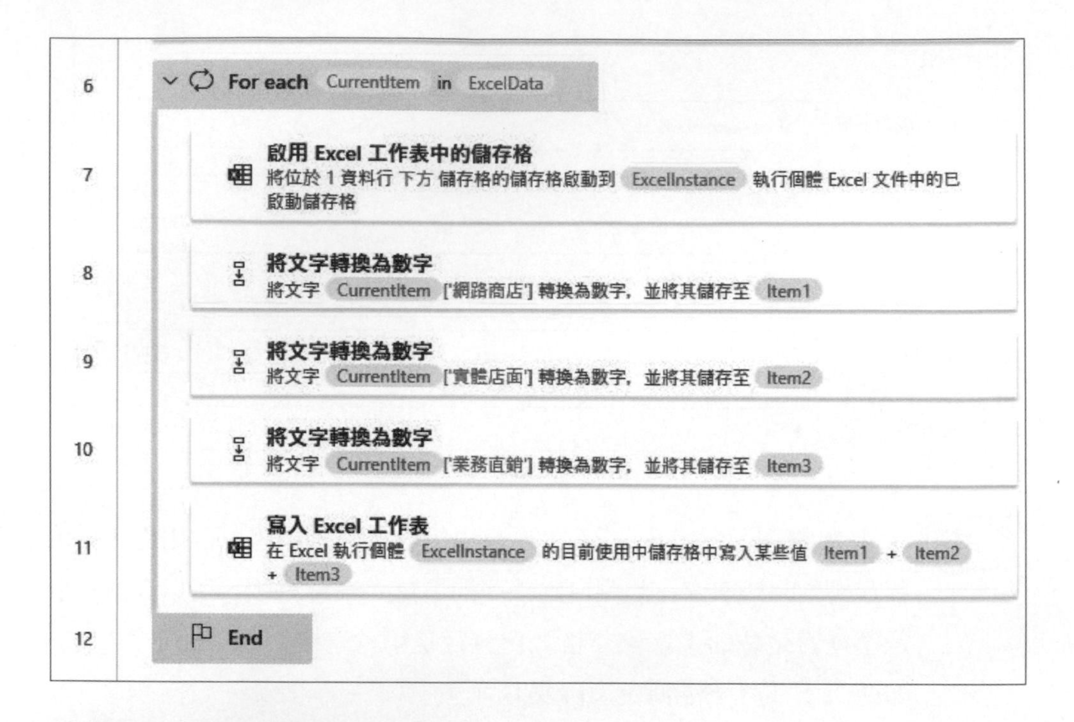

Step 6 ～ Step 12 迴圈 >For each 迴圈動作是走訪 Excel 工作表的 ExcelData 變數，可以將每一列資料儲存至 CurrentItem 變數，如下圖所示：

要逐一查看的值: %ExcelData% {x}

儲存至: CurrentItem {x}

Step 7 Excel> **進階** > **啟用 Excel 工作表中的儲存格**動作可以啟用作用中的儲存格，因為在 Step 5 已經絕對定位在 "E1" 儲存格，所以在**啟用**欄是選**相對定位的指定儲存格**，**方向**選**下方**；**與使用中儲存格間的位移**是 1，即從 "E1" 儲存格開始，每次向下位移一格，如下圖所示：

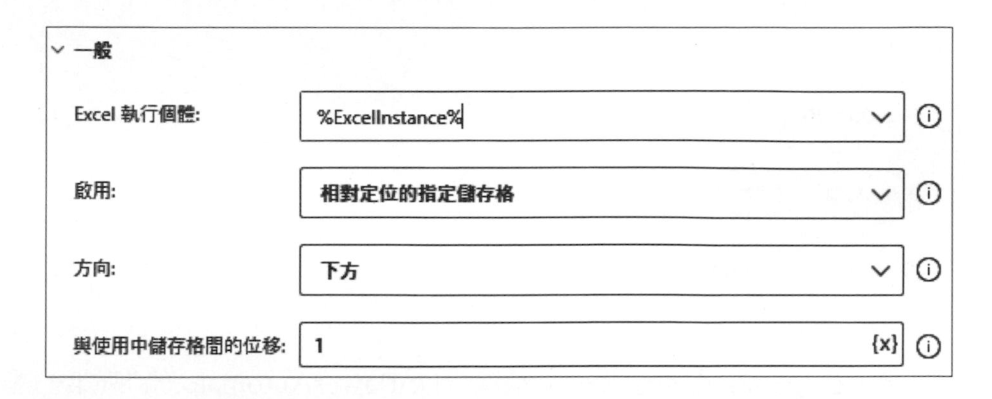

Step 8 ～ Step 10 文字 > 將文字轉換成數字動作可以將 3 個欄位 '網路商店'、'實體店面' 和 '業務直銷' 的文字資料轉換成數字變數 Item1~3，在要轉換的文字欄是欄位資料，因為每一列是 CurrentItem 變數，需要使用欄位標題來取得欄位值，以此例是 '網路商店' 欄位的值，如下所示：

```
%CurrentItem['網路商店']%
```

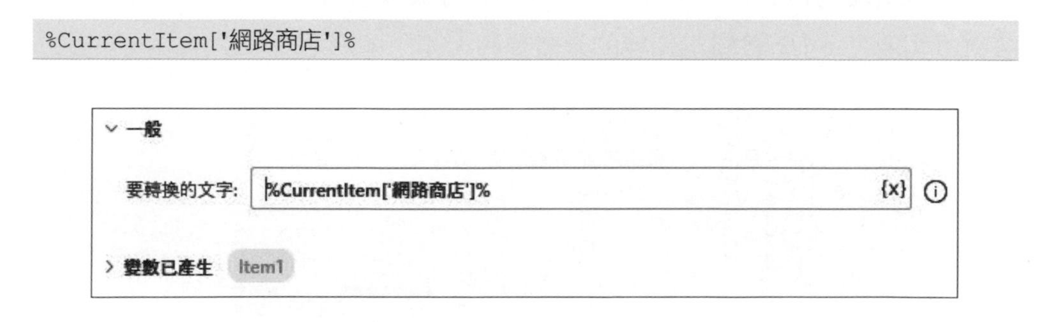

同理，這一列的其他 2 個欄位值，如下所示：

```
%CurrentItem['實體店面']%
%CurrentItem['業務直銷']%
```

Step 11 Excel> 寫入 Excel 工作表動作是將 Item1~3 變數的加總寫入目前作用中的儲存格，在要寫入的值欄是計算 3 個變數加總的運算式，寫入模式欄選於目前使用中儲存格，即寫入目前作用中的儲存格，如下圖所示：

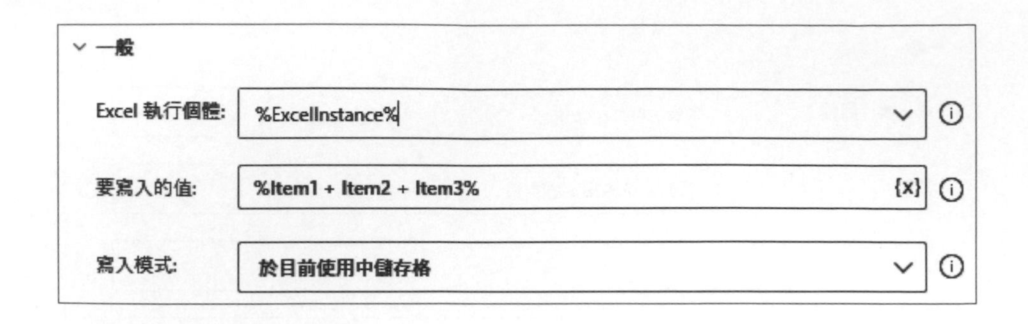

最後，在 Step 13 另存成 Excel 檔案「D:\PowerAutomate\ch05\ 第一季業績資料 6.xlsx」後關閉 Excel，如下圖所示：

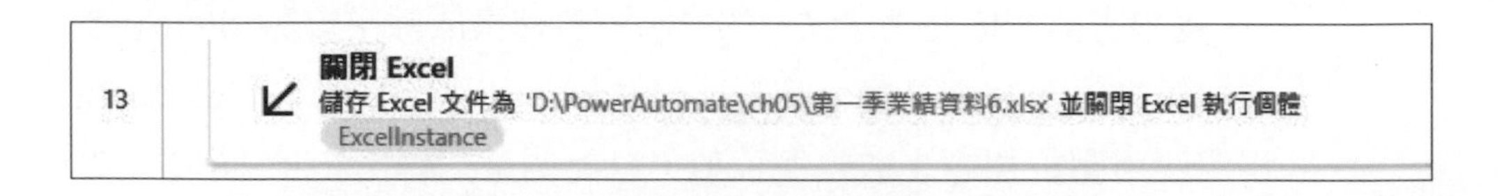

上述桌面流程的執行結果，能在相同目錄看到 Excel 檔案 " 第一季業績資料 6.xlsx"，可以看到 "E" 欄的業績總和，如下圖所示：

	A	B	C	D	E
1	月份	網路商店	實體店面	業務直銷	業績總和
2	一月	35	25	33	93
3	二月	24	43	25	92
4	三月	15	32	12	59

工作表1

☆ 自動化篩選 Excel 工作表的資料 ch5-5a.txt

請建立**自動化統計 Excel 工作表的資料**桌面流程的複本，名稱是**自動化篩選 Excel 工作表的資料**，我們準備加上 If 條件判斷業績總和，當業績總和小於等於 60 時，在 "F" 欄顯示 " 業績沒有達標 !"。

筆者只準備說明桌面流程有修改的部分，首先在 For each 迴圈動作前新增 Step 6 的設定變數動作，如下所示：

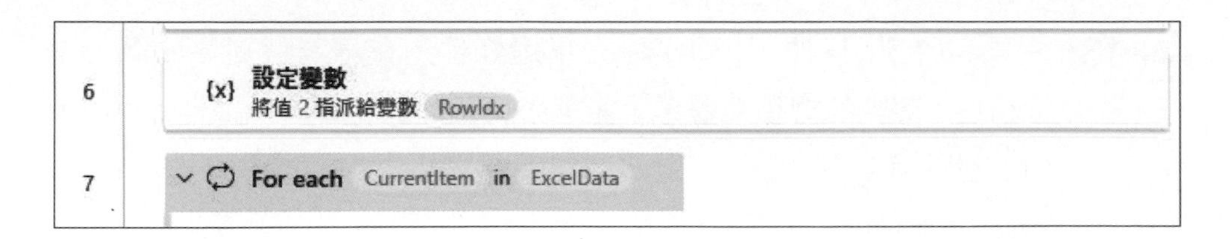

Step 6 變數 > 設定變數動作新增 RowIdx 變數，其值是 "F" 欄的列索引值 2，即從第 2 列開始寫入資料，如下圖所示：

然後在 Step 13 ~ Step 15 的 For each 迴圈中新增 If 動作，Step 16 增加 RowIdx 的值，即每次加 1，如下圖所示：

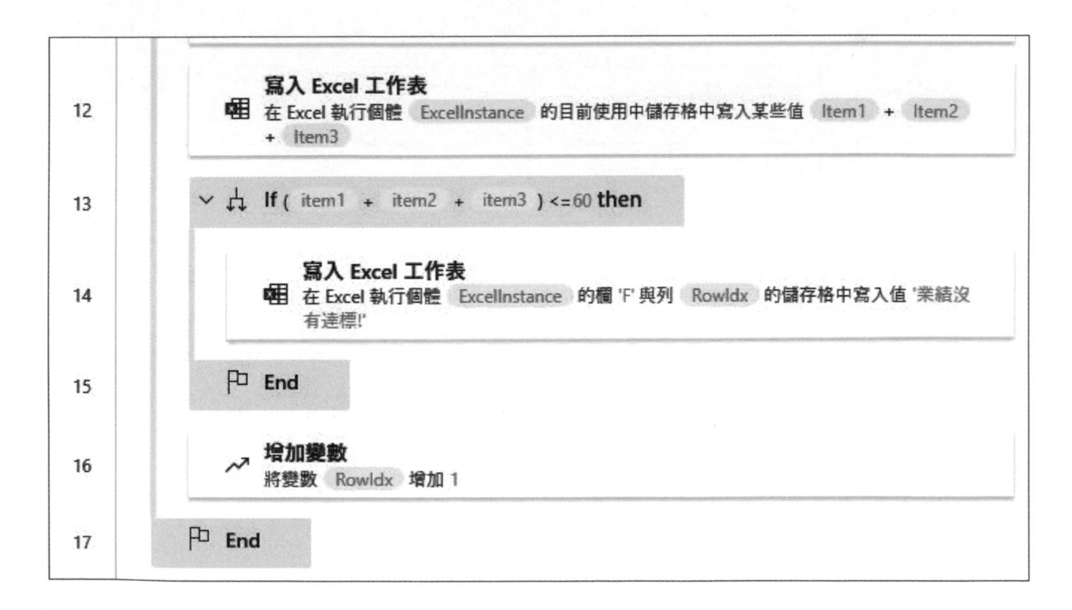

Step 13 ～ **Step 15** 條件 >If 動作建立單選條件，在第一個運算元欄位是 Item1~3 變數的總和；運算子欄選小於或等於；第二個運算元是 60，如下圖所示：

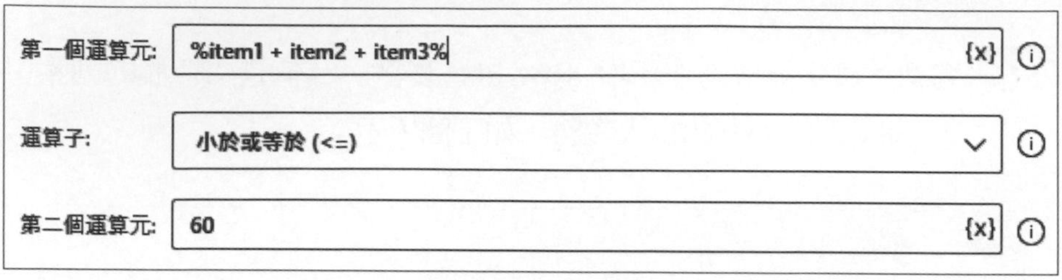

第一個運算元:	%item1 + item2 + item3%
運算子:	小於或等於 (<=)
第二個運算元:	60

Step 14 Excel> 寫入 Excel 工作表動作是在對應的 "F" 欄寫入要寫入的值欄位值業績沒有達標！，寫入模式欄選於指定的儲存格，資料行是第 F 欄；資料列是變數 RowIdx，如下圖所示：

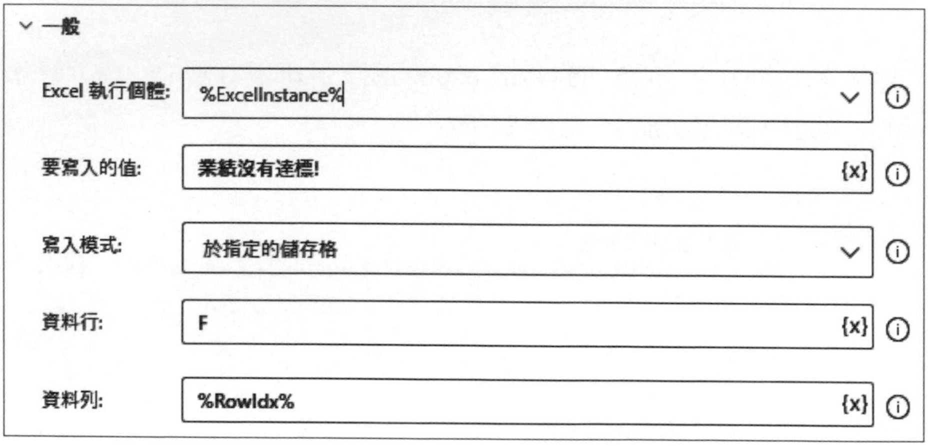

⌄ 一般

Excel 執行個體:	%ExcelInstance%
要寫入的值:	業績沒有達標!
寫入模式:	於指定的儲存格
資料行:	F
資料列:	%RowIdx%

Step 16 變數 > 增加變數動作可以增加變數值，在變數名稱欄是欲增加值的 RowIdx 變數；增加的量欄的值是 1，即每次將 RowIdx 變數值加 1，如下圖所示：

最後，在 Step 18 另存成 Excel 檔案「D:\PowerAutomate\ch05\ 第一季業績資料 7.xlsx」後關閉 Excel，如下圖所示：

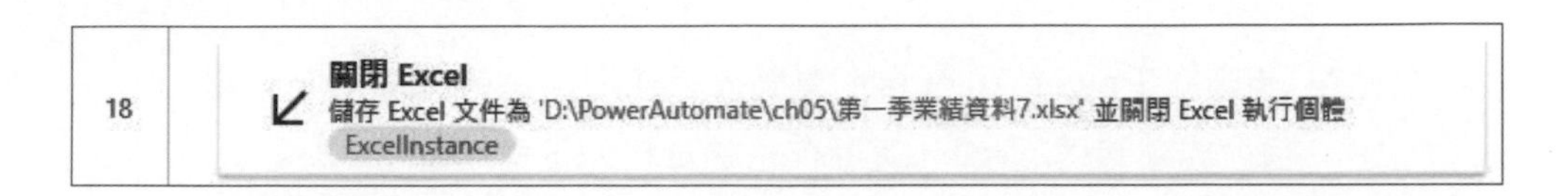

上述桌面流程的執行結果，能在相同目錄看到 Excel 檔案 " 第一季業績資料 7.xlsx"，可以看到 "F" 欄的第 4 列顯示業績沒有達標，如下圖所示：

	A	B	C	D	E	F	G
1	月份	網路商店	實體店面	業務直銷	業績總和		
2	一月	35	25	33	93		
3	二月	24	43	25	92		
4	三月	15	32	12	59	業績沒有達標!	

工作表1

1. 請問 Power Automate 桌面流程是如何開啟和建立 Excel 檔案？

2. 請建立 Power Automate 桌面流程新增成績管理的 Excel 檔案 "成績管理 .xlsx"，其儲存格的資料如下表所示：

姓名	國文	英文
陳會安	89	76
江小魚	78	90

3. 請建立 Power Automate 桌面流程開啟學習評量 2 的 Excel 檔案 "成績管理 .xlsx"，新增整欄數學成績：80、76 後，儲存成 "成績管理 2.xlsx"。

4. 請建立 Power Automate 桌面流程開啟學習評量 3 的 Excel 檔案 "成績管理 2.xlsx"，新增學生王陽明的成績資料：65、66、55 後，儲存成 " 成績管理 3.xlsx"。

5. 請建立 Power Automate 桌面流程開啟學習評量 4 的 Excel 檔案 " 成績管理 3.xlsx"，更改學生王陽明的國文成績是 75，數學成績是 66，學生陳會安的數學成績改成 82 後，儲存成 "成績管理 4.xlsx"。

6. 請建立 Power Automate 桌面流程開啟學習評量 5 的 Excel 檔案 "成績管理 4.xlsx"，可以在工作表的 E 欄新增每位同學的三科成績總分欄後，儲存成 "成績管理 5.xlsx"。

CHAPTER

6

自動化操作 Excel 活頁簿

- 6-1 | 自動化處理多個 Excel 活頁簿的資料
- 6-2 | 自動化 Excel 活頁簿和工作表的分割與合併
- 6-3 | 自動化執行 Excel VBA 程式
- 6-4 | 實作案例：自動化 Excel 活頁簿的資料彙整
- 6-5 | 實作案例：自動化匯出 Excel 成為 PDF 檔

6-1 自動化處理多個 Excel 活頁簿的資料

Power Automate 可以在同一個桌面流程處理多個活頁簿，例如：在「ch06\ 業績資料」目錄下有 2 個 Excel 檔案 " 業績資料 1.xlsx"（下圖左）和 " 業績資料 2.xlsx"（下圖右），如下圖所示：

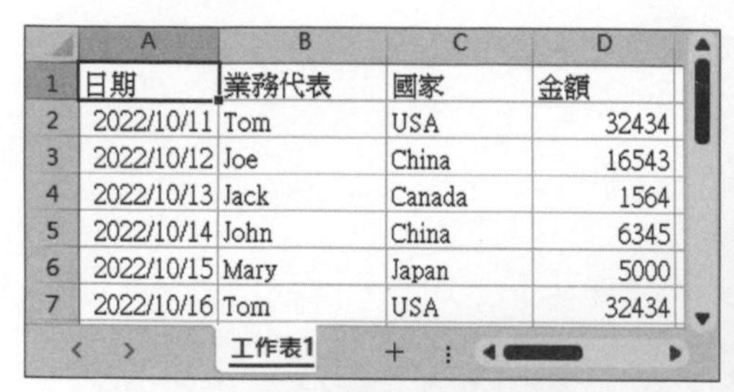

	A	B	C	D
1	日期	業務代表	國家	金額
2	2022/10/11	Tom	USA	32434
3	2022/10/12	Joe	China	16543
4	2022/10/13	Jack	Canada	1564
5	2022/10/14	John	China	6345
6	2022/10/15	Mary	Japan	5000
7	2022/10/16	Tom	USA	32434

工作表1

	A	B	C	D
1	2022/10/1	Brazil	Jinie	5243
2	2022/10/3	USA	Jane	5000
3	2022/10/5	Canada	John	2346
4	2022/10/7	Brazil	Joe	6643
5	2022/10/9	Japan	Jack	6465
6	2022/10/10	China	John	6345

工作表1

上述圖右的 B 和 C 欄與圖左相反，而且沒有標題列，我們準備建立 Power Automate 桌面流程，先處理第 2 個 Excel 檔案，加上標題列和交換 B 和 C 欄，然後將第 1 個 Excel 檔案的內容合併至第 2 個 Excel 工作表的最後。

在**自動化處理多個 Excel 活頁簿的資料**桌面流程共有 23 個步驟的動作（流程檔：ch6-1.txt），共分成六個部分來說明。

☆ Step 1 ~ Step 4：複製與開啟多個 Excel 活頁簿

為了避免影響原來的 Excel 檔案，我們準備在桌面流程先複製「ch06\ 業績資料」目錄後，依序開啟這 2 個 Excel 檔案，如下圖所示：

1	建立資料夾 將資料夾 'test' 建立至 'D:\PowerAutomate\ch06'
2	複製資料夾 將資料夾 'D:\PowerAutomate\ch06\業績資料' 複製到 NewFolder 並儲存至 CopiedFolder
3	啟動 Excel 使用現有的 Excel 程序啟動 Excel 並開啟文件 NewFolder '\業績資料\業績資料1.xlsx'，並將之儲存至 Excel 執行個體 ExcelInstance
4	啟動 Excel 使用現有的 Excel 程序啟動 Excel 並開啟文件 NewFolder '\業績資料\業績資料2.xlsx'，並將之儲存至 Excel 執行個體 ExcelInstance2

Step 1 資料夾＞建立資料夾動作是在建立新資料夾於欄的目錄下建立名為新資料夾名稱欄的子資料夾，可以建立「D:\PowerAutomate\ch06\test」資料夾和儲存至 NewFolder 變數，如下圖所示：

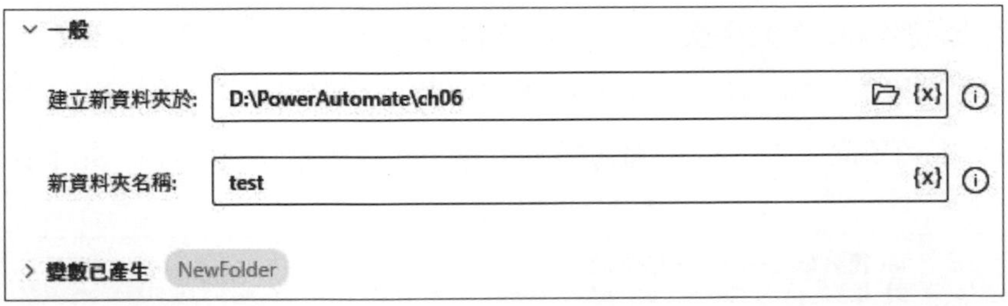

一般

建立新資料夾於:	D:\PowerAutomate\ch06
新資料夾名稱:	test

變數已產生 NewFolder

Step 2 資料夾＞複製資料夾動作可以將要複製的資料夾欄的資料夾複製至目的地資料夾欄的資料夾之下，在如果資料夾存在欄選擇資料夾存在的處理方式，以此例是覆寫，此時的 2 個 Excel 檔案是位在「D:\PowerAutomate\ch06\test\ 業績資料」資料夾，如下圖所示：

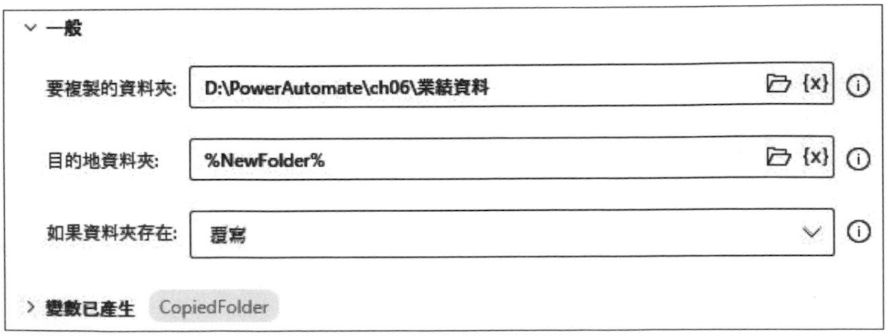

一般

要複製的資料夾:	D:\PowerAutomate\ch06\業績資料
目的地資料夾:	%NewFolder%
如果資料夾存在:	覆寫

變數已產生 CopiedFolder

Step 3 Excel> 啟動 Excel 動作是啟動 Excel 和開啟 Excel 檔案「D:\PowerAutomate\ch06\ 業績資料 \ 業績資料 1.xlsx」，並儲存至執行個體 ExcelInstance，這是活頁簿 1。

Step 4 Excel> 啟動 Excel 動作是啟動 Excel 和開啟 Excel 檔案「D:\PowerAutomate\ch06\ 業績資料 \ 業績資料 2.xlsx」，並儲存至執行個體 ExcelInstance2，這是活頁簿 2。

上述桌面流程共開啟 2 個 Excel 檔案，我們需要使用 ExcelInstance 和 ExcelInstance2 變數來切換使用的 Excel 活頁簿。

☆ Step 5 ~ Step 8：在第 2 個 Excel 活頁簿的工作表交換欄

在第 2 部分是在第 2 個 Excel 活頁簿交換 B 和 C 欄 (即 ExcelInstance2)，本節只以交換欄為例 (交換列的操作也相同)，Step 5 ~ Step 8 的作法是先複製 C 欄的儲存格後，插入第 2 欄的空白欄 (在原 B 欄前)，然後將複製的欄貼至第 2 欄，即可刪除原來的欄 (因為插入 1 欄，此時是刪除 D 欄)，如下圖所示：

5 **複製 Excel 工作表的儲存格**
複製 ExcelInstance2 執行個體中，Excel 文件從 'C' 資料行 1 資料列到 'C' 資料行 6 資料列範圍內的儲存格

6 **將欄插入 Excel 工作表**
將欄插入執行個體 ExcelInstance2 中 Excel 執行個體之欄 2 的左側

7 **將儲存格貼上 Excel 工作表**
將複製的儲存格貼上到 ExcelInstance2 執行個體中 Excel 文件 'B' 資料行和 1 資料列

8 **刪除 Excel 工作表的欄**
刪除執行個體已儲存至 ExcelInstance2 之 Excel 文件的欄 4

Step 5 Excel> 進階 > 複製 Excel 工作表的儲存格動作可以複製 Excel 工作表的資料，在 Excel 執行個體欄是 ExcelInstance2 變數的活頁簿 2，複製模式欄選複製模式是單一、儲存格範圍、選擇範圍和整個工作表的可用值，此例是儲存格範圍，所以需指定開始欄 / 列和結尾欄 / 列，以此例是 C 欄的 "C1:C6" 範圍的儲存格，如下圖所示：

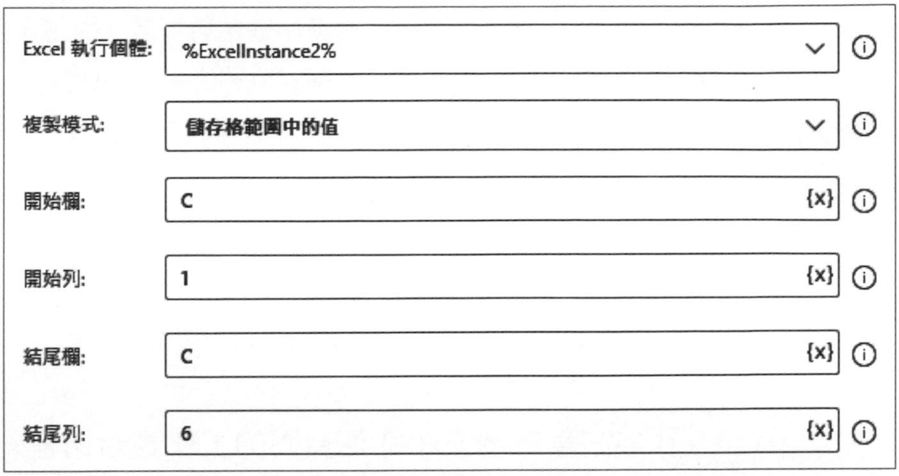

Excel 執行個體:	%ExcelInstance2%
複製模式:	儲存格範圍中的值
開始欄:	C
開始列:	1
結尾欄:	C
結尾列:	6

Step 6 Excel> 進階 > 將欄插入 Excel 工作表動作是在活頁簿 2 的工作表插入空白欄，在資料行欄是插入其左方的欄索引，值 2 是 B 欄，即插入在 B 欄的左方成為新的 B 欄，如下圖所示：

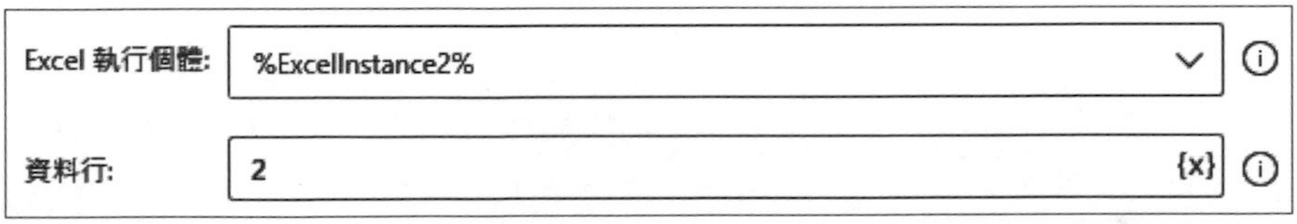

Excel 執行個體:	%ExcelInstance2%
資料行:	2

Step 7 Excel> 進階 > 將儲存格貼上 Excel 工作表動作是在活頁簿 2 貼上 Step 5 複製的儲存格範圍資料，在貼上模式欄選貼至指定的儲存格，然後在資料行欄指定是 B；資料列欄是 1，即從 B1 儲存格開始貼上整欄資料，如下圖所示：

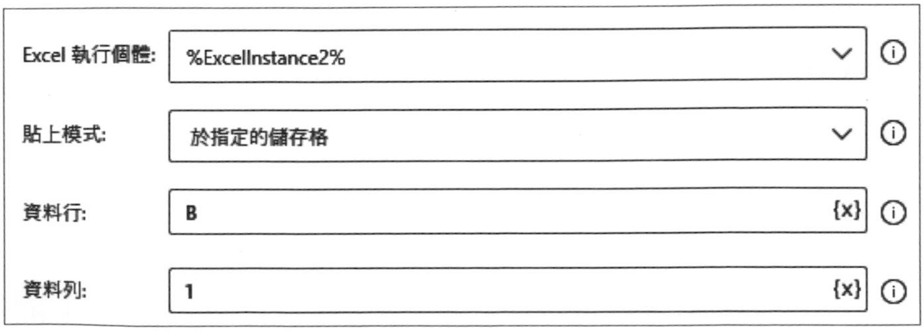

Excel 執行個體:	%ExcelInstance2%
貼上模式:	於指定的儲存格
資料行:	B
資料列:	1

Step 8 Excel> 進階 > 刪除 Excel 工作表的欄動作是在活頁簿 2 的工作表刪除整欄資料，在刪除資料行欄是刪除的欄索引，值 4 就是刪除 D 欄（因為插入新的 B 欄，原來的 C 欄成為了 D 欄），如下圖所示：

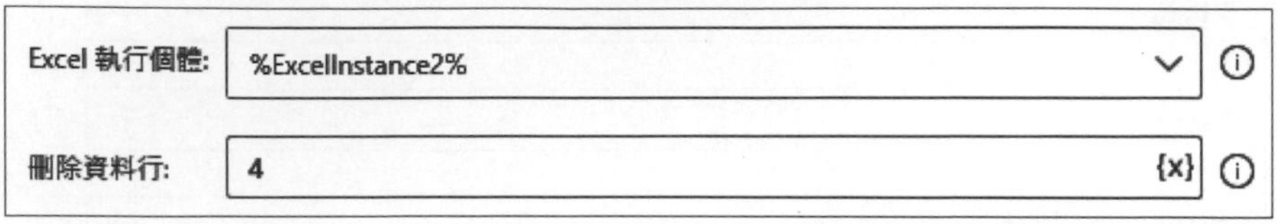

Excel 執行個體:	%ExcelInstance2%
刪除資料行:	4

☆ Step 9 ~ Step 11：在第 2 個 Excel 活頁簿的工作表新增標題列

在成功交換 B 欄和 C 欄後，我們準備新增第一列的空白列後，在活頁簿 2 新增標題列，如下圖所示：

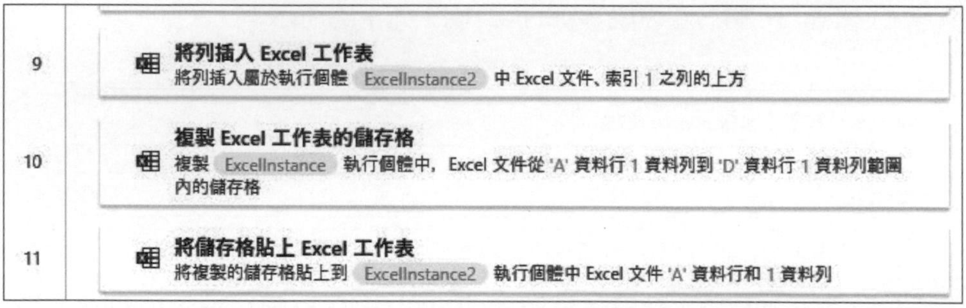

9	**將列插入 Excel 工作表** 將列插入屬於執行個體 ExcelInstance2 中 Excel 文件、索引 1 之列的上方
10	**複製 Excel 工作表的儲存格** 複製 ExcelInstance 執行個體中，Excel 文件從 'A' 資料行 1 資料列到 'D' 資料行 1 資料列範圍內的儲存格
11	**將儲存格貼上 Excel 工作表** 將複製的儲存格貼上到 ExcelInstance2 執行個體中 Excel 文件 'A' 資料行和 1 資料列

Step 9 Excel> 進階 > 將列插入 Excel 工作表動作是在活頁簿 2 的工作表插入空白列，在列索引欄是插入其上方的列索引，值 1 是第一列，可以在原第一列的上方插入一列空白列，如下圖所示：

Excel 執行個體:	%ExcelInstance2%
列索引:	1

Step 10 Excel> 進階 > 複製 Excel 工作表的儲存格動作是複製活頁簿 1 的第 1 列標題列，所以 Excel 執行個體欄是 ExcelInstance 變數，複製模式欄選儲存格範圍，然後指定開始欄 / 列和結尾欄 / 列，以此例是第 1 列標題列的 "A1:D1" 範圍的儲存格，如下圖所示：

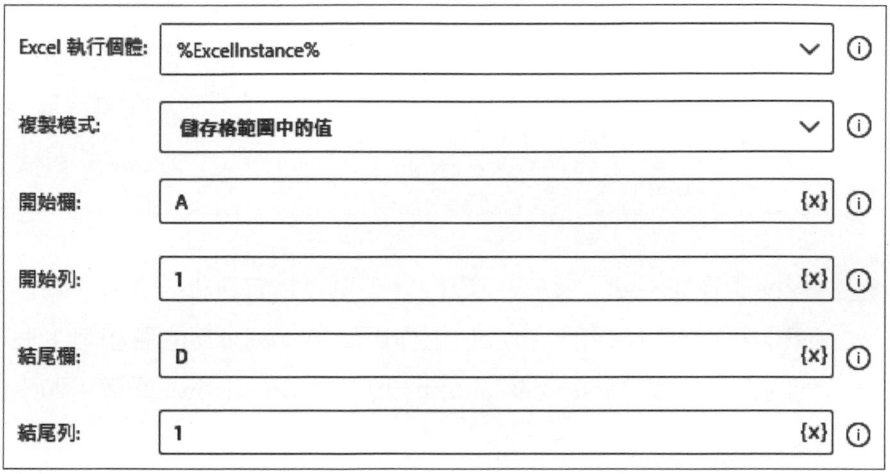

Excel 執行個體:	%ExcelInstance%
複製模式:	儲存格範圍中的值
開始欄:	A
開始列:	1
結尾欄:	D
結尾列:	1

Step 11 Excel> 進階 > 將儲存格貼上 Excel 工作表動作是在活頁簿 2 貼上 Step 10 複製的儲存格範圍資料，在貼上模式欄選貼至指定的儲存格，就可以在資料行欄指定是 A；資料列欄是 1，即從 A1 儲存格開始貼上整列的資料，如下圖所示：

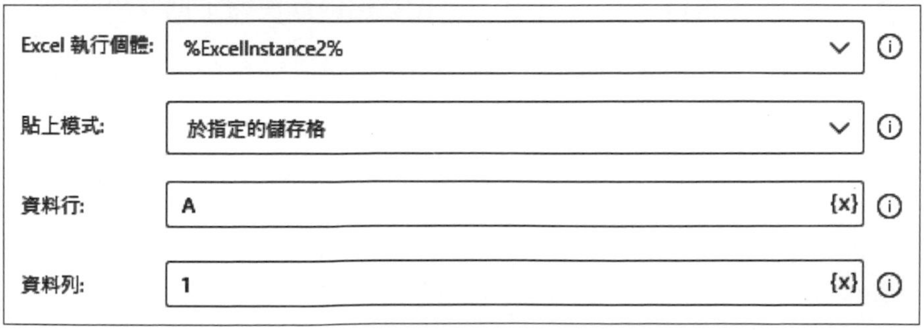

Excel 執行個體:	%ExcelInstance2%
貼上模式:	於指定的儲存格
資料行:	A
資料列:	1

☆ Step 12 ~ Step 19：讀取和處理第 1 個活頁簿的工作表資料

現在，我們已經處理好活頁簿 2，接著就可以讀取活頁簿 1 的全部資料列，即 Step 12 ~ Step 13，如下圖所示：

Step 12 Excel> **從 Excel 工作表中取得第 1 個可用資料行 / 資料列**動作可以取得活頁簿 1 中目前 Excel 工作表的第 1 個可用的欄和第 1 個可用列的索引，即 FirstFreeColumn 和 FirstFreeRow 變數，如下圖所示：

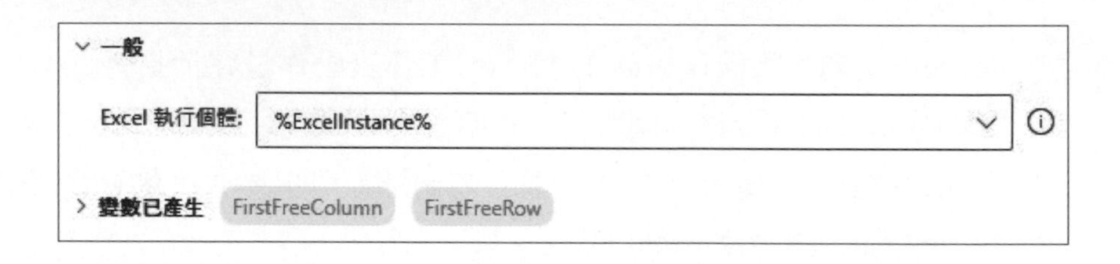

Step 13 Excel> **讀取自 Excel 工作表**動作是讀取活頁簿 1 儲存格範圍的資料後，儲存至 ExcelData 變數，在**擷取**欄選**儲存格範圍中的值**，**開始欄**是第 1 欄；**開始列**是第 2 列；**結尾欄**和**結尾列**是使用減 1 的運算式來取得有資料的範圍（不含標題列），如下圖所示：

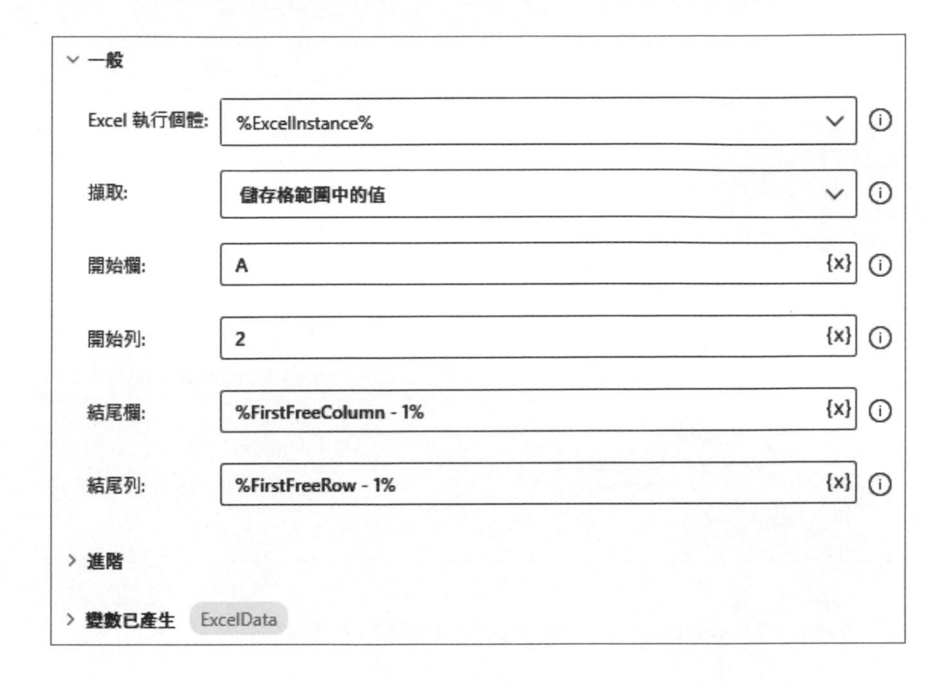

上述桌面流程取得的 ExcelData 變數是一個資料表物件，如下圖所示：

ExcelData (資料表)

#	Column1	Column2	Column3	Column4
0	2022/10/11 上午 12:00:00	Tom	USA	32434
1	2022/10/12 上午 12:00:00	Joe	China	16543
2	2022/10/13 上午 12:00:00	Jack	Canada	1564
3	2022/10/14 上午 12:00:00	John	China	6345
4	2022/10/15 上午 12:00:00	Mary	Japan	5000
5	2022/10/16 上午 12:00:00	Tom	USA	32434

上述資料表物件的問題是 Column1 欄的日期資料有加上時間上午 12:00:00，所以使用 For each 迴圈處理 DataTable 資料表物件，更新此欄改成只有日期資料，即 Step 14 ~ Step 19，如下圖所示：

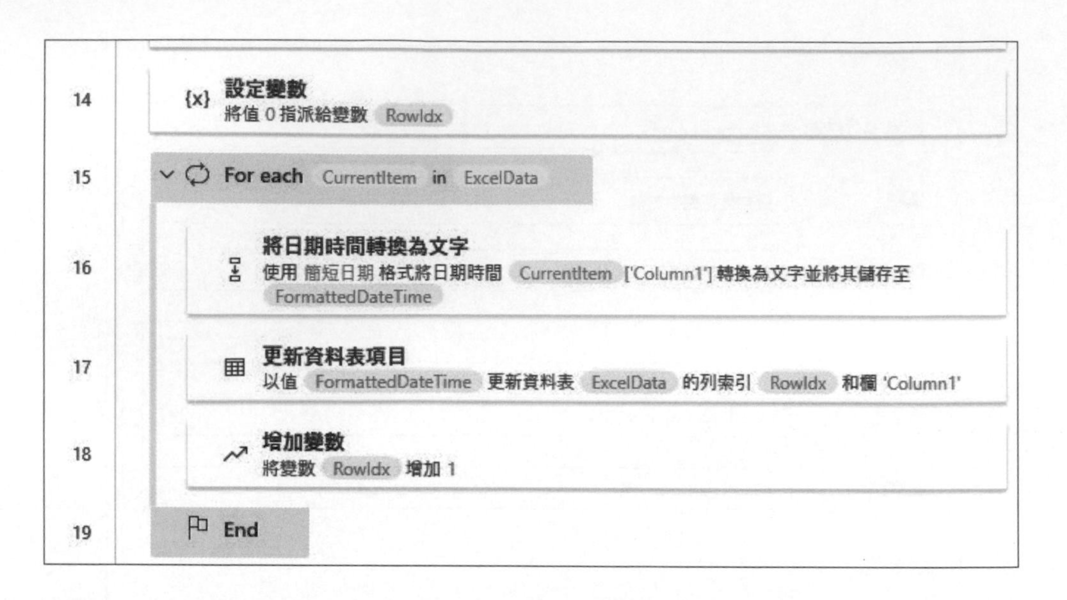

Step 14 變數 > 設定變數動作是指定變數 RowIdx 的值是 0。

Step 15 ~ **Step 19** 迴圈 >For each 迴圈動作是走訪 Excel 工作表的 ExcelData 變數，可以將每一列資料儲存至 CurrentItem 變數。

Step 16 文字 > 將日期時間轉換成文字動作能將第 1 欄 'Column1' 的日期時間轉換成文字後，儲存至 FormattedDateTime 變數，在要轉換的日期時間欄是 CurrentItem['Column1']，可以轉換成簡短日期的標準格式，如下圖所示：

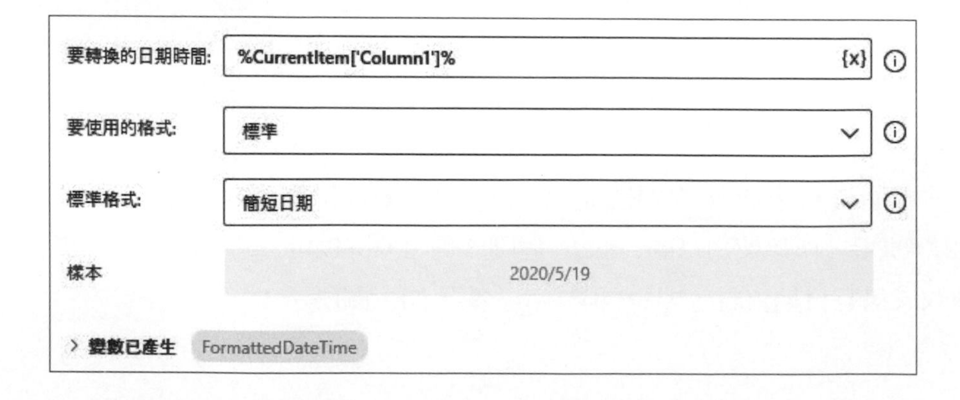

Step 17 變數 > 資料表 > 更新資料表項目動作是直接修改 DataTable 資料表物件的值，在資料表欄是資料表物件變數；資料行欄是更改的欄 Column1；資料列欄是 RowIdx 變數；新值欄是 FormattedDateTime 變數的更新值，如下圖所示：

資料表:	%ExcelData%
資料行:	Column1
資料列:	%RowIdx%
新值:	%FormattedDateTime%

Step 18 變數 > 增加變數動作可以將變數 RowIdx 值加 1，即移至資料表物件的下一列索引。

☆ Step 20 ~ Step 21：將第一個工作表的資料貼至第 2 個活頁簿

在整理好 ExcelData 變數的資料表物件後，我們就可以將第一個工作表的資料貼至活頁簿 2，如下圖所示：

Step 20 Excel> 進階 > 從 Excel 工作表中取得欄上的第 1 個可用列動作可以取得活頁簿 2 工作表 A 欄的第 1 個可用列索引 (FirstFreeRowOnColumn 變數)，這就是貼上儲存格資料的開始列，如下圖所示：

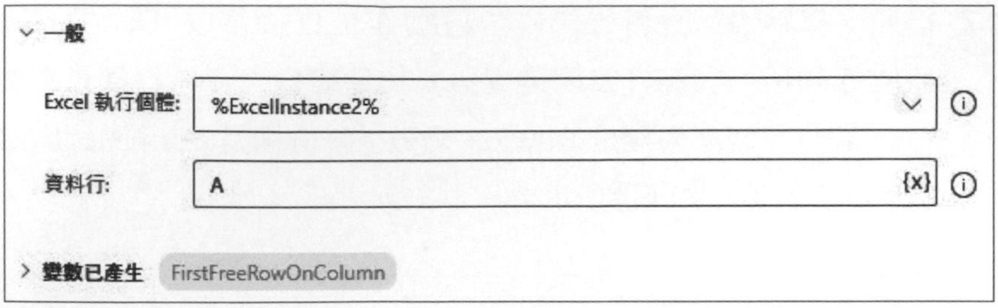

﹀ 一般

Excel 執行個體: %ExcelInstance2%

資料行: A

› 變數已產生 FirstFreeRowOnColumn

Step 21 Excel> 寫入 Excel 工作表動作是在活頁簿 2 寫入 DataTable 資料表物件，在要寫入的值欄是 ExcelData 變數，寫入模式欄選於指定的儲存格，資料行是 A 欄；資料列是 FirstFreeRowOnColumn 變數，可以從 A 欄的可用列開始寫入資料表物件，如下圖所示：

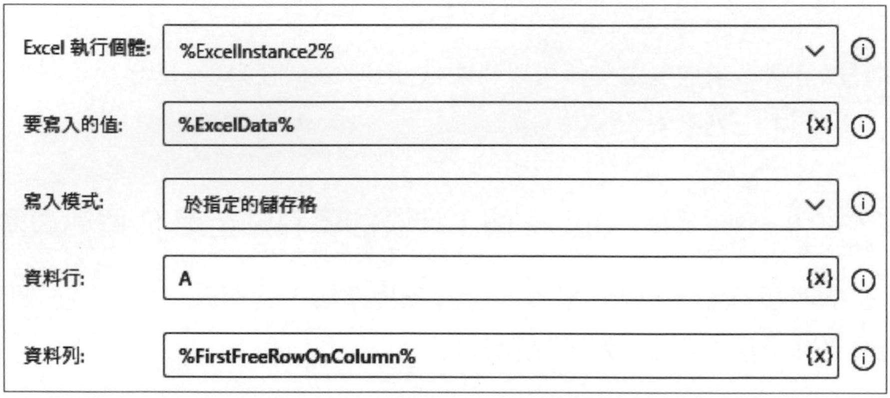

Excel 執行個體: %ExcelInstance2%

要寫入的值: %ExcelData%

寫入模式: 於指定的儲存格

資料行: A

資料列: %FirstFreeRowOnColumn%

☆ Step 22 ~ Step 23：關閉和儲存 Excel 活頁簿

最後，我們可以關閉和儲存 2 個 Excel 活頁簿，如下圖所示：

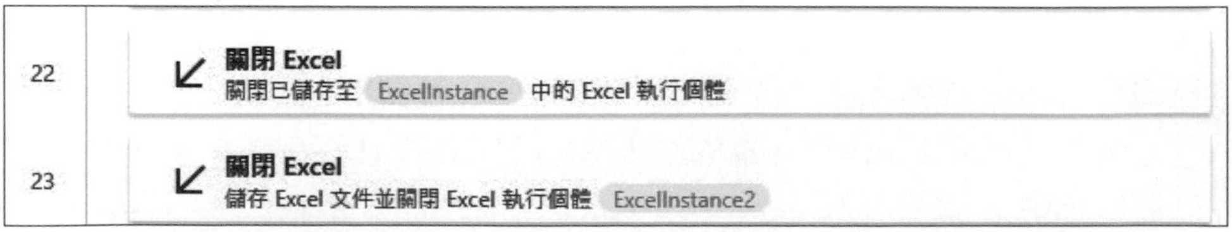

22	關閉 Excel 關閉已儲存至 ExcelInstance 中的 Excel 執行個體
23	關閉 Excel 儲存 Excel 文件並關閉 Excel 執行個體 ExcelInstance2

Step 22 Excel> 關閉 Excel 動作直接關閉 Excel 活頁簿 1 沒有儲存，即 ExcelInstance 變數。

Step 23 Excel> 關閉 Excel 動作是關閉和儲存 Excel 活頁簿 2，即 ExcelInstance2 變數。

上述桌面流程的執行結果，可以建立「D:\PowerAutomate\ch06\test\業績資料」目錄，Excel 檔案 "業績資料 2.xlsx" 是合併後的業績資料，如右圖所示：

	A	B	C	D
1	日期	業務代表	國家	金額
2	2022/10/1	Jinie	Brazil	5243
3	2022/10/3	Jane	USA	5000
4	2022/10/5	John	Canada	2346
5	2022/10/7	Joe	Brazil	6643
6	2022/10/9	Jack	Japan	6465
7	2022/10/10	John	China	6345
8	2022/10/11	Tom	USA	32434
9	2022/10/12	Joe	China	16543
10	2022/10/13	Jack	Canada	1564
11	2022/10/14	John	China	6345
12	2022/10/15	Mary	Japan	5000
13	2022/10/16	Tom	USA	32434

工作表1

6-2 自動化 Excel 活頁簿和工作表的分割與合併

Excel 活頁簿和工作表的資料可以相互轉換，我們可以合併多個活頁簿成為單一工作表，也可以將多個工作表分割成多個活頁簿。

6-2-1 將活頁簿的每一個工作表分割成活頁簿

Excel 檔案 "各班的成績資料 .xlsx" 擁有 A、B 和 C 三班成績的多個 Excel 工作表，為了通知學員成績，我們需要將多個工作表一一分割成各班成績的 Excel 檔案，如下圖所示：

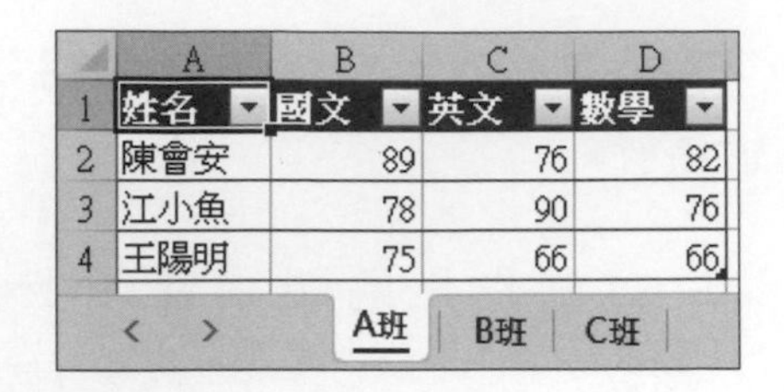

	A	B	C	D
1	姓名	國文	英文	數學
2	陳會安	89	76	82
3	江小魚	78	90	76
4	王陽明	75	66	66

在將活頁簿的每一個工作表分割成活頁簿桌面流程（流程檔：ch6-2-1.txt）共有 11 個步驟的動作，如下圖所示：

Step 1 Excel> **啟動 Excel** 動作是啟動 Excel 和開啟 Excel 檔案「D:\PowerAutomate\ch06\ 各班的成績資料 .xlsx」，Excel 執行個體是 ExcelInstance，這是活頁簿 1。

Step 2 Excel> **進階 > 取得所有使用中 Excel 工作表**動作可以取得活頁簿 1 的所有工作表清單，儲存至 SheetNames 變數，如下圖所示：

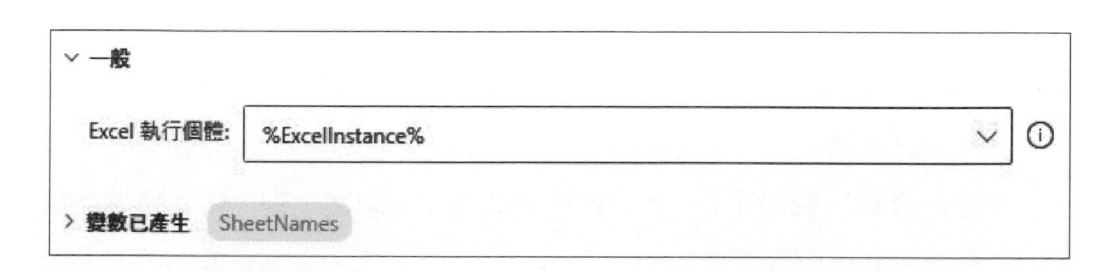

Step 3 ~ Step 10 **迴圈 >For each 迴圈**動作是走訪 Excel 工作表名稱的 SheetNames 變數，將每一個工作表名稱儲存至 CurrentItem 變數。

Step 4 Excel> **設定使用中 Excel 工作表**動作可以指定活頁簿 1 是目前作用中的工作表，在**啟用工作表時搭配**欄選使用索引或名字來指定工作表，以此例是名字，在**工作表名稱**欄就是 CurrentItem 變數的工作表名稱，如下圖所示：

Excel 執行個體: %ExcelInstance%

啟用工作表時搭配: 名字

工作表名稱: %CurrentItem%

Step 5 Excel> **進階 > 複製 Excel 工作表的儲存格**動作可以複製活頁簿 1 的工作表資料，在**複製模式**欄選**工作表中所有可用的值**，能夠複製整個工作表，如下圖所示：

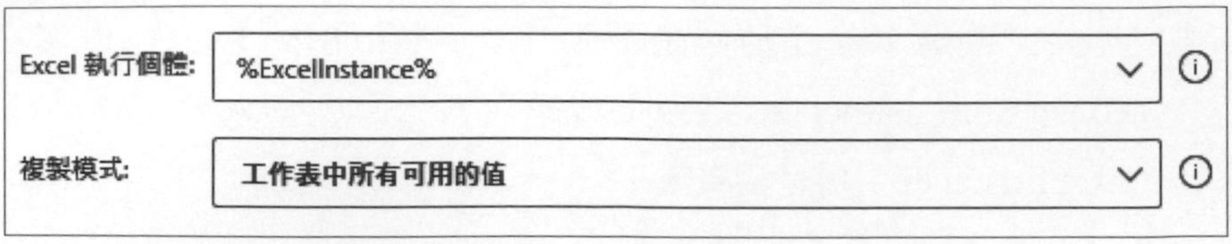

Excel 執行個體: %ExcelInstance%

複製模式: 工作表中所有可用的值

Step 6 Excel> **啟動 Excel** 動作是啟動 Excel 開啟空白活頁簿，此時的 Excel 執行個體是 ExcelInstance2，這是活頁簿 2。

Step 7 Excel> **進階 > 將儲存格貼上 Excel 工作表**動作是在活頁簿 2 貼上 Step 5 複製的工作表資料，在**貼上模式**欄選貼至指定的儲存格，就可以在**資料行**欄指定是 A；**資料列**欄是 1，即從 "A1" 儲存格開始貼上資料，如下圖所示：

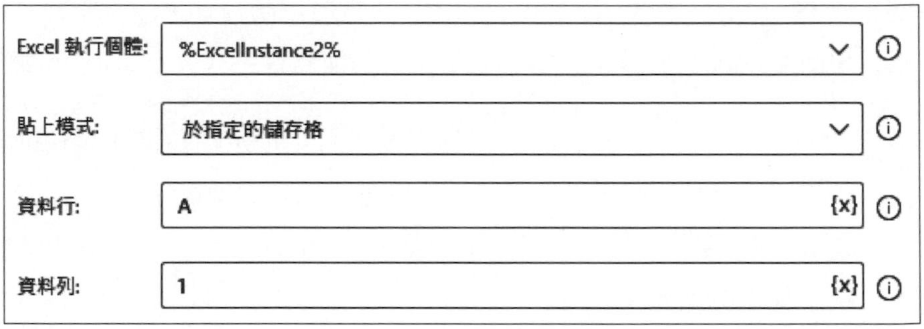

Excel 執行個體: %ExcelInstance2%

貼上模式: 於指定的儲存格

資料行: A

資料列: 1

Step 8 Excel> **進階 > 重新命名 Excel 工作表**動作可以使用索引或名稱來更名工作表，以此例是將活頁簿 2 的第 1 個工作表命名成 CurrentItem 變數的工作表名稱，如下圖所示：

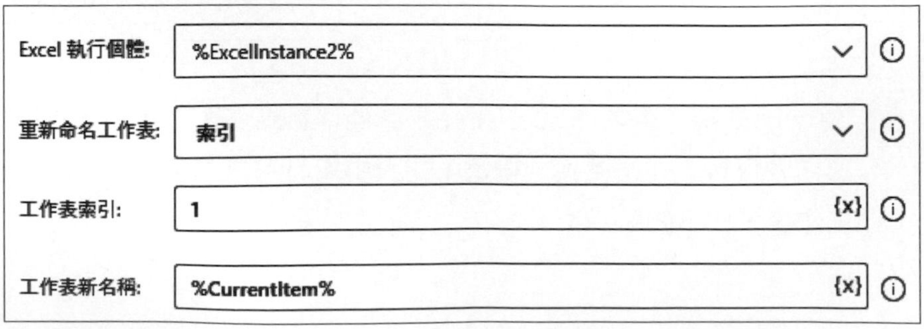

Excel 執行個體: %ExcelInstance2%

重新命名工作表: 索引

工作表索引: 1

工作表新名稱: %CurrentItem%

Step 9 Excel> **關閉 Excel** 動作是將活頁簿 2 另存成相同目錄 CurrentItem 變數的工作表名稱後才關閉 Excel，如下圖所示：

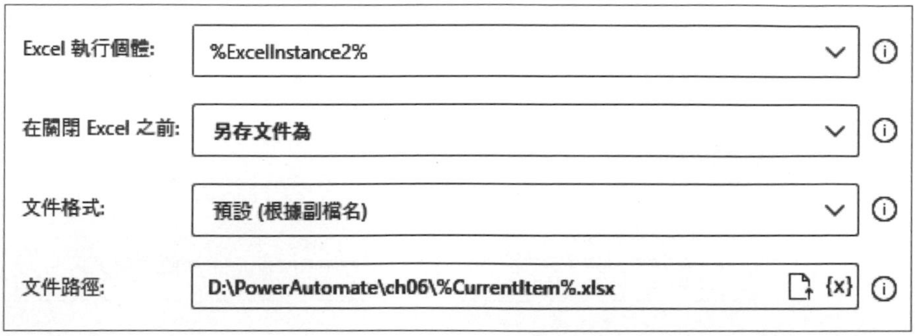

Excel 執行個體:	%ExcelInstance2%
在關閉 Excel 之前:	另存文件為
文件格式:	預設 (根據副檔名)
文件路徑:	D:\PowerAutomate\ch06\%CurrentItem%.xlsx

Step 11 Excel> **關閉 Excel** 動作是關閉活頁簿 1 且不儲存文件，Excel 執行個體是 ExcelInstance。

上述桌面流程的執行結果可以在相同目錄看到分割成 "A 班 .xlsx"、"B 班 .xlsx" 和 "C 班 .xlsx" 共三個 Excel 檔案。

6-2-2 合併同一個活頁簿的多個工作表

第 6-2-1 節的 Excel 檔案 " 各班的成績資料 .xlsx" 擁有 A、B 和 C 三班成績的 3 個 Excel 工作表，為了方便統計成績，我們準備合併同一活頁簿中的多個工作表，成為單一工作表。

在**合併同一個活頁簿的多個工作表**桌面流程（流程檔：ch6-2-2.txt）共有 14 個步驟的動作，因為所有動作在之前範例都說明過，所以筆者只準備簡單說明桌面流程的步驟，如下圖所示：

1	**啟動 Excel** 使用現有的 Excel 程序啟動 Excel 並開啟文件 'D:\PowerAutomate\ch06\各班的成績資料.xlsx'，並將之儲存至 Excel 執行個體 ExcelInstance
2	**啟動 Excel** 使用現有的 Excel 程序啟動空白 Excel 文件，並將之儲存至 Excel 執行個體 ExcelInstance2
3	**複製 Excel 工作表的儲存格** 複製 ExcelInstance 執行個體中，Excel 文件從 'A' 資料行 1 資料列到 'D' 資料行 1 資料列範圍內的儲存格
4	**將儲存格貼上 Excel 工作表** 將複製的儲存格貼上到 ExcelInstance2 執行個體中 Excel 文件 'A' 資料行和 1 資料列
5	**取得所有使用中 Excel 工作表** 取得其執行個體已儲存至執行個體 ExcelInstance 之 Excel 文件的所有工作表名稱，並將工作表名稱清單輸出至 SheetNames

上述 Step 1 ~ Step 2 分別開啟 Excel 檔案 " 各班的成績資料 .xlsx" (活頁簿 1) 和空白活頁簿 (活頁簿 2)，我們準備將活頁簿 1 的工作表都合併至活頁簿 2，在 Step 3 ~ Step 4 是將活頁簿 1 工作表的標題列複製至活頁簿 2，Step 5 取得活頁簿 1 使用中的工作表名稱清單 SheetNames 變數。

在 Step 6 ~ Step 12 的 For each 迴圈走訪 SheetNames 清單變數的工作表名稱，Step 7 指定 CurrentItem 變數成為活頁簿 1 目前作用中的工作表，如下圖所示：

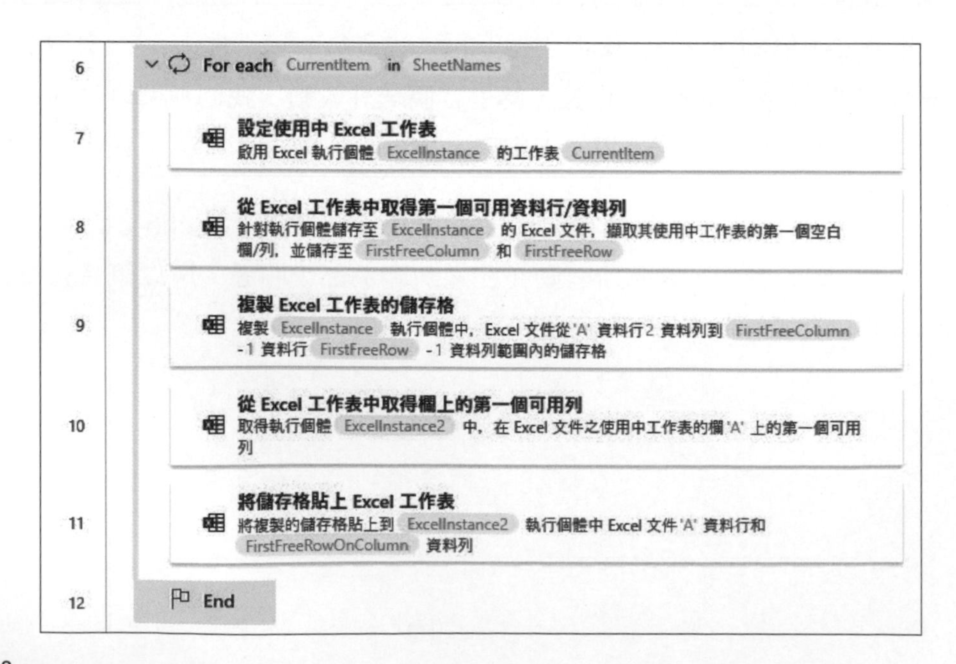

上述 Step 8 ~ Step 9 在找出活頁簿 1 工作表可用的列和欄索引後，複製活頁簿 1 的工作表內所有資料列（不含標題列），在 Step 10 找出活頁簿 2 的可用列索引後，即可在 Step 11 將複製的資料列貼至活頁簿 2 的工作表，這是從 FirstFreeRowOnColumn 變數的列索引開始貼上資料列。

在 Step 13 是另存成 " 各班合併的成績資料 .xlsx" 後才關閉活頁簿 2，Step 14 是直接關閉活頁簿 1 且不儲存文件，如下圖所示：

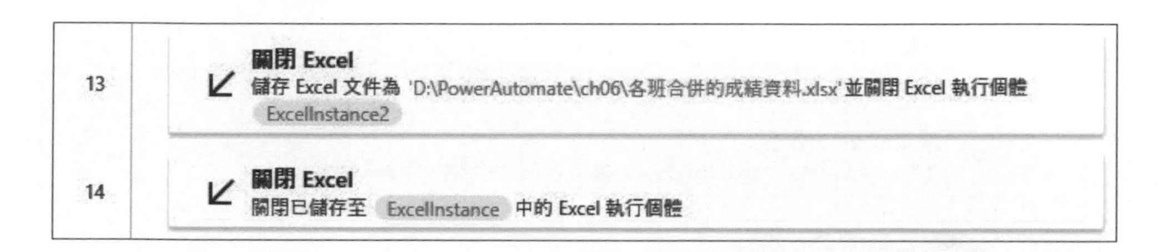

上述桌面流程的執行結果，可以在相同目錄建立合併同一個活頁簿多個工作表的 Excel 檔案 " 各班合併的成績資料 .xlsx"，如右圖所示：

	A	B	C	D
1	姓名	國文	英文	數學
2	陳會安	89	76	82
3	江小魚	78	90	76
4	王陽明	75	66	66
5	王美麗	68	55	77
6	張三	78	66	92
7	李四	88	85	65

工作表1

6-2-3 合併指定目錄下的所有活頁簿

在 Windows 作業系統的「ch06\ 教育訓練成績」目錄下有多個 Excel 檔案，這是 3 個班級升等測驗的成績資料，如下圖所示：

› PowerAutomate › ch06 › 教育訓練成績

名稱

A班.xlsx

B班.xlsx

C班.xlsx

我們準備建立 Power Automate 桌面流程合併指定目錄下的所有活頁簿來合併這些 Excel 檔案（流程檔：ch6-2-3.txt），整個桌面流程共有 15 個步驟的動作，因為所有動作在之前範例都說明過，所以筆者只準備簡單說明桌面流程的步驟，如下圖所示：

1	**取得資料夾中的檔案** 擷取符合 '*.xlsx' 之資料夾 'D:\PowerAutomate\ch06\教育訓練成績' 中的檔案，並將其儲存至 Files
2	**啟動 Excel** 使用現有的 Excel 程序啟動空白 Excel 文件，並將之儲存至 Excel 執行個體 ExcelInstance
3	**寫入 Excel 工作表** 在 Excel 執行個體 ExcelInstance 的欄 'A' 與列 1 的儲存格中寫入值 '姓名'
4	**寫入 Excel 工作表** 在 Excel 執行個體 ExcelInstance 的欄 'B' 與列 1 的儲存格中寫入值 '國文'
5	**寫入 Excel 工作表** 在 Excel 執行個體 ExcelInstance 的欄 'C' 與列 1 的儲存格中寫入值 '英文'
6	**寫入 Excel 工作表** 在 Excel 執行個體 ExcelInstance 的欄 'D' 與列 1 的儲存格中寫入值 '數學'

上述 Step 1 是取得「ch06\教育訓練成績」目錄下所有 Excel 檔案清單的 Files 變數，Step 2 啟動 Excel 開啟空白活頁簿（活頁簿 1），在 Step 3 ~ Step 6 是在活頁簿 1 的工作表新增標題列，共有 4 個欄位：姓名、國文、英文和數學。

在 Step 7 ~ Step 14 的 For each 迴圈走訪 Files 清單變數的 Excel 檔案，Step 8 啟動 Excel 開啟 CurrentItem 變數的 Excel 檔案（活頁簿 2），如下圖所示：

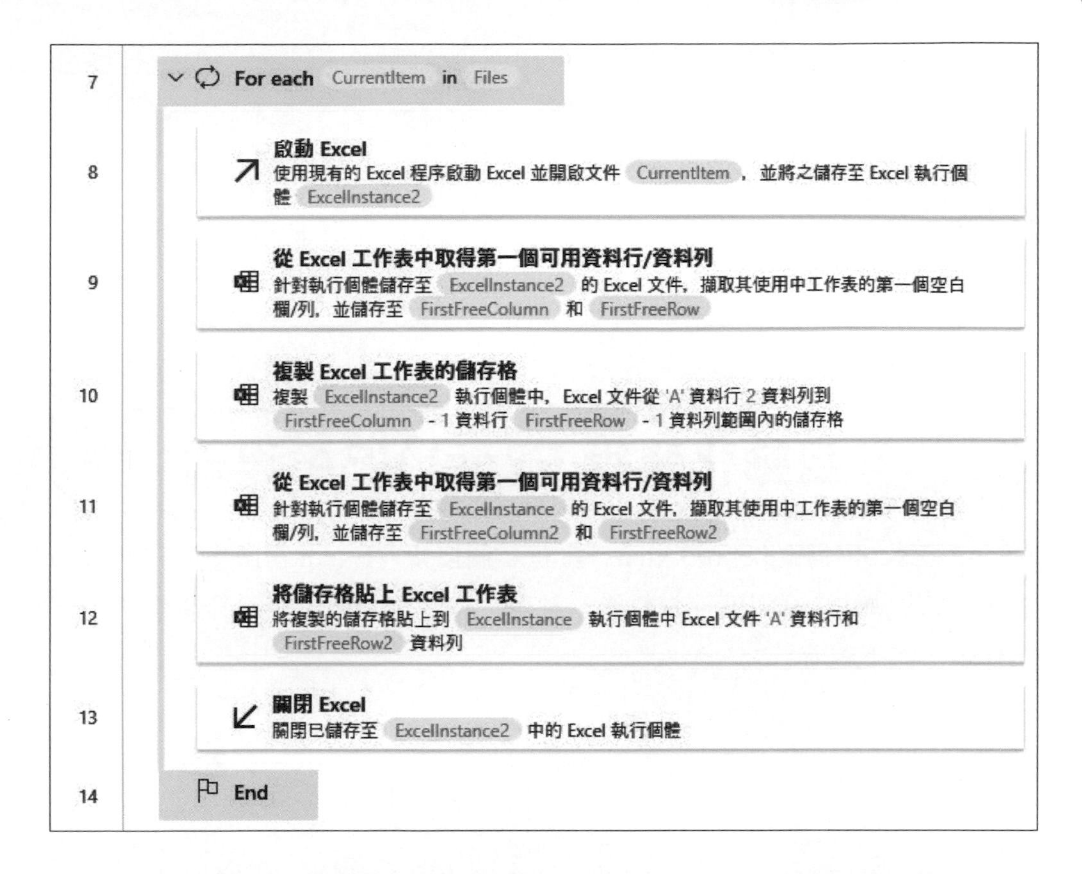

上述 Step 9 ~ Step 10 是在活頁簿 2 的工作表找出可用的列和欄索引後，複製不含標題列的所有資料列，在 Step 11 找出活頁簿 1 工作表的第一個可用的欄索引和列索引後，Step 12 將複製的資料列貼至活頁簿 1 的工作表，這是從 FirstFreeRow2 變數的列索引開始貼上資料列（使用的動作和第 6-2-2 節的 Step 10 不同），在 Step 13 直接關閉活頁簿 2 且不儲存文件。

在 Step 15 是另存成 " 各班合併的成績資料 2.xlsx" 後才關閉活頁簿 1，如下圖所示：

15
關閉 Excel
儲存 Excel 文件為 'D:\PowerAutomate\ch06\各班合併的成績資料2.xlsx' 並關閉 Excel 執行個體 ExcelInstance

上述桌面流程的執行結果，可以在相同目錄建立合併多個活頁簿的 Excel 檔案 " 各班合併的成績資料 2.xlsx"，如右圖所示：

	A	B	C	D
1	姓名	國文	英文	數學
2	陳會安	89	76	82
3	江小魚	78	90	76
4	王陽明	75	66	66
5	王美麗	68	55	77
6	張三	78	66	92
7	李四	88	85	65

工作表1

6-3 自動化執行 Excel VBA 程式

在 Excel 檔案 "ch6-3.xlsm" 擁有 2 個按鈕 (Excel 需啟用**開發人員**功能)，首先請按**清除**鈕清除資料後，就可以按**合併多個工作表**鈕來合併多個工作表，如下圖所示：

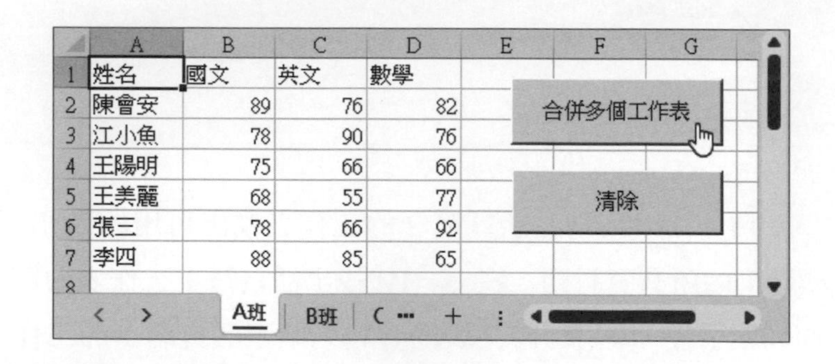

	A	B	C	D
1	姓名	國文	英文	數學
2	陳會安	89	76	82
3	江小魚	78	90	76
4	王陽明	75	66	66
5	王美麗	68	55	77
6	張三	78	66	92
7	李四	88	85	65

上述**清除**鈕是執行 VBA 程序**按鈕 2_Click** 來清除資料，如右圖所示：

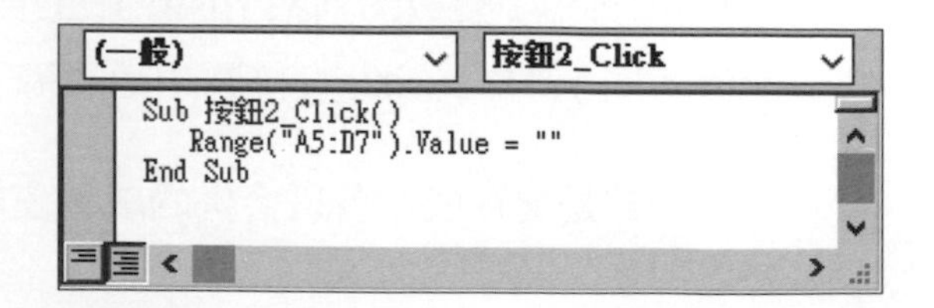


```
Sub 按鈕2_Click()
    Range("A5:D7").Value = ""
End Sub
```

開啟範例若看到 Excel 上方出現如下警告：

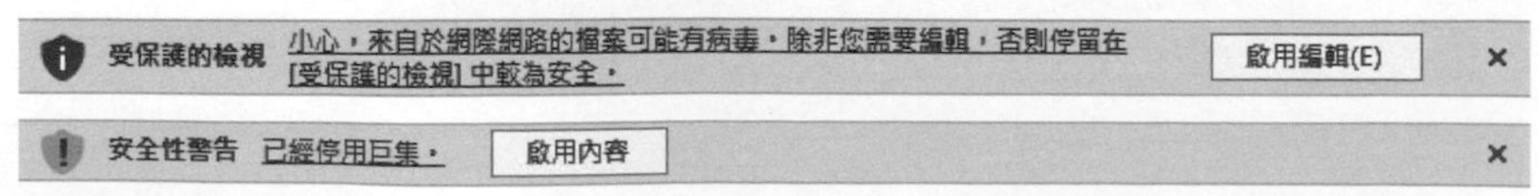

這是 Excel 為了防堵巨集病毒所設計的安全機制，請按下啟用編輯或是啟用內容鈕，即可編輯活頁簿檔案。

合併多個工作表鈕是執行 VBA 程序 MergeWorksheet 來合併 3 個工作表，如下圖所示：

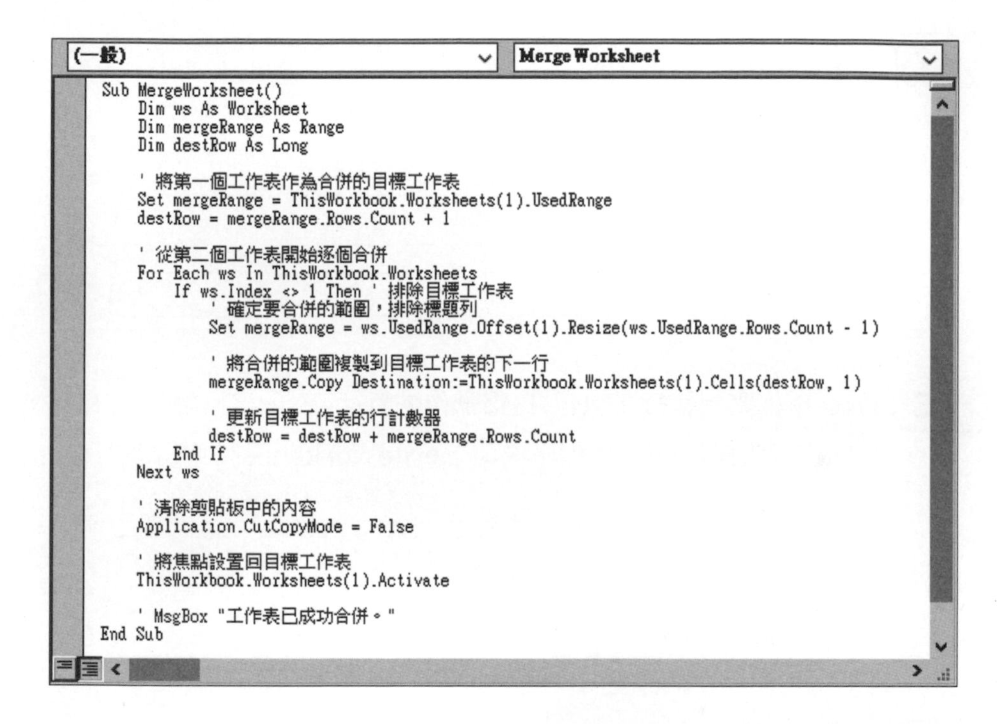

(一般)　MergeWorksheet

```
Sub MergeWorksheet()
    Dim ws As Worksheet
    Dim mergeRange As Range
    Dim destRow As Long

    ' 將第一個工作表作為合併的目標工作表
    Set mergeRange = ThisWorkbook.Worksheets(1).UsedRange
    destRow = mergeRange.Rows.Count + 1

    ' 從第二個工作表開始逐個合併
    For Each ws In ThisWorkbook.Worksheets
        If ws.Index <> 1 Then ' 排除目標工作表
            ' 確定要合併的範圍，排除標題列
            Set mergeRange = ws.UsedRange.Offset(1).Resize(ws.UsedRange.Rows.Count - 1)

            ' 將合併的範圍複製到目標工作表的下一行
            mergeRange.Copy Destination:=ThisWorkbook.Worksheets(1).Cells(destRow, 1)

            ' 更新目標工作表的行計數器
            destRow = destRow + mergeRange.Rows.Count
        End If
    Next ws

    ' 清除剪貼板中的內容
    Application.CutCopyMode = False

    ' 將焦點設置回目標工作表
    ThisWorkbook.Worksheets(1).Activate

    ' MsgBox "工作表已成功合併。"
End Sub
```

在 Power Automate 提供執行 Excel 巨集動作來執行 VBA 程式，我們可以建立桌面流程來模擬上述操作，在自動化執行 Excel VBA 程式桌面流程（流程檔：ch6-3.txt）共有 4 個步驟的動作，如下圖所示：

1	**啟動 Excel** 使用現有的 Excel 程序啟動 Excel 並開啟文件 'D:\PowerAutomate\ch06\ch6-3.xlsm'，並將之儲存至 Excel 執行個體 ExcelInstance
2	**執行 Excel 巨集** 在執行個體已儲存至 ExcelInstance 的 Excel 文件上執行巨集 '按鈕2_Click'
3	**執行 Excel 巨集** 在執行個體已儲存至 ExcelInstance 的 Excel 文件上執行巨集 'MergeWorksheet'
4	**關閉 Excel** 儲存 Excel 文件為 'D:\PowerAutomate\ch06\Output.xlsx' 並關閉 Excel 執行個體 ExcelInstance

Step 1 Excel> **啟動 Excel** 動作是啟動 Excel 和開啟 Excel 檔案「D:\PowerAutomate\ch06\ch6-3.xlsm」。

Step 2 Excel> **進階 > 執行 Excel 巨集**動作是執行 Excel 巨集的 VBA 程序，在巨集欄是 VBA 程序名稱**按鈕 2_Click**，如下圖所示：

Excel 執行個體: %ExcelInstance%

巨集: 按鈕2_Click

Step 3 Excel> **進階 > 執行 Excel 巨集**動作是執行 Excel 巨集的 VBA 程序，在巨集欄是 VBA 程序名稱 MergeWorksheet，如下圖所示：

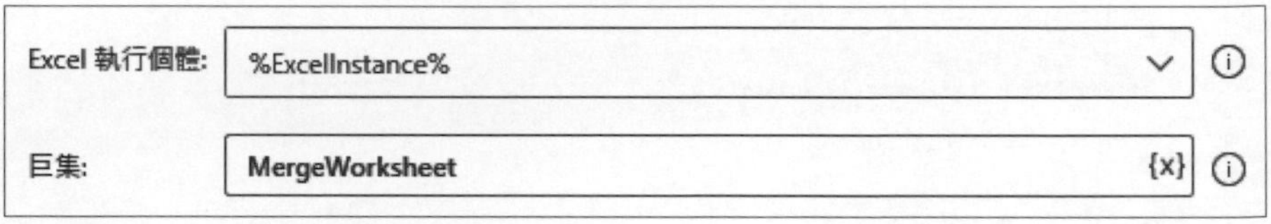

Excel 執行個體: %ExcelInstance%

巨集: MergeWorksheet

Step 4 Excel> **關閉 Excel** 動作是另存成 "Output.xlsx" 後才關閉 Excel。

上述桌面流程的執行結果，可以在相同目錄建立 Excel 檔案 "Output.xlsx"（副檔名是 .xlsx，所以並沒有巨集的 VBA 程式），如下圖所示：

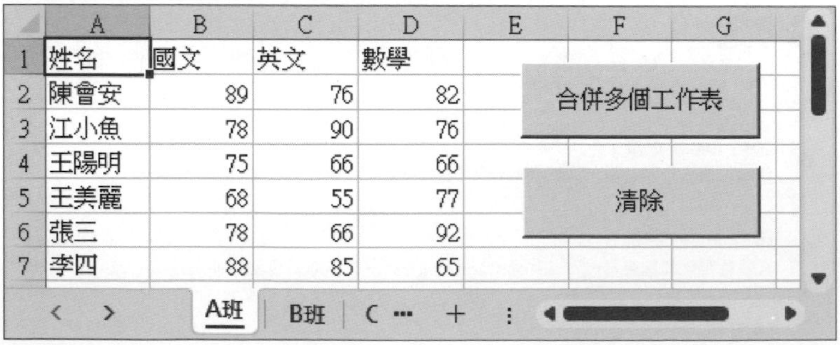

	A	B	C	D
1	姓名	國文	英文	數學
2	陳會安	89	76	82
3	江小魚	78	90	76
4	王陽明	75	66	66
5	王美麗	68	55	77
6	張三	78	66	92
7	李四	88	85	65

合併多個工作表

清除

A班 | B班

6-4 實作案例：自動化 Excel 活頁簿的資料彙整

小明家是一個四口的小康之家，為了管理家中日常花費帳目，家中成員平常就會使用 Excel 記錄日常花費，如下圖所示：

	A	B	C
1	家庭收支流水帳		
2	家庭成員:	爸爸	
3	月份	項目	金額
4	一月	餐飲費	2400
5	一月	交通費	500
6	一月	水電費	2000
7	一月	置裝費	1000
8	一月	餐飲費	300
9	一月	通訊費	399
10	二月	餐飲費	1300
11	二月	交通費	600
12	二月	水電費	1800

工作表1

上述成員姓名是 B2 儲存格，下方的表格欄位是月份、項目和金額，在「ch06\ 家庭收支流水帳」目錄下是一家四口流水帳的四個 Excel 檔，如右圖所示：

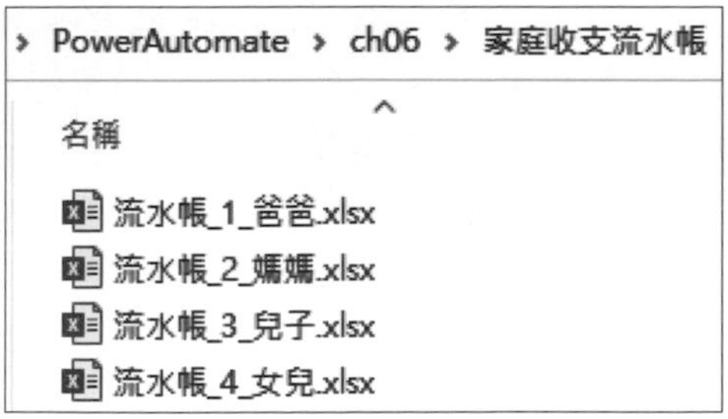

› PowerAutomate › ch06 › 家庭收支流水帳

名稱

- 流水帳_1_爸爸.xlsx
- 流水帳_2_媽媽.xlsx
- 流水帳_3_兒子.xlsx
- 流水帳_4_女兒.xlsx

在第 8-6 節建立 Excel 樞紐分析表前，我們需要先彙整 4 個 Excel 檔案的資料成為右列格式，也就是將四個檔案內容彙整成一個 Excel 工作表，新增第一欄的成員欄位，如右圖所示：

成員	月份	項目	金額
爸爸	一月	餐飲費	2400
爸爸	一月	交通費	500
爸爸	一月	水電費	2000
爸爸	一月	置裝費	1000
爸爸	一月	餐飲費	300
爸爸	一月	通訊費	399
爸爸	二月	餐飲費	1300
爸爸	二月	交通費	600

在自動化 Excel 活頁簿的資料彙整桌面流程（流程檔：ch6-4.txt）共有 22 個步驟的動作，其前 6 個步驟是取得資料夾的檔案清單，和建立空白活頁簿來新增標題列，如下圖所示：

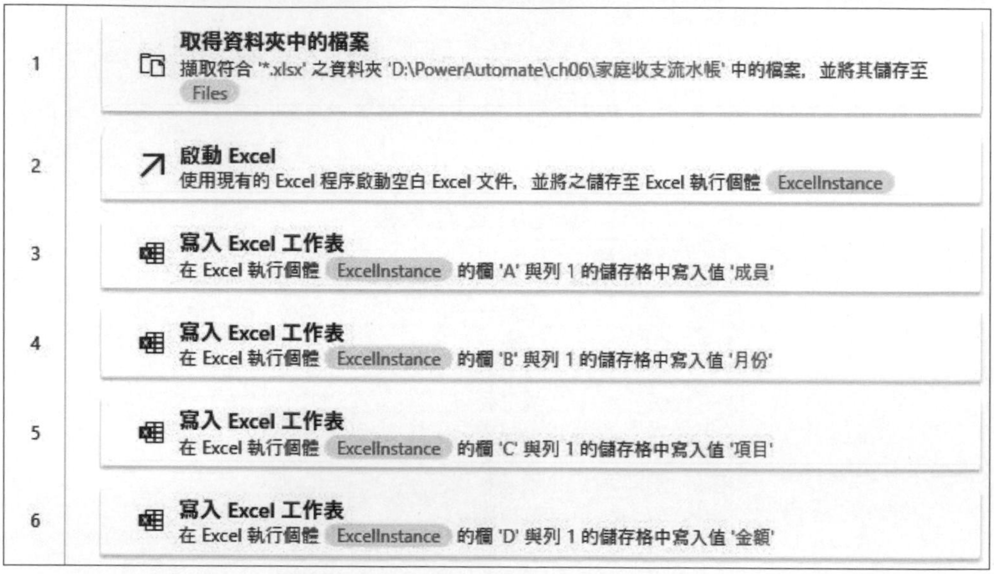

1 取得資料夾中的檔案
擷取符合 '*.xlsx' 之資料夾 'D:\PowerAutomate\ch06\家庭收支流水帳' 中的檔案，並將其儲存至 Files

2 啟動 Excel
使用現有的 Excel 程序啟動空白 Excel 文件，並將之儲存至 Excel 執行個體 ExcelInstance

3 寫入 Excel 工作表
在 Excel 執行個體 ExcelInstance 的欄 'A' 與列 1 的儲存格中寫入值 '成員'

4 寫入 Excel 工作表
在 Excel 執行個體 ExcelInstance 的欄 'B' 與列 1 的儲存格中寫入值 '月份'

5 寫入 Excel 工作表
在 Excel 執行個體 ExcelInstance 的欄 'C' 與列 1 的儲存格中寫入值 '項目'

6 寫入 Excel 工作表
在 Excel 執行個體 ExcelInstance 的欄 'D' 與列 1 的儲存格中寫入值 '金額'

Step 1 **資料夾 > 取得資料夾中的檔案**動作是取得「ch06\家庭收支流水帳」目錄下所有 Excel 檔案清單的 Files 變數。

Step 2 **Excel> 啟動 Excel** 動作是啟動 Excel 和開啟空白 Excel 活頁簿，即活頁簿 1。

Step 3 ~ Step 6 4 個 **Excel> 寫入 Excel 工作表**動作是在活頁簿 1 的工作表新增標題列，共有 4 個欄位：成員、月份、項目和金額。

在 Step 7 建立 RowIdx 列索引變數後，即可在 Step 8 ~ Step 21 的 For each 迴圈走訪 Files 清單變數的 Excel 檔案，如下圖所示：

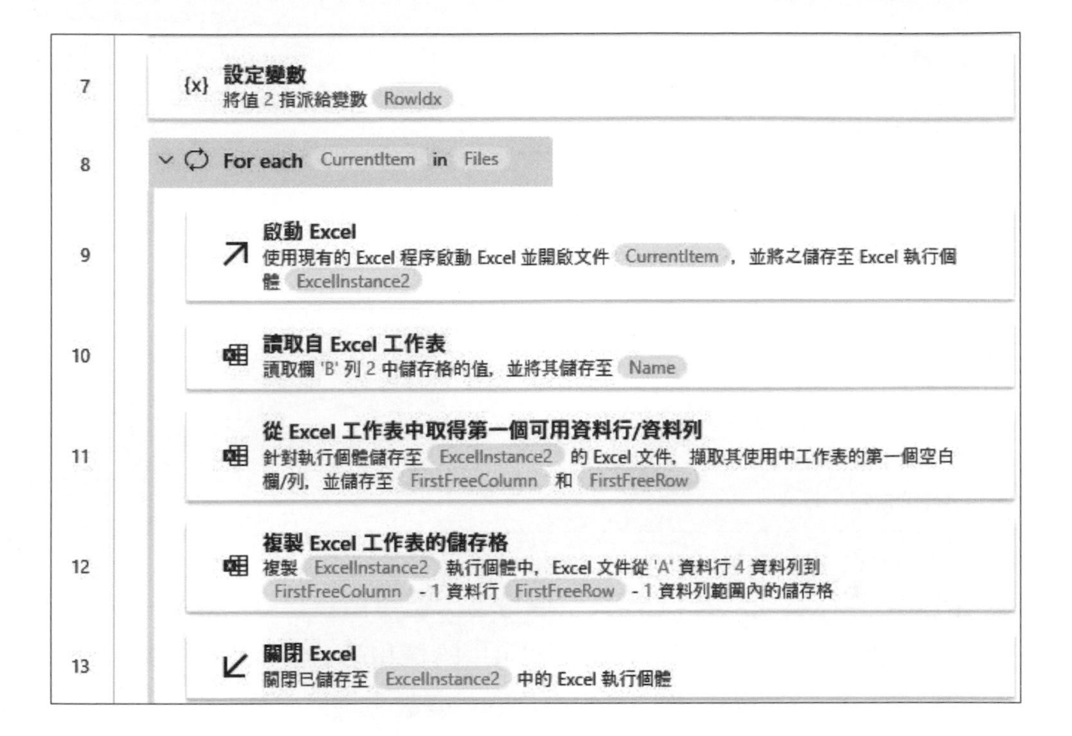

Step 7 變數 > 設定變數動作是指定 RowIdx 變數的值是 2，這是寫入工作表的開始列索引，即從第 2 列開始寫入工作表。

Step 8 ~ **Step 21** 迴圈 >For each 迴圈動作是走訪 Files 變數的 Excel 檔案清單，可以取出每一個 CurrentItem 項目的 Excel 檔案來彙整資料。

Step 9 Excel> 啟動 Excel 動作是啟動 Excel 開啟 CurrentItem 變數的 Excel 檔案，即活頁簿 2。

Step 10 Excel> 讀取自 Excel 工作表動作是取得 Excel 檔案的成員姓名，即取得活頁簿 2 中的 B2 儲存格資料，和儲存至 Name 變數，如下圖所示：

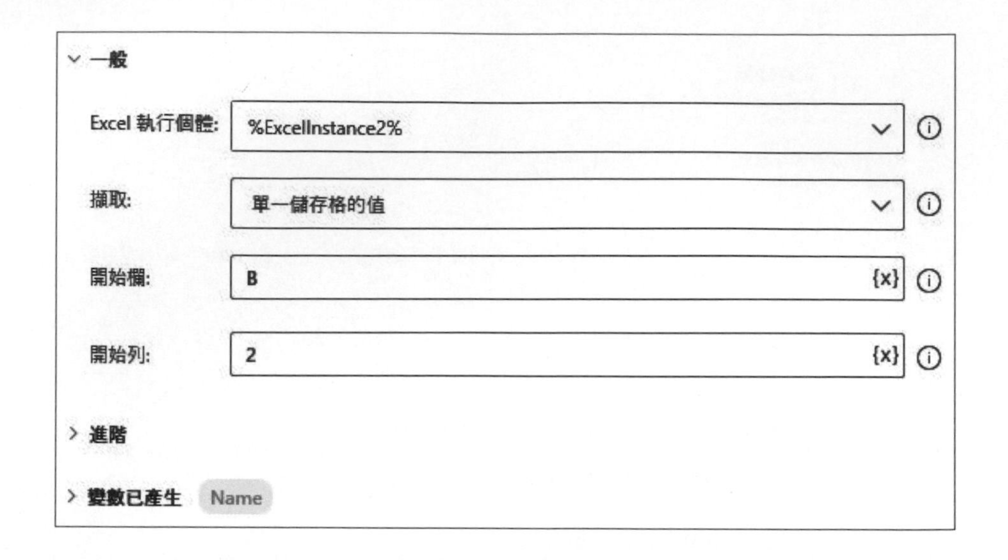

Step 11 Excel> 從 Excel 工作表中取得第 1 個可用資料行 / 資料列動作可以取得活頁簿 2 工作表第 1 個可用的欄和第 1 個可用列的索引，即 FirstFreeColumn 和 FirstFreeRow 變數。

Step 12 Excel> 進階 > 複製 Excel 工作表的儲存格動作是複製活頁簿 2 指定儲存格範圍的資料，這是從 "A4" 開始到 FirstFreeColumn 和 FirstFreeRow 變數減 1 的所有資料列，如下圖所示：

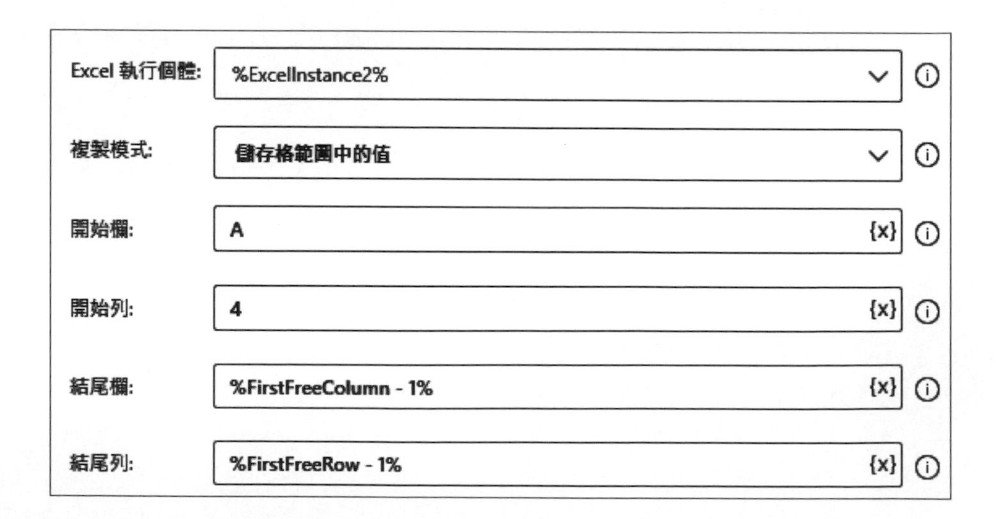

Step 13 Excel> 關閉 Excel 動作是關閉活頁簿 2，不儲存文件。

當成功從活頁簿 2 取得 "A4" 儲存格開始的日常花費表格資料後，就可以在 Step 14 ~ Step 15 貼至活頁簿 1，如下圖所示：

14	**從 Excel 工作表中取得欄上的第一個可用列** 取得執行個體 ExcelInstance 中，在 Excel 文件之使用中工作表的欄 'B' 上的第一個可用列
15	**將儲存格貼上 Excel 工作表** 將複製的儲存格貼上到 ExcelInstance 執行個體中 Excel 文件 'B' 資料行和 FirstFreeRowOnColumn 資料列

Step 14 Excel> 進階 > 從 Excel 工作表中取得欄上的第 1 個可用列動作可以取得活頁簿 1 工作表 B 欄的第 1 個可用列索引，即 FirstFreeRowOnColumn 變數，這就是貼上儲存格資料的開始列。

Step 15 Excel> 進階 > 將儲存格貼上 Excel 工作表動作是在活頁簿 1 貼上 Step 12 複製的工作表資料，在貼上模式欄選貼至指定的儲存格，資料行欄是 B；資料列欄是 FirstFreeRowOnColumn 變數，即從 B 欄的可用列開始貼上資料。

上述桌面流程的執行結果是從活頁簿 1 的 B 欄可用列開始貼上從活頁簿 2 取得的資料表資料，如下圖所示：

0	成員	月份	項目	金額
1		一月	餐飲費	2400
2		一月	交通費	500
3		一月	水電費	2000
4		一月	置裝費	1000
5		一月	餐飲費	300
6		一月	通訊費	399

上述工作表的後三欄是日常花費資料的表格，問題出在第 1 欄，我們還需要填入 Step 10 取得的成員姓名 Name 變數值，在 Step 16 ~ Step 21 的內層迴圈就是在填入成員欄位的值，如下圖所示：

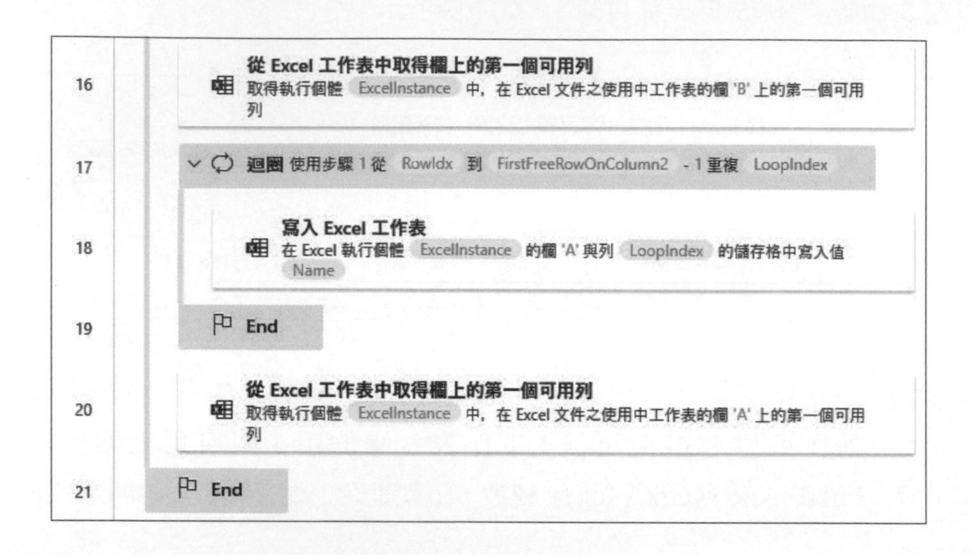

Step 16 Excel> 進階 > 從 Excel 工作表中取得欄上的第 1 個可用列動作可以取得活頁簿 1 在貼上日常花費的資料表資料後，B 欄的第 1 個可用列索引，即 FirstFreeRowOnColumn2 變數，將其值減 1，就是需填入成員姓名 Name 變數值的最後一列。

Step 17 ~ Step 19 內層迴圈 > 迴圈動作是計數迴圈，在開始位置欄是變數 RowIdx 開始寫入位置的列索引，結束位置欄是 FirstFreeRowOnColumn2 變數減 1 的列索引，遞增量欄是 1，LoopIndex 變數是計數器變數，可以依序從開始位置遞增至結束位置，每次加上遞增量 1，如下圖所示：

開始位置: %RowIdx% {x}

結束位置: %FirstFreeRowOnColumn2 - 1% {x}

遞增量: 1 {x}

> 變數已產生 LoopIndex

Step 18 Excel> **寫入 Excel 工作表**動作可以將成員姓名 Name 變數值寫入活頁簿 1 工作表的指定儲存格，在**要寫入的值**欄是 Name 變數值，**資料行**是 A 欄，**資料列**是 LoopIndex 變數值，配合計數迴圈可以在 A 欄從 RowIdx 變數開始的列索引填入 Name 變數值直到 FirstFreeRowOnColumn2-1 的列索引為止，如下圖所示：

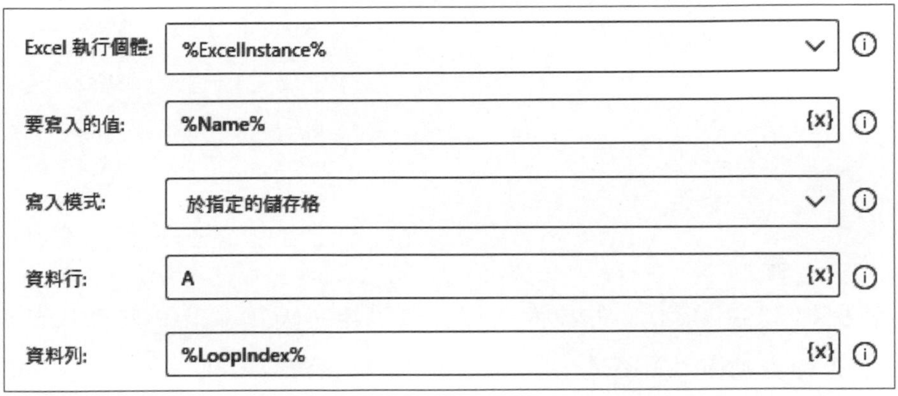

Excel 執行個體:	%ExcelInstance%
要寫入的值:	%Name%
寫入模式:	於指定的儲存格
資料行:	A
資料列:	%LoopIndex%

Step 20 Excel> **進階 > 從 Excel 工作表中取得欄上的第 1 個可用列**動作可以取得活頁簿 1 在貼上成員姓名後，A 欄的第 1 個可用列索引，然後在**變數已產生**欄選 RowIdx 變數，即更新 RowIdx 變數，其值就是下一個寫入資料的可用列索引，如下圖所示：

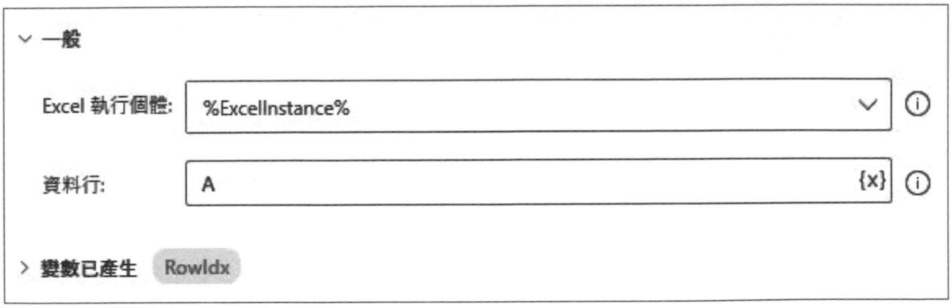

∨ 一般

Excel 執行個體:	%ExcelInstance%
資料行:	A

> 變數已產生 RowIdx

最後在 Step 22 是將活頁簿 1 另存成 " 收支流水帳清單 .xlsx" 的 Excel 檔案後關閉 Excel，如下圖所示：

22	關閉 Excel 儲存 Excel 文件為 'D:\PowerAutomate\ch06\收支流水帳清單.xlsx' 並關閉 Excel 執行個體 ExcelInstance

上述桌面流程的執行結果可以建立名為 " 收支流水帳清單 .xlsx" 的 Excel 檔案，其內容就是我們彙整 4 個 Excel 檔案的資料，如右圖所示：

	A	B	C	D
1	成員	月份	項目	金額
2	爸爸	一月	餐飲費	2400
3	爸爸	一月	交通費	500
4	爸爸	一月	水電費	2000
5	爸爸	一月	置裝費	1000
6	爸爸	一月	餐飲費	300
7	爸爸	一月	通訊費	399
8	爸爸	二月	餐飲費	1300
9	爸爸	二月	交通費	600
10	爸爸	二月	水電費	1800
11	爸爸	二月	置裝費	600

工作表1

流程檔：ch6-4a.txt 的桌面流程比較簡單，因為在 Step 12 改用**讀取自 Excel 工作表**動作，而不是一次寫入整個資料表資料，在 Step 14 ~ Step 18 的內層 For each 迴圈是走訪 ExcelData 變數的每一筆記錄，然後在 Step 16 一筆一筆的寫入資料，同時在 Step 15 寫入**成員**欄位值，如下圖所示：

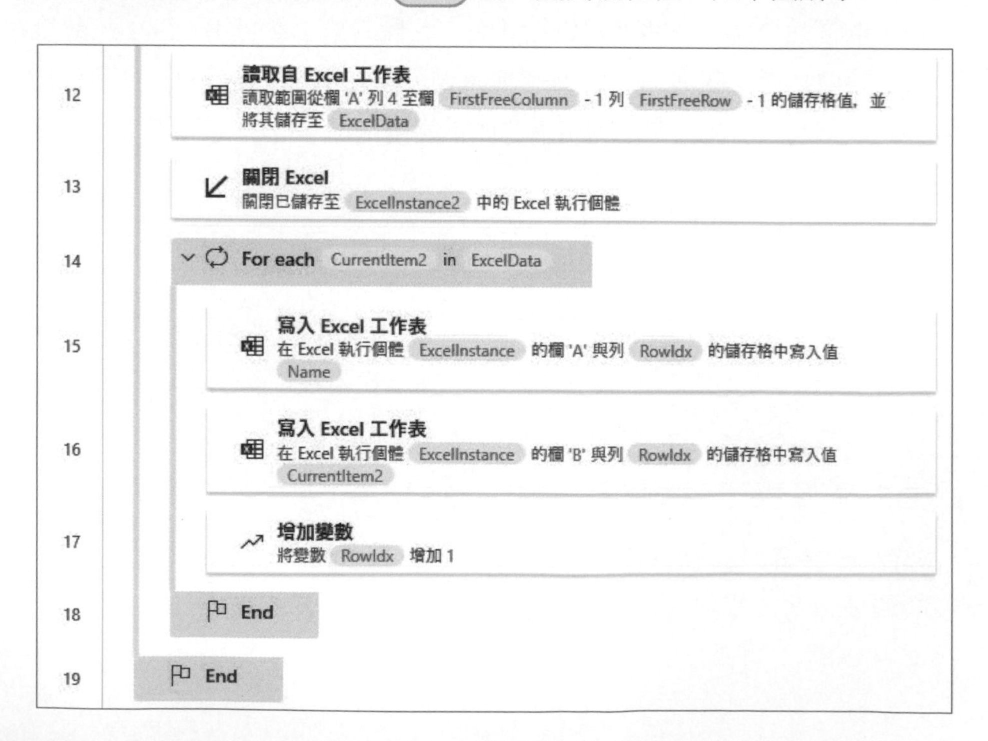

6-5 實作案例：自動化匯出 Excel 成為 PDF 檔

Power Automate 雖然沒有提供匯出 PDF 檔的動作，但是，我們可以透過巨集的 VBA 程序 (Excel 需啟用**開發人員功能**)，將目前的工作表匯出成為 PDF 檔。

在 Excel 檔案 "ch6-5.xlsm" 擁有**匯出 PDF** 鈕，按下此鈕，可以執行 VBA 程序 ExportPDF，將目前工作表的內容匯出成 PDF 檔，如下圖所示：

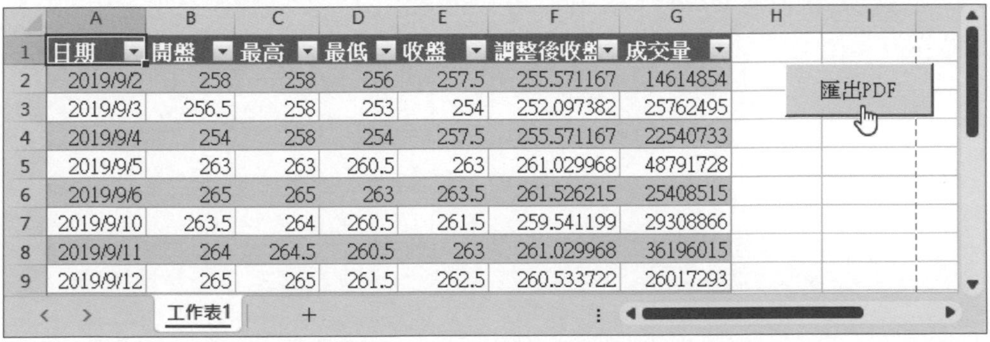

	A	B	C	D	E	F	G	H	I
1	日期	開盤	最高	最低	收盤	調整後收盤	成交量		
2	2019/9/2	258	258	256	257.5	255.571167	14614854	匯出PDF	
3	2019/9/3	256.5	258	253	254	252.097382	25762495		
4	2019/9/4	254	258	254	257.5	255.571167	22540733		
5	2019/9/5	263	263	260.5	263	261.029968	48791728		
6	2019/9/6	265	265	263	263.5	261.526215	25408515		
7	2019/9/10	263.5	264	260.5	261.5	259.541199	29308866		
8	2019/9/11	264	264.5	260.5	263	261.029968	36196015		
9	2019/9/12	265	265	261.5	262.5	260.533722	26017293		

工作表1 +

在**自動化匯出 Excel 成為 PDF 檔**桌面流程 (流程檔：ch6-5.txt) 共有 3 個步驟的動作，如下圖所示：

1 **啟動 Excel**
使用現有的 Excel 程序啟動 Excel 並開啟文件 'D:\PowerAutomate\ch06\ch6-5.xlsm'，並將之儲存至 Excel 執行個體 ExcelInstance

2 **執行 Excel 巨集**
在執行個體已儲存至 ExcelInstance 的 Excel 文件上執行巨集 'ExportPDF'

3 **關閉 Excel**
關閉已儲存至 ExcelInstance 中的 Excel 執行個體

Step 1 Excel> **啟動 Excel** 動作是啟動 Excel 和開啟 Excel 檔案「D:\PowerAutomate\ch06\ch6-5.xlsm」。

Step 2 Excel> **進階 > 執行 Excel 巨集**動作是執行 Excel 巨集的 VBA 程序，在巨集欄是 VBA 程序名稱 ExportPDF，如下圖所示：

Excel 執行個體:	%ExcelInstance%
巨集:	ExportPDF {x}

Step 3 Excel> **關閉 Excel** 動作是直接關閉 Excel 不儲存文件。

上述桌面流程的執行結果，可以在相同目錄看到匯出的 PDF 檔 "Output.pdf"。

1. 請簡單說明 Power Automate 如何同時處理多個 Excel 活頁簿的資料？

2. 請建立 Power Automate 桌面流程合併「ch06\UBike」目錄的 Excel 檔案。

3. 在 Excel 檔案 "ExcelVBA 網路爬蟲 .xlsm" 擁有 GetTable 網路爬蟲程序，請建立 Power Automate 桌面流程執行此 VBA 程序和另存成 "ExcelVBA 網路爬蟲 2.xlsx"。

4. 請建立 Power Automate 桌面流程開啟 Excel 檔案 " 營業額 .xlsx"，可以計算營業額欄位的總和。

5. 請繼續學習評量 4，修改桌面流程來計算營業額欄位的平均。

6. 請自行先建立「ch06/ 家庭收支流水帳 2」目錄，和在之下新增流水帳 _1_ 爺爺 .xlsx 和流水帳 _2_ 奶奶 .xlsx 兩份收支流水帳後，參閱第 6-4 節建立 Power Automate 桌面流程，可以加上原來的 4 個和新增的 2 個 Excel 檔案來執行資料彙整。

MEMO

CHAPTER

7

Power Automate + SQL 高效率 Excel 資料處理術

- 7-1 | 用 Power Automate 桌面流程執行 SQL 指令
- 7-2 | 用 ChatGPT 學習 SQL 語言
- 7-3 | 用 SQL 指令篩選 Excel 資料和進行資料分析
- 7-4 | 用 SQL 指令新增與編輯 Excel 資料
- 7-5 | 實作案例：用 SQL 指令處理 Excel 遺漏值
- 7-6 | 實作案例：用 SQL 指令在 Excel 工作表刪除記錄

7-1 用 Power Automate 桌面流程執行 SQL 指令

「SQL 結構化查詢語言」(Structured Query Language，SQL) 是目前關聯式資料庫主要使用的資料庫語言，Excel 工作表的結構就是資料庫的資料表，我們可以使用 Power Automate 桌面流程在 Excel 工作表執行 SQL 語言來查詢和編輯資料，其執行效率超過直接處理 Excel 工作表，使用的是位在資料庫分類的 3 個動作，如下圖所示：

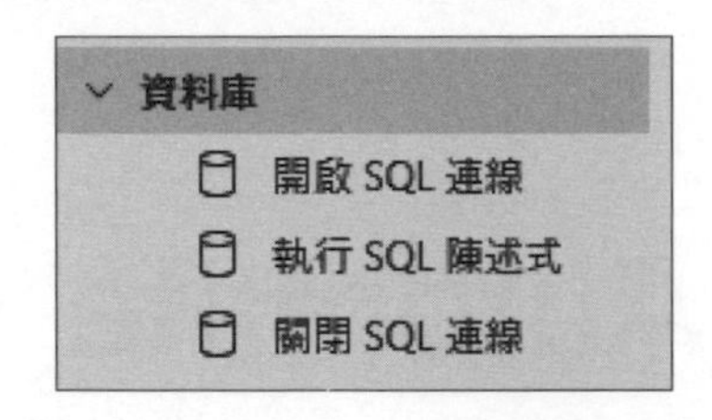

我們準備建立 Power Automate 桌面流程在 Excel 檔案的工作表來執行 SQL 指令，Excel 檔案 "圖書資料 .xlsx" 的內容，如右圖所示：

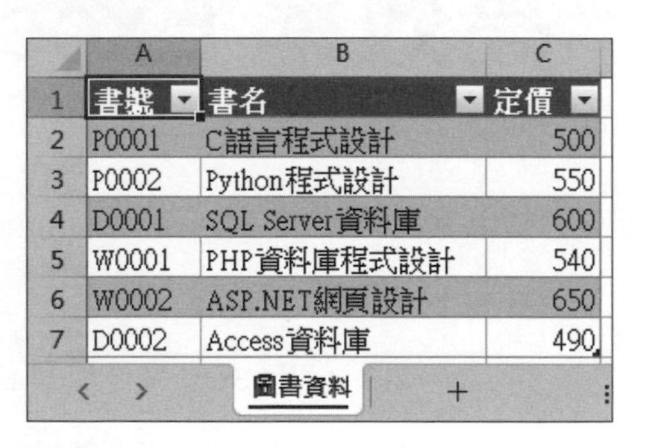

	A	B	C
1	書號	書名	定價
2	P0001	C語言程式設計	500
3	P0002	Python程式設計	550
4	D0001	SQL Server資料庫	600
5	W0001	PHP資料庫程式設計	540
6	W0002	ASP.NET網頁設計	650
7	D0002	Access資料庫	490

圖書資料

上述 Excel 工作表名稱就是資料表名稱，為了避免在名稱之中有特殊符號，請使用「[」和「]」符號括起，並且在最後加上「$」表示是工作表的有資料範圍，即 [圖書資料 $]，例如：SQL 指令 SELECT 可以查詢工作表的所有圖書資料，如下所示：

```
SELECT * FROM [圖書資料$]
```

現在，我們可以建立桌面流程來執行上述 SQL 指令，其建立步驟如下所示：

1. 請建立名為用 Power Automate 執行 SQL 指令的桌面流程 (流程檔：ch7-1.txt)，然後編輯此流程。

2. 在「動作」窗格拖拉變數 > 設定變數動作，將變數欄的變數名稱改為 Excel_File_Path，值欄是 Excel 檔案的路徑「D:\PowerAutomate\ch07\圖書資料 .xlsx」，按儲存鈕。

3. 接著拖拉資料庫 > 開啟 SQL 連線動作，可以建立 SQL 連線變數 SQLConnection，請在連接字串欄輸入下列連接字串，其中的 Excel_File_Path 變數是 Excel 檔案路徑，按儲存鈕，如下所示：

```
Provider=Microsoft.ACE.OLEDB.12.0;Data Source=%Excel _ File _
Path%;Extended Properties="Excel 12.0 Xml;HDR=YES";
```

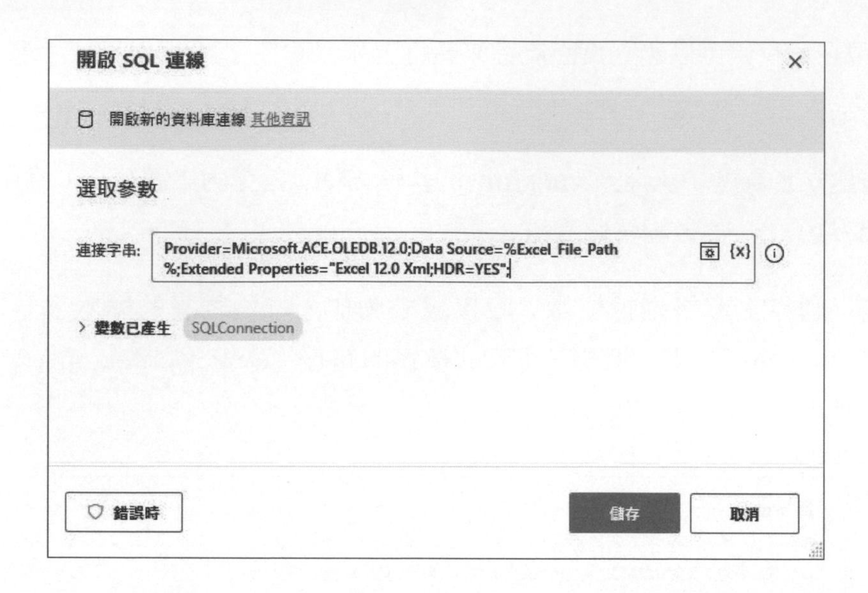

4. 然後拖拉資料庫 > 執行 SQL 陳述式動作，在取得連線透過欄選 SQL 連線變數；SQL 連線欄是 SQLConnection 變數，在 SQL 陳述式欄輸入 SELECT * FROM [圖書資料$]，SQL 指令的執行結果是儲存至 QueryResult 變數，按儲存鈕。

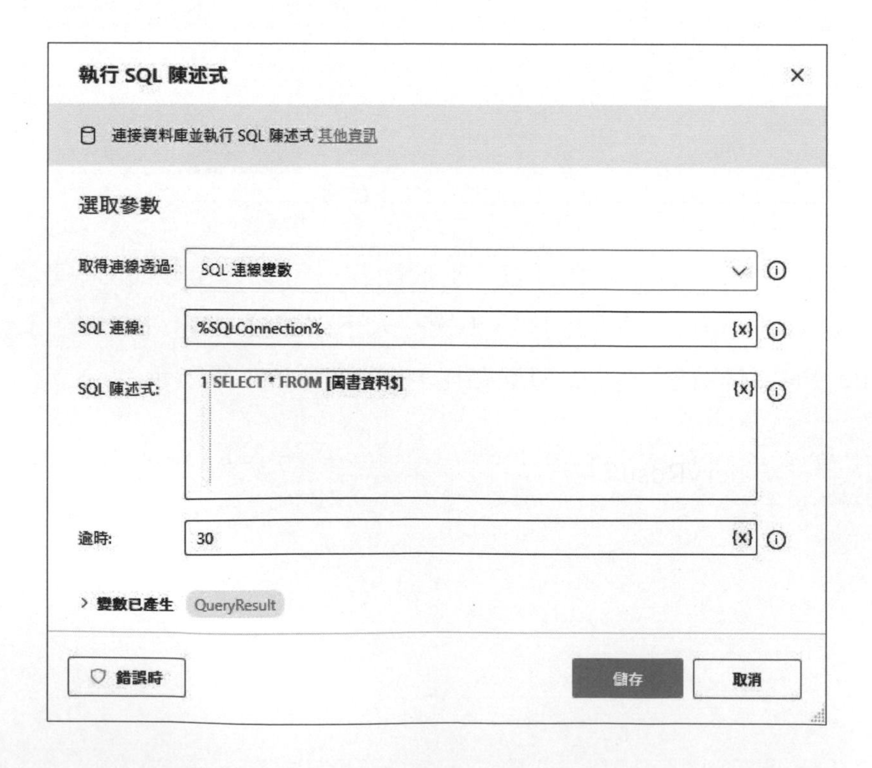

5. 最後拖拉資料庫 > 關閉 SQL 連線動作，請在 SQL 連線欄選 SQLConnection 變數後，按儲存鈕。

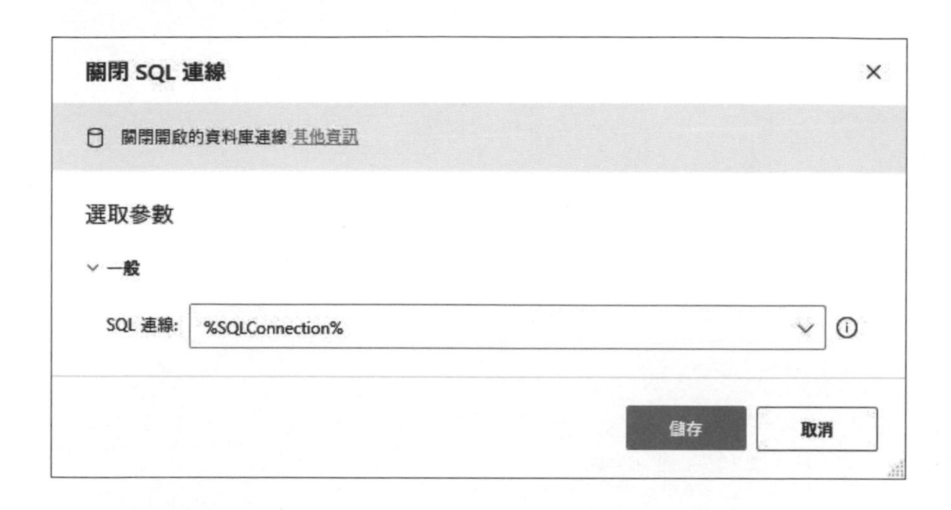

可以看到我們建立的 Power Automate 桌面流程，如下圖所示：

1	**設定變數** 將值 'D:\PowerAutomate\ch07\圖書資料.xlsx' 指派給變數 Excel_File_Path
2	**開啟 SQL 連線** 開啟 SQL 連線 'Provider=Microsoft.ACE.OLEDB.12.0;Data Source=' Excel_File_Path ';Extended Properties="Excel 12.0 Xml;HDR=YES";', 並將其儲存至 SQLConnection
3	**執行 SQL 陳述式** 在 SQLConnection 上執行 SQL 陳述式 'SELECT * FROM [圖書資料$]', 並將查詢結果儲存至 QueryResult
4	**關閉 SQL 連線** 關閉 SQL 連線 SQLConnection

上述桌面流程的執行結果，可以在「變數」窗格的流程變數框看到 SQL 查詢結果的 QueryResult 變數，如下圖所示：

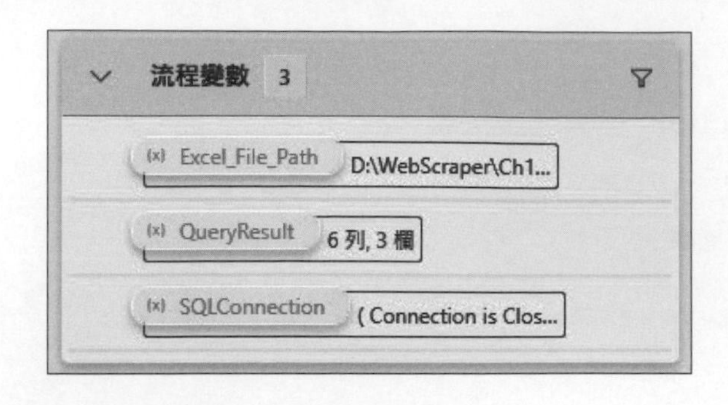

雙擊 QueryResult 變數，可以看到取得的儲存格範圍資料，這是一個 DataTable 資料表物件，如下圖所示：

#	書號	書名	定價
0	P0001	C語言程式設計	500
1	P0002	Python程式設計	550
2	D0001	SQL Server資料庫	600
3	W0001	PHP資料庫程式設計	540
4	W0002	ASP.NET網頁設計	650
5	D0002	Access資料庫	490

請注意！如果桌面流程執行失敗，請再次確認 Excel 檔案的路徑正確且檔案存在，而且 Excel 工作表名稱後有加上「$」符號。如果還是失敗，請確認 Windows 作業系統有安裝 OLE DB 驅動程式，若沒有安裝，請至下列 URL 網址下載安裝 64 位元版的 Microsoft Access Database Engine 2010 可轉散發套件，如下所示：

- https://www.microsoft.com/zh-tw/download/details.aspx?id=13255

7-2 用 ChatGPT 學習 SQL 語言

SQL 語言是關聯式資料庫使用的語言，提供相關指令來插入、更新、刪除和查詢資料庫的記錄資料。

7-2-1 認識 SQL

「SQL 結構化查詢語言」(Structured Query Language，SQL) 是目前主要的資料庫語言，早在 1970 年，E. F. Codd 建立關聯式資料庫觀念的同時，就提出構想的資料庫語言，在 1974 年 Chamberlin 和 Boyce 開發 SEQUEL 語言，這是 SQL 原型，IBM 稍加修改後作為其資料庫 DBMS 的資料庫語言，稱為 System R，1980 年 SQL 名稱正式誕生，從此 SQL 逐漸壯大成為一種標準的關聯式資料庫語言。

SQL 語言能夠使用很少指令和直覺語法，單以記錄存取和資料查詢指令來說，SQL 指令只有 4 個，如下表所示：

指令	說明
INSERT	在資料表插入一筆新記錄
UPDATE	更新資料表記錄，這些記錄是已經存在的記錄
DELETE	刪除資料表記錄
SELECT	查詢資料表記錄，可以使用條件查詢符合條件的記錄

上述 SQL 資料庫操作指令有三個：INSERT、DELETE 和 UPDATE。因為 Power Automate 是使用 OLE DB 連線 Excel 檔案，在 Power Automate 的 OLE DB 只支援 SQL 新增和更新記錄指令，並不支援 DELETE 指令來刪除記錄。

7-2-2 SQL 語言的 SELECT 指令

SQL 語言的 SELECT 指令可以查詢資料表符合條件的記錄資料，其基本語法如下所示：

```
SELECT column1, column2
FROM table
WHERE conditions
```

上述 column1~2 是欲取得的記錄欄位，table 是資料表，conditions 是查詢條件，以口語來說，就是：「從資料表 table 取回符合 WHERE 條件所有記錄的欄位 column1 和 column2」。

☆ SELECT 子句指定取出的欄位

如果 SELECT 指令是取出記錄的全部欄位，請在 SELECT 子句使用「*」符號代表所有欄位名稱清單 (流程檔：ch7-1.txt)，如下所示：

```
SELECT * FROM [圖書資料$]
```

上述指令沒有 WHERE 子句的過濾條件，其執行結果可以取回圖書資料工作表的所有記錄和所有欄位。在 SELECT 子句也可以列出使用「,」號分隔的欲取出欄位，例如：只取出書號和書名兩個欄位 (流程檔：ch7-2-2.txt)，如下所示：

```
SELECT 書號, 書名 FROM [圖書資料$]
```

QueryResult (資料表)

#	書號	書名
0	P0001	C語言程式設計
1	P0002	Python程式設計
2	D0001	SQL Server資料庫
3	W0001	PHP資料庫程式設計
4	W0002	ASP.NET網頁設計
5	D0002	Access資料庫

在 SELECT 子句的欄位還可以使用 AS 運算子，替欄位取一個別名(流程檔：ch7-2-2a.txt)，可以看到執行結果的欄位名稱是別名，如下所示：

```
SELECT 書號 AS 圖書書號, 書名 AS 圖書書名
FROM [圖書資料$]
```

QueryResult (資料表)

#	圖書書號	圖書書名
0	P0001	C語言程式設計
1	P0002	Python程式設計
2	D0001	SQL Server資料庫
3	W0001	PHP資料庫程式設計
4	W0002	ASP.NET網頁設計
5	D0002	Access資料庫

☆ FROM 子句指定查詢的目標資料表

在 SELECT 指令的 FROM 子句是指定查詢的目標資料表，在 Excel 就是指整個工作表有資料的範圍（「$」符號），或工作表的特定範圍，例如：在之前 FROM 子句使用的 Excel 工作表，如下所示：

```
[圖書資料$]
```

上述資料表是名為**圖書資料**的 Excel 工作表，在之後的「$」符號代表整個工作表有資料的範圍，在名稱外使用「[]」方括號括起是為了避免在名稱中有特殊符號，同理，當欄位擁有特殊符號或空白字元時，記得也使用方括號括起。

例如：現在有一個 Excel 檔案 "業績資料 .xlsx"，如下圖所示：

	A	B	C	D
1	Date	Sales Rep	Country	Amount
2	2019/10/22	Tom	USA	32434
3	2019/10/22	Joe	China	16543
4	2019/10/22	Jack	Canada	1564
5	2019/10/22	John	China	6345
6	2019/10/22	Mary	Japan	5000
7	2019/10/22	Tom	USA	32434
8	2019/10/23	Jinie	Brazil	5243
9	2019/10/23	Jane	USA	5000
10	2019/10/23	John	Canada	2346
11	2019/10/23	Joe	Brazil	6643
12	2019/10/23	Jack	Japan	6465
13	2019/10/23	John	China	6345

工作表1

上述 Excel 檔案擁有名為工作表 1 的工作表，我們可以使用 SQL 指令查詢此工作表有資料的所有記錄資料（流程檔：ch7-2-2b.txt)，如下所示

```
SELECT * FROM [工作表1$]
```

QueryResult (資料表)

#	Date	Sales Rep	Country	Amount
0	2019/10/22 上午 12:00:00	Tom	USA	32434
1	2019/10/22 上午 12:00:00	Joe	China	16543
2	2019/10/22 上午 12:00:00	Jack	Canada	1564
3	2019/10/22 上午 12:00:00	John	China	6345
4	2019/10/22 上午 12:00:00	Mary	Japan	5000
5	2019/10/22 上午 12:00:00	Tom	USA	32434
6	2019/10/23 上午 12:00:00	Jinie	Brazil	5243
7	2019/10/23 上午 12:00:00	Jane	USA	5000
8	2019/10/23 上午 12:00:00	John	Canada	2346
9	2019/10/23 上午 12:00:00	Joe	Brazil	6643
10	2019/10/23 上午 12:00:00	Jack	Japan	6465
11	2019/10/23 上午 12:00:00	John	China	6345

上述 FROM 子句的目標資料表是工作表 1 工作表有資料範圍的 4 個欄位，共 12 筆記錄。如果目標資料表只是工作表的部分範圍，請直接在「$」符號後指定範圍（流程檔：ch7-2-2c.txt)，如下所示

```
SELECT * FROM [工作表1$A1:D7]
```

QueryResult (資料表)

#	Date	Sales Rep	Country	Amount
0	2019/10/22 上午 12:00:00	Tom	USA	32434
1	2019/10/22 上午 12:00:00	Joe	China	16543
2	2019/10/22 上午 12:00:00	Jack	Canada	1564
3	2019/10/22 上午 12:00:00	John	China	6345
4	2019/10/22 上午 12:00:00	Mary	Japan	5000
5	2019/10/22 上午 12:00:00	Tom	USA	32434

上述 FROM 子句的目標資料表是工作表 "A1:D7" 範圍的 4 個欄位，共 6 筆記錄。

7-2-3 用 ChatGPT 幫助我們學習 SQL 語言

ChatGPT 可以幫助我們寫出 SQL 指令敘述，只需在提示文字提供資料表的欄位定義資料 (Excel 就是工作表第一列的欄位標題文字），就可以使用自然語言描述你想像得到的資料，然後讓 ChatGPT 幫助我們寫出符合需要的 SQL 指令敘述。

ChatGPT 寫出 SQL 指令的詳細問題描述 (ch7-2-3_gpt.txt)，如下所示：

Q 你是 SQL 專家，現在有一個[圖書資料 $]資料表，擁有書號、書名和定價三個欄位，請寫出 SQL 指令敘述查詢圖書的定價大於等於500元的圖書資料。

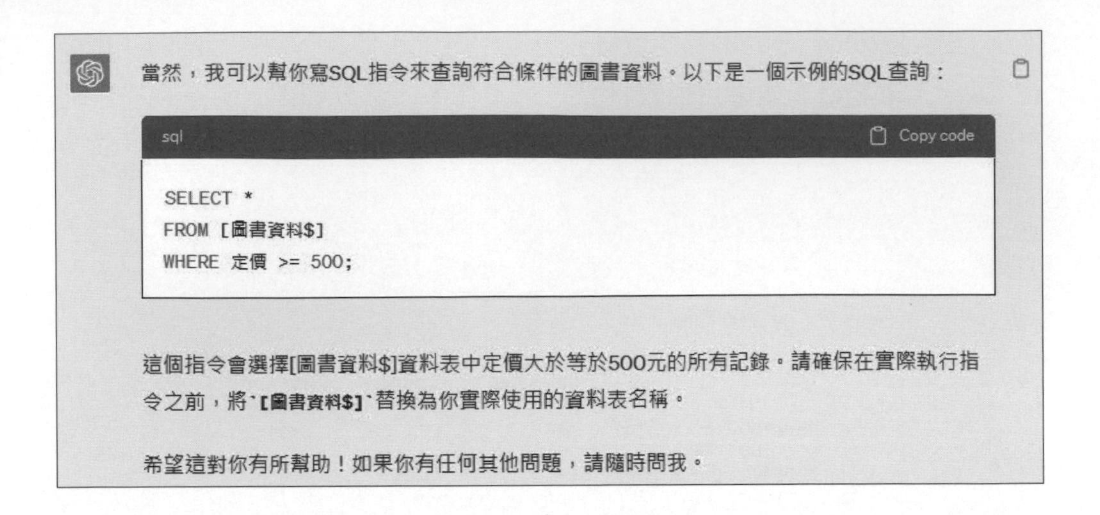

點選右上方 Copy code 就可以複製 ChatGPT 寫出的 SQL 指令字串。不只如此，我們還可以在交談過程中，逐步修改 SQL 指令敘述。請繼續交談過程，我們準備修改 SQL 指令敘述只顯示 2 個欄位。ChatGPT 的詳細問題描述 (ch7-2-3a_gpt.txt)，如下所示：

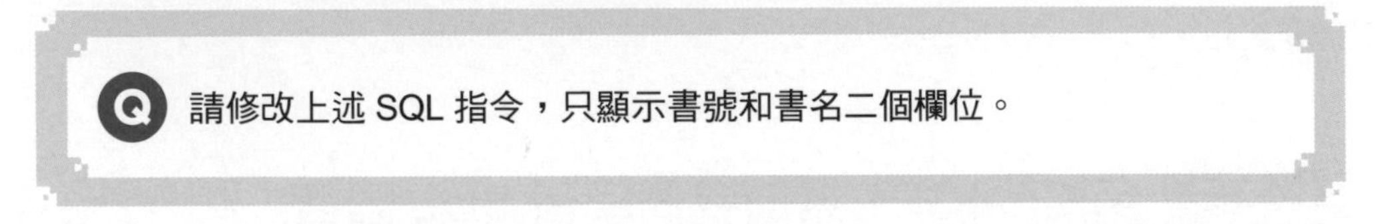

更進一步可以加上條件，請繼續交談過程，我們準備修改 SQL 指令敘述增加書名條件。ChatGPT 的詳細問題描述 (ch7-2-3b_gpt.txt)，如下所示：

Q 請改寫上述 SQL 指令，其條件除了定價大於等於500元，而且[書名]欄位需要有"程式"的圖書。

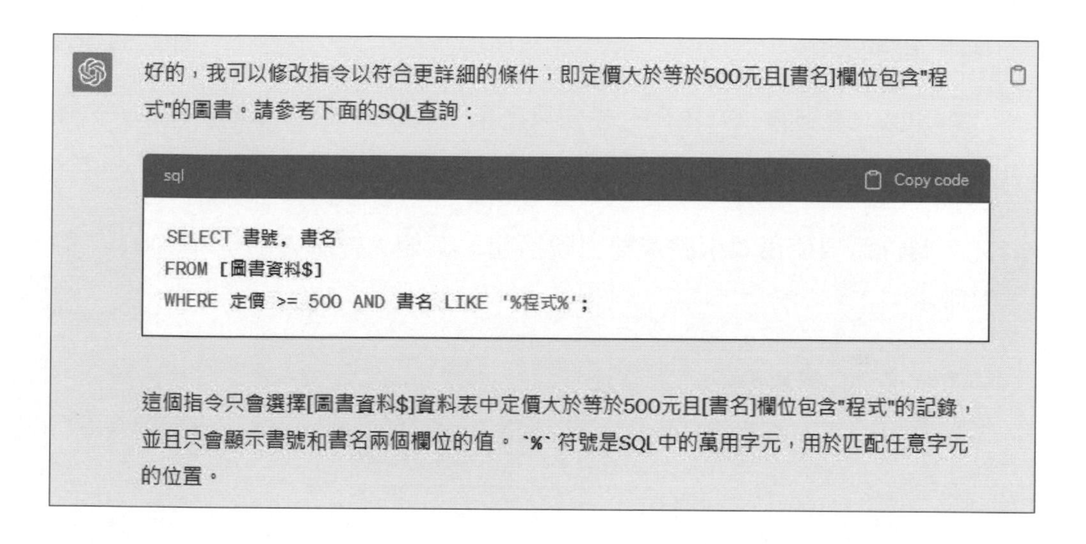
好的，我可以修改指令以符合更詳細的條件，即定價大於等於500元且[書名]欄位包含"程式"的圖書。請參考下面的SQL查詢：

```sql
SELECT 書號, 書名
FROM [圖書資料$]
WHERE 定價 >= 500 AND 書名 LIKE '%程式%';
```

這個指令只會選擇[圖書資料$]資料表中定價大於等於500元且[書名]欄位包含"程式"的記錄，並且只會顯示書號和書名兩個欄位的值。`%` 符號是SQL中的萬用字元，用於匹配任意字元的位置。

上述 SQL 指令敘述增加 AND 的書名條件，這是使用 LIKE 運算子建立包含子字串 "程式" 的條件。

7-3 用 SQL 指令篩選 Excel 資料和進行資料分析

SQL 語言的 SELECT 指令是用來查詢資料，事實上，SELECT 查詢指令的主角是 WHERE 子句，FROM 子句只是指明從哪一個資料表；SELECT 子句是指明取出哪些欄位，WHERE 子句才是真正的過濾篩選條件。

7-3-1 用 SQL 指令篩選 Excel 資料

我們可以透過 Power Automate 桌面流程執行 SQL 指令來篩選 Excel 工作表的資料。

☆ 單一查詢條件

ch7-3-1.txt

當 SQL 查詢的 WHERE 子句只有單一條件時，在 WHERE 子句條件的基本規則和範例，如下所示：

◆ 文字欄位需要使用單引號或雙引號括起，例如：查詢書號是 'P0001'，如下所示：

```
SELECT * FROM [圖書資料$]
WHERE 書號='P0001'
```

QueryResult (資料表)

#	書號	書名	定價
0	P0001	C語言程式設計	500

◆ 數值欄位並不需要引號括起，例如：查詢定價 550 元，如下所示：

```
SELECT * FROM [圖書資料$]
WHERE 定價=550
```

QueryResult2 (資料表)

#	書號	書名	定價
0	P0002	Python程式設計	550

◆ 文字欄位可以使用 LIKE 包含運算子，包含指定字串即符合條件，還可以配合「%」或「_」萬用字元代表任何字串或單一字元，只需包含指定子字串就符合條件，請注意！在 Power Automate 的 SQL 指令使用「%」符號需用 2 個「%%」。例如：查詢書名包含 '程式' 子字串，如下所示：

```
SELECT * FROM [圖書資料$]
WHERE 書名 LIKE '%%程式%%'
```

QueryResult3 (資料表)

#	書號	書名	定價
0	P0001	C語言程式設計	500
1	P0002	Python程式設計	550
2	W0001	PHP資料庫程式設計	540

◆ 數值欄位可以使用 <>、>、<、>= 和 <= 不等於、大於、小於、大於等於和小於等於等運算子來建立查詢條件，例如：查詢定價大於 500 元，如下所示：

```
SELECT * FROM [圖書資料$]
WHERE 定價 > 500
```

QueryResult4 (資料表)

#	書號	書名	定價
0	P0002	Python程式設計	550
1	D0001	SQL Server資料庫	600
2	W0001	PHP資料庫程式設計	540
3	W0002	ASP.NET網頁設計	650

☆ 使用邏輯運算子建立多查詢條件 ch7-3-1a.txt

當 WHERE 子句的條件不只一個時，我們可以使用邏輯運算子 AND 和 OR 來連接多個條件，其基本規則如下所示：

- AND「且」運算子：在 AND 運算子連接的前後條件都需成立，整個條件才成立。例如：查詢書價大於等於 500 元，且書名有 '資料庫' 子字串，如下所示：

```
SELECT * FROM [圖書資料$]
WHERE 定價 >= 500 AND 書名 LIKE '%%資料庫%%'
```

QueryResult (資料表)

#	書號	書名	定價
0	D0001	SQL Server資料庫	600
1	W0001	PHP資料庫程式設計	540

- OR「或」運算子：在 OR 運算子連接的前後條件，只需任何一個條件成立即可。例如：查詢書價大於等於 500 元，或書名有 '資料庫' 子字串，如下所示：

```
SELECT * FROM [圖書資料$]
WHERE 定價 >= 500 OR 書名 LIKE '%%資料庫%%'
```

QueryResult2 (資料表)

#	書號	書名	定價
0	P0001	C語言程式設計	500
1	P0002	Python程式設計	550
2	D0001	SQL Server資料庫	600
3	W0001	PHP資料庫程式設計	540
4	W0002	ASP.NET網頁設計	650
5	D0002	Access資料庫	490

◆ **同時使用多個 AND 和 OR 運算子**：在 WHERE 子句可以連接 2 個以上的條件來建立複雜條件，即在同一 WHERE 子句使用多個 AND 和 OR 運算子，如下所示：

```
SELECT * FROM [圖書資料$]
WHERE 定價 < 550
   OR 書名 LIKE '%%設計%%'
   AND 書名 LIKE '%%Python%%'
```

上述指令可以查詢書價小於 550 元，或書名有 '設計' 和 'Python' 子字串，如下圖所示：

QueryResult3 (資料表)

#	書號	書名	定價
0	P0001	C語言程式設計	500
1	P0002	Python程式設計	550
2	W0001	PHP資料庫程式設計	540
3	D0002	Access資料庫	490

☆ 在 WHERE 子句使用「()」括號 ch7-3-1b.txt

在 WHERE 子句的條件如果有括號，其條件的優先順序是括號中優先，所以會產生不同的查詢結果，如下所示：

```
SELECT * FROM [圖書資料$]
WHERE (定價 < 500
   OR 書名 LIKE '%%設計%%')
   AND 書名 LIKE '%%資料庫%%'
```

上述指令可以查詢書價小於 500 元或書名有 '設計' 子字串，而且書名有 '資料庫' 子字串，如下圖所示：

QueryResult (資料表)

#	書號	書名	定價
0	W0001	PHP資料庫程式設計	540
1	D0002	Access資料庫	490

7-3-2 用 SQL 指令進行 Excel 資料分析

我們可以使用 SELECT 指令的 ORDER BY 排序子句和 TOP 運算子來找出 Excel 工作表中的前幾名，然後配合聚合函數進行 Excel 資料分析。

☆ 排序輸出

ch7-3-2.txt

SQL 查詢結果如果需要排序，請在 SELECT 指令最後加上 ORDER BY 子句，可以使用指定欄位進行由小到大，或由大到小的排序，如下所示：

```
SELECT * FROM [圖書資料$]
WHERE 定價 >= 500
ORDER BY 定價
```

上述 ORDER BY 子句之後是排序欄位，如果排序欄位不只 1 個，請用「,」逗號分隔，這個 SELECT 指令是使用定價欄位進行排序，預設由小到大，即 ASC，如下圖所示：

QueryResult (資料表)

#	書號	書名	定價
0	P0001	C語言程式設計	500
1	W0001	PHP資料庫程式設計	540
2	P0002	Python程式設計	550
3	D0001	SQL Server資料庫	600
4	W0002	ASP.NET網頁設計	650

如果想倒過來由大到小進行排序，請加上 DESC，如下所示：

```
SELECT * FROM [圖書資料$]
WHERE 定價 >= 500
ORDER BY 定價 DESC
```

QueryResult2 (資料表)

#	書號	書名	定價
0	W0002	ASP.NET網頁設計	650
1	D0001	SQL Server資料庫	600
2	P0002	Python程式設計	550
3	W0001	PHP資料庫程式設計	540
4	P0001	C語言程式設計	500

☆ 取出前幾筆記錄 ch7-3-2a.txt

SQL 語言的 TOP 運算子可以取出前幾筆記錄，搭配 ORDER BY 子句的排序，就可以找出書價是前 3 低的圖書資料，即 TOP 3，如下所示：

```
SELECT TOP 3 *
FROM [圖書資料$]
ORDER BY 定價
```

QueryResult (資料表)

#	書號	書名	定價
0	D0002	Access資料庫	490
1	P0001	C語言程式設計	500
2	W0001	PHP資料庫程式設計	540

同理，我們可以找出書價是前 3 高的圖書資料，如下所示：

```
SELECT TOP 3 *
FROM [圖書資料$]
ORDER BY 定價 DESC
```

QueryResult2 (資料表)

#	書號	書名	定價
0	W0002	ASP.NET網頁設計	650
1	D0001	SQL Server資料庫	600
2	P0002	Python程式設計	550

☆ SQL 聚合函數　ch7-3-2b.txt

SQL 聚合函數可以進行資料表欄位的筆數、平均、範圍和統計函數運算，提供我們進一步欄位資料的分析資訊，如下表所示：

函數	說明
COUNT(Column)	計算記錄筆數
AVG(Column)	計算欄位平均值
MAX(Column)	取得記錄欄位的最大值
MIN(Column)	取得記錄欄位的最小值
SUM(Column)	取得記錄欄位的總計
STDEV(Column)	統計樣本的標準差
STDEVP(Column)	統計母體的標準差
VAR(Column)	統計樣本的變異數
VARP(Column)	統計母體的變異數

上表 Column 參數如為「*」表示所有欄位，也可以是指定的欄位名稱。請注意！因為聚合函數並沒有欄位名稱，記得使用 AS 運算子來取一個別名，如下所示：

◆ 用 AVG() 函數計算圖書的平均書價，如下所示：

```
SELECT AVG(定價) AS 平均書價 FROM [圖書資料$]
```

QueryResult (資料表)

#	平均書價
0	555

◆ 用 MAX() 函數找出最貴書價的圖書，如下所示：

```
SELECT MAX(定價) AS 最貴書價 FROM [圖書資料$]
```

QueryResult2 (資料表)

#	最貴書價
0	650

◆ 用 COUNT() 函數計算圖書資料工作表共有幾本書，如下所示：

```
SELECT COUNT(*) AS 圖書數 FROM [圖書資料$]
```

QueryResult3 (資料表)

#	圖書數
0	6

7-4 用 SQL 指令新增與編輯 Excel 資料

SQL 語言的 INSERT 指令是用來新增記錄資料；UPDATE 指令可以更新資料，即編輯現存記錄的欄位資料。

7-4-1 用 SQL 指令在 Excel 工作表新增記錄

我們可以使用 SQL 語言的 INSERT 指令在 Excel 工作表新增一列資料，如同在資料庫新增 1 筆記錄，其基本語法如下所示：

```
INSERT INTO table (column1,column2,…)
VALUES ('value1', 'value2 ', …)
```

上述指令的 table 是準備插入記錄的資料表名稱，column1~n 為資料表的欄位名稱，value1~n 是對應的欄位值。例如：在 [圖書資料 $] 資料表執行 INSERT 指令新增 1 筆圖書記錄，我們可以詢問 ChatGPT 寫出這個 INSERT 指令，其詳細的問題描述 (ch7-4-1_gpt.txt)，如下所示：

> **Q** 你是 SQL 專家，現在有一個[圖書資料 $]資料表，擁有書號、書名和定價三個欄位，請寫出 SQL 指令敘述可以在資料表插入一筆記錄，書號是'P0003'、書名是'Java 語言程式設計'和定價是510。

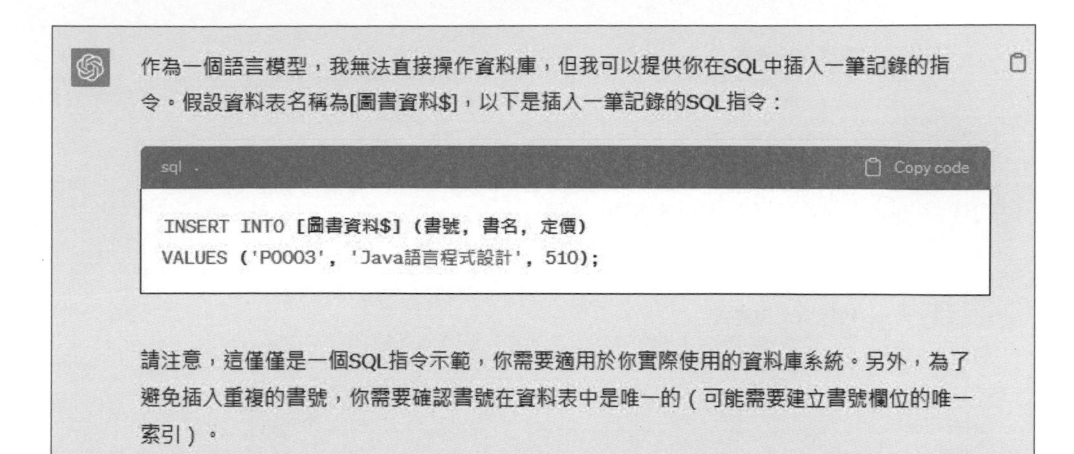

上述 ChatGPT 寫出的 SQL 指令可以新增一筆圖書記錄，如下所示：

```
INSERT INTO [圖書資料$] (書號, 書名, 定價)
VALUES ('P0003', 'Java語言程式設計', 510)
```

然後，我們準備再執行一次 INSERT 指令來新增第 2 筆圖書記錄，如下所示：

```
INSERT INTO [圖書資料$] (書號, 書名, 定價)
VALUES ('P0004', 'C#語言程式設計', 650)
```

在用 SQL 指令在 Excel 工作表新增記錄桌面流程（流程檔：ch7-4-1.txt）共有 7 個步驟的動作，在複製 Excel 檔案後，使用 SQL 指令在 "圖書資料 2.xlsx" 的圖書資料工作表新增 2 筆圖書資料，如下圖所示：

4	**開啟 SQL 連線** 開啟 SQL 連線 'Provider=Microsoft.ACE.OLEDB.12.0;Data Source=' Excel_File_Path ';Extended Properties="Excel 12.0 Xml;HDR=YES";', 並將其儲存至 SQLConnection
5	**執行 SQL 陳述式** 在 SQLConnection 上執行 SQL 陳述式 'INSERT INTO [圖書資料$] (書號, 書名, 定價) VALUES ('P0003', 'Java語言程式設計', 510)
6	**執行 SQL 陳述式** 在 SQLConnection 上執行 SQL 陳述式 'INSERT INTO [圖書資料$] (書號, 書名, 定價) VALUES ('P0004', 'C#語言程式設計', 650)
7	**關閉 SQL 連線** 關閉 SQL 連線 SQLConnection

Step 1 Excel> 啟動 Excel 動作是啟動 Excel 和開啟 Excel 檔案「D:\PowerAutomate\ch07\ 圖書資料 .xlsx」。

Step 2 Excel> 關閉 Excel 動作是另存成 " 圖書資料 2.xlsx" 後才關閉 Excel，即複製 Excel 檔案。

Step 3 變數 > 設定變數動作可以新增變數 Excel_File_Path，這是 Excel 檔案的路徑「D:\PowerAutomate\ch07\ 圖書資料 2.xlsx」。

Step 4 資料庫 > 開啟 SQL 連線動作可以指定連線字串，使用 OLE DB 連接 Excel 檔案，如下所示：

```
Provider=Microsoft.ACE.OLEDB.12.0;Data Source=%Excel_File_
Path%;Extended Properties="Excel 12.0 Xml;HDR=YES";
```

Step 5 資料庫 > 執行 SQL 陳述式動作可以執行 SQL 陳述式欄輸入的 INSERT 指令，在工作表新增第 1 筆圖書記錄，如下圖所示：

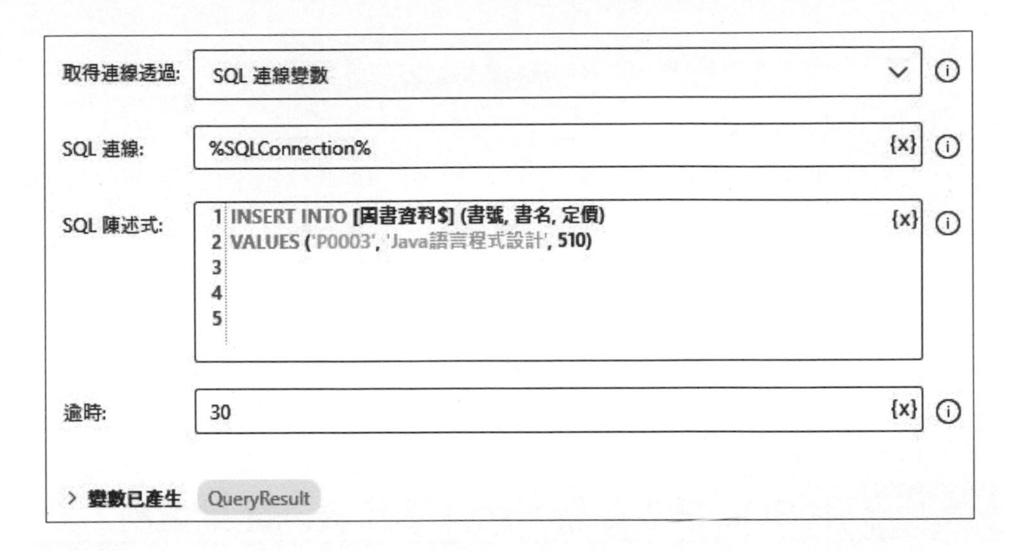

Step 6 資料庫 > 執行 SQL 陳述式動作可以執行 SQL 陳述式欄輸入的 INSERT 指令，在工作表新增第 2 筆圖書記錄，如下圖所示：

取得連線透過: SQL 連線變數

SQL 連線: %SQLConnection%

SQL 陳述式:

```
1 INSERT INTO [圖書資料$] (書號, 書名, 定價)
2 VALUES ('P0004', 'C#語言程式設計', 650)
```

逾時: 30

> 變數已產生 QueryResult

Step 7 資料庫 > 關閉 SQL 連線動作關閉 Step 2 開啟的 SQL 連線。

當執行上述桌面流程的 2 次 INSERT 指令後，可以在 Excel 檔案 "圖書資料 2.xlsx" 新增 2 筆圖書資料，如下圖所示：

	A	B	C
1	書號	書名	定價
2	P0001	C語言程式設計	500
3	P0002	Python程式設計	550
4	D0001	SQL Server資料庫	600
5	W0001	PHP資料庫程式設計	540
6	W0002	ASP.NET網頁設計	650
7	D0002	Access資料庫	490
8	P0003	Java語言程式設計	510
9	P0004	C#語言程式設計	650

圖書資料

7-4-2 用 SQL 指令更新 Excel 工作表的記錄資料

SQL 語言的 UPDATE 指令可以將資料表符合條件的記錄，更新存在欄位的欄位值，其基本語法如下所示：

```
UPDATE table SET column1 = 'value1' , column2 = 'value2'
WHERE conditions
```

上述指令的 table 是資料表，column1~2 是資料表需更新的欄位名稱，欄位並不用全部欄位，只需列出需更新的欄位即可，value1~2 是更新的欄位值，如果欲更新的欄位不只一個，請使用「,」逗號分隔，最後 WHERE 子句的 conditions 是更新條件。

例如：我們準備繼續第 7-4-1 節的 Excel 檔案 "圖書資料 2.xlsx"，將書號 P0004 的圖書定價改成 700 元。我們可以詢問 ChatGPT 寫出這個 UPDATE 指令，其詳細的問題描述 (ch7-4-2_gpt.txt)，如下所示：

Q 你是 SQL 專家，現在有一個[圖書資料 $]資料表，擁有書號、書名和定價三個欄位，請寫出 SQL 指令敘述更新書號'P0004'的定價成為700。

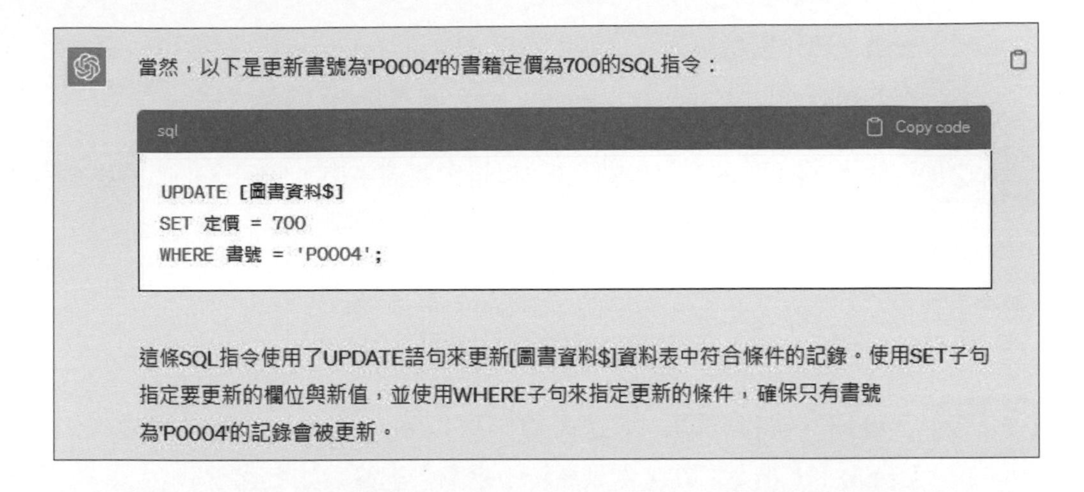

上述 ChatGPT 寫出的 SQL 指令可以更新一筆圖書的定價，如下所示：

```
UPDATE [圖書資料$]
SET 定價 = 700
WHERE 書號 = 'P0004'
```

在用 SQL 指令在 Excel 工作表更新記錄桌面流程（流程檔：ch7-4-2.txt）共有 4 個步驟的動作，可以使用 UPDATE 指令在 " 圖書資料 2.xlsx" 的圖書資料工作表更新 1 筆圖書的定價，如下圖所示：

1	{x} **設定變數** 將值 'D:\PowerAutomate\ch07\圖書資料2.xlsx' 指派給變數 Excel_File_Path
2	**開啟 SQL 連線** 開啟 SQL 連線 'Provider=Microsoft.ACE.OLEDB.12.0;Data Source=' Excel_File_Path ';Extended Properties="Excel 12.0 Xml;HDR=YES";'，並將其儲存至 SQLConnection
3	**執行 SQL 陳述式** 在 SQLConnection 上執行 SQL 陳述式 'UPDATE [圖書資料$] SET 定價 = 700 WHERE 書號 = 'P0004' '，並將查詢結果儲存至 QueryResult
4	**關閉 SQL 連線** 關閉 SQL 連線 SQLConnection

Step 1 變數 > 設定變數動作可以新增變數 Excel_File_Path，這是 Excel 檔案的路徑「D:\PowerAutomate\ch07\ 圖書資料 2.xlsx」。

Step 2 資料庫 > 開啟 SQL 連線動作可以指定連線字串，使用 OLE DB 連接 Excel 檔案，如下所示：

```
Provider=Microsoft.ACE.OLEDB.12.0;Data Source=%Excel _ File _
Path%;Extended Properties="Excel 12.0 Xml;HDR=YES";
```

Step 3 資料庫 > 執行 SQL 陳述式動作可以執行 SQL 陳述式欄輸入的 UPDATE 指令，在工作表更新 1 筆圖書記錄，如下圖所示：

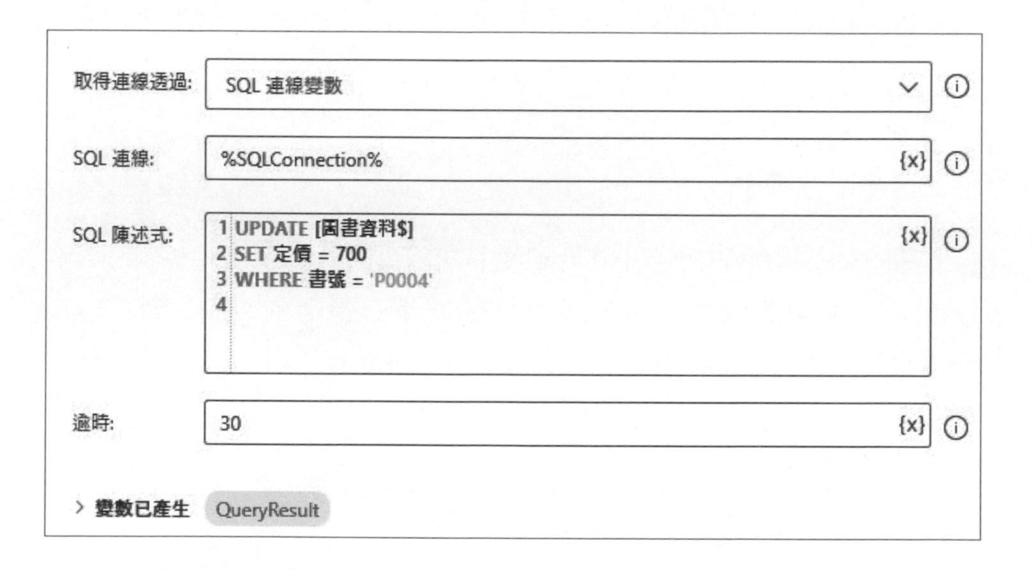

Step 4 資料庫 > 關閉 SQL 連線動作關閉 **Step 2** 開啟的 SQL 連線。

當執行上述桌面流程的 UPDATE 指令，就可以在 Excel 檔案 "圖書資料 2.xlsx" 更新 1 筆圖書資料，將定價改成 700 元，如右圖所示：

	A	B	C	D
1	書號	書名	定價	
2	P0001	C語言程式設計	500	
3	P0002	Python程式設計	550	
4	D0001	SQL Server資料庫	600	
5	W0001	PHP資料庫程式設計	540	
6	W0002	ASP.NET網頁設計	650	
7	D0002	Access資料庫	490	
8	P0003	Java語言程式設計	510	
9	P0004	C#語言程式設計	700	

圖書資料

7-5 實作案例：用 SQL 指令處理 Excel 遺漏值

我們可以使用 SQL 指令來處理 Excel 工作表的遺漏值，首先使用 SELECT 指令找出指定欄位的遺漏值後，再使用 UPDATE 指令將遺漏值填補成平均值。

在這一節我們準備使用精簡版鐵達尼號資料集 (Titanic Dataset)，Excel 檔案 "titanic_test.xlsx" 只有資料集的前 100 筆記錄，如下圖所示：

	A	B	C	D	E	F
1	PassengerId	Name	PClass	Age	Sex	Survived
2	1	Allen, Miss Elisabeth Walton	1st	29	female	1
3	2	Allison, Miss Helen Loraine	1st	2	female	0
4	3	Allison, Mr Hudson Joshua Creighton	1st	30	male	0
5	4	Allison, Mrs Hudson JC (Bessie Waldo Daniels)	1st	25	female	0
6	5	Allison, Master Hudson Trevor	1st	0.92	male	1
7	6	Anderson, Mr Harry	1st	47	male	1
8	7	Andrews, Miss Kornelia Theodosia	1st	63	female	1
9	8	Andrews, Mr Thomas, jr	1st	39	male	0
10	9	Appleton, Mrs Edward Dale (Charlotte Lamson)	1st	58	female	1
11	10	Artagaveytia, Mr Ramon	1st	71	male	0
12	11	Astor, Colonel John Jacob	1st	47	male	0
13	12	Astor, Mrs John Jacob (Madeleine Talmadge Force	1st	19	female	1
14	13	Aubert, Mrs Leontine Pauline	1st	NA	female	1
15	14	Barkworth, Mr Algernon H	1st	NA	male	1
16	15	Baumann, Mr John D	1st	NA	male	0

titanic_test

上述 Age 欄位有很多 "NA" 字串值的儲存格，這些值不是年齡，雖然並非空白字元，但一樣是資料集中的遺漏值。SQL 語言的 SELECT 指令可以配合 COUNT() 聚合函數來找出共有多少個遺漏值，如下所示：

```
SELECT COUNT(*) AS 遺漏值數 FROM [titanic_test$]
WHERE Age = "NA"
```

然後，使用 AVG() 聚合函數計算 Age 欄位的平均值，Round() 函數是 SQL 內建的四捨五入函數，可以取得整數的平均值，如下所示：

```
SELECT Round(AVG(Age)) AS 平均值 FROM [titanic_test$]
WHERE Age <> "NA"
```

最後使用 SQL 語言的 UPDATE 指令將遺漏值填補成平均值，即更新 [titanic_test$] 資料表中，Age 欄位是 'NA' 的記錄，將 Age 欄位更新成變數 Average 的平均值，如下所示：

```
UPDATE [titanic_test$] SET Age=%Average%
WHERE Age='NA'
```

在用 **SQL 指令處理 Excel 遺漏值**桌面流程（流程檔：ch7-5.txt）共有 10 個步驟的動作，前 2 個步驟是複製 Excel 檔案，然後在 Step 3 ~ Step 10 使用 SQL 語言的 SELECT 和 UPDATE 指令來找出和處理 "titanic_test2.xlsx" 中 Age 欄位的遺漏值，如下圖所示：

Step 3 變數 > 設定變數動作可以新增變數 Excel_File_Path，這是 Excel 檔案的路徑「D:\PowerAutomate\ch07\titanic_test2.xlsx」。

Step 4 資料庫 > 開啟 SQL 連線動作可以指定連線字串，使用 OLE DB 連接 Excel 檔案，如下所示：

```
Provider=Microsoft.ACE.OLEDB.12.0;Data Source=%Excel _ File _
Path%;Extended Properties="Excel 12.0 Xml;HDR=YES";
```

Step 5 資料庫 > 執行 SQL 陳述式動作可以執行 SQL 陳述式欄輸入的 SELECT 指令，查詢 Age 欄位是 "NA" 的記錄數，如下圖所示：

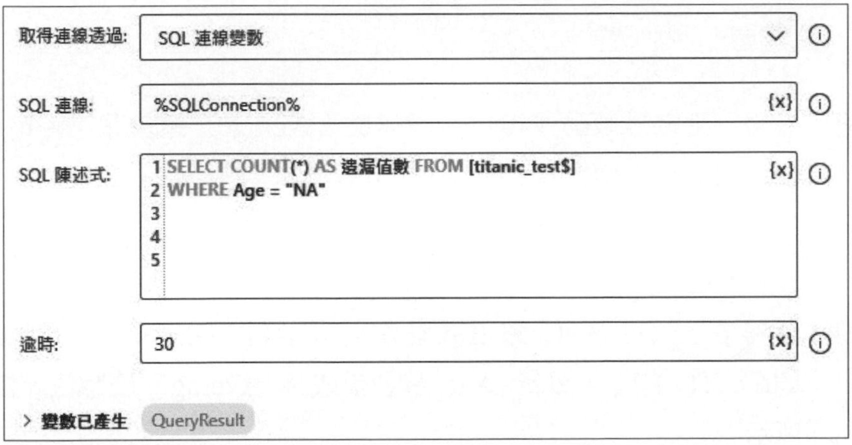

取得連線透過: SQL 連線變數
SQL 連線: %SQLConnection%
SQL 陳述式:
```
1 SELECT COUNT(*) AS 遺漏值數 FROM [titanic_test$]
2 WHERE Age = "NA"
3
4
5
```
逾時: 30
> 變數已產生 QueryResult

Step 6 訊息方塊 > 顯示訊息動作可以顯示 Step 4 查詢結果的遺漏值數，因為回傳的是單筆記錄的 DataTable 物件，所以使用索引 0 取得第 1 筆，然後取出 '遺漏值數' 欄位的值，如下所示：

```
遺漏值數 = %QueryResult[0]['遺漏值數']%
```

訊息方塊標題: 顯示遺漏值數
要顯示的訊息: 遺漏值數 = %QueryResult[0]['遺漏值數']%

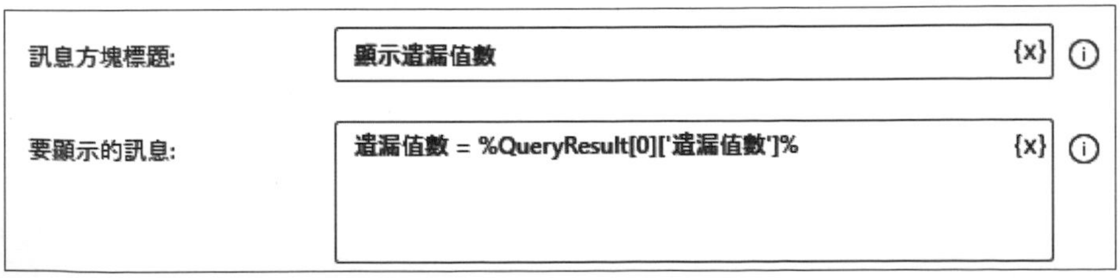

Step 7 資料庫 > 執行 SQL 陳述式動作可以執行 SQL 陳述式欄輸入的 SELECT 指令，計算 Age 欄位不是 "NA" 的平均值，如下圖所示：

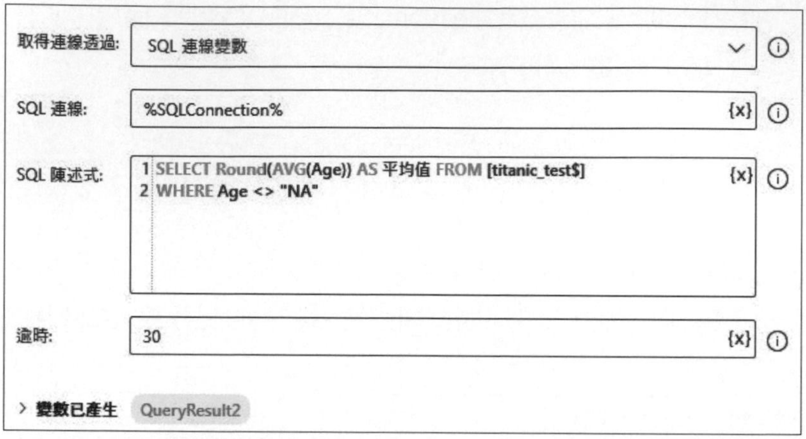

取得連線透過: SQL 連線變數

SQL 連線: %SQLConnection%

SQL 陳述式:

```
1 SELECT Round(AVG(Age)) AS 平均值 FROM [titanic_test$]
2 WHERE Age <> "NA"
```

逾時: 30

> 變數已產生 QueryResult2

Step 8 變數 > 設定變數動作可以新增變數 Average，這就是 Step 6 取得 QueryResult2 變數的平均值，如下所示：

```
%QueryResult2[0]['平均值']%
```

Step 9 資料庫 > 執行 SQL 陳述式動作可以執行 SQL 陳述式欄輸入的 UPDATE 指令，更新 Age 欄位值成為 Average 變數值，如下圖所示：

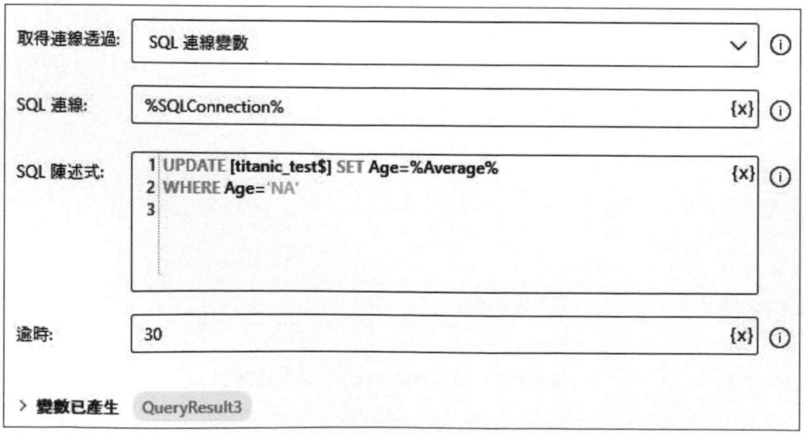

取得連線透過: SQL 連線變數

SQL 連線: %SQLConnection%

SQL 陳述式:

```
1 UPDATE [titanic_test$] SET Age=%Average%
2 WHERE Age='NA'
3
```

逾時: 30

> 變數已產生 QueryResult3

Step 10 資料庫 > 關閉 SQL 連線動作關閉 Step 4 開啟的 SQL 連線。

當執行上述桌面流程，首先執行 SELECT 指令找出遺漏值數，請按確定鈕繼續，如下圖所示：

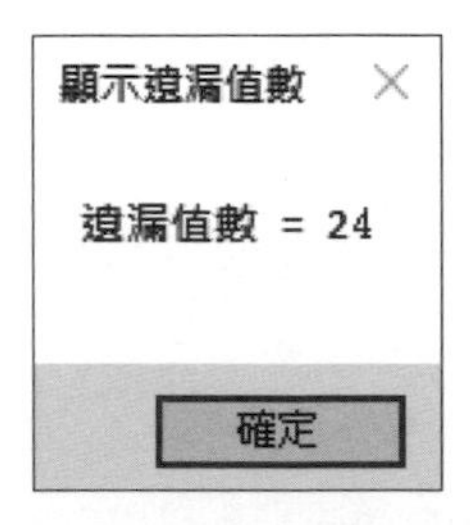

然後執行 SELECT 指令計算出欄位的平均值後，執行 UPDATE 指令來更新 "titanic_test2.xlsx" 中 Age 欄位的遺漏值，填補成平均值 38，如下圖所示：

	A	B	C	D	E	F
1	PassengerId	Name	PClass	Age	Sex	Survived
2	1	Allen, Miss Elisabeth Walton	1st	29	female	1
3	2	Allison, Miss Helen Loraine	1st	2	female	0
4	3	Allison, Mr Hudson Joshua Creighton	1st	30	male	0
5	4	Allison, Mrs Hudson JC (Bessie Waldo Daniels)	1st	25	female	0
6	5	Allison, Master Hudson Trevor	1st	0.92	male	1
7	6	Anderson, Mr Harry	1st	47	male	1
8	7	Andrews, Miss Kornelia Theodosia	1st	63	female	1
9	8	Andrews, Mr Thomas, jr	1st	39	male	0
10	9	Appleton, Mrs Edward Dale (Charlotte Lamson)	1st	58	female	1
11	10	Artagaveytia, Mr Ramon	1st	71	male	0
12	11	Astor, Colonel John Jacob	1st	47	male	0
13	12	Astor, Mrs John Jacob (Madeleine Talmadge For	1st	19	female	1
14	13	Aubert, Mrs Leontine Pauline	1st	38	female	1
15	14	Barkworth, Mr Algernon H	1st	38	male	1
16	15	Baumann, Mr John D	1st	38	male	0

titanic_test

7-6 實作案例：用 SQL 指令在 Excel 工作表刪除記錄

因為 Power Automate 的 OLE DB 並不支援 DELETE 指令來刪除記錄資料，所以並無法刪除記錄來處理遺漏值。不過，我們可以使用 SELECT 指令配合 Excel 動作來刪除符合條件的記錄資料。

在用 SQL 指令處理 Excel 遺漏值 2 桌面流程（流程檔：ch7-6.txt）共有 9 個步驟的動作，可以分成兩大部分，第一部分的 4 個步驟是執行 SELECT 指令取出沒有遺漏值的記錄資料，如下圖所示：

上述桌面流程是針對 Excel 檔案 "titanic_test.xlsx" 執行下列的 SELECT 指令，如下所示：

```
SELECT * FROM [titanic_test$] WHERE Age<>'NA'
```

上述 SQL 指令可以查詢出所有沒有遺漏值的記錄資料，如果 Age 欄位不是 'NA'，而是 NULL 空值，請改用下列 SQL 指令，如下所示：

```
SELECT * FROM [titanic_test$] WHERE Age IS NOT NULL
```

在執行完 Step 1 ~ Step 4 的流程後，可以取得沒有遺漏值的記錄資料，即 QueryResult 變數。

在第二部分的 5 個步驟是使用 Excel 動作開啟 Excel 檔案後，先刪除原有內容（只保留標題列），然後寫入 SQL 查詢結果 QueryResult 變數至 Excel 工作表，即可刪除有遺漏值的記錄資料，如下圖所示：

Step 5 Excel> **啟動 Excel** 動作是啟動 Excel 和開啟 Excel 檔案「D:\PowerAutomate\ch07\titanic_test.xlsx」。

Step 6 Excel> **從 Excel 工作表中取得第 1 個可用資料行 / 資料列**動作可以取得工作表第 1 個可用的欄和第 1 個可用列的索引，即 FirstFreeColumn 和 FirstFreeRow 變數。

Step 7 Excel> **進階** > **從 Excel 工作表刪除**動作可以刪除指定範圍的儲存格，在**擷取**欄選**儲存格範圍中的值**，開始和結尾的行與列，就是有資料的範圍，但不包含第 1 列標題列，最後的**轉換方向**欄是**向上**刪除，如下圖所示：

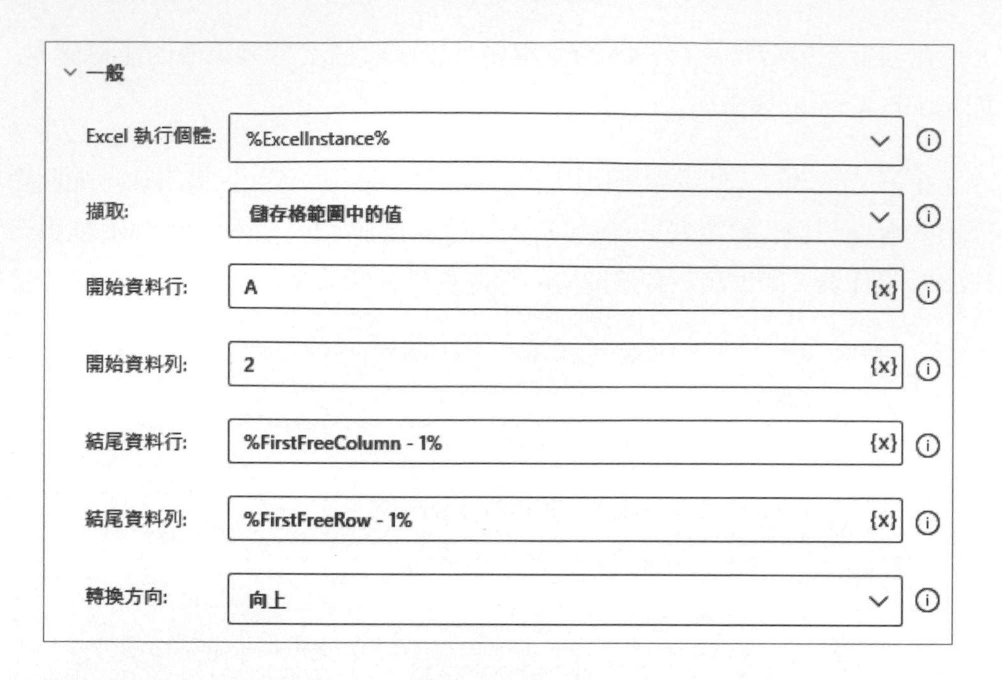

Step 8 Excel> 寫入 Excel 工作表動作可以將 QueryResult 變數寫入工作表，在要寫入的值欄是 QueryResult 變數，寫入模式欄選於指定的儲存格，資料行是 A，資料列是 2，即從第 2 列的第 1 欄開始寫入 Excel 工作表。

Step 9 Excel> 關閉 Excel 動作是另存成 "titanic_test3.xlsx" 後才關閉 Excel。

上述桌面流程的執行結果，可以在相同目錄看到寫入整欄資料的 Excel 檔案 "titanic_test.xlsx" 只有 76 筆記錄（扣掉標題列），如下圖所示：

	PassengerId	Name	PClass	Age	Sex	Survived
69	90	Douglas, Mrs Walter Donald (Mahala Dutton)	1st	48	female	1
70	91	Duff Gordon, Sir Cosmo Edmund	1st	49	male	1
71	92	Duff Gordon, Lady (Lucille Wallace Sutherland)	1st	48	female	1
72	93	Dulles, Mr William Crothers	1st	39	male	0
73	94	Earnshaw, Mrs Boulton (Olive Potter)	1st	23	female	1
74	95	Eustis, Miss Elizabeth Mussey	1st	53	female	1
75	96	Evans, Miss Edith Corse	1st	36	female	0
76	99	Foreman, Mr Benjamin Laventall	1st	30	male	0
77	100	Fortune, Miss Alice Elizabeth	1st	24	female	1
78						

titanic_test

1. 請簡單說明 Power Automate 桌面流程是如何使用 Excel 工作表來執行 SQL 指令？

2. 請問什麼是 SQL 語言？ ChatGPT 如何幫助我們學習 SQL 指令？

3. 請使用 Excel 檔案 " 公司業績資料 .xlsx" 為例，建立 Power Automate 桌面流程執行 2 次 INSERT 指令來新增四月、五月的業績資料，如下所示：

```
四月, 33, 31, 29
五月, 45, 40, 44
```

	A	B	C	D	E
1	月份	網路商店	實體店面	業務直銷	
2	一月	35	25	33	
3	二月	26	43	25	
4	三月	15	35	12	

工作表1

4. 繼續學習評量 3 建立的 Excel 檔案，請建立 Power Automate 桌面流程執行 SQL 指令來查詢網路商店業績大於 30 的記錄資料。

5. 繼續學習評量 3 建立的 Excel 檔案，請建立 Power Automate 桌面流程執行 SQL 指令的聚合函數來計算各通路一月 ~ 五月份的業績總和。

6. 繼續學習評量 3 建立的 Excel 檔案，請建立 Power Automate 桌面流程執行 SQL 指令來找出實體店面通路在一月 ~ 五月份的業績中，業績前 2 名的月份。

CHAPTER

8

SQL 語言的高效率 Excel 資料分析

- 8-1 | 更多 SQL 資料篩選指令
- 8-2 | SQL 群組查詢與空值處理
- 8-3 | SQL 子查詢與 UNION 聯集查詢
- 8-4 | 關聯式資料庫與 INNER JOIN 合併查詢
- 8-5 | 實作案例：用 SQL 指令合併 Excel 工作表
- 8-6 | 實作案例：用 SQL 指令建立 Excel 樞紐分析表

8-1 更多 SQL 資料篩選指令

在第 7 章已經說明過基本 SELECT 指令的使用，我們準備使用 Excel 檔案 " 銷售系統 .xlsx" 的產品工作表為例，說明更多 SELECT 資料篩選指令，如下圖所示：

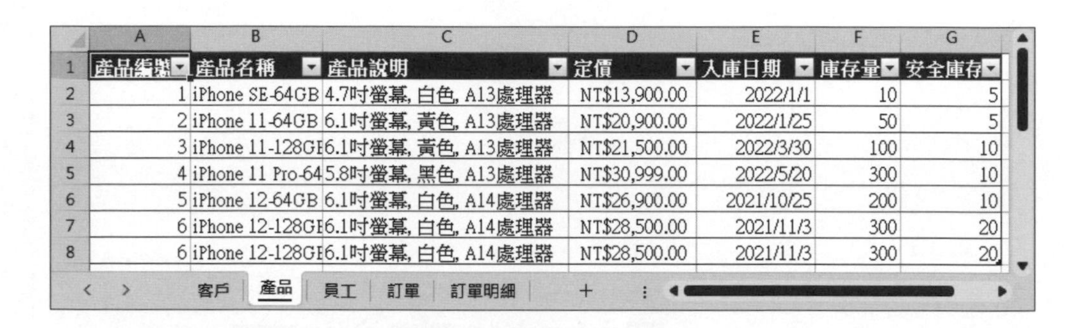

	A	B	C	D	E	F	G
1	產品編號	產品名稱	產品說明	定價	入庫日期	庫存量	安全庫存
2	1	iPhone SE-64GB	4.7吋螢幕, 白色, A13處理器	NT$13,900.00	2022/1/1	10	5
3	2	iPhone 11-64GB	6.1吋螢幕, 黃色, A13處理器	NT$20,900.00	2022/1/25	50	5
4	3	iPhone 11-128GB	6.1吋螢幕, 黃色, A13處理器	NT$21,500.00	2022/3/30	100	10
5	4	iPhone 11 Pro-64	5.8吋螢幕, 黑色, A13處理器	NT$30,999.00	2022/5/20	300	10
6	5	iPhone 12-64GB	6.1吋螢幕, 白色, A14處理器	NT$26,900.00	2021/10/25	200	10
7	6	iPhone 12-128GB	6.1吋螢幕, 白色, A14處理器	NT$28,500.00	2021/11/3	300	20
8	6	iPhone 12-128GB	6.1吋螢幕, 白色, A14處理器	NT$28,500.00	2021/11/3	300	20

☆ 欄位沒有重複值 ch8-1.txt

當資料表記錄的欄位值相同，表示欄位有重複值，我們可以在 SELECT 指令加上 DISTINCT 運算子，只顯示重複值中的一筆。例如：在產品工作表查詢有多少種不同的**產品說明**，如下所示：

```
SELECT DISTINCT 產品說明 FROM [產品$]
```

上述 SELECT 指令的**產品說明**欄位有重複值，就只會顯示其中一筆，其執行結果共顯示 4 筆記錄，而不是 7 筆，如下圖所示：

QueryResult (資料表)

#	產品說明
0	4.7吋螢幕, 白色, A13處理器
1	5.8吋螢幕, 黑色, A13處理器
2	6.1吋螢幕, 白色, A14處理器
3	6.1吋螢幕, 黃色, A13處理器

☆ 工作表沒有重複記錄 ch8-1a.txt

如果是重複記錄，在 SELECT 指令可以使用 DISTINCT *，當有整筆記錄的資料重複時，就只會顯示其中 1 筆，如下所示：

```
SELECT DISTINCT * FROM [產品$]
```

上述 SELECT 指令因為最後 2 列是重複記錄，所以只顯示其中一筆，其執行結果共顯示 6 筆記錄，而不是 7 筆，如下圖所示：

QueryResult (資料表)

#	產品編號	產品名稱	產品說明	定價	入庫日期	庫存量	安全庫存
0	1	iPhone SE-64GB	4.7吋螢幕, 白色, A13處理器	13900	2022/1/1 上午 12:00:00	10	5
1	2	iPhone 11-64GB	6.1吋螢幕, 黃色, A13處理器	20900	2022/1/25 上午 12:00:00	50	5
2	3	iPhone 11-128GB	6.1吋螢幕, 黃色, A13處理器	21500	2022/3/30 上午 12:00:00	100	10
3	4	iPhone 11 Pro-64GB	5.8吋螢幕, 黑色, A13處理器	30999	2022/5/20 上午 12:00:00	300	10
4	5	iPhone 12-64GB	6.1吋螢幕, 白色, A14處理器	26900	2021/10/25 上午 12:00:00	200	10
5	6	iPhone 12-128GB	6.1吋螢幕, 白色, A14處理器	28500	2021/11/3 上午 12:00:00	300	20

☆ BETWEEN/AND 資料範圍運算子 ch8-1b.txt

在 SELECT 指令 WHERE 條件子句可以使用 BETWEEN/AND 運算子建立範圍條件，其範圍值可以是文字、數值或日期 / 時間，如下所示：

◆ 查詢 2022 年 1 月 1 日到 12 月 31 日入庫的產品記錄資料，日期 / 時間值需要使用「#」括起，共找到 4 筆記錄資料，如下所示：

```
SELECT * FROM [產品$]
WHERE 入庫日期 BETWEEN #2022/1/1# AND #2022/12/31#
```

QueryResult (資料表)

#	產品編號	產品名稱	產品說明	定價	入庫日期	庫存量	安全庫存
0	1	iPhone SE-64GB	4.7吋螢幕, 白色, A13處理器	13900	2022/1/1 上午 12:00:00	10	5
1	2	iPhone 11-64GB	6.1吋螢幕, 黃色, A13處理器	20900	2022/1/25 上午 12:00:00	50	5
2	3	iPhone 11-128GB	6.1吋螢幕, 黃色, A13處理器	21500	2022/3/30 上午 12:00:00	100	10
3	4	iPhone 11 Pro-64GB	5.8吋螢幕, 黑色, A13處理器	30999	2022/5/20 上午 12:00:00	300	10

◆ 查詢定價在 26900 元到 30999 元之間的產品資料且沒有重複記錄，數值範圍包含 26900 和 30999，共找到 3 筆記錄資料，如下所示：

```
SELECT DISTINCT * FROM [產品$]
WHERE 定價 BETWEEN 26900 AND 30999
```

QueryResult2 (資料表)

#	產品編號	產品名稱	產品說明	定價	入庫日期	庫存量	安全庫存
0	4	iPhone 11 Pro-64GB	5.8吋螢幕, 黑色, A13處理器	30999	2022/5/20 上午 12:00:00	300	10
1	5	iPhone 12-64GB	6.1吋螢幕, 白色, A14處理器	26900	2021/10/25 上午 12:00:00	200	10
2	6	iPhone 12-128GB	6.1吋螢幕, 白色, A14處理器	28500	2021/11/3 上午 12:00:00	300	20

☆ IN 運算子的資料篩選

ch8-1c.txt

在 WHERE 條件可以使用 IN 運算子來篩選欄位值清單的資料，即指定文字或數值清單，只需欄位值是其中之一就符合條件，如下所示：

◆ 查詢定價 18000、21500 和 30999 元的產品資料，只有這些定價才符合條件，共找到 2 筆記錄資料，因為沒有定價 18000，如下所示：

```
SELECT * FROM [產品$]
WHERE 定價 IN (18000, 21500, 30999)
```

QueryResult (資料表)

#	產品編號	產品名稱	產品說明	定價	入庫日期	庫存量	安全庫存
0	3	iPhone 11-128GB	6.1吋螢幕, 黃色, A13處理器	21500	2022/3/30 上午 12:00:00	100	10
1	4	iPhone 11 Pro-64GB	5.8吋螢幕, 黑色, A13處理器	30999	2022/5/20 上午 12:00:00	300	10

◆ 查詢入庫日期是 2021/10/25、2022/3/30 和 2022/1/1 的產品資料，只有這些日期才符合條件，共找到 3 筆記錄資料，如下所示：

```
SELECT * FROM [產品$]
WHERE 入庫日期 IN (#2021/10/25#, #2022/3/30#, #2022/1/1#)
```

QueryResult2 (資料表)

#	產品編號	產品名稱	產品說明	定價	入庫日期	庫存量	安全庫存
0	1	iPhone SE-64GB	4.7吋螢幕, 白色, A13處理器	13900	2022/1/1 上午 12:00:00	10	5
1	3	iPhone 11-128GB	6.1吋螢幕, 黃色, A13處理器	21500	2022/3/30 上午 12:00:00	100	10
2	5	iPhone 12-64GB	6.1吋螢幕, 白色, A14處理器	26900	2021/10/25 上午 12:00:00	200	10

☆NOT 運算子

ch8-1d.txt

在 WHERE 條件只需加上 NOT 運算子，就可以取出不符合目前條件的記錄資料，即改為相反條件，如下表所示：

運算子	說明
NOT LIKE	不符合 LIKE 子字串條件
NOT BETWEEN/AND	不符合 BETWEEN/AND 範圍條件
NOT IN	不符合 IN 條件的清單值

◆ 查詢沒有 64GB 子字串的 iPhone 產品資料且沒有重複記錄，LIKE 條件是產品名稱有 64GB 子字串，因為加上 NOT 改成沒有，可以找到 2 筆記錄資料，如下所示：

```
SELECT DISTINCT * FROM [產品$]
WHERE 產品名稱 NOT LIKE '%%64GB%%'
```

QueryResult (資料表)

#	產品編號	產品名稱	產品說明	定價	入庫日期	庫存量	安全庫存
0	3	iPhone 11-128GB	6.1吋螢幕, 黃色, A13處理器	21500	2022/3/30 上午 12:00:00	100	10
1	6	iPhone 12-128GB	6.1吋螢幕, 白色, A14處理器	28500	2021/11/3 上午 12:00:00	300	20

◆ 查詢定價不是位在 26900 元到 30999 元範圍的產品資料且沒有重複記錄，因為使用 NOT 運算子，所以是 BETWEEN/AND 範圍之外，可以找到 3 筆記錄資料，如下所示：

```
SELECT DISTINCT * FROM [產品$]
WHERE 定價 NOT BETWEEN 26900 AND 30999
```

QueryResult2 (資料表)

#	產品編號	產品名稱	產品說明	定價	入庫日期	庫存量	安全庫存
0	1	iPhone SE-64GB	4.7吋螢幕, 白色, A13處理器	13900	2022/1/1 上午 12:00:00	10	5
1	2	iPhone 11-64GB	6.1吋螢幕, 黃色, A13處理器	20900	2022/1/25 上午 12:00:00	50	5
2	3	iPhone 11-128GB	6.1吋螢幕, 黃色, A13處理器	21500	2022/3/30 上午 12:00:00	100	10

◆ 查詢定價不是 18000、21500 和 30999 元的產品資料且沒有重複記錄，因為加上 NOT 即這些定價之外的定價，可以找到 4 筆記錄資料，如下所示：

```
SELECT DISTINCT * FROM [產品$]
WHERE 定價 NOT IN (18000, 21500, 30999)
```

QueryResult3 (資料表)

#	產品編號	產品名稱	產品說明	定價	入庫日期	庫存量	安全庫存
0	1	iPhone SE-64GB	4.7吋螢幕, 白色, A13處理器	13900	2022/1/1 上午 12:00:00	10	5
1	2	iPhone 11-64GB	6.1吋螢幕, 黃色, A13處理器	20900	2022/1/25 上午 12:00:00	50	5
2	5	iPhone 12-64GB	6.1吋螢幕, 白色, A14處理器	26900	2021/10/25 上午 12:00:00	200	10
3	6	iPhone 12-128GB	6.1吋螢幕, 白色, A14處理器	28500	2021/11/3 上午 12:00:00	300	20

8-2 SQL 群組查詢與空值處理

SELECT 指令的 GROUP BY 子句可以建立 SQL 群組查詢，只需配合聚合函數就可以進行所需的資料分析，例如：樞紐分析。

8-2-1 GROUP BY 子句

群組以 Excel 工作表來說，就是以指定欄位值來進行分類，分類方式是將欄位值中重複值結合起來歸成一類。例如：在**班級**工作表統計每一門課程有多少位學生上課的學生數，**課程編號**欄位是群組欄位，可以將修此課程的學生結合起來，如下圖所示：

班級

教授編號	學號	課程編號	上課時間	教室
I001	S001	CS101	12:00pm	180-M
I002	S003	CS121	8:00am	221-S
I003	S001	CS203	10:00am	221-S
I003	S002	CS203	14:00pm	327-S
I002	S001	CS222	13:00pm	100-M
I002	S002	CS222	13:00pm	100-M
I002	S004	CS222	13:00pm	100-M
I001	S003	CS213	9:00am	622-G
I003	S001	CS213	12:00pm	500-K

課程編號	學生數
CS101	1
CS121	1
CS203	2
CS222	3
CS213	2

上述圖例可以看到**課程編號**欄位值中重複值已經進行分類，只需使用聚合函數統計各分類的記錄數，就可以知道每一門課程有多少位學生修課。在 SQL 語言是使用 GROUP BY 子句指定群組欄位，其基本語法如下所示：

```
GROUP BY 欄位清單
```

上述語法的欄位清單就是建立群組的欄位，如果不只一個，請使用「,」逗號分隔。在這一節是使用 Excel 檔案 " 選課資料 .xlsx" 的**班級**和**學生**工作表為例，如下圖所示：

	A	B	C	D	E
1	教授編號	學號	課程編號	上課時間	教室
2	I001	S001	CS101	下午 12:00:00	180-M
3	I001	S005	CS101	下午 12:00:00	180-M
4	I001	S006	CS101	下午 12:00:00	180-M
5	I001	S003	CS213	上午 09:00:00	622-G
6	I001	S005	CS213	上午 09:00:00	622-G
7	I001	S001	CS349	下午 03:00:00	380-L
8	I001	S003	CS349	下午 03:00:00	380-L
9	I002	S003	CS121	上午 08:00:00	221-S
10	I002	S008	CS121	上午 08:00:00	221-S
11	I002	S001	CS222	下午 01:00:00	100-M
12	I002	S002	CS222	下午 01:00:00	100-M
13	I002	S004	CS222	下午 01:00:00	100-M

學生 | 教授 | 課程 | 班級

	A	B	C	D	E
1	學號	姓名	性別	電話	生日
2	S001	陳會安	男	02-22222222	2003-09-03
3	S002	江小魚	女	03-33333333	2004-02-02
4	S003	張無忌	男	04-44444444	2002-05-03
5	S004	陳小安	男	05-55555555	2002-06-13
6	S005	孫燕之	女	06-66666666	
7	S006	周杰輪	男	02-33333333	2003-12-23
8	S007	蔡一零	女	03-66666666	2003-11-23
9	S008	劉得華	男	02-11111122	2003-02-23

學生 | 教授

首先在**班級**工作表查詢課程編號和計算每一門課程有多少位學生修課（流程檔：ch8-2-1.txt)，如下所示：

```
SELECT 課程編號, COUNT(*) AS 學生數
FROM [班級$] GROUP BY 課程編號
```

上述 SELECT 指令使用 GROUP BY 子句以**課程編號**建立群組後，使用 COUNT() 聚合函數計算每一門課程的群組有多少位學生修課，如右圖所示：

QueryResult (資料表)

#	課程編號	學生數
0	CS101	3
1	CS111	3
2	CS121	2
3	CS203	4
4	CS213	4
5	CS222	3
6	CS349	2

SELECT 指令的 GROUP BY 子句可以在 Excel 工作表進行指定欄位的分類來建立群組。當使用 GOUP BY 進行查詢時，工作表需要滿足一些條件，如下所示：

◆ 工作表的欄位擁有重複值，可以結合成群組。

◆ 工作表的其他欄位可以配合聚合函數進行資料統計，如下表所示：

聚合函數	進行的資料統計
AVG() 函數	計算各群組的平均
SUM() 函數	計算各群組的總和
COUNT() 函數	計算各群組的記錄數

然後，使用 SQL 群組查詢在學生工作表統計男和女性別的學生數 (流程檔：ch8-2-1.txt)，如下所示：

```
SELECT 性別, COUNT(*) AS 學生數
FROM [學生$] GROUP BY 性別
```

上述 SELECT 指令使用 GROUP BY 子句以**性別**欄位建立群組後，使用 COUNT() 聚合函數計算男和女的學生數，如右圖所示：

QueryResult2 (資料表)

#	性別	學生數
0	女	3
1	男	5

8-2-2 HAVING 子句

對於 GROUP BY 子句群組的記錄資料，可以再使用 HAVING 子句來指定搜尋條件，即可進一步縮小查詢範圍，其基本語法如下所示：

```
HAVING 搜尋條件
```

HAVING 子句和 WHERE 子句的差異，如下所示：

- HAVING 子句可以使用聚合函數，WHERE 子句不可以。
- 在 HAVING 子句條件所參考的欄位一定屬於 SELECT 子句的欄位清單；WHERE 子句可以參考 FORM 子句資料表來源的所有欄位。

首先在**班級**工作表找出學生 'S002' 上課的課程清單 (流程檔：ch8-2-2.txt)，如下所示：

```
SELECT 學號, 課程編號 FROM [班級$]
GROUP BY 課程編號, 學號
HAVING 學號 = 'S002'
```

上述 SELECT 指令的 GROUP BY 子句是使用**課程編號**和**學號**欄位建立群組，HAVING 子句再使用**學號**欄位為條件來進一步搜尋 S002 上課的課程清單，如右圖所示：

QueryResult (資料表)

#	學號	課程編號
0	S002	CS111
1	S002	CS203
2	S002	CS222

然後在**班級**工作找出教授編號是 'I003'，且教授課程有超過 2 位學生修課的課程清單 (流程檔：ch8-2-2.txt)，如下所示：

```
SELECT 課程編號, COUNT(*) AS 學生數
FROM [班級$]
WHERE 教授編號 = 'I003'
GROUP BY 課程編號
HAVING COUNT(*) >= 2
```

上述 SELECT 指令先使用 WHERE 子句建立搜尋條件後，使用 GROUP BY 子句以**課程編號**欄位建立群組，在 HAVING 子句是使用聚合函數來建立條件，可以搜尋有超過 2 位學生修課的課程清單，如下圖所示：

QueryResult2 (資料表)

#	課程編號	學生數
0	CS203	4
1	CS213	2

8-2-3 空值處理

資料庫的空值 (NULL) 是指欄位值缺失沒有資料，可能是值未知、沒有意義和沒有輸入。在 Excel 工作表的空值就是儲存格沒有輸入資料 (請注意！ Excel 儲存格的值有可能是不可見符號的值，因為有值，所以並非空值)。在這一節是使用 Excel 檔案 " 選課資料 .xlsx" 的員工工作表為例，如下圖所示：

	A	B	C	D	E	F	G	H	I
1	身份證字號	學號	姓名	城市	街道	電話	薪水	保險	扣稅
2	A123456789		陳慶新	台北	信義路	02-11111111	80000	5000	2000
3	A221304680		郭富城	台北	忠孝東路	02-55555555	35000	1000	800
4	A222222222		楊金欉	桃園	中正路	03-11111111	80000	4500	2000
5	D333300333		王心零	桃園	經國路		50000	2500	1000
6	D444403333	S008	劉得華	新北	板橋區文心路	04-55555555	25000	500	500
7	E444006666		小龍女	新北	板橋區中正路	04-55555555	25000	500	500
8	F213456780	S004	陳小安	新北	新店區四維路		50000	3000	1000
9	F332213046	S003	張無忌	台北	仁愛路	02-55555555	50000	1500	1000
10	H098765432		李鴻章	基隆	信四路	02-33111111	60000	4000	1500

學生 | 教授 | 課程 | 班級 | 員工

上述 Excel 工作表的學號和電話欄位有很多空值。在 SQL 語言可以使用 IS NULL 運算子來判斷欄位是否是空值 (流程檔：ch8-2-3.txt)，如下所示：

```
SELECT * FROM [員工$]
WHERE 電話 IS NULL
```

上述 SELECT 指令可以取得電話是空值的員工資料，共找到 2 筆記錄，如下圖所示：

QueryResult (資料表)

#	身份證字號	學號	姓名	城市	街道	電話	薪水	保險	扣稅
0	D333300333		王心零	桃園	經國路		50000	2500	1000
1	F213456780	S004	陳小安	新北	新店區四維路		50000	3000	1000

如果是檢查欄位非空值，只需加上 NOT 運算子，即 IS NOT NULL (流程檔：ch8-2-3.txt)，如下所示：

```
SELECT * FROM [員工$]
WHERE 學號 IS NOT NULL
```

上述 SELECT 指令可以取得學號不是空值的員工資料，共找到 3 筆記錄，如下圖所示：

QueryResult2 (資料表)

#	身份證字號	學號	姓名	城市	街道	電話	薪水	保險	扣稅
0	D444403333	S008	劉得華	新北	板橋區文心路	04-55555555	25000	500	500
1	F213456780	S004	陳小安	新北	新店區四維路		50000	3000	1000
2	F332213046	S003	張無忌	台北	仁愛路	02-55555555	50000	1500	1000

8-3 SQL 子查詢與 UNION 聯集查詢

SQL 語言的子查詢與 UNION 聯集查詢是一種多資料表查詢，我們可以使用多個 SELECT 指令同時查詢多個 Excel 工作表，和執行 2 個 Excel 工作表記錄資料的聯集運算。

8-3-1 SQL 子查詢

子查詢 (Subquery) 通常是位在主查詢 SELECT 指令的 WHERE 子句，以便透過子查詢來取得查詢條件。請注意！子查詢本身也是 SELECT 指令，當 SELECT 指令擁有子查詢，首先處理子查詢，然後才依子查詢取得的條件值來處理主查詢，即可取得最後的查詢結果。

☆在 FROM 子句使用子查詢

在 FROM 子句可以使用子查詢來取得暫存工作表，為了存取暫存工作表，如同替欄位取別名，我們一樣需要使用 AS 關鍵字替暫存工作表命名。

首先使用**員工**工作表的子查詢建立 FROM 子句名為**高薪員工**的暫存工作表，在 SELECT 指令的主查詢，就是查詢**高薪員工**暫存工作表的記錄資料 (流程檔：ch8-3-1.txt)，如下所示：

```
SELECT 高薪員工.姓名, 高薪員工.電話, 高薪員工.薪水
FROM (SELECT 身份證字號, 姓名, 電話, 薪水
      FROM [員工$]
      WHERE 薪水>50000) AS 高薪員工
```

上述 SELECT 指令的 FROM 子句是用子查詢取出高薪員工的暫存工作表，共找到 3 筆記錄，如下圖所示：

QueryResult (資料表)

#	姓名	電話	薪水
0	陳慶新	02-11111111	80000
1	楊金欉	03-11111111	80000
2	李鴻章	02-33111111	60000

☆在 WHERE 子句使用子查詢

子查詢最常使用在 SELECT 指令的 WHERE 子句，即使用子查詢建立搜尋條件的邏輯或比較運算式，其基本語法如下所示：

```
SELECT 欄位清單
FROM 資料表1
WHERE 欄位 = (SELECT 欄位 FROM 資料表2
              WHERE 搜尋條件);
```

上述位在括號中的 SELECT 指令是子查詢。在 WHERE 子句使用子查詢的注意事項，如下所示：

◆ 子查詢是位在 WHERE 子句條件值的括號中。

◆ 通常子查詢的 SELECT 指令只會取得單一欄位值，以便與主查詢的欄位進行比較運算。

◆ 如果需要排序，主查詢可以使用 ORDER BY 子句，但子查詢不能使用 ORDER BY 子句，只能使用 GROUP BY 子句來代替。

◆ 如果子查詢取得的是多筆記錄，在主查詢是使用 IN 邏輯運算子。

◆ BETWEEN/AND 運算子並不能使用在主查詢，只能用在子查詢。

在 SELECT 指令的 WHERE 子句可以使用另一個 SELECT 指令的子查詢來查詢其他工作表的記錄資料，其目的是為了取得 WHERE 子句的條件值。例如：在**學生**工作表使用姓名查詢學號，然後使用取得的學號，在**班級**工作表查詢選課數（流程檔：ch8-3-1.txt)，如下所示：

```
SELECT COUNT(*) AS 選課數 FROM [班級$]
WHERE 學號 =
(SELECT 學號 FROM [學生$] WHERE 姓名='周杰輪')
```

上述整個 SQL 查詢指令共有 2 個 SELECT 指令，分別查詢 2 個 Excel 工作表，在**學生**工作表取得姓名是**周杰輪**的學號後，再從**班級**工作表使用聚合函數計算出選課數是 3，如下圖所示：

QueryResult2 (資料表)

#	選課數	
0	3	

WHERE 子句的 IN 運算子也可以使用子查詢，例如：在**員工**工作表的員工如果有學號，表示此位員工也是學生，我們準備使用 8-2-3 節的空值處理和 IN 運算子，查詢這些也是學生的員工資料 (流程檔：ch8-3-1.txt)，如下所示：

```
SELECT * FROM [學生$]
WHERE 學號 IN
(SELECT 學號 FROM [員工$] WHERE 學號 IS NOT NULL)
```

上述 SQL 查詢指令共有 2 個 SELECT 指令，分別查詢 2 個 Excel 工作表，在**員工**工作表取得學號不是 NULL 的學號清單後，再從**學生**工作表使用 IN 運算子取出這幾位學生的資料，共找到 3 筆記錄，如下圖所示：

QueryResult3 (資料表)

#	學號	姓名	性別	電話	生日
0	S003	張無忌	男	04-44444444	2002-05-03
1	S004	陳小安	男	05-55555555	2002-06-13
2	S008	劉得華	男	02-11111122	2003-02-23

8-3-2 UNION 聯集查詢

UNION 聯集運算子能夠將兩個 Excel 工作表的記錄執行集合的聯集運算，將所有記錄都顯示出來。例如：在**學生**和**員工**兩個 Excel 工作表都有**姓名**欄位，我們可以分別取出學生的前 4 筆和員工的前 7 筆來執行聯集運算 (流程檔：ch8-3-2.txt)，如下所示：

```
SELECT TOP 4 姓名 FROM [學生$]
UNION ALL
SELECT TOP 7 姓名 FROM [員工$]
```

上述 2 個 SELECT 指令是使用 UNION ALL 執行聯集運算，可以看到查詢結果共找出 11 位學生和員工姓名，此聯集運算就是上 / 下合併 2 個工作表的記錄資料，所以有重複姓名**陳小安**，如下圖所示：

QueryResult (資料表)

#	姓名
0	陳會安
1	江小魚
2	張無忌
3	陳小安
4	陳慶新
5	郭富城
6	楊金欉
7	王心零
8	劉得華
9	小龍女
10	陳小安

如果改用 UNION 運算子取代 UNION ALL 執行聯集運算（流程檔：ch8-3-2.txt)，如下所示：

```
SELECT TOP 4 姓名 FROM [學生$]
UNION
SELECT TOP 7 姓名 FROM [員工$]
```

上述 2 個 SELECT 指令是使用 UNION 執行聯集運算，可以看到查詢結果共找出 10 位學生和員工姓名，因為 UNION 聯集運算會排序和刪除重複記錄，所以只有一位**陳小安**，如下圖所示：

QueryResult2 (資料表)

#	姓名
0	劉得華
1	小龍女
2	張無忌
3	楊金欉
4	江小魚
5	王心零
6	郭富城
7	陳小安
8	陳慶新
9	陳會安

8-4 關聯式資料庫與 INNER JOIN 合併查詢

SQL 合併查詢是使用 JOIN 運算子，可以將關聯式資料庫分割的多個資料表再合併成未分割前的記錄資料，以方便使用者檢視所需資訊。

8-4-1 認識關聯式資料庫

基本上，關聯式資料庫是使用二維表格的資料表來儲存記錄資料（對比 Excel 工作表），一般來說，為了避免資料重複，關聯式資料庫會建立成多個資料表，在各資料表之間使用欄位值來建立關聯性，如此就可以透過關聯性的欄位值來存取其他資料表的資料。例如：**學生**資料表和**社團活動成員**資料表，如下圖所示：

學號	姓名	地址	電話	生日
S0201	周傑倫	新北市板橋區中山路1號	02-11111111	2003/10/3
S0202	林俊傑	台北市光復南路1234號	02-22222222	2000/2/2
S0203	張振嶽	桃園市中正路1000號	03-33333333	2002/3/3
S0204	許慧幸	台中市台中港路三段500號	03-44444444	2001/4/4
		....		

學號	暱稱	職稱
S0201	周董	社長
S0204	小慧	副社長
S0206	阿玲	社員
S0208	小玲	社員

上述圖例的**學生**資料表是使用**學號**欄位和下方**社團活動成員**資料表建立關聯性，即擁有相同欄位值（欄位名稱可以不同），這個欄位值就是建立 2 個資料表之間關聯性的關聯欄位。

因為 2 個資料表之間是透過欄位值來建立連接，當在**學生**資料表找到學生**周傑倫**後，透過學號欄位值，就可以在**社團活動成員**資料表找到一筆暱稱和職稱，這就是「一對一」關聯性。

簡單的說，為了避免資料重複，關聯式資料庫會將資料進行分類，將同一類資料建立成資料表，換句話說，關聯式資料庫通常都會有多個資料表。例如：有重複學生選課記錄的**選課**資料表，如下圖所示：

學號	姓名	電話	課程編號	課程名稱	學分	生日
S0201	周傑倫	02-11111111	CS302	專題製作	2	2003/10/3
S0202	林俊傑	02-22222222	CS102	資料庫系統	3	2000/2/2
S0202	林俊傑	02-22222222	CS104	程式語言(1)	3	2000/2/2
S0203	張振嶽	03-33333333	CS201	區域網路實務	3	2002/3/3
S0203	張振嶽	03-33333333	CS102	資料庫系統	3	2002/3/3
S0203	張振嶽	03-33333333	CS301	專案研究	2	2002/3/3
S0204	許慧幸	03-44444444	CS301	專案研究	2	2001/4/4

上述資料表的學生每選一門課就是一筆記錄，同一位學生的選課記錄中學生資料都是重複的，如果學生**張振嶽**更改電話號碼，我們需要同時修改 3 筆記錄的資料，這是因為資料重複所導致的問題。

為了避免資料表的欄位資料重複，我們可以將上述資料表分割成**學生**和**班級**兩個資料表來建立關聯式資料庫，如下圖所示：

學號	姓名	電話	生日
S0201	周傑倫	02-11111111	2003/10/3
S0202	林俊傑	02-22222222	2000/2/2
S0203	張振嶽	03-33333333	2002/3/3
S0204	許慧幸	03-44444444	2001/4/4

學號	課程編號	課程名稱	學分
S0201	CS302	專題製作	2
S0202	CS102	資料庫系統	3
S0202	CS104	程式語言(1)	3
S0203	CS201	區域網路實務	3
S0203	CS102	資料庫系統	3
S0203	CS301	專案研究	2
S0204	CS301	專案研究	2

上述資料表是使用**學號**欄位值來建立 2 個資料表之間的關聯性，在上方**學生**資料表的學號欄位值沒有重複，一位學生的學號值可以對應多筆**班級**資料表的選課記錄，這就是「一對多」關聯性。現在我們修改學生**張振嶽**的電話就只需修改 1 筆記錄。

8-4-2 INNER JOIN 內部合併查詢

SQL 語言的 INNER JOIN 指令是內部合併查詢，可以取回 2 個資料表都存在的記錄資料。在這一節我們是使用 Excel 檔案 " 選課資料 .xlsx" 為例，**學生**、**課程**、**班級**和**教授**工作表就是關聯式資料庫分割出的多個資料表。

首先查詢所有學生選課的課程編號資料，我們是從**學生**工作表取得學號和姓名，然後在**班級**工作表取得課程編號和教授編號，2 個工作表的關聯欄位是**學號** (流程檔：ch8-4-2.txt)，如下所示：

```
SELECT 學生.學號, 學生.姓名, 班級.課程編號, 班級.教授編號
FROM [學生$] AS 學生
INNER JOIN [班級$] AS 班級 ON 學生.學號 = 班級.學號
```

上述 SELECT 指令因為是查詢多個 Excel 工作表，我們需要使用 AS 運算子替每一個工作表取一個別名，以方便指明是哪一個工作表的欄位，其語法如下所示：

```
工作表別名.欄位名稱
```

上述「.」運算子之前是工作表別名，之後是此工作表的欄位。在 SQL 合併查詢可以顯示學生工作表的學號和姓名，班級工作表的課程編號和教授編號，關聯欄位是 ON 運算子的學號，其查詢結果共找到 21 筆（只以前 9 筆記錄資料為例），如下圖所示：

QueryResult (資料表)

#	學號	姓名	課程編號	教授編號
0	S001	陳會安	CS222	I002
1	S001	陳會安	CS349	I001
2	S001	陳會安	CS101	I001
3	S001	陳會安	CS213	I003
4	S001	陳會安	CS203	I003
5	S002	江小魚	CS222	I002
6	S002	江小魚	CS203	I003
7	S002	江小魚	CS111	I004
8	S003	張無忌	CS121	I002

目前的 SQL 合併查詢只有取得課程編號，我們可以進一步使用合併查詢來取得**課程**工作表的所有欄位（流程檔：ch8-4-2.txt），如下所示：

```
SELECT 學生.學號, 學生.姓名, 課程.*, 班級.教授編號
FROM [課程$] AS 課程
```

```
INNER JOIN ([學生$] AS 學生 INNER JOIN [班級$] AS 班級
ON 學生.學號 = 班級.學號)
ON 班級.課程編號 = 課程.課程編號
```

上述 SELECT 指令共查詢 3 個工作表，將原來 FROM 子句後的 INNER JOIN 運算子使用括號括起成為查詢結果的暫存工作表，就可以進一步查詢**課程**工作表的所有欄位，此時的關聯欄位是課程編號，其查詢結果可以看到已經合併取出課程資料，如下圖所示：

QueryResult2 (資料表)

#	學號	姓名	課程編號	名稱	學分	教授編號
0	S001	陳會安	CS213	物件導向程式設計	2	I003
1	S001	陳會安	CS349	物件導向分析	3	I001
2	S001	陳會安	CS222	資料庫管理系統	3	I002
3	S001	陳會安	CS101	計算機概論	4	I001
4	S001	陳會安	CS203	程式語言	3	I003
5	S002	江小魚	CS222	資料庫管理系統	3	I002
6	S002	江小魚	CS203	程式語言	3	I003
7	S002	江小魚	CS111	線性代數	4	I004
8	S003	張無忌	CS121	離散數學	4	I002

目前的 SQL 合併查詢已經取出課程資料，但只有教授編號，我們可以再次使用合併查詢來取得**教授**工作表的所有欄位（流程檔：ch8-4-2.txt)，如下所示：

```
SELECT 學生.學號, 學生.姓名, 課程.*, 教授.*
FROM [教授$] AS 教授 INNER JOIN
([課程$] AS 課程 INNER JOIN
([學生$] AS 學生 INNER JOIN [班級$] AS 班級 ON 學生.學號 = 班級.學號)
ON 班級.課程編號 = 課程.課程編號)
ON 教授.教授編號 = 班級.教授編號
```

上述 SELECT 指令共查詢 4 個工作表，請將原來 INNER JOIN 括起當成暫存工作表，就可以進一步查詢**教授**工作表的所有欄位，此時的關聯欄位是教授編號，其查詢結果可以看到合併的教授資料，如下圖所示：

QueryResult3 (資料表)

#	學號	姓名	課程編號	名稱	學分	教授編號	職稱	科系	身份證字號
0	S001	陳會安	CS213	物件導向程式設計	2	I003	副教授	CIS	H098765432
1	S001	陳會安	CS349	物件導向分析	3	I001	教授	CS	A123456789
2	S001	陳會安	CS222	資料庫管理系統	3	I002	教授	CS	A222222222
3	S001	陳會安	CS203	程式語言	3	I003	副教授	CIS	H098765432
4	S001	陳會安	CS101	計算機概論	4	I001	教授	CS	A123456789
5	S002	江小魚	CS222	資料庫管理系統	3	I002	教授	CS	A222222222
6	S002	江小魚	CS203	程式語言	3	I003	副教授	CIS	H098765432
7	S002	江小魚	CS111	線性代數	4	I004	講師	MATH	F213456780
8	S003	張無忌	CS121	離散數學	4	I002	教授	CS	A222222222

8-5 實作案例：用 SQL 指令合併 Excel 工作表

當 Excel 活頁簿擁有多個工作表時，我們可以使用第 8-3-2 節的 UNION ALL 聯集運算子來上 / 下合併 Excel 工作表。在這一節是使用第 6-2 節的 Excel 檔案 " 各班的成績資料 .xlsx" 為例，擁有 A 班、B 班和 C 班三個成績資料的工作表，如下圖所示：

	A	B	C	D
1	姓名	國文	英文	數學
2	陳會安	89	76	82
3	江小魚	78	90	76
4	王陽明	75	66	66

A班 B班 C班

SQL 語言可以使用 UNION ALL 來合併這 3 個 Excel 工作表，如下所示：

```
SELECT * FROM [A班$]
UNION ALL
SELECT * FROM [B班$]
UNION ALL
SELECT * FROM [C班$]
```

在用 SQL 指令合併 Excel 工作表桌面流程（流程檔：ch8-5.txt）共有 12 個步驟的動作，前 4 個步驟就是執行 SQL 指令來合併工作表，如下圖所示：

Step 1 **變數 > 設定變數**動作可以新增變數 Excel_File_Path，這是 Excel 檔案的路徑「D:\PowerAutomate\ch08\ 各班的成績資料 .xlsx」。

Step 2 **資料庫 > 開啟 SQL 連線**動作可以指定連線字串，使用 OLE DB 連接 Excel 檔案，如下所示：

```
Provider=Microsoft.ACE.OLEDB.12.0;Data Source=%Excel _ File _
Path%;Extended Properties="Excel 12.0 Xml;HDR=YES";
```

Step 3 資料庫 > 執行 SQL 陳述式動作可以執行 SQL 陳述式欄輸入的 SQL 指令來合併 3 個 Excel 工作表，如下圖所示：

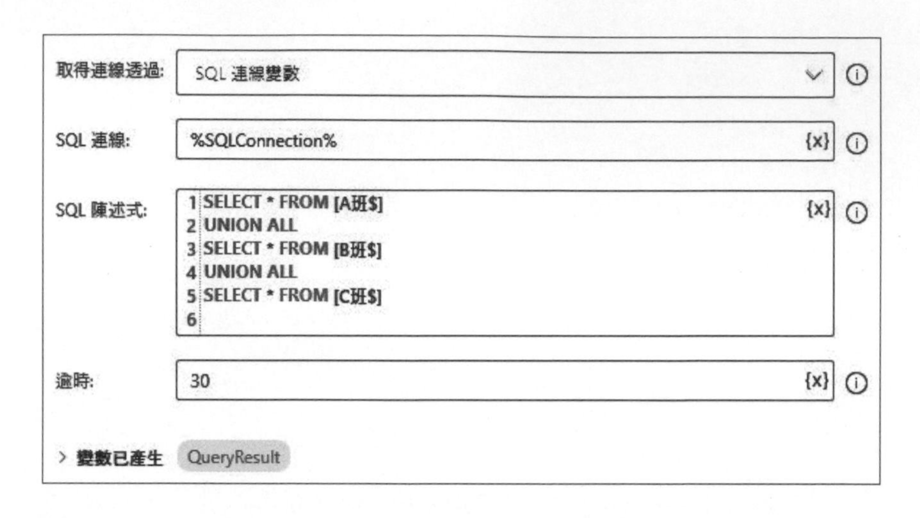

Step 4 資料庫 > 關閉 SQL 連線動作關閉 **Step 2** 開啟的 SQL 連線。

上述前 4 個步驟的桌面流程，其執行結果可以取得查詢結果的 QueryResult 變數 (DataTable 資料表物件)，如下圖所示：

QueryResult (資料表)

#	姓名	國文	英文	數學
0	陳會安	89	76	82
1	江小魚	78	90	76
2	王陽明	75	66	66
3	王美麗	68	55	77
4	張三	78	66	92
5	李四	88	85	65

上述「#」列是標題列，能夠使用 QueryResult.Columns 屬性取得此列每一欄標題的清單，換句話說，我們可以使用 For each 動作走訪 QueryResult.Columns 屬性值來建立 Excel 工作表的標題列。

在 Step 5 ~ Step 12 是使用 For each 迴圈建立 Excel 工作表的標題列，然後將 SQL 查詢結果 QueryResult 變數寫入 Excel 工作表，如下圖所示：

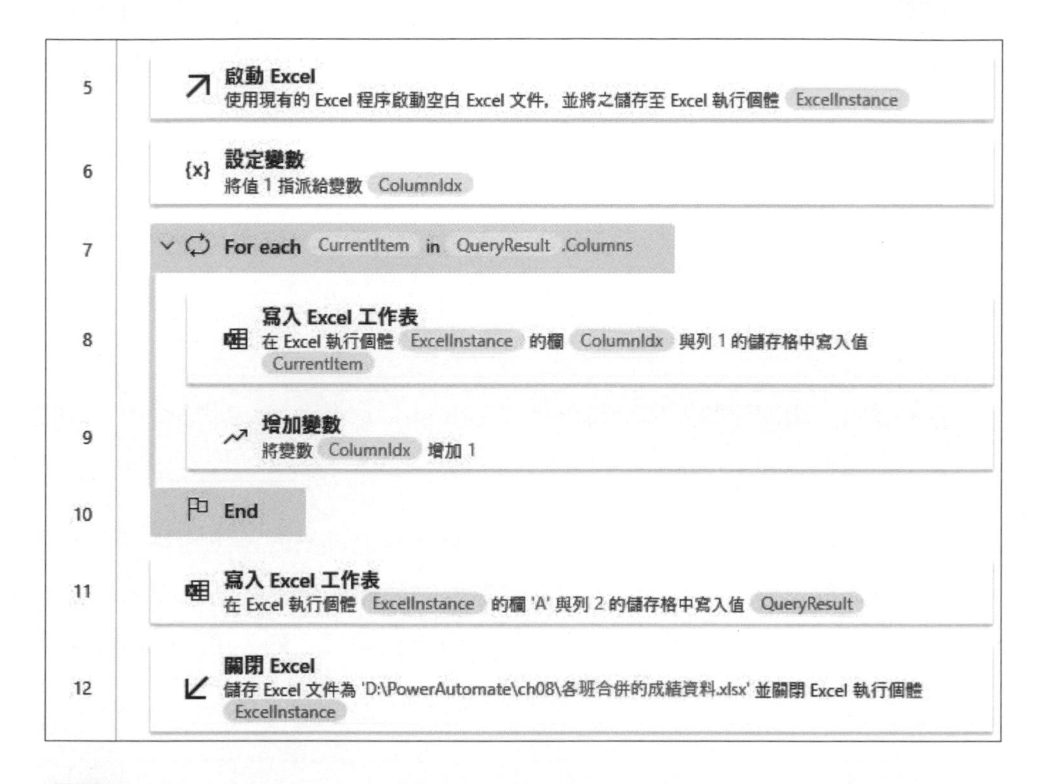

Step 5 Excel> **啟動 Excel** 動作是啟動 Excel 和開啟空白 Excel 活頁簿。

Step 6 **變數 > 設定變數**動作是指定變數 ColumnIdx 的值是 1。

Step 7 ~ Step 10 **迴圈 >For each 迴圈**動作的迴圈可以走訪 QueryResult.Columns 屬性的清單，在取出每一個 CurrentItem 項目的欄位標題後，依序寫入 Excel 工作表的第 1 列標題列。

Step 8 Excel> **寫入 Excel 工作表**動作是在 Excel 工作表的第 1 列新增標題文字，在**要寫入的值**欄是 CurrentItem 變數的標題文字，**寫入模式**欄選**於指定的儲存格**，**資料行**是變數 ColumnIdx 值的索引值（欄位索引可用英文字母，也可用從 1 開始的索引值）；**資料列**是第 1 列，可以從 A 欄開始寫入標題文字，如下圖所示：

一般

Excel 執行個體: %ExcelInstance%

要寫入的值: %CurrentItem%

寫入模式: 於指定的儲存格

資料行: %ColumnIdx%

資料列: 1

Step 9 **變數 > 增加變數**動作是將變數 ColumnIdx 值加 1，即移至下一欄的索引。

Step 11 Excel> **寫入 Excel 工作表**動作是寫入查詢結果的多筆資料列，在**要寫入的值**欄是 QueryResult 變數值的資料表物件，**寫入模式**欄選**於指定的儲存格**，**資料行**是 A 欄；**資料列**是第 2 列，可以從 A 欄的第 2 列開始寫入資料表物件的查詢結果，如下圖所示：

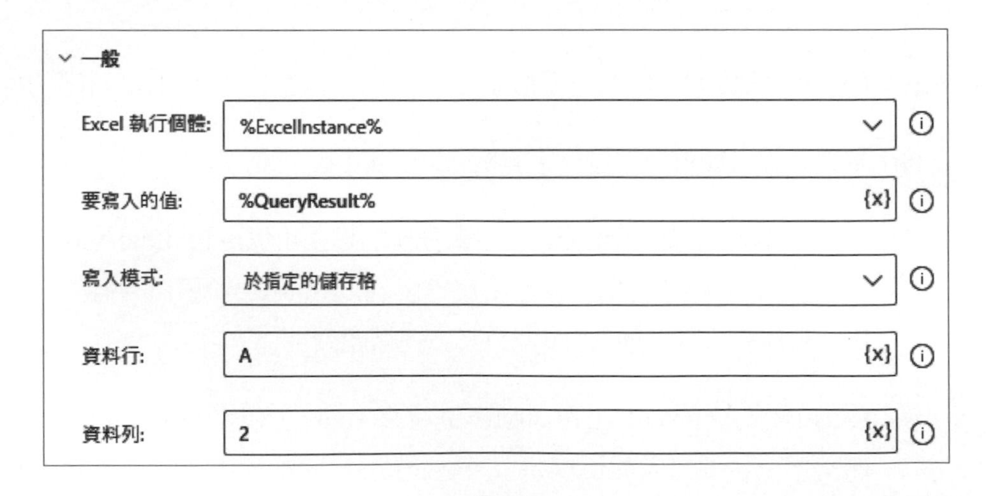

Step 12 Excel> **關閉 Excel** 動作是另存成 " 各班合併的成績資料 .xlsx" 後才關閉 Excel。

上述桌面流程的執行結果，可以在相同目錄看到合併 3 個工作表的 Excel 檔案 " 各班合併的成績資料 .xlsx"，如下圖所示：

	A	B	C	D	E
1	姓名	國文	英文	數學	
2	陳會安	89	76	82	
3	江小魚	78	90	76	
4	王陽明	75	66	66	
5	王美麗	68	55	77	
6	張三	78	66	92	
7	李四	88	85	65	

工作表1

8-6 實作案例：用 SQL 指令建立 Excel 樞紐分析表

Excel 樞紐分析表 (Pivot Table) 是一種十分重要的商業分析工具，能讓我們透過樞紐分析表，從原本雜亂無章的表格資料，快速找出所需的資訊。在 Power Automate 桌面流程可以使用第 8-2 節的 SQL 群組查詢來建立樞紐分析表。

在這一節是使用第 6-4 節建立的 Excel 檔案 " 收支流水帳清單 .xlsx" 為例來建立 SQL 群組查詢的樞紐分析表，如下圖所示：

	A	B	C	D	E
1	成員	月份	項目	金額	
2	爸爸	一月	餐飲費	2400	
3	爸爸	一月	交通費	500	
4	爸爸	一月	水電費	2000	
5	爸爸	一月	置裝費	1000	
6	爸爸	一月	餐飲費	300	
7	爸爸	一月	通訊費	399	
8	爸爸	二月	餐飲費	1300	
9	爸爸	二月	交通費	600	
10	爸爸	二月	水電費	1800	

工作表1

☆ 用搜尋和取代清理 Excel 儲存格資料 ch8-6.txt

在使用 SQL 群組查詢建立樞紐分析表前，我們準備先使用 Excel 儲存格的搜尋和取代動作來進行資料清理。將月份的一、二和三月改成 1、2 和 3 月，因為中文一月、二月和三月會排序成一月、三月和二月。

在**用搜尋和取代清理 Excel 儲存格資料**桌面流程共有 5 個步驟的動作，可以轉換月份欄的月份資料成為數字的月份，如下圖所示：

Step 1 Excel> **啟動 Excel** 動作是啟動 Excel 和開啟 Excel 檔案「D:\PowerAutomate\ch08\ 收支流水帳清單 .xlsx」。

Step 2 ~ Step 4 3 個 Excel> **進階** > **在 Excel 工作表中尋找並且取代儲存格**動作就是 Excel 尋找和取代功能，可以將月份的一、二和三月改成 1、2 和 3 月，以 Step 2 為例，在**搜尋模式**欄可選尋找或尋找及取代，開啟**所有相符項目**就是全部取代，在**要尋找的文字**欄是欲尋找的關鍵字；**要取代的文字**欄是取代文字，然後選擇是否開啟大小寫需相符、比對整個儲存格內容和選搜尋依據，如下圖所示：

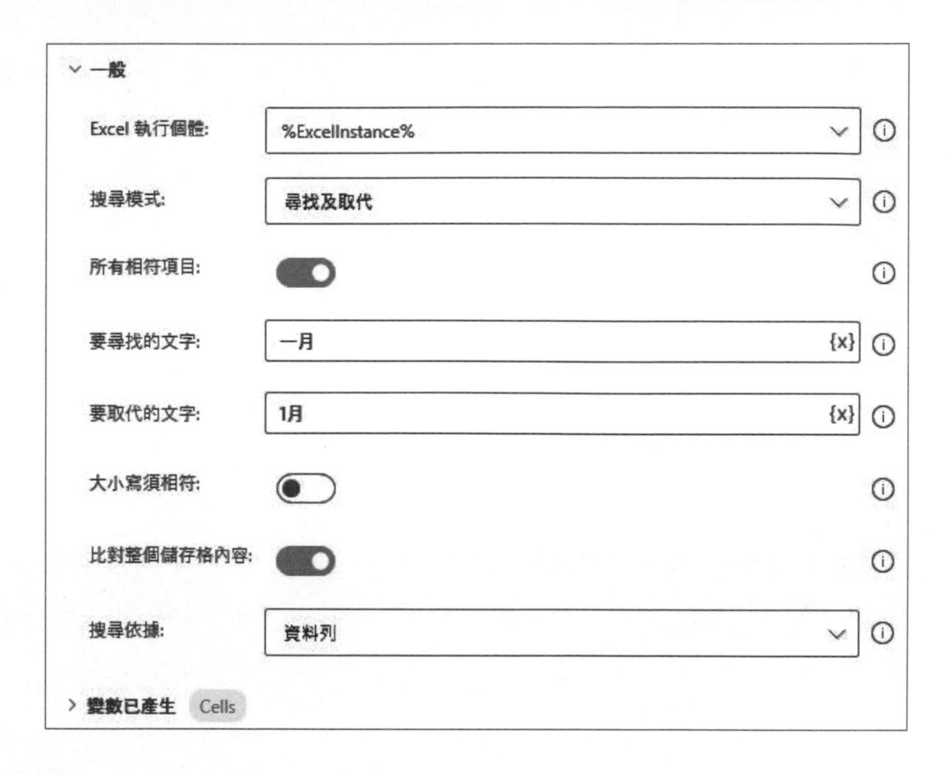

Step 5 Excel> 關閉 Excel 動作是另存成 " 收支流水帳清單 2.xlsx" 後才關閉 Excel。

上述桌面流程的執行結果，可以在相同目錄看到更改月份資料成為 1 月、2 月和 3 月的 Excel 檔案 " 收支流水帳清單 2.xlsx"，如下圖所示：

	A	B	C	D	E
1	成員	月份	項目	金額	
2	爸爸	1月	餐飲費	2400	
3	爸爸	1月	交通費	500	
4	爸爸	1月	水電費	2000	
5	爸爸	1月	置裝費	1000	
6	爸爸	1月	餐飲費	300	
7	爸爸	1月	通訊費	399	
8	爸爸	2月	餐飲費	1300	
9	爸爸	2月	交通費	600	
10	爸爸	2月	水電費	1800	

工作表1

☆ 用 SQL 群組查詢建立樞紐分析表 ch8-6a.txt

我們準備使用清理後的 Excel 檔案 " 收支流水帳清單 2.xlsx" 來建立 SQL 群組查詢的樞紐分析表，即 Excel 檔案 " 收支流水帳樞紐分析表 .xlsx" 的樞紐分析表，如右圖所示：

	A	B	C
1	項目	月份	總金額
2	交通費	1月	5000
3	交通費	2月	2750
4	交通費	3月	6000
5	水電費	1月	2000
6	水電費	2月	1800
7	水電費	3月	2200
8	置裝費	1月	9000
9	置裝費	2月	1200
10	置裝費	3月	6200

工作表1

上述 Excel 工作表是以**項目**和**月份**來群組資料，可以計算指定項目在 1 月、2 月和 3 月的總金額，在 SQL 群組查詢指令的最後是使用 ORDER BY 子句指定排序欄位，如下所示：

```
SELECT 項目, 月份, SUM(金額) AS 總金額
FROM [工作表1$] GROUP BY 項目, 月份
ORDER BY 項目, 月份
```

Power Automate 桌面流程用 **SQL 群組查詢建立樞紐分析表**和第 8-5 節的流程結構相同，在 12 個步驟的前 4 個步驟是執行 SQL 指令來執行前述的 SQL 群組查詢，如下圖所示：

上述桌面流程是在 Step 2 使用 OLE DB 建立 Excel 檔案「D:\PowerAutomate\ch08\收支流水帳清單 2.xlsx」的 SQL 連線，然後在 Step 3 執行前述 SQL 群組查詢來取得 QueryResult 變數的查詢結果，最後在 Step 4 關閉 SQL 連線。

在 Step 5 ~ Step 12 建立 Excel 工作表的標題列後，就可以將 SQL 查詢結果寫入 Excel 工作表，如下圖所示：

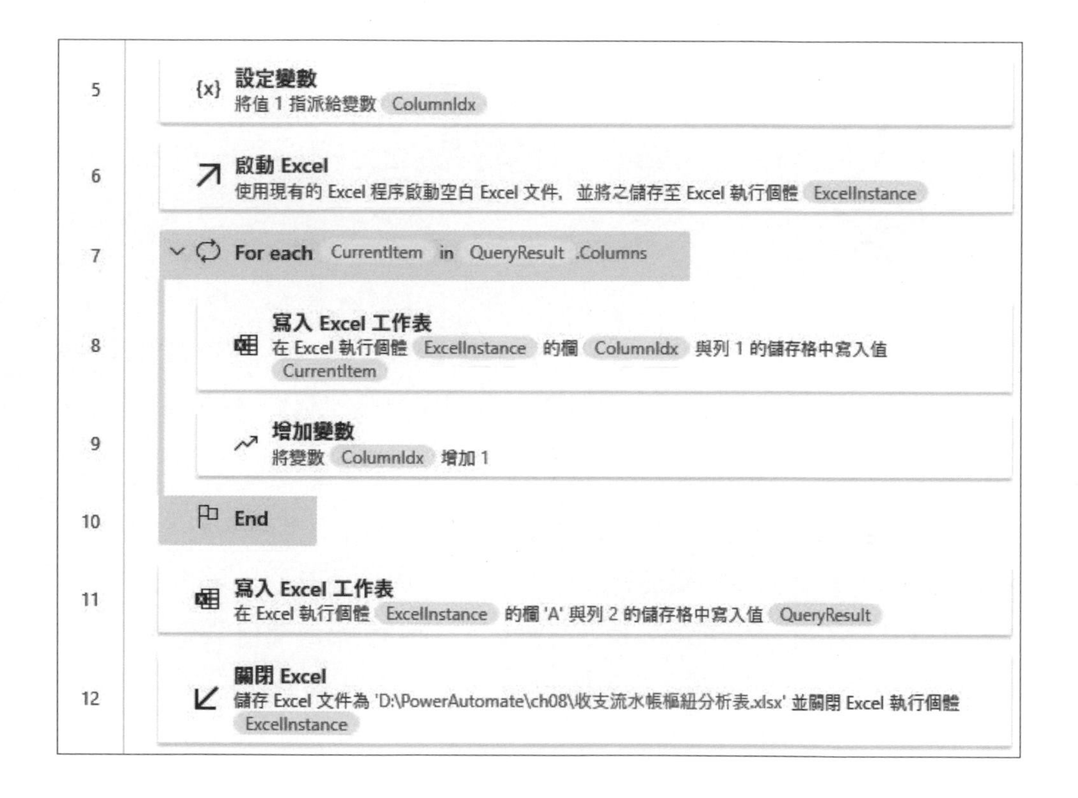

上述桌面流程在啟動 Excel 和開啟空白 Excel 活頁簿後，使用 For each 迴圈寫入 Excel 工作表的標題列，然後從 A 欄的第 2 列開始寫入資料表物件 QueryResult 變數的查詢結果，最後另存成 "收支流水帳樞紐分析表 .xlsx" 後才關閉 Excel。

☆用 SQL 群組查詢 +Excel 動作建立樞紐分析表　ch8-6b.txt

當使用 SQL 群組查詢建立樞紐分析表後，我們還可以用 Excel 動作將月份欄位值改成欄位，建立擁有欄位值標籤的樞紐分析表，即建立 Excel 檔案 " 收支流水帳樞紐分析表 2.xlsx" (下圖右)，如下圖所示：

	A	B	C
1	項目	月份	總金額
2	交通費	1月	5000
3	交通費	2月	2750
4	交通費	3月	6000
5	水電費	1月	2000
6	水電費	2月	1800
7	水電費	3月	2200
8	置裝費	1月	9000
9	置裝費	2月	1200
10	置裝費	3月	6200

	A	B	C	D
1	項目	1月	2月	3月
2	交通費	5000	2750	6000
3	水電費	2000	1800	2200
4	置裝費	9000	1200	6200
5	通訊費	2096	2096	2096
6	餐飲費	11300	8700	6420

工作表1

在上圖左是上一小節 ch8-6a.txt 桌面流程的執行結果，能夠看出**月份欄**是重複 1 月、2 月、3 月列出此項目各月份的總金額，我們可以走訪每一列的記錄資料，每走訪 3 列即可在工作表新增一列項目。

在用 **SQL 群組查詢 +Excel 動作建立樞紐分析表**桌面流程共有 24 個步驟的動作，其前 4 個步驟是執行 SQL 指令的群組查詢，這和上一小節 ch8-6a.txt 桌面流程相同，然後在 Step 5 ~ Step 9 開啟空白活頁簿和寫入 Excel 工作表的標題列：項目、1 月、2 月和 3 月共 4 個欄位，如下圖所示：

在 For each 迴圈需要 2 個變數來控制記錄走訪，RowIdx 變數是新工作表目前寫入資料的列索引，值 2 是從第 2 列開始，ColumnIdx 變數值的初值是 2，可以從 2~4 依序循環來寫入 B、C 和 D 欄的總金額，即 Step 10 ~ Step 11，如下圖所示：

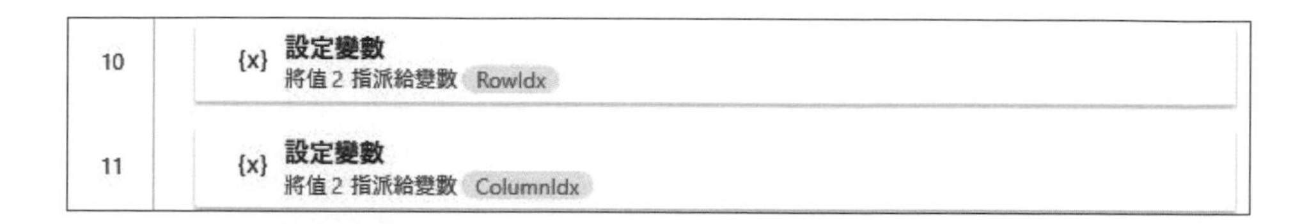

在 Step 12 ~ Step 23 的 For each 迴圈是走訪查詢結果的 QueryResult 變數來取出每一列，每取出 3 列，即可在新工作表新增 1 列，如下圖所示：

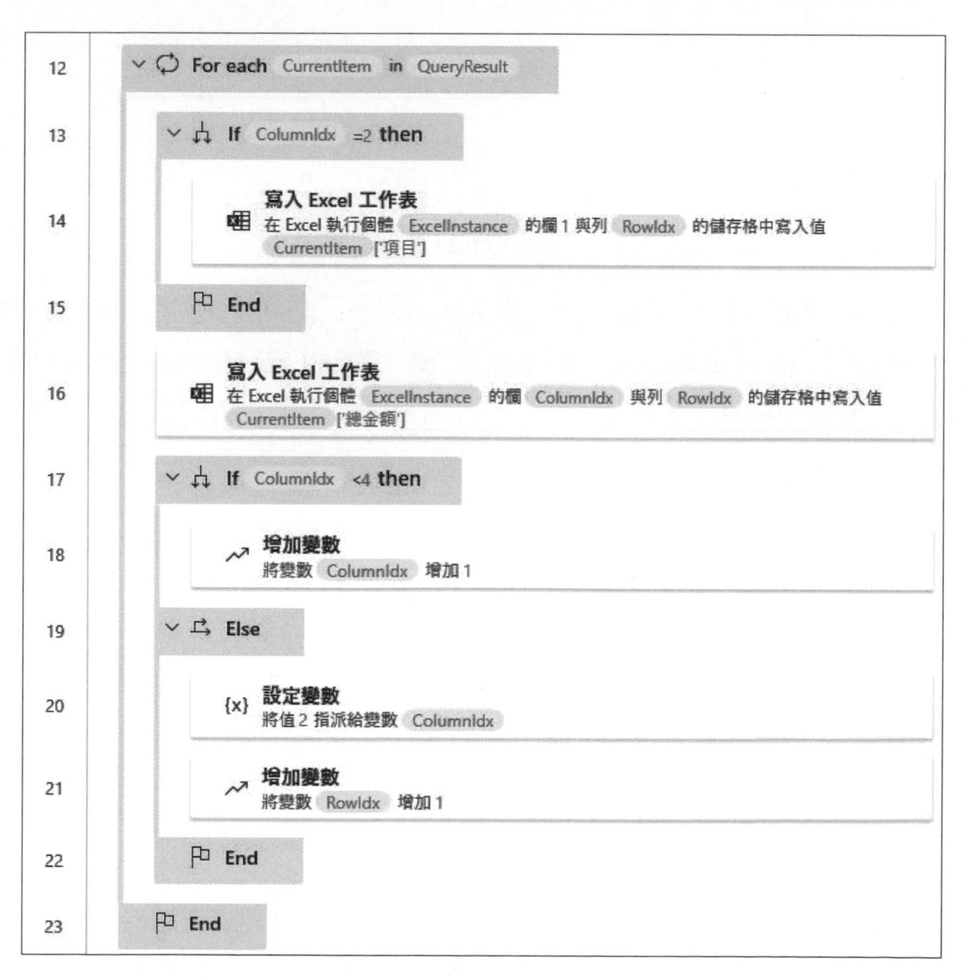

上述 Step 13 ~ Step 15 的 If 條件是當 ColumnIdx 變數值為 2 時，在新工作表寫入 A 欄的項目值 CurrentItem['項目']，因為每走訪 3 列只會寫入一次，所以只在值 2 時處理，Step 16 是在新工作表的 ColumnIdx 欄索引和 RowIndex 列索引寫入 CurrentItem['總金額']，初值 2 是寫入 B 欄。

在 Step 17 ~ Step 22 的 If/Else 條件判斷是否已經走訪 3 列，當 ColumnIdx<4 時，就將變數值加 1，所以其值依序是 2、3、4，當大於等於 4 時，表示已經走訪 3 列，所以重設 ColumnIdx 變數值為 2，然後將 RowIdx 變數值加 1，即可準備寫入下一列。

最後的 Step 24 是另存成 "收支流水帳樞紐分析表 2.xlsx" 後才關閉 Excel，如下圖所示：

24	**關閉 Excel** 儲存 Excel 文件為 'D:\PowerAutomate\ch08\收支流水帳樞紐分析表2.xlsx' 並關閉 Excel 執行個體 ExcelInstance

☆用 SQL 群組查詢 +IIF() 函數建立樞紐分析表 ch8-6c.txt

在上一小節是整合 SQL 群組查詢和 Excel 動作將月份欄位值改成欄位，因為 Power Automate 在 Excel 使用的 SQL 指令是 Access 資料庫的 SQL 指令，並不支援 SQL Server 支援的 PIVOT 或 CASE WHEN 運算子來建立樞紐分析表。

不過，我們可以改用 IIF() 函數取代 CASE WHEN 運算子來建立計算指定欄位值的聚合函數，如下所示：

```
SELECT 項目,
SUM(IIF(月份='1月', 金額, 0)) AS 1月,
SUM(IIF(月份='2月', 金額, 0)) AS 2月,
SUM(IIF(月份='3月', 金額, 0)) AS 3月
FROM [工作表1$]
GROUP BY 項目
ORDER BY 項目
```

上述 SELECT 指令是使用 GROUP BY 子句群組**項目**欄位後，其中的每一個月份欄位值是使用 IIF() 函數來取出此月份的**金額**欄位值，如下所示：

```
IIF(月份='1月', 金額, 0)
```

上述 IIF() 函數的第 1 個參數是條件，條件成立回傳第 2 個參數值，不成立回傳第 3 個，以此例的條件是欄位值是 '1 月 '，成立就回傳此月份的**金額**欄位，不成立回傳 0，所以 SUM() 聚合函數可以計算出此月份值的金額總和。

在用 **SQL 群組查詢 +IIF() 函數建立樞紐分析表**桌面流程和 ch8-6a.txt 桌面流程完全相同，只是執行的 SQL 指令是前述 SQL 群組查詢 +IIF() 函數的 SELECT 指令，其執行結果可以建立 Excel 檔案 " 收支流水帳樞紐分析表 3.xlsx"，其內容也和上一小節完全相同。

1. 請舉例說明什麼是 SQL 群組查詢和子查詢？什麼是空值？
2. 請說明 SQL 合併查詢和聯集查詢是什麼？
3. 請使用 Excel 檔案 " 銷售系統 .xlsx" 的產品工作表為例，建立 Power Automate 桌面流程來執行下列 SQL 指令，如下所示：

```
SELECT * FROM [產品$]
WHERE 入庫日期 BETWEEN #2022/3/1# AND #2022/6/30#
```

4. 請使用 Excel 檔案 " 選課資料 .xlsx" 為例，寫出 SELECT 指令建立 Power Automate 桌面流程來得到下列的查詢結果，如下所示：

```
在班級工作表找出有幾位學生上CS203的課。
在班級工作表找出教授I002一共教幾門課。
```

5. 請使用 Excel 檔案 " 選課資料 .xlsx" 為例，建立 Power Automate 桌面流程執行下列子查詢，並且說明查詢結果是什麼？

```
SELECT * FROM [課程$]
  WHERE 課程編號 IN
  (SELECT 課程編號 FROM [班級$]
   WHERE 學號=(SELECT 學號 FROM [學生$]
                              WHERE 姓名 = '陳會安'))
```

6. 請繼續第 6 章學習評量 6，在執行各成員每月 / 每個項目花費統計的資料彙整後，請參閱第 8-6 節的說明，建立 Power Automate 桌面流程來產生樞紐分析表。

CHAPTER

9

自動化操控 Windows 應用程式與 OCR

- 9-1 | 自動化操作 Windows 應用程式
- 9-2 | 擷取 Windows 應用程式的資料
- 9-3 | 自動化操作 OCR 文字識別
- 9-4 | 實作案例：列印 Excel 工作表成為 PDF 檔
- 9-5 | 實作案例：用 OCR 擷取發票號碼存入 Excel

9-1 自動化操作 Windows 應用程式

Power Automate 桌面流程可以自動化操作 Windows 應用程式，簡單的說，就是使用桌面流程來模擬你操作 Windows 應用程式的步驟，能夠自動化完成你日常工作中重複且固定的應用程式操作。

9-1-1 認識與使用 UI 元素

基本上，Power Automate 桌面流程能夠自動化操作 Windows 應用程式的關鍵就是「UI 元素」(UI Elements)，UI 是使用介面 User Interface，而 UI 元素就是組成 Windows 視窗介面的元件，例如：功能表命令、按鈕、標籤、文字方塊、下拉式選單和文件等，如下圖所示：

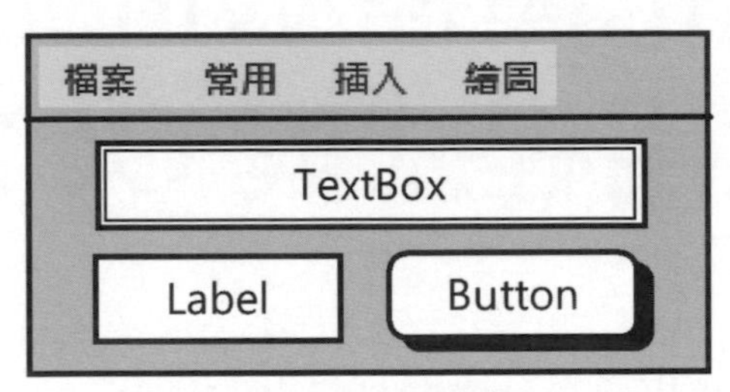

Windows視窗

上述使用介面是我們操作 Windows 作業系統的圖形化使用介面，在介面上的點選操作就是點選這些 UI 元素，或在 UI 元素輸入資料，所以，自動化操作 Windows 應用程式的首要工作是識別出這些介面元件。

☆ 使用 UI 元素識別出操作元件

在 Power Automate 新增桌面流程且開啟桌面流程設計工具後，就可以新增和管理 UI 元素，例如：新增點選記事本的**檔案**功能表，此時的 UI 元素就是**檔案**功能表，其新增的步驟如下所示：

1. 請啟動 Windows 的記事本後，輸入一段文字內容**自動化操作 Windows 記事本**，如右圖所示：

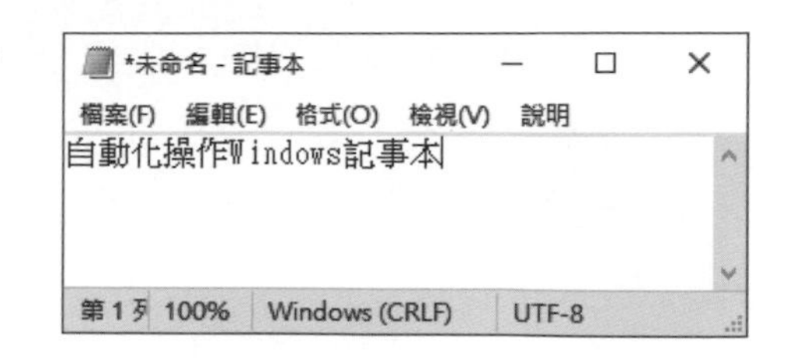

2. 然後啟動 Power Automate 新增名為**自動化操作 Windows 記事本**桌面流程且開啟桌面流程設計工具後，點選右上方第 2 個 UI 元素圖示，可以看到 UI 元素管理介面，目前並沒有 UI 元素。

3. 按**新增 UI 元素**鈕新增 UI 元素，可以看到「UI 元素選擇器」對話方塊，此選擇器能夠幫助我們選取應用程式的 UI 元素。

4. 當使用滑鼠游標在 Windows 桌面上移動時，就可以在應用程式上看到紅色框和位在上方的 UI 元素名稱，這就是選擇器識別出的 UI 元素，請移動至檔案選單，可以看到是 Menu Item 元素。

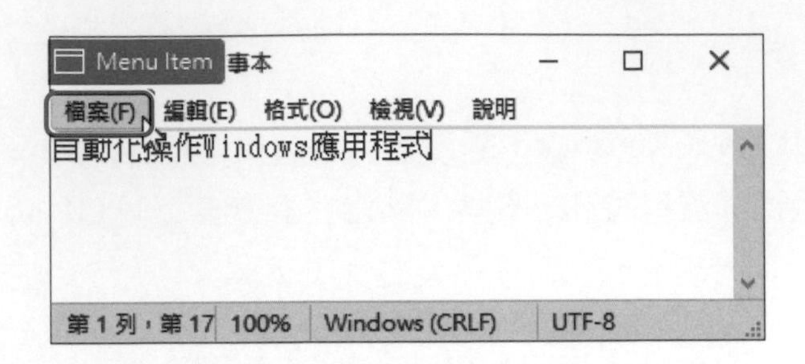

5. 請按 Ctrl 鍵 + 滑鼠左鍵選取此 UI 元素，就能在「UI 元素選擇器」對話方塊看到新增的 UI 元素，我們可以重複上述操作來新增其他操作 Windows 應用程式所需的 UI 元素，按完成鈕完成選擇。

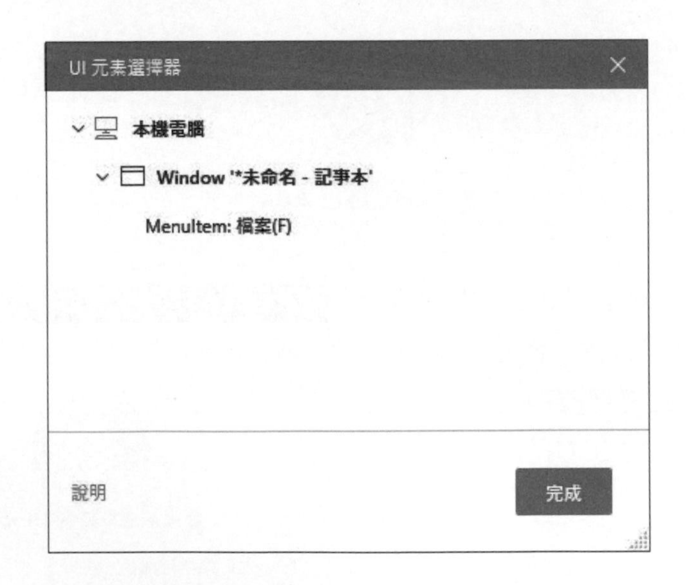

6. 在「UI 元素」窗格可以看到新增的 UI 元素。

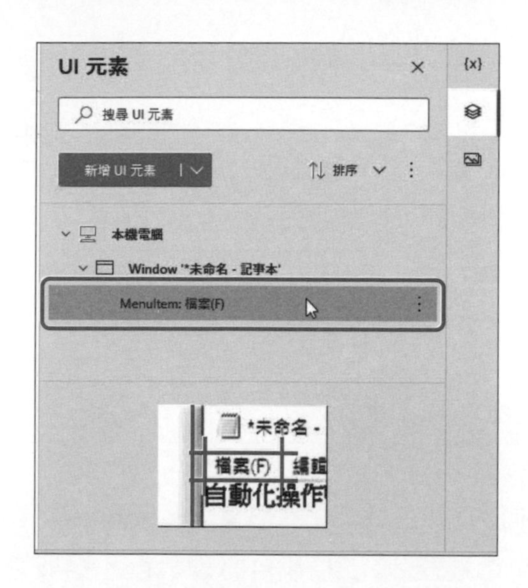

選 UI 元素，能在下方看到選取介面時擷取的影像，選項目後方垂直 3 個點，可以提供更多功能表命令來編輯、重新命名和刪除 UI 元素。

☆ 使用影像比對識別出操作元件

當 Windows 應用程式的介面元件無法識別出是 UI 元素時，Power Automate 支援使用影像比對方式來識別出我們操作的介面元件，也就是先擷取介面元件區域的影像後，使用影像比對方式來找出操作的介面元件。

請注意！此種方法因為是用比對影像方式來識別介面元件，所以執行效能比較差。

請點選桌面流程設計工具右上方的第 3 個影像圖示，可以看到「影像」窗格，如右圖所示：

在上述「影像」窗格目前並沒有任何影像，新增影像的步驟如下所示：

1. 請在**記事本**執行「**檔案 / 結束**」命令，可以看到「記事本」對話方塊，如下圖所示：

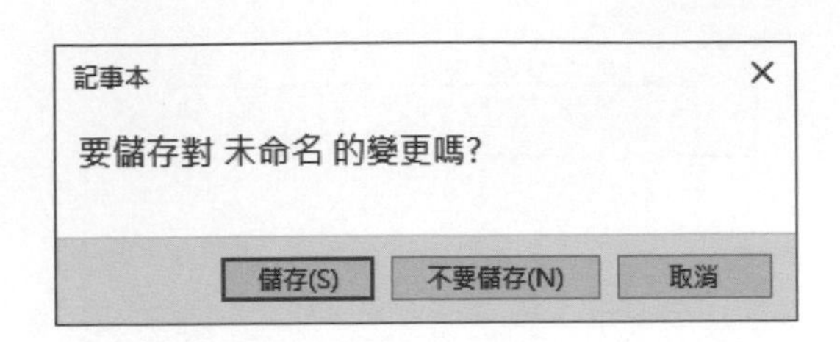

2. 然後回到桌面流程設計工具，在「影像」框按**擷取影像**鈕（點選按鈕右方的向下箭頭，可選延遲 3、5 秒或自訂秒數後才擷取影像），即可使用滑鼠拖拉出指定區域來擷取介面元件的影像。

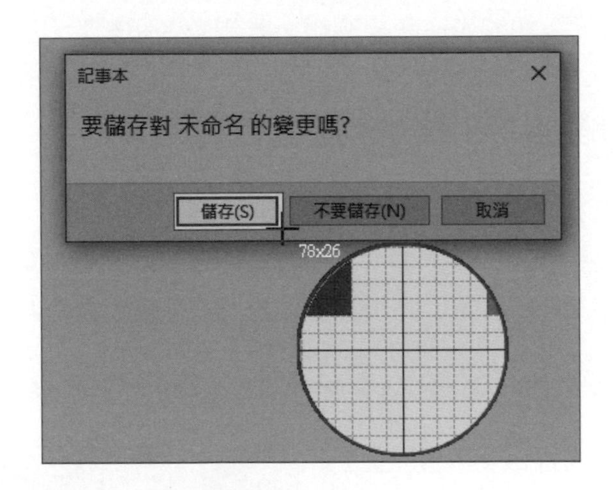

3. 當成功擷取影像後，請在**名稱**欄輸入**儲存**的名稱後，按**確定**鈕。

影像擷取成功
影像 儲存(S)
名稱 儲存
確定 取消

4. 可以在「影像」窗格看到新增的影像，如下圖所示：

9-1-2 自動化操作 Windows 記事本

在本節的桌面流程是自動化操作 Windows 記事本，其步驟依序是：

1. 在**文件**目錄刪除 note.txt 檔案。
2. 啟動**記事本**。
3. 在編輯框輸入一段文字內容。
4. 執行功能表「檔案 / 結束」命令離開**記事本**。
5. 在「記事本」訊息視窗按**儲存**鈕儲存文件。
6. 在「另存新檔」對話方塊選**文件**目錄。
7. 在**檔案名稱**欄輸入 note.txt 後，按**存檔**鈕儲存檔案。

請繼續第 9-1-1 節建立**自動化操作 Windows 記事本**桌面流程（流程檔：ch9-1-2.txt）來完成上述 Windows 自動化操作，如下所示：

1. 請在左邊「動作」窗格拖拉**檔案 > 刪除檔案**動作來刪除文件資料夾「C:\Users\hueya\Documents\」的 note.txt 檔案，hueya 是使用者名稱，按左下角**錯誤時**鈕，展開**所有錯誤**，選**繼續流程執行**當刪除檔案不存在時，繼續執行流程，如下圖所示：

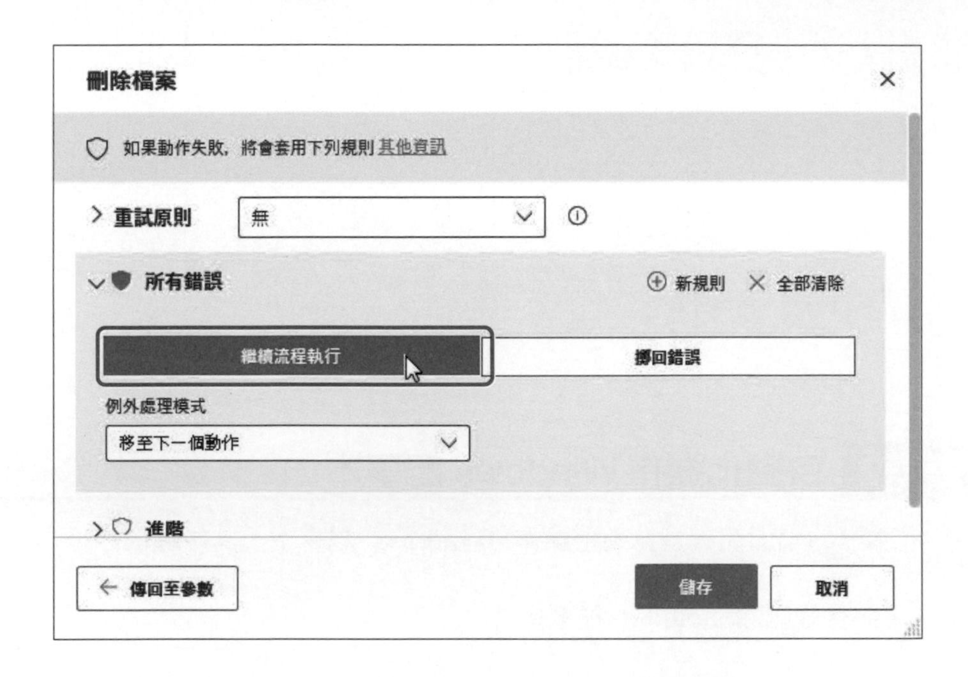

2. 在左邊「動作」窗格拖拉**系統 > 執行應用程式**動作至流程最後來啟動記事本。

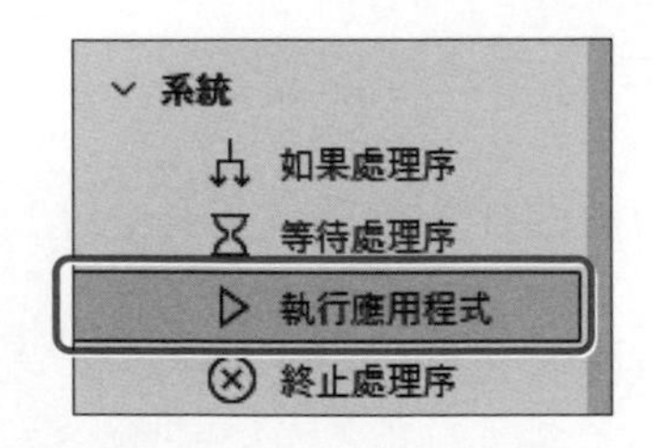

3. 編輯動作參數，在**應用程式路徑**欄點選後方圖示選擇執行檔的完整路徑「C:\Windows\System32\notepad.exe」，按**儲存**鈕。

如何找出 Windows 應用程式的執行檔路徑，請在開始功能表的程式項目上，執行右鍵快顯功能表的「更多 > 開啟檔案位置」命令，可以看到程式捷徑，請在捷徑上執行右鍵快顯功能表的內容命令，能夠在目標欄找到執行檔案的完整路徑。

4. 接著拖拉**使用者介面自動化 > 按一下視窗中的 UI 元素**動作至流程的最後，我們可以在 **UI 元素**欄點選最後的向下箭頭，直接選取現有的 UI 元素，或按左下角**新增 UI 元素**鈕來新增 UI 元素。

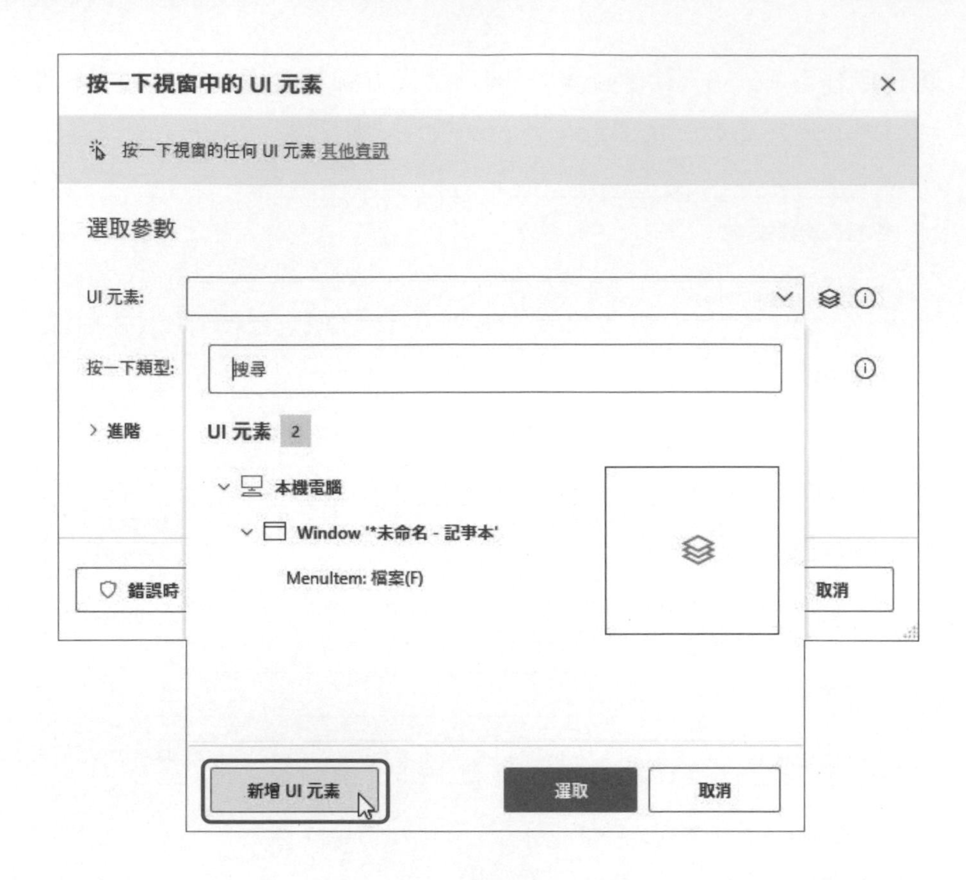

5. 可以看到「UI 元素選擇器」對話方塊，請移動至記事本的編輯區域，這是 Document 元件，按 Ctrl 鍵 + 滑鼠左鍵選取此 UI 元素。

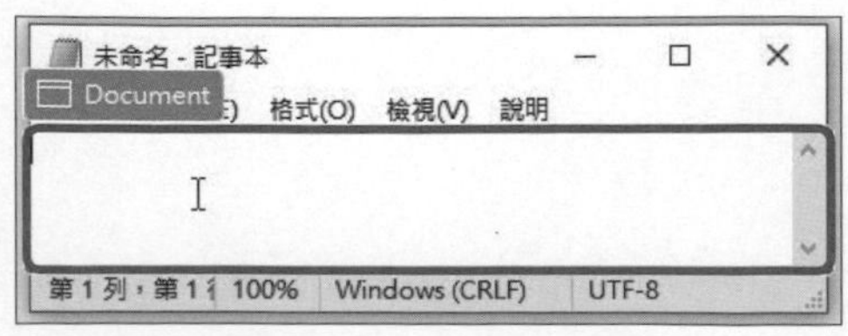

6. 可以在 UI 元素欄填入選取的 UI 元素，按**儲存**鈕。

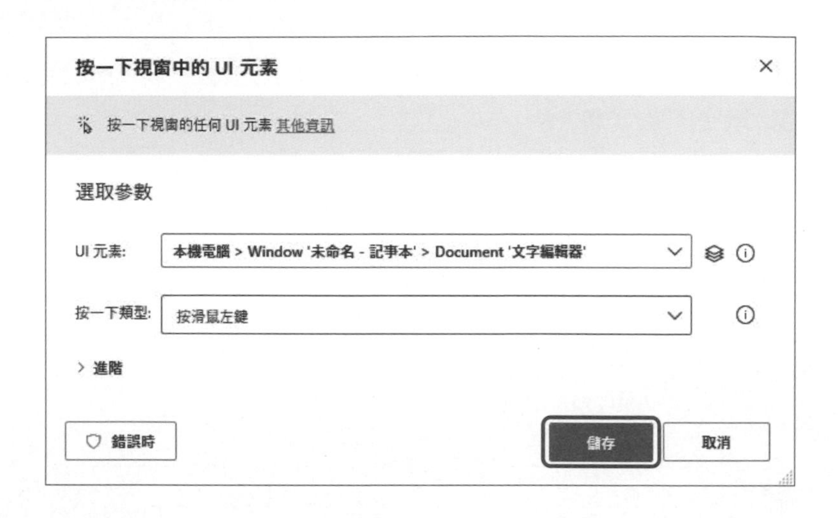

7. 接著準備輸入一段文字內容，請拖拉**滑鼠和鍵盤 > 傳送按鍵**動作至流程的最後，然後在**要傳送的文字**欄位輸入欲傳送的文字內容**自動化操作 Windows 記事本**，按**儲存**鈕。

8. 執行功能表命令可以分成 2 步驟，先點選**檔案**，再點選**結束**命令，因為 Power Automate 支援執行功能表命令的動作，請直接拖拉**使用者介面自動化 > 選取視窗中的功能表選項**動作至流程的最後，即可展開 UI 元素欄，按**新增 UI 元素**鈕。

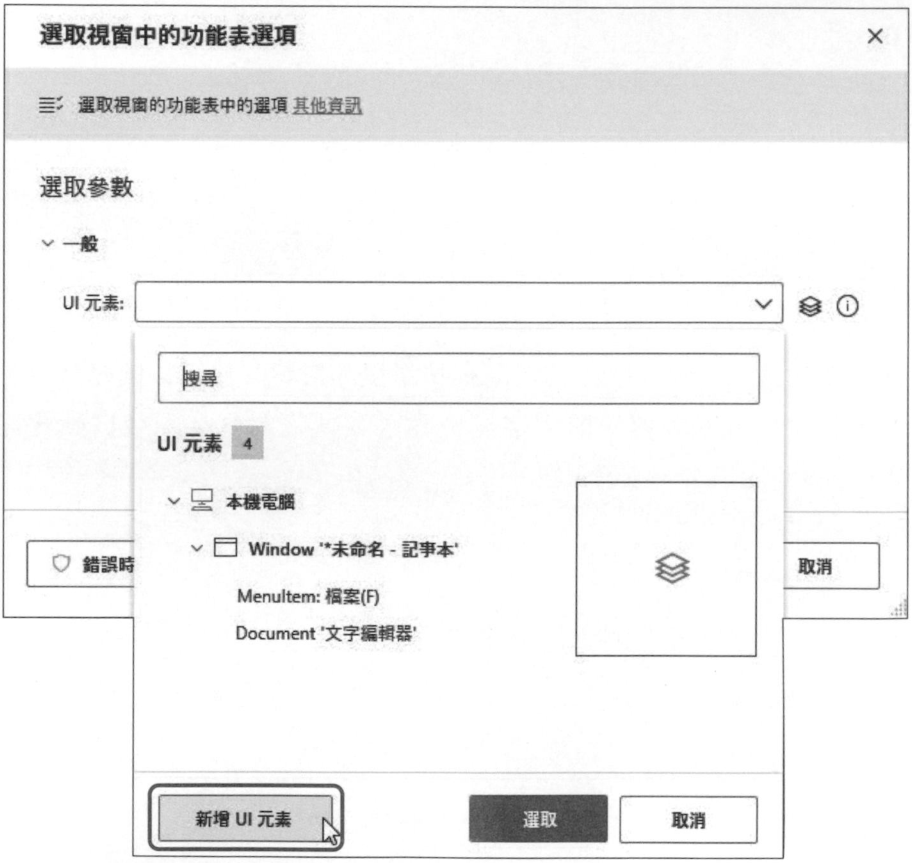

9. 請開啟記事本的「檔案」功能表，選**結束**命令，這是 Menu Item 元件，按 Ctrl 鍵 + 滑鼠左鍵選取此 UI 元素。

10.可以在 UI 元素欄填入選取的 UI 元素，按儲存鈕。

11.因為在第 9-1-1 節已經新增儲存鈕影像，所以改用影像比對方式來點選儲存鈕，請拖拉滑鼠和鍵盤 > 移動滑鼠至影像動作至流程的最後，點選選取影像後，在下方選儲存影像，按選取鈕。

12.請點選開啟移動滑鼠後傳送按一下開關，在按一下類型欄選按鍵，預設是滑鼠左鍵，可以產生 X 和 Y 滑鼠座標變數。

選取影像

滑鼠移動樣式: 立即

出現次數: 1

移動滑鼠後傳送按一下:

按一下類型: 按滑鼠左鍵

> 進階

> 變數已產生 X Y

13. 再拖拉**使用者介面自動化 > 按一下視窗中的 UI 元素**動作至流程的最後，在 **UI 元素**欄新增 UI 元素後，移動至「另存新檔」對話方塊**文件**選項的 Tree Item 元件，按 Ctrl 鍵 + 滑鼠左鍵選取 UI 元素。

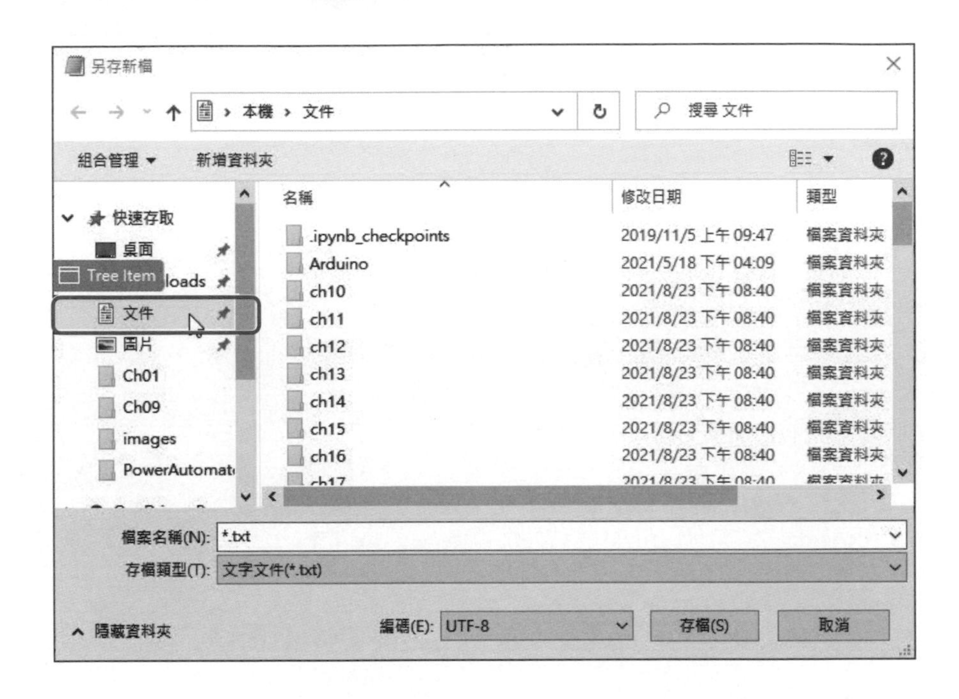

14. 請拖拉**滑鼠和鍵盤 > 傳送按鍵**動作至流程的最後，在**傳送索引鍵給**欄選 **UI 元素**，**要傳送的文字**欄輸入 note.txt。

傳送索引鍵給: UI 元素

UI 元素:

要傳送的文字: 以文字、變數或運算式的形式輸入 {x}

note.txt

插入特殊鍵 插入輔助按鍵

15.然後在 UI 元素欄新增 UI 元素後，移動至「另存新檔」對話方塊選檔案名稱欄的 Edit 元件，按 Ctrl 鍵 + 滑鼠左鍵選取 UI 元素。

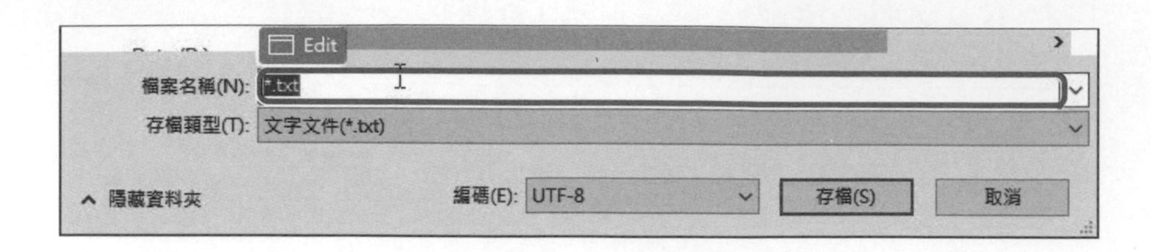

16.最後再拖拉**使用者介面自動化 > 按一下視窗中的 UI 元素**動作至流程的最後，在 UI 元素欄新增 UI 元素後，移動至「另存新檔」對話方塊選存檔鈕的 Button 元件，按 Ctrl 鍵 + 滑鼠左鍵選取 UI 元素。

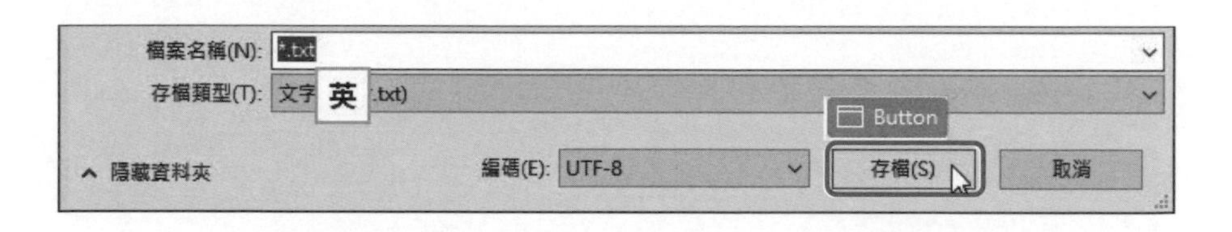

17.可以看到我們建立的自動化桌面流程，共有 9 個步驟的動作。

請注意！一定要關閉所有開啟的記事本後，再執行上述桌面流程，可以看到自動啟動記事本輸入一段文字內容後，結束記事本和另存成 note.txt 檔案至「文件」目錄。

9-2 擷取 Windows 應用程式的資料

Power Automate 提供**從視窗擷取資料**動作來擷取 Windows 應用程式的資料，請注意！擷取單一資料比較沒有問題，擷取表格資料需視 UI 元素的控制項，而且擷取的資料通常並不完整且有重複資料。

在「ch09\WPFDataGrid 範例」目錄的是本節測試的 Windows 應用程式 WPFDatagridCustomization.exe，這是使用 C# 語言開發的 WPF 應用程式，使用 DataGrid 控制項顯示表格資料（這是 Code Project 網站範例），如下圖所示：

MainWindow

State	City	Max Temperature	Min Temperature
Gujarat	Ahmedabad	42.32	25.36
Gujarat	Surat	39.45	22.3
Gujarat	Vadodara	40.13	26.75
Maharashtra	Mumbai	40.4	23.23
Maharashtra	Pune	40.69	23.1
Karnataka	Banglore	37.15	20.06
Andhra Pradesh	Hyderabad	43.05	28.08

在**擷取 Windows 應用程式的資料**桌面流程（流程檔：ch9-2.txt）共有 18 個步驟的動作，在前 4 個步驟是啟動 Windows 應用程式來擷取單一和表格資料，如下圖所示：

Step 1 **系統 > 執行應用程式**動作是執行「D:\PowerAutomate\ch09\WPFDataGrid 範例」目錄下的 WPFDatagridCustomization.exe 程式。

Step 2 **使用者介面自動化 > 資料擷取 > 從視窗擷取資料**動作可以擷取指定 UI 元素的資料儲存至變數或 Excel 試算表，在**視窗**欄是欲擷取資料的 UI 元素；**將擷取的資料儲存在**欄可選儲存至變數或 Excel，以此例是儲存至 DataFromWindow 變數，如下圖所示：

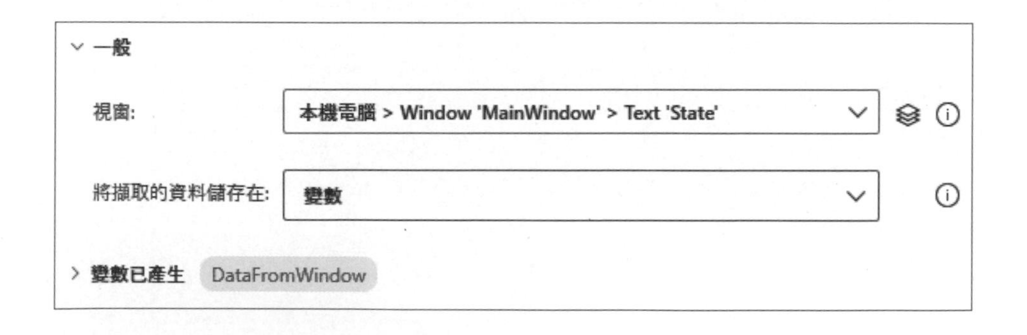

上述 UI 元素是擷取單一 State 儲存格的資料，如下圖所示：

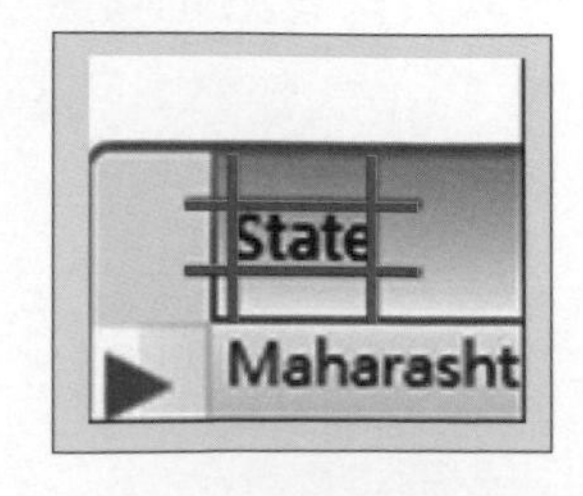

Step 3 **使用者介面自動化 > 資料擷取 > 從視窗擷取資料**動作是擷取 UI 元素的 DataGrid 表格資料儲存至 DataFromWindow2 變數，如下圖所示：

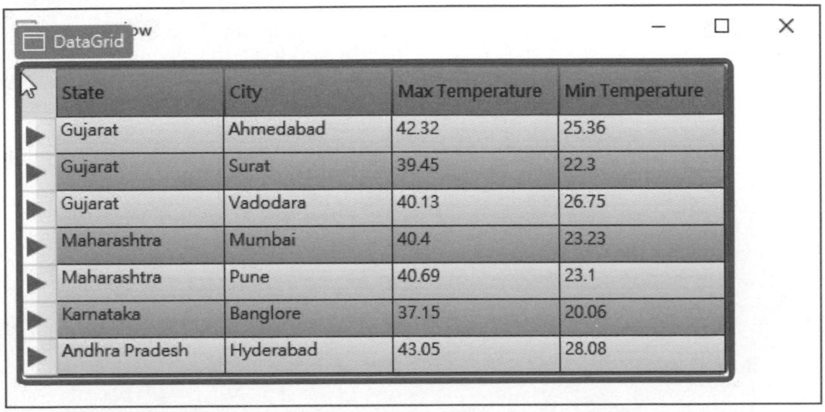

DataGrid

State	City	Max Temperature	Min Temperature
Gujarat	Ahmedabad	42.32	25.36
Gujarat	Surat	39.45	22.3
Gujarat	Vadodara	40.13	26.75
Maharashtra	Mumbai	40.4	23.23
Maharashtra	Pune	40.69	23.1
Karnataka	Banglore	37.15	20.06
Andhra Pradesh	Hyderabad	43.05	28.08

Step 4 **使用者介面自動化 > 視窗 > 關閉視窗**動作是關閉 Windows 視窗，在**尋找視窗模式**欄可選透過視窗 UI 元素或視窗標題等方式來找到欲關閉的視窗，以此例是**透過視窗 UI 元素**，然後在**視窗**欄選擇 UI 元素 Window 'MainWindow'，如下圖所示：

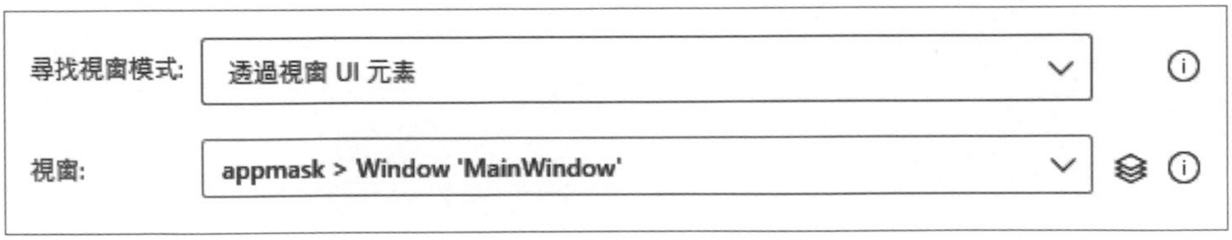

尋找視窗模式: 透過視窗 UI 元素

視窗: appmask > Window 'MainWindow'

上述桌面流程的執行結果，可以在「變數」窗格看到 DataFromWindow 變數擷取的單一資料 State，如下圖所示：

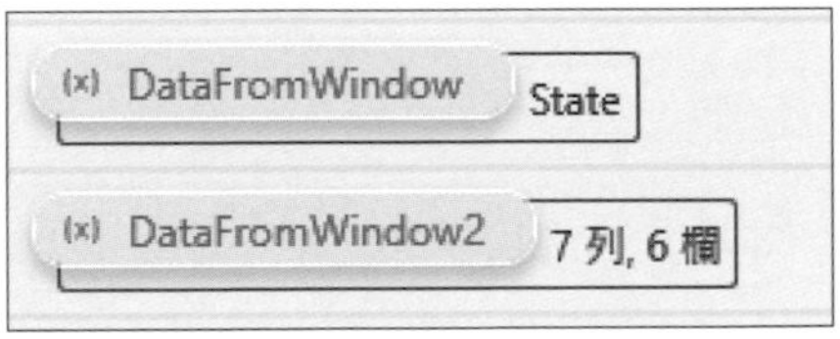

(x) DataFromWindow State

(x) DataFromWindow2 7 列, 6 欄

上述 DataFromWindow2 變數是擷取的 DataTable 資料表物件，雙擊可以看到資料表的內容，如下圖所示：

DataFromWindow2 (資料表)

#	State	City	Max Temperature	Min Temperature	2	3
0		Gujarat	Ahmedabad	42.32	Gujarat	Ahmedabad
1		Gujarat	Surat	39.45	Gujarat	Surat
2		Gujarat	Vadodara	40.13	Gujarat	Vadodara
3		Maharashtra	Mumbai	40.4	Maharashtra	Mumbai
4		Maharashtra	Pune	40.69	Maharashtra	Pune
5		Karnataka	Banglore	37.15	Karnataka	Banglore
6		Andhra Pradesh	Hyderabad	43.05	Andhra Pradesh	Hyderabad

上述表格資料只擷取到前 3 欄的資料，而且上方標題列位移 1 欄，最後的 2 和 3 欄是 City 和 Max Temperature 欄的重複資料。因為資料需整理後才能儲存至 Excel 工作表，所以在**從視窗擷取資料**動作是儲存至變數，而非 Excel 試算表。

在 Step 5 ~ Step 8 開啟空白活頁簿後，寫入第 1 列標題列的 3 個欄位 (因為只有 3 個欄位是正確資料)，如下圖所示：

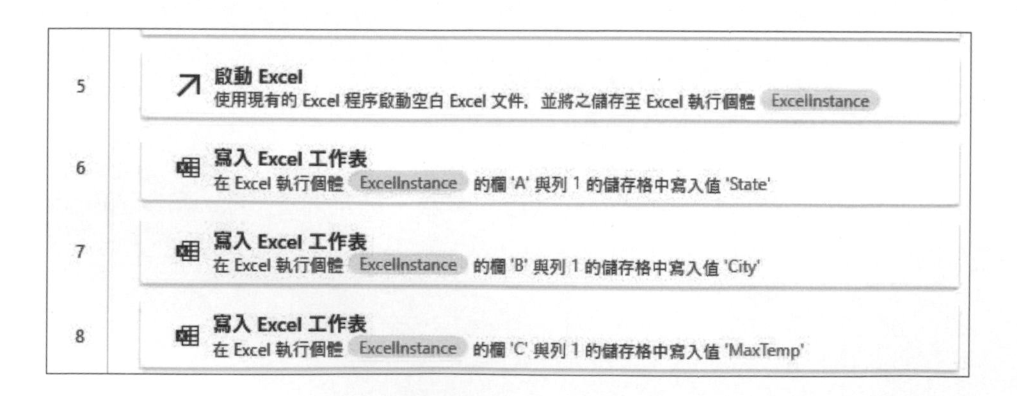

然後使用 Step 9 ~ Step 17 的 For each 迴圈走訪資料表物件的每一列，即 CurrentItem 變數，在 Step 10 取得下一個可用的列索引，如下圖所示：

上述 Step 11 ~ Step 16 重複 3 次相同的 2 個動作來寫入 3 欄的儲存格，首先使用文字 > 分割文字動作以新行字元來分割文字成為清單（因為有重複資料），以 Step 11 的分割文字動作為例，如下圖所示：

∨ 一般

要分割的文字: %CurrentItem['City']% {x}

分隔符號類型: 標準

標準分隔符號: 新行

次數: 1 {x}

> 變數已產生 TextList

因為標題列位移 1 欄，所以要**分割的文字**欄雖然是 State 欄的資料，但變數是 CurrentItem['City']，在**標準分隔符號**是新行字元，次數是 1 次，可以將文字資料分割成 TextList 清單，在 Step 12 就是使用 TextList[0] 取得和寫入欄位值。

最後在 Step 18 另存成 "Temperature.xlsx" 後才關閉 Excel，如下圖所示：

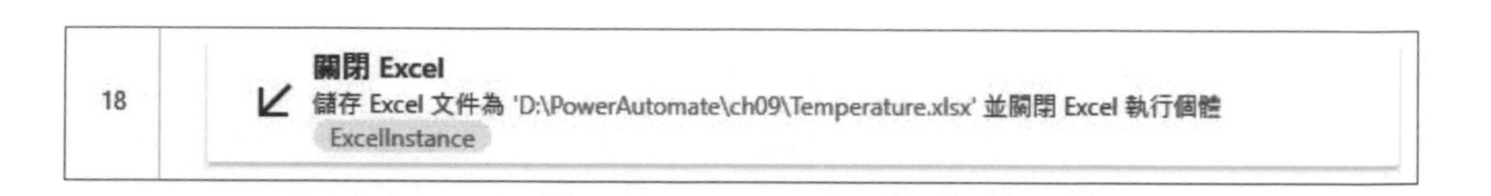

請注意！一定要關閉所有開啟的 WPFDatagridCustomization.exe 後，再執行上述桌面流程，可以看到擷取的 Windows 應用程式資料，和整理後儲存的 Excel 檔案，如下圖所示：

	A	B	C
1	State	City	MaxTemp
2	Gujarat	Ahmedaba	42.32
3	Gujarat	Surat	39.45
4	Gujarat	Vadodara	40.13
5	Maharashtr	Mumbai	40.4
6	Maharashtr	Pune	40.69
7	Karnataka	Banglore	37.15
8	Andhra Pra	Hyderabad	43.05

工作表1

9-3 自動化操作 OCR 文字識別

在 Power Automate 的 OCR 分類提供 3 個 OCR 動作，第 1 個動作是判斷文字是否存在畫面上，第 2 個是等待畫面上出現指定文字，這 2 個動作類似第 9-1-1 節的影像比對。在這一節筆者主要是說明如何使用第 3 個動作來從圖片中擷取出文字內容，如右圖所示：

OCR
如果文字在畫面上 (OCR)
等待畫面上的文字 (OCR)
使用 OCR 擷取文字

☆ 擷取圖片中的文字 ch9-3.txt

Power Automate 桌面流程可以使用 OCR 分類下的**使用 OCR 擷取文字**動作從圖檔之中擷取出文字內容，在這一節使用的測試圖片是位在「D:\PowerAutomate\ch09\images」目錄，如下圖所示：

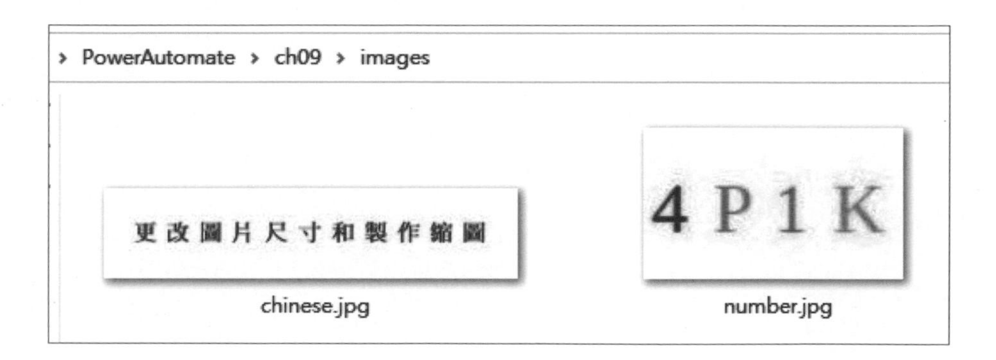

在**擷取圖片中的文字**桌面流程共有 2 個步驟的動作，可以分別擷取出上述圖片的中文和英文的文字內容，如下圖所示：

請注意！在本書完稿前，Power Automate Desktop 更新後的 OCR 功能出現 Bug，當執行使用 OCR 擷取文字動作選整個指定來源的整個圖檔時，可能會出現「記憶體不足」的錯誤訊息，若您有出現類似的錯誤，可選擇執行流程檔：ch9-3_getSize.txt，此流程是呼叫 VBA 程序取得圖檔尺寸後，改用僅限特定子區域來自行指定整個圖檔區域 (在第 9-5 節的 ch9-5_getSize.txt 和 ch9-5a_getSize.txt 流程檔也是使用相同方式)，或選擇將搜尋模式欄改成僅限特定子區域後，自行在 X1、X2、Y1、Y2 將座標修改成符合整張圖片的大小範圍。此解決方法小編有另外提供修正後的範例檔案，您可以自行參考。另外，此功能似乎越靠近圖片右側邊緣、文字辨識率越低，建議盡量在圖片右側多增加留白。

1 使用 OCR 擷取文字
使用 Windows OCR 引擎從檔案 'D:\PowerAutomate\ch09\images\chinese.jpg' 將文字擷取至 OcrText

2 使用 OCR 擷取文字
使用 Windows OCR 引擎從檔案 'D:\PowerAutomate\ch09\images\number.jpg' 將文字擷取至 OcrText2

Step 1 OCR> **使用 OCR 擷取文字**動作可以擷取出目前視窗、桌面或圖檔中的文字內容，這是使用預設 Windows OCR 引擎，在 **OCR 來源**欄選**磁碟上的影像**，即圖檔，**影像檔路徑**欄是圖檔路徑的 chinese.jpg 圖檔，在**搜尋模式**欄選擇擷取範圍，以此例是**整個指定來源**的整個圖檔，辨識結果是儲存至 OcrText 變數，如下圖所示：

請展開**OCR 引擎設定**，可以設定 OCR 辨識文字的語言是繁體中文（其他語言需自行安裝語言檔），影像寬度和高度乘數是用來調整影像尺寸，如果辨識文字的效果不好，可改為 2，不過，並不建議 3 以上的值，因為辨識效果會變差，如下圖所示：

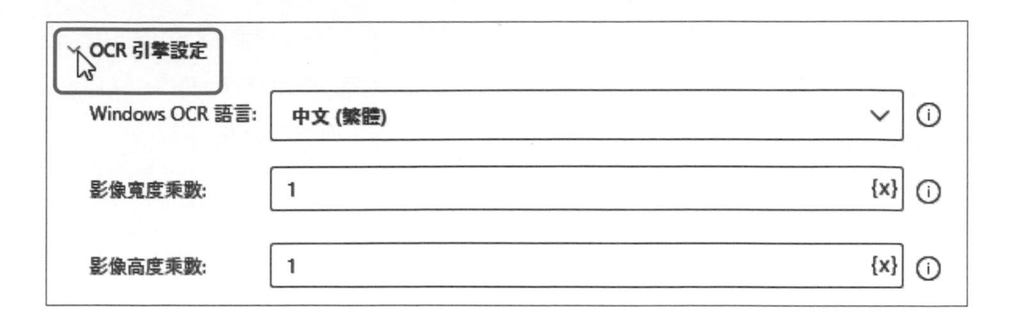

Step 2 OCR> 使用 OCR 擷取文字動作是擷取圖片中的英文和數字，圖檔是 number.jpg，影像寬度和高度乘數是 2。

上述桌面流程的執行結果，可以在「變數」窗格看到 OCR 識別出的文字內容，如下圖所示：

☆ 擷取圖片中特定區域的文字 ch9-3a.txt

在上一小節的 OCR 文字識別是辨識整個圖檔中的文字內容，如果文字有多行，在**搜尋模式**欄可以選**僅限特定子區域**，只擷取圖片中特定區域的文字。請使用**小畫家**來找出特定區域的左上角和右下角座標，如右圖所示：

當在上述圖片上移動滑鼠游標時，就可以在左下角看到此位置的座標。在**擷取圖片中特定區域的文字**桌面流程共有 2 個步驟的動作，可以擷取 sample.jpg 圖片中的第 2 行和第 3 行的文字內容，如下圖所示：

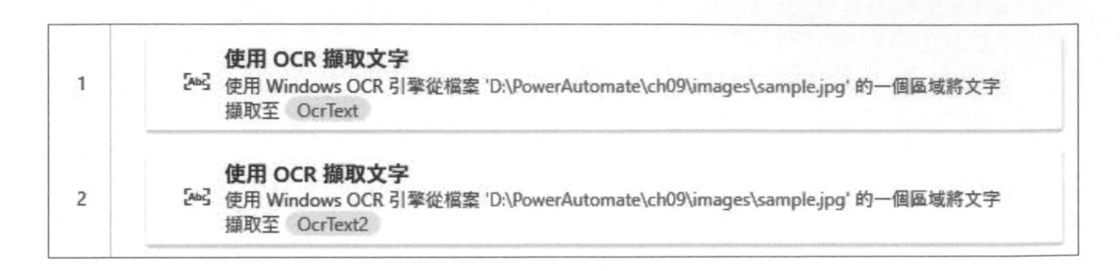

上述**使用 OCR 擷取文字**動作是擷取圖片特定區域的文字內容，可以指定左上角 X1、Y1 座標，和右下角 X2 和 Y2 的座標，如下圖所示：

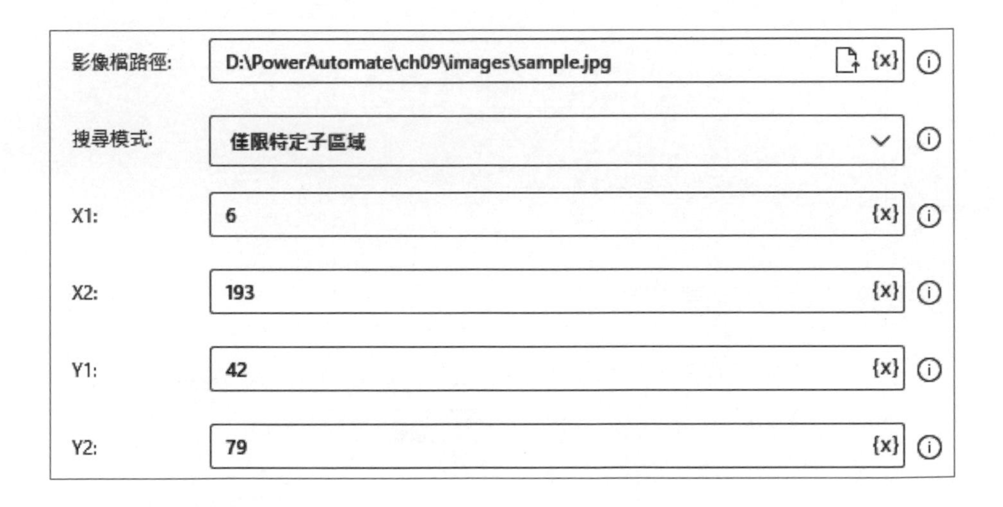

上述流程的執行結果，可以在「變數」窗格看到 OCR 識別出的文字內容，請注意！辨識結果並不一定正確，以此例 Python 只辨識出 Phon，如下圖所示：

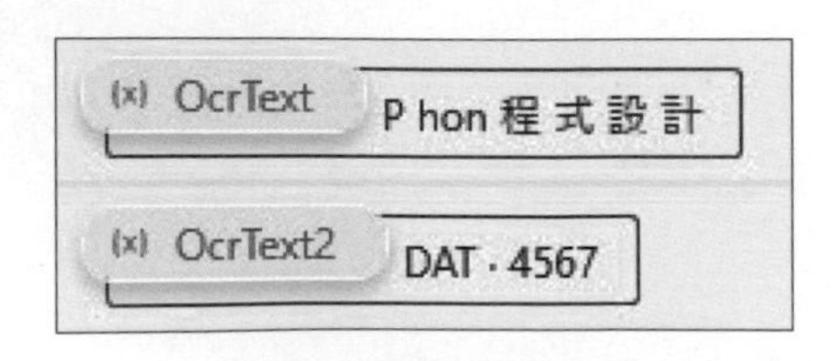

9-4 實作案例：列印 Excel 工作表成為 PDF 檔

在第 9-2 節我們已經從 Windows 應用程式擷取出表格資料儲存成 Excel 檔案 "Temperature.xlsx"，這一節我們準備建立自動化桌面流程來列印此 Excel 檔案的工作表成為 PDF 檔，使用的是 Microsoft Printer to PDF 印表機。

在**列印 Excel 工作表成為 PDF 檔**桌面流程（流程檔：ch9-4.txt）共有 12 個步驟的動作，這是模擬使用者操作 Excel 列印文件的操作，在 Step 1 ~ Step 6 首先刪除「文件」目錄的 PDF 檔 "Temperature.pdf"，然後啟動 Excel 開啟列印功能，如下圖所示：

Step 1 **檔案 > 刪除檔案**動作是刪除位在**文件**資料夾的 PDF 檔案，其目的是為了 Step 11 可以等待建立檔案來判斷是否列印完成，同時設定在刪除錯誤時，繼續執行流程。

Step 2 工作站 > 設定預設印表機動作可以設定預設印表機是 Microsoft Print to PDF，如下圖所示：

印表機名稱:	Microsoft Print to PDF

Step 3 Excel> 啟動 Excel 動作是啟動 Excel 和開啟 Excel 檔案「D:\PowerAutomate\ch09\Temperature.xlsx」。

Step 4 **使用者介面自動化 > 視窗 > 設定視窗狀態**動作可以最大和最小化視窗，這是使用 UI 元素選取 Excel 應用程式視窗後，在**視窗狀態**欄指定狀態是**已最大化**，即最大化視窗，如下圖所示：

尋找視窗模式:	透過視窗 UI 元素
視窗:	appmask > Window 'Temperature.xlsx - Excel'
視窗狀態:	已最大化

Step 5 **使用者介面自動化 > 按一下視窗中的 UI 元素**動作是點選**檔案**索引標籤，如下圖所示：

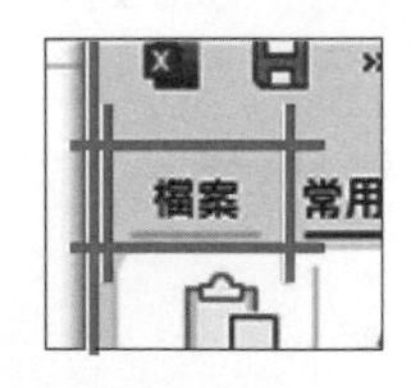

Step 6 **使用者介面自動化 > 按一下視窗中的 UI 元素**動作是點選**列印**選項，到目前為止的桌面流程會開啟 Excel 列印功能，如下圖所示：

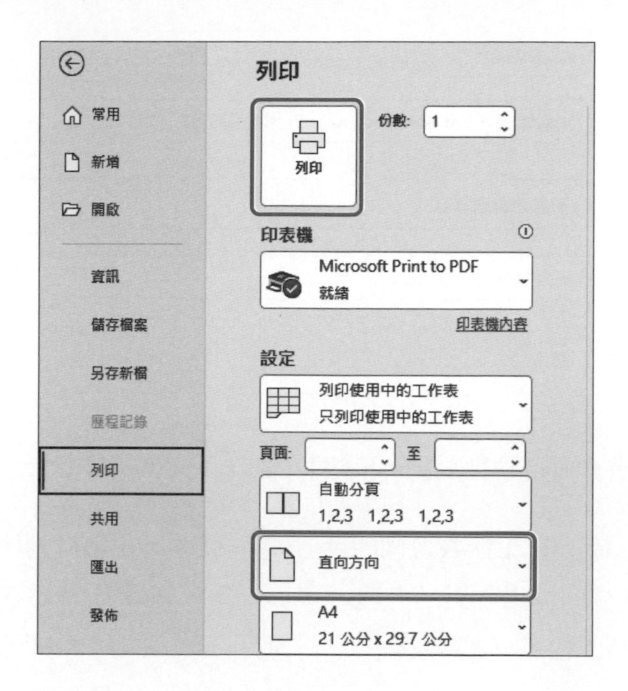

接著，因為 Excel 工作表通常比較寬，我們需要在 Step 7 ~ Step 8 先在下拉式清單選**橫向方向**後，再按上方**列印**鈕來列印工作表，如下圖所示：

7	**設定視窗中的下拉式清單值** 在 Combo Box '方向' 中選取選項 '橫向方向'
8	**按一下視窗中的 UI 元素** 按一下 UI 元素 Button '列印'

Step 7 **使用者介面自動化 > 填寫表單 > 設定視窗中的下拉式清單值**動作是設定下拉式選單方向的選項，請在**下拉式清單**欄新增下拉式選單的 UI 元素 Combo Box，**作業**欄選**依名稱選取選項**（也可用索引來選取選項），然後在**選項名稱**欄輸入**橫向方向**，如下圖所示：

一般

下拉式清單: 本機電腦 > Window 'Temperature.xlsx - Excel' > Combo Box '方向'

作業: 依名稱選取選項

選項名稱: 橫向方向

使用規則運算式:

Step 8 **使用者介面自動化>按一下視窗中的 UI 元素**動作是點選上方**列印**鈕。

因為 Excel 工作表是列印至 PDF 檔案，在執行列印後，就會顯示「另存列印輸出」對話方塊，在 Step 9 ~ Step 12 就是在此對話方塊輸入 PDF 檔名，在成功儲存後，關閉 Excel，如下圖所示：

Step 9 **滑鼠和鍵盤>傳送按鍵**動作是在「另存列印輸出」對話方塊 UI 元素的**檔案名稱**欄輸入檔名 Temperature.pdf。

Step 10 **使用者介面自動化>按一下視窗中的 UI 元素**動作是在「另存列印輸出」對話方塊按下**存檔**鈕。

Step 11 **檔案 > 等候檔案**動作是等待指定檔案的建立或刪除，**等候檔案完成**欄選**建立日期**是等到檔案建立，在**檔案路徑**欄就是輸出 PDF 檔案的路徑，如下圖所示：

一般

等候檔案完成: 建立日期

檔案路徑: C:\Users\hueya\Documents\Temperature.pdf

失敗，發生逾時錯誤:

Step 12 Excel> **關閉 Excel** 動作是直接關閉 Excel 不儲存。

請注意！一定要關閉所有 Excel 應用程式後，再執行上述桌面流程，可以看到自動化執行 Excel 列印功能來輸出 PDF，最後能在「文件」目錄看到名為 "Temperature.pdf" 的 PDF 檔。

9-5 實作案例：用 OCR 擷取發票號碼存入 Excel

在「D:\PowerAutomate\ch09\ 發票圖片」目錄有 3 張發票圖檔，如下圖所示：

在用 OCR 擷取發票號碼存入 Excel 桌面流程（流程檔：ch9-5.txt) 共有 11 個步驟的動作，可以使用 OCR 識別出發票資訊來存入 Excel 工作表，在前 5 個步驟是走訪目錄下的圖檔來使用 OCR 擷取文字，如下圖所示：

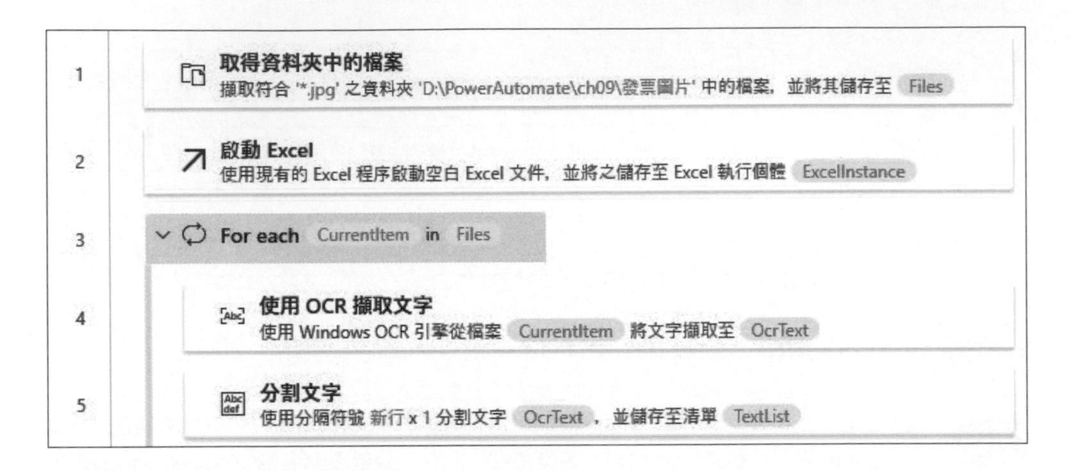

Step 1 **資料夾 > 取得資料夾中的檔案**動作是取得「ch06\ 發票圖片」目錄下所有 JPG 圖檔清單的 Files 變數。

Step 2 **Excel> 啟動 Excel** 動作是啟動 Excel 和開啟空白 Excel 活頁簿。

Step 3 ~ **Step 10** **外層迴圈 >For each 迴圈**動作的迴圈是走訪 Files 變數的 JPG 圖檔清單，即取出每一個 CurrentItem 項目的圖檔來使用 OCR 擷取文字。

Step 4 **OCR> 使用 OCR 擷取文字**動作是擷取圖檔中的文字內容，這是使用預設 Windows OCR 引擎，在整個圖檔進行文字辨識，和儲存至 OcrText 變數。

Step 5 因為文字有多行，所以使用**文字 > 分割文字**動作以新行字元來分割文字成為清單變數 TextList。

在擷取出發票資訊的 TextList 清單後，Step 6 ~ Step 9 的內層 For each 迴圈可以走訪每一行文字內容來寫入 Excel 工作表，如下圖所示：

Step 6 ~ Step 9 內層迴圈 >For each 迴圈動作的迴圈是走訪 TextList 清單變數的多行文字內容，即取出每一個 CurrentItem2 項目的每一行文字內容來寫入 Excel 工作表。

Step 7 Excel> 進階 > 從 Excel 工作表中取得欄上的第 1 個可用列動作可以取得工作表 A 欄的第 1 個可用列索引，即 FirstFreeRowOnColumn 變數，這就是貼上儲存格資料的開始列。

Step 8 Excel> 寫入 Excel 工作表動作是在工作表的 A 欄，FirstFreeRowOnColumn 變數的列寫入每一行資料的 CurrentItem2 變數。

Step 11 Excel> **關閉 Excel** 動作是另存成 "OCRText.xlsx" 的 Excel 檔案後關閉 Excel。

上述桌面流程的執行結果可以建立名為 "OCRText.xlsx" 的 Excel 檔案，這就是使用 OCR 擷取出的發票資訊，其內容如下圖所示：

	A
1	N I S S , N
2	電子發票證明聯
3	111 年 11・12 月
4	HD 一 73693456
5	LOUISA COFFEE
6	電 f4Ä 票明聯
7	111 年 11-12 月
8	HC 4125668
9	N I S S A N
10	電子發票 E 月
11	111 年 11 2 月
12	HD -73693455

工作表1

上述 Excel 工作表的 A 欄是 3 張發票的資訊，其中在第 4、8 和 12 列是發票號碼。

流程檔：ch9-5a.txt 是修改上述 ch9-5.txt 桌面流程，只有將發票號碼寫入 Excel 檔案 "OCRText2.xlsx"，流程步驟只差 Step 5 之後的內層 For each 迴圈，在 Step 6 的 RowIdx 變數記錄讀取到第幾行 OCR 所擷取的文字內容，如下圖所示：

上述 Step 8 ~ Step 11 列的**條件 >If** 動作是使用 mod 餘數運算子，如下所示：

```
RowIdx mod 4
```

上述運算子是當 RowIdx 變數值除以 4 等於 0 時，才將擷取文字寫入 Excel 工作表，所以只會寫入第 4、8 和 12 列的發票號碼，如下圖所示：

	A
1	HD 一 73693456
2	HC 4125668
3	HD -73693455

工作表1

1. 請問 Power Automate 是如何建立桌面流程來操控 Windows 應用程式？什麼是 UI 元素？為什麼 UI 元素很重要？

2. 如果 UI 元素選擇器工具無法識別出 Windows 應用程式介面上的 UI 元素時，我們應該如何處理此情況？

3. 請問什麼是 OCR 的主要功能？

4. 請參閱第 9-1 節操控 Windows 應用程式的流程，試著將你每天例行工具的應用程式操作步驟一步一步建立成 Power Automate 桌面流程，即可自動化你的日常辦公室作業。

5. 請先從網路上找一些車牌圖片，然後參閱第 9-5 節的桌面流程，建立 Power Automate 桌面流程來進行自動化車牌辨識功能。

CHAPTER

10

自動化擷取 Web 網頁和 PDF 資料

- 10-1 | 自動化拍攝網頁的螢幕擷取畫面
- 10-2 | 建立網路爬蟲擷取 Web 網頁資料
- 10-3 | 從 PDF 檔案擷取資料
- 10-4 | 實作案例：切換頁面爬取分頁 HTML 表格資料
- 10-5 | 實作案例：分割與合併 PDF 檔案的頁面

10-1 自動化拍攝網頁的螢幕擷取畫面

Power Automate 的 Web 瀏覽器自動化和 Windows 應用程式自動化都是使用 UI 元素定位目標資料，首先請參閱第 1-4 節的說明安裝瀏覽器擴充功能後，就可以建立 Web 瀏覽器的自動化流程。

首先我們準備建立自動化流程來拍攝美國 Yahoo 財經網站台積電股價的快照，這是使用 UI 元素來定位股價區域，其 URL 網址如下所示：

◆ https://finance.yahoo.com/quote/2330.TW

上述藍色框的區域是拍攝快照的股價區域。在本節的 Web 瀏覽器自動化操作流程，其步驟依序是：

1. 啟動 Chrome 瀏覽器進入美國 Yahoo 財經網站。

2. 取得今天的日期字串。

3. 新增台積電股票區域的 UI 元素。

4. 在 UI 元素拍一張快照後，儲存圖檔和在檔名後加上日期。

請建立**自動化拍攝網頁的螢幕擷取畫面**桌面流程（流程檔：ch10-1.txt）來執行上述 Web 瀏覽器自動化操作，其步驟如下所示：

1. 請在 Power Automate 左邊的「動作」窗格拖拉**瀏覽器自動化 > 啟動新的 Chrome** 動作至流程來啟動 Chrome 瀏覽器（**啟動新的 Microsoft Edge** 動作是啟動 Edge 瀏覽器），如下圖所示：

2. 然後編輯動作參數，在**啟動模式**欄是啟動新執行個體，可以產生瀏覽器變數 Browser，**初始** URL 欄輸入本節前的 URL 網址，在**視窗狀態**欄選**已最大化**，即最大視窗，按**儲存**鈕。

啟動模式: 啟動新執行個體
初始 URL: https://finance.yahoo.com/quote/2330.TW {x}
視窗狀態: 已最大化
> 進階
> 變數已產生 Browser

3. 接著拖拉**日期時間 > 取得目前日期與時間**動作至流程的最後，在編輯動作參數按**儲存**鈕，可以取得目前的日期 / 時間儲存至 CurrentDateTime 變數。

4. 拖拉**文字 > 將日期時間轉換為文字**動作至流程的最後來編輯動作參數，在**要轉換日期時間**欄選 CurrentDateTime 變數，**要使用的格式**欄選**自訂**後，在**自訂格式**欄輸入 yyyyMMdd 格式，可以在下方顯示樣本的日期字串，按**儲存**鈕。

要轉換的日期時間:	%CurrentDateTime%
要使用的格式:	自訂
自訂格式:	yyyyMMdd
樣本	20200519

> 變數已產生 FormattedDateTime

5. 拖拉**瀏覽器自動化 >Web 資料擷取 > 拍攝網頁的螢幕擷取畫面**動作至流程的最後來編輯動作參數，在**擷取**欄選**特定元素**（也可選擇拍攝整頁網頁），然後在 **UI 元素**欄點選欄位後方的向下箭頭，按**新增 UI 元素**鈕新增 UI 元素。

一般

網頁瀏覽器執行個體:	%Browser%
擷取:	特定元素
UI 元素:	
儲存模式:	

沒有可顯示的 UI 元素

新增 UI 元素

6. 可以看到「UI 元素選擇器」對話方塊，請移動至 Chrome 瀏覽器股價部分的區域 (Div 標籤)，按 Ctrl 鍵 + 滑鼠左鍵選取此 UI 元素。

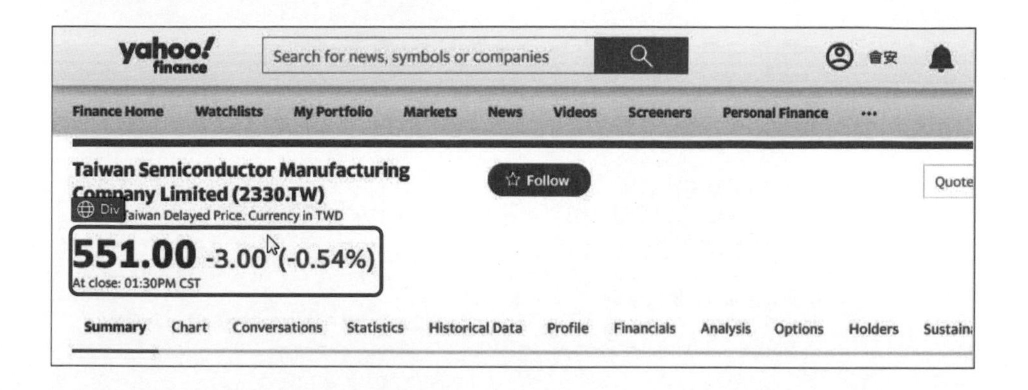

7. 可以在 UI 元素欄填入選取的 UI 元素。

8. 在**儲存模式**欄選**檔案**(或儲存至剪貼簿)，**影像檔**欄是圖檔路徑，檔名格式 "2330-%FormattedDateTime%" 是在檔尾加上 Step 4 的日期字串，在**檔案格式**選 JPG 後，按**儲存**鈕。

9. 最後拖拉**瀏覽器自動化 > 關閉網頁瀏覽器**動作來關閉 Browser 變數的瀏覽器。

可以看到建立的 Web 瀏覽器自動化桌面流程，共有 5 個步驟的動作。

上述桌面流程的執行結果，可以自動啟動 Chrome 瀏覽器瀏覽 Web 網頁來拍攝指定區域的快照，在結束後建立擷取畫面的圖檔，在檔名最後就是今天的日期，如下圖所示：

10-2 建立網路爬蟲擷取 Web 網頁資料

Power Automate 在**瀏覽器自動化**>**Web 資料擷取**分類下，提供建立網路爬蟲擷取 Web 網頁資料的動作 (前 3 個)，如下圖所示：

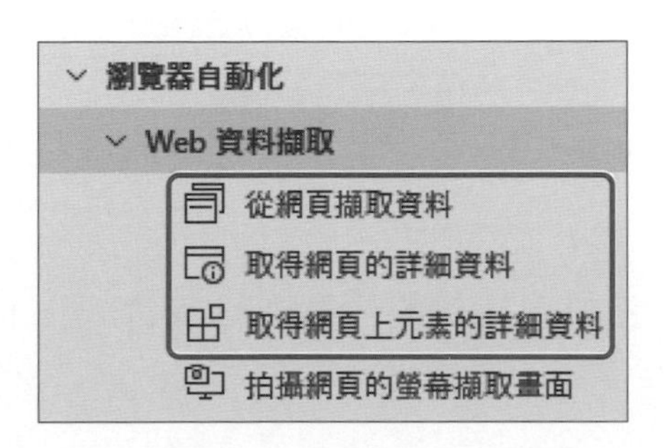

10-2-1 擷取 Web 網頁的單一資料

在 Power Automate 桌面流程擷取 Web 網頁的單一資料是使用**取得網頁上元素的詳細資料**動作，這是使用 UI 元素定位目標 HTML 標籤後，取出 HTML 標籤的內容或屬性值，如下圖所示：

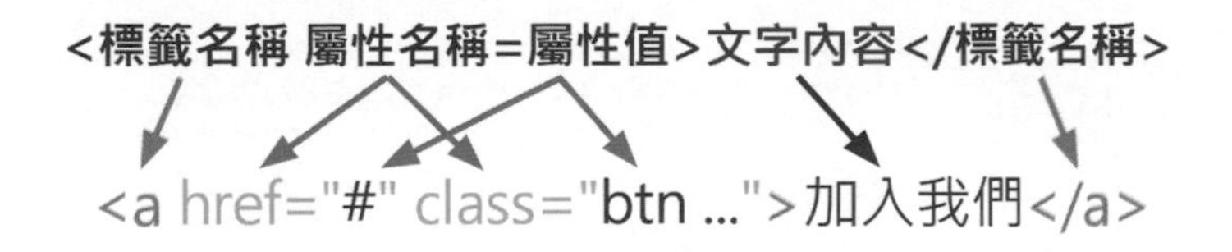

上述 HTML 標籤 <a> 的 a 是標籤名稱 (UI 元素是 Anchor)，文字內容是位在 <a></a> 括起的內容，href 和 class 是屬性，「=」後雙引號括起的是屬性值。在本節的測試網站是一頁相片集網頁，其 URL 網址如下所示：

◆ https://fchart.github.io/test/album.html

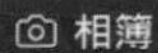

我的贊助相片集

以下是關於這個收藏的簡短介紹 - 它的內容、創作者等等。讓它既簡短又引人入勝，但不要太短，以免讓人們完全忽略它。

上述藍色方框的按鈕是我們的目標資料（即 <a> 標籤）。在**擷取 Web 網頁的單一資料**桌面流程（流程檔：ch10-2-1.txt）共有 6 個步驟的動作，如下圖所示：

1. **啟動新的 Chrome**
   啟動 Chrome，瀏覽至 'https://fchart.github.io/test/album.html'，並將執行個體儲存至 Browser
2. **取得網頁的詳細資料**
   取得 網頁標題，並將其儲存至 WebPageProperty
3. **取得網頁上元素的詳細資料**
   取得網頁上 Anchor '加入我們' 元素的屬性 'Own Text'，並儲存至 AttributeValue
4. **取得網頁上元素的詳細資料**
   取得網頁上 Anchor '加入我們' 元素的屬性 'HRef'，並儲存至 AttributeValue2
5. **取得網頁上元素的詳細資料**
   取得網頁上 Anchor '加入我們' 元素的屬性 'Exists'，並儲存至 AttributeValue3
6. **關閉網頁瀏覽器**
   關閉網頁瀏覽器 Browser

Step 1 **瀏覽器自動化 > 啟動新的** Chrome 動作是啟動 Chrome 瀏覽器，以最大化視窗瀏覽前述的 URL 網址。

Step 2 **瀏覽器自動化 >Web 資料擷取 > 取得網頁的詳細資料**動作是取得網頁本身的資訊，包含網頁標題、網頁文字和網頁 URL 網址等，這是在**取得**欄選擇，以此例是**網頁標題**（即 <head> 標籤），如下圖所示：

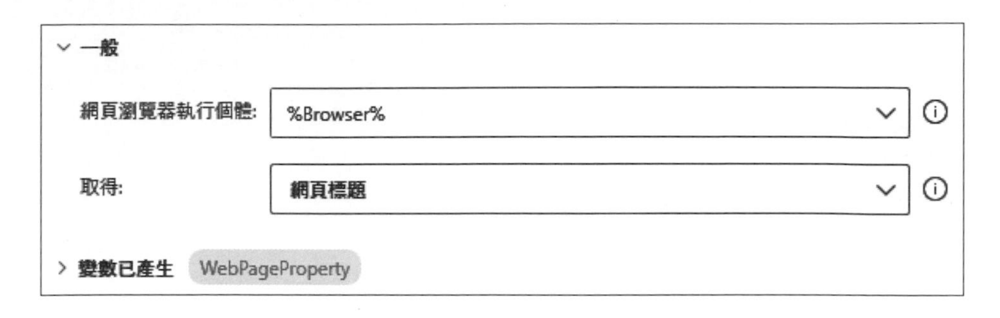

Step 3 ~ Step 5 3 個**瀏覽器自動化 >Web 資料擷取 > 取得網頁上元素的詳細資料**動作是使用 UI 元素定位 HTML 標籤後，取得指定的屬性值，以 Step 3 為例，如下圖所示：

一般

網頁瀏覽器執行個體: %Browser%

UI 元素: 本機電腦 > Web Page 'https://fchart.github.io/test/album.htm

屬性名稱: Own Text

變數已產生 AttributeValue

上述 UI 元素欄是定位**加入我們**鈕，如下圖所示：

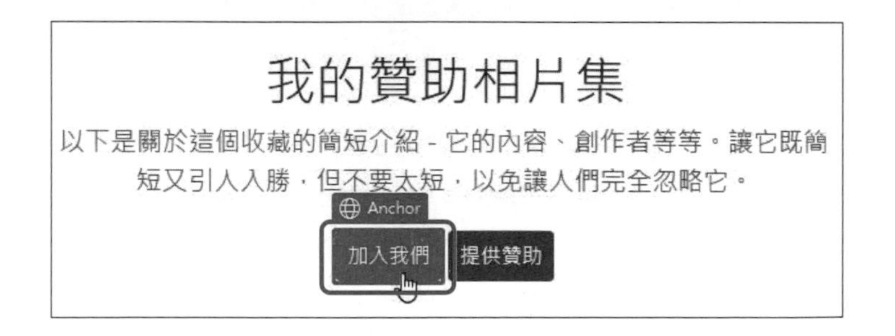

在**屬性名稱**欄可以取得 HTML 標籤的屬性值，請注意！不是每一種屬性都有，以此例在 Step 3 ~ Step 5 是依序取得 Own Text（文字內容）、HRef (href 屬性）和 Exists（標籤是否存在），如下圖所示：

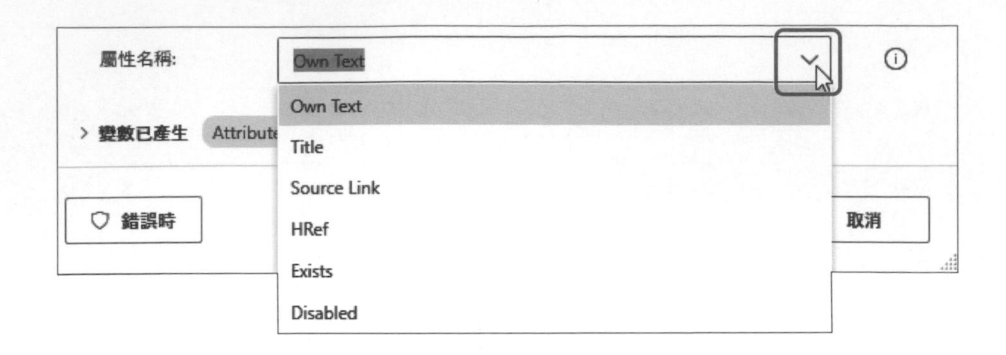

Step 6 **瀏覽器自動化 > 關閉網頁瀏覽器**動作是關閉 Chrome 的瀏覽器。

上述桌面流程的執行結果，可以在「變數」窗格檢視流程變數的值，這些變數值就是取得的網頁本身，和 HTML 標籤文字內容與屬性值，如下圖所示：

10-2-2 爬取 Web 網頁清單的多筆記錄

Power Automate 桌面流程可以使用**從網頁擷取資料**動作來建立網路爬蟲，我們只需一個動作就可以爬取清單的多筆記錄、表格資料或分頁的 Web 網頁資料，在這一節是爬取清單的多筆記錄，第 10-4 節是爬取分頁的 HTML 表格資料。

在本節的測試網站是繼續上一節的相片集網頁，請向下捲動就可以看到 3 列，每列 3 個共 9 個方框的照片資訊，其 URL 網址如下所示：

◆ https://fchart.github.io/test/album.html

我們準備爬取上述每一個方框照片的 URL 網址、下方的描述文字、贊助金額和瀏覽數，換句話說，每一個方框就是一筆記錄，擁有上述 4 個欄位，一共可以從 Web 網頁爬取 9 筆記錄的照片資料。

在**爬取 Web 網頁清單的多筆記錄**桌面流程（流程檔：ch10-2-2.txt）分成兩大部分共 10 個步驟的動作，在第一部分是爬取網頁資料，然後在第二部分將爬取資料存入 Excel 工作表。首先是第一部分桌面流程的 Step 1 ~ Step 3，如下圖所示：

上述 Step 1 的**瀏覽器自動化 > 啟動新的 Chrome** 動作是啟動 Chrome 瀏覽器，以最大化視窗瀏覽前述的 URL 網址，Step 3 的**瀏覽器自動化 > 關閉網頁瀏覽器**動作是關閉 Chrome 的瀏覽器。

整個網路爬蟲就是 Step 2 的**瀏覽器自動化 >Web 資料擷取 > 從網頁擷取資料**動作，此動作的詳細建立步驟，如下所示：

1. 請先啟動 Chrome 瀏覽器進入上述網頁後，在 Power Automate 的「動作」窗格拖拉**瀏覽器自動化 >Web 資料擷取 > 從網頁擷取資料**動作，即可編輯動作參數，在**儲存資料模式**欄選**變數**，將擷取資料儲存至 DataFromWebPage 變數。

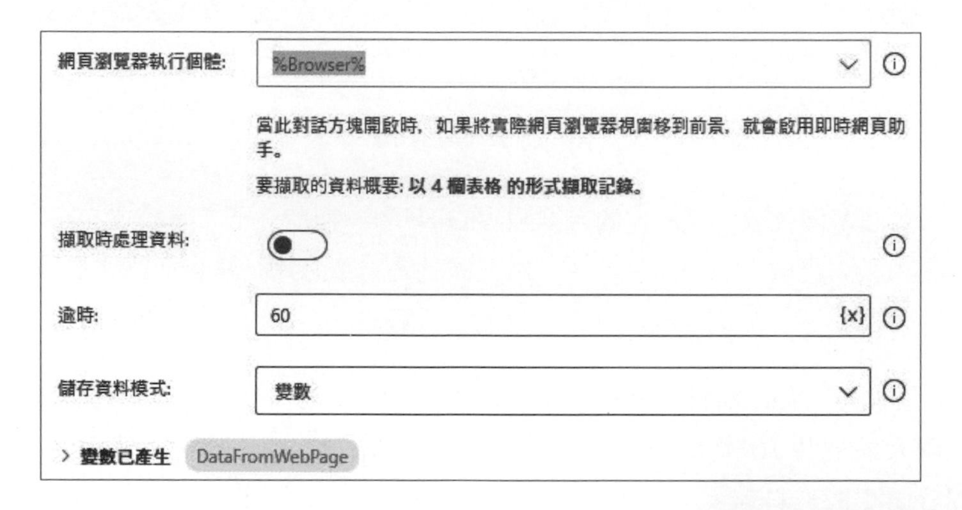

2. 然後切換至 Chrome 瀏覽器，可以看到「即時網頁助手」視窗，請移動滑鼠至第 1 個方框的照片，能夠看到紅色方框的 Image 標籤。

3. 在紅色方框中執行右鍵快顯功能表的「擷取元素值 /Src」命令，可以取得圖片的 URL 網址。

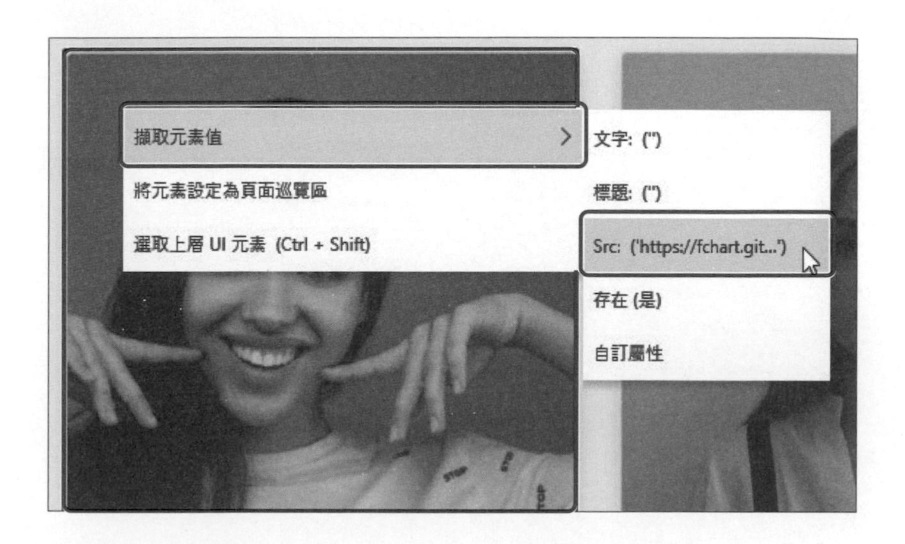

4. 可以在「即時網頁助手」視窗看到擷取的圖片 URL 網址。

5. 請繼續移動滑鼠至第 1 個方框下方的描述文字，可以看到紅色方框的 Paragraph 標籤，然後執行右鍵快顯功能表的「擷取元素值 / 文字」命令，即可在「即時網頁助手」視窗看到擷取的文字內容。

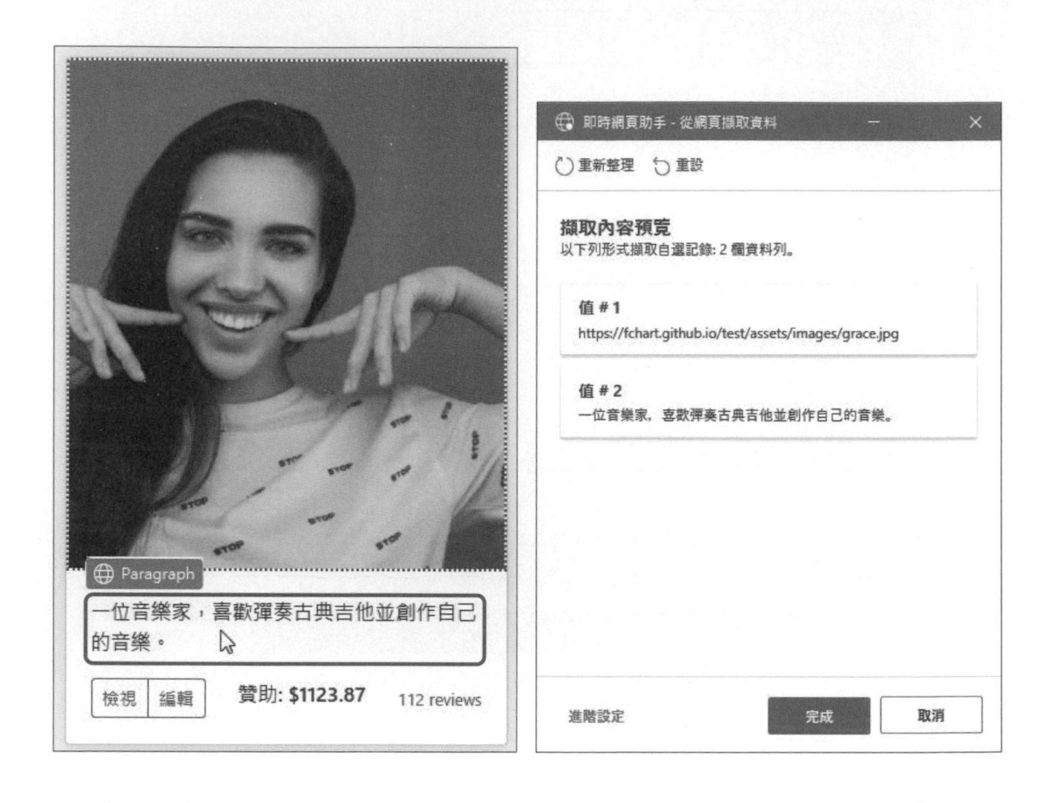

6. 接著移至第 1 個方框下方贊助的 Heading 6 標籤，執行右鍵快顯功能表的「擷取元素值 / 文字」命令 (下圖左)，再移至瀏覽數的 Small 標籤，執行相同的命令 (下圖右)。

7. 可以在「即時網頁助手」視窗看到擷取的這 2 個文字內容。

8. 現在，我們已經完成第 1 個方框記錄的欄位擷取，接著移至右邊第 2 個方框的第 2 筆記錄，首先移至照片 Image 標籤後，在紅色方框中執行右鍵快顯功能表的「擷取元素值 /Src」命令。

9. 神奇的事情發生了，即時網頁助手自動依據第 1 筆記錄的範本，擷取了第 2 筆，不只第 2 筆，而是整頁的 9 筆記錄，如右圖所示：

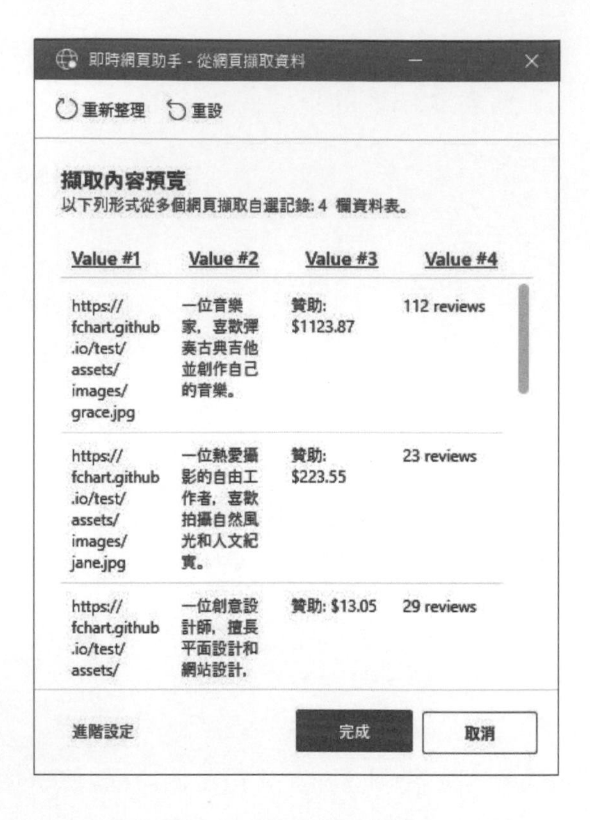

10. 在 Web 網頁同時使用虛線的綠色框標示 9 筆記錄擷取的 4 個欄位，如下圖所示：

11.請在「即時網頁助手」視窗按下方完成鈕完成網頁資料擷取，在回到動作編輯後，按儲存鈕完成動作編輯。

在第二部分桌面流程的 Step 4 ~ Step 10 是將爬取的 DataFromWebPage 變數 (DataTable 資料表物件) 寫入 Excel 工作表，在 Step 4 啟動 Excel 的空白活頁簿，如下圖所示：

上述 Step 5 ~ Step 8 在空白活頁簿寫入第 1 列的標題列，即 " 照片網址 "、" 描述文字 "、" 贊助金額 " 和 " 瀏覽數 "，在 Step 9 是從 "A2" 儲存格開始寫入 DataFromWebPage 變數的資料表物件，最後在 Step 10 另存成 Excel 檔案 " 贊助相片集 .xlsx" 後關閉 Excel。

上述桌面流程的執行結果可以擷取 Web 網頁的 9 筆照片資訊存入 Excel 檔案 "贊助相片集 .xlsx"，其內容如下圖所示：

	A	B	C	D
1	照片網址	描述文字	贊助金額	瀏覽數
2	https://fchart.github.io/test/assets/images/grace.jpg	一位音樂家，喜歡彈奏古典吉他並創	贊助: $1123.87	112 reviews
3	https://fchart.github.io/test/assets/images/jane.jpg	一位熱愛攝影的自由工作者，喜歡拍	贊助: $223.55	23 reviews
4	https://fchart.github.io/test/assets/images/peoples.jpg	一位創意設計師，擅長平面設計和網	贊助: $13.05	29 reviews
5	https://fchart.github.io/test/assets/images/hand.jpg	一位IT專業人士，擁有豐富的編程和	贊助: $456.66	32 reviews
6	https://fchart.github.io/test/assets/images/mary.jpg	一位醫生，擁有豐富的經驗和專業知	贊助: $18.50	13 reviews
7	https://fchart.github.io/test/assets/images/pose.jpg	一位作家，已出版多本小說和詩集，	贊助: $300.66	33 reviews
8	https://fchart.github.io/test/assets/images/simon.jpg	一位環保主義者，積極參與各種環保	贊助: $23.87	12 reviews
9	https://fchart.github.io/test/assets/images/woman.jpg	一位社會工作者，致力於幫助弱勢群	贊助: $13.67	2 reviews
10	https://fchart.github.io/test/assets/images/pose3.jpg	一位專業舞蹈家，擅長足球和籃球，	贊助: $123.87	3 reviews

工作表1

10-3 從 PDF 檔案擷取資料

在 Power Automate 的 PDF 分類提供從 PDF 檔案擷取資料的相關動作，如下圖所示：

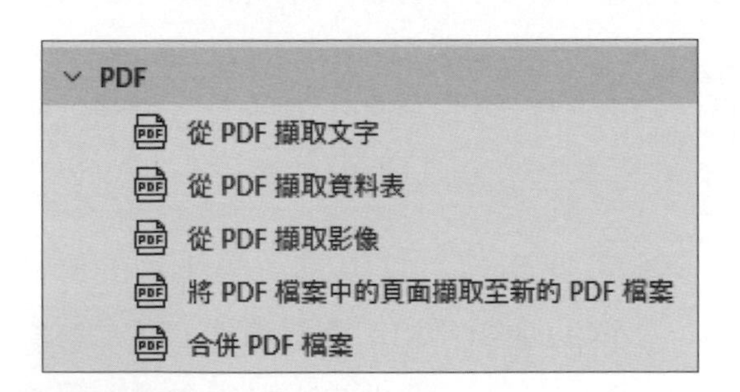

上述分類的前 3 個動作分別可以擷取 PDF 檔案的文字、資料表和影像，後 2 個動作是分割與合併 PDF 檔案，詳見第 10-5 節的說明。在本節測試的 PDF 檔案是「ch10\ 測試 PDF 文件 .pdf」，其內容如下圖所示：

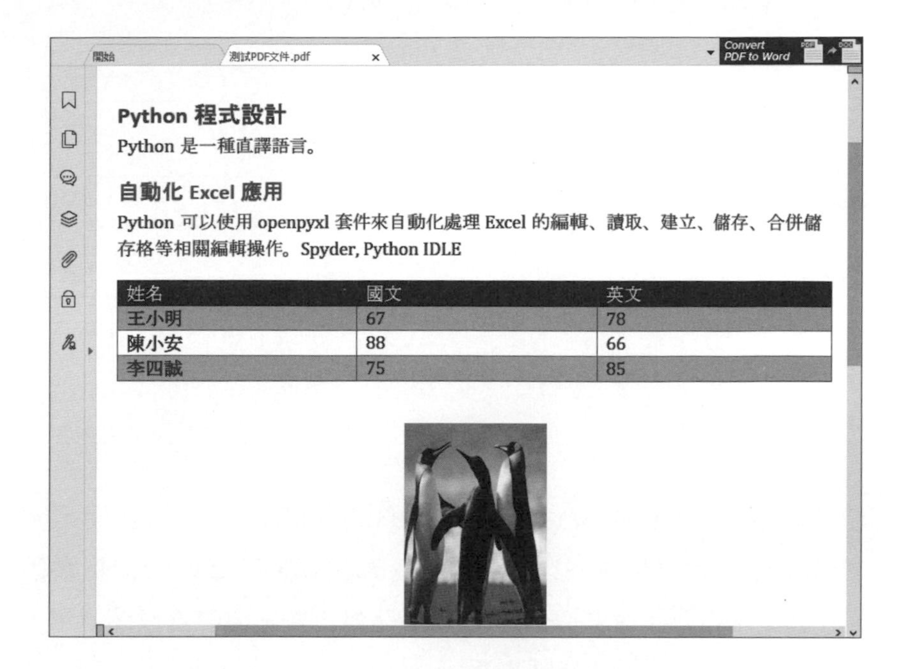

在從 PDF 檔案擷取資料桌面流程（流程檔：ch10-3.txt）共有 4 個步驟的動作，可以分別擷取 PDF 檔案中的文字、表格和影像資料，如下圖所示：

Step 1 PDF> **從 PDF 擷取文字**動作能夠從 PDF 單一、頁面範圍或全部頁面擷取文字資料來儲存至 ExtractedPDFText 變數，在 **PDF 檔案**欄是目標 PDF 檔案的路徑，**要擷取的頁面**欄可以選單一、全部或範圍的頁面，以此例是單一，然後在**單一頁碼**欄輸入 1，即第 1 頁（如果選範圍就有 2 個欄位**起始頁碼**和**結束頁碼**），如下圖所示：

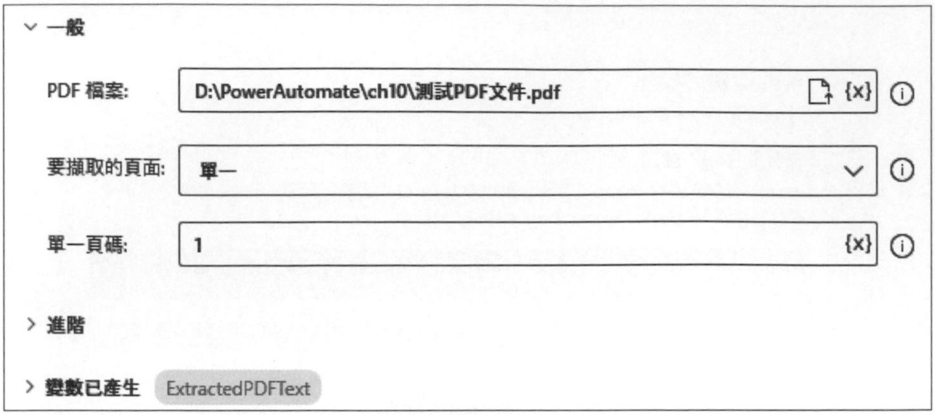

⌄ 一般

PDF 檔案: D:\PowerAutomate\ch10\測試PDF文件.pdf {x}

要擷取的頁面: 單一

單一頁碼: 1 {x}

› 進階

› 變數已產生 ExtractedPDFText

Step 2 PDF> 從 PDF 擷取資料表動作可以從 PDF 單一、頁面範圍或全部頁面擷取表格資料來儲存至 ExtractedPDFTables 清單變數，在 PDF 檔案欄是目標 PDF 檔案的路徑，要擷取的頁面欄選單一，在單一頁碼欄輸入 1，如下圖所示：

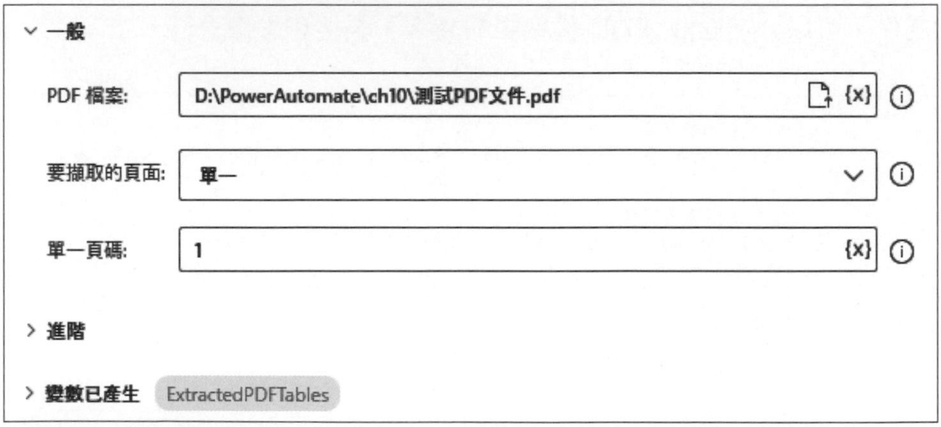

⌄ 一般

PDF 檔案: D:\PowerAutomate\ch10\測試PDF文件.pdf {x}

要擷取的頁面: 單一

單一頁碼: 1 {x}

› 進階

› 變數已產生 ExtractedPDFTables

Step 3 因為擷取的 PDF 表格資料可能有多個，所以是清單，我們是使用變數 > 設定變數動作來取出第 1 個表格資料儲存至 PDFTable 變數，第 1 個表格的索引值是 0，然後使用 DataTable 屬性取出資料表物件，如下所示：

```
ExtractedPDFTables[0].DataTable
```

變數: PDFTable {x}

值: %ExtractedPDFTables[0].DataTable% {x}

Step 4 PDF> 從 PDF 擷取影像動作可以從 PDF 單一、頁面範圍或全部頁面擷取影像資料來儲存至圖檔，在 PDF 檔案欄是目標 PDF 檔案的路徑，要擷取的頁面欄選單一，在單一頁碼欄輸入 1 第 1 頁，影像名稱欄是圖檔名稱，儲存影像至欄是儲存的圖檔路徑，如下圖所示：

∨ 一般

PDF 檔案: D:\PowerAutomate\ch10\測試PDF文件.pdf {x}

要擷取的頁面: 單一

單一頁碼: 1 {x}

影像名稱: 企鵝 {x}

儲存影像至: D:\PowerAutomate\ch10 {x}

> 進階

上述桌面流程的執行結果，可以在「變數」窗格檢視流程變數的值，其值就是擷取 PDF 檔案中的文字內容和表格資料，如下圖所示：

上述 ExtractedPDFText 變數是擷取的文字內容，雙擊 PDFTable 變數，可以顯示擷取的表格資料，如下圖所示：

PDFTable (資料表)

#	姓名	國文	英文
0	王小明	67	78
1	陳小安	88	66
2	李四誠	75	85

從 PDF 擷取影像動作擷取的影像可能有很多個，所以其儲存的圖檔最後會加上從 0 開始的索引值，以此例的第 1 個圖檔名稱是 " 企鵝 _0.png"，如下圖所示：

10-4 實作案例：切換頁面爬取分頁 HTML 表格資料

在這一節的 Power Automate 桌面流程首先是進入測試網站的主選單，其 URL 網址如下所示：

- https://fchart.github.io/test/testsite.html

點選上方 NBA **商品資料**超連結，進入 NBA 商品的分頁 HTML 表格資料，按下方下一頁鈕可以切換商品分頁，如下圖所示：

NBA 商品資料

商品編號	商品名稱	價格
1	【NBA】NIKE 青年版 塞爾提克 Kyrie Irving 厄文 城市版球衣 青年球衣 運動背心 籃球球衣(NBA球衣)	1,190
2	【NBA】NIKE 籃網隊 Jeremy Lin DRY TEE 短袖上衣 短袖T恤 運動上衣 運動服 短T 健身 慢跑(NBA上衣)	690
3	【NBA】NIKE 青年版 公鹿隊 字母哥 Antetokounmpo 運動短T 迅速排汗 健身 基本款(Youth)	590
4	【NBA】NIKE 波士頓 塞爾提克隊 Kyrie Irving 球衣 厄文 運動背心 籃球球衣 球迷版(864403-103)	2,680
5	【NBA】NIKE 休士頓 火箭隊 Chris Paul 球衣 CP3 運動背心 籃球球衣(NBA球衣)	1,580
6	【NBA】NIKE 青年版 球衣 火箭隊 PAUL CP3 保羅船長 籃球球衣 籃球背心 球迷版(Youth)	1,071
7	【NBA】NIKE Westbrook 雷霆隊 DRY 快速排汗 短袖上衣 短袖T恤 運動上衣 運動服 短T 健身 慢跑(NBA上衣)	990
8	【NBA】NIKE 青年版 勇士隊 短袖上衣 DRI-FIT 快速排汗 短袖T恤 健身 慢跑(WZ2B711D1-WARRIORS)	612
9	【NBA】NIKE 休士頓 火箭隊 James Harden 球衣 大鬍子 哈登 運動背心 籃球球衣 球迷版(NBA球衣)	1,390
10	【NBA】NIKE U NK ELT CREW 籃球運動襪 blue(NBA籃球襪)	349

1 2 3 4 5 下一頁 › 最後一頁 »

在切換頁面爬取分頁 HTML 表格資料桌面流程（流程檔：ch10-4.txt）分成三大部分共 12 個步驟的動作，在第一部分是切換至 NBA 商品表格網頁，第二部分是爬取分頁表格資料，第三部分是將爬取資料存入 Excel 工作表。首先是第一部分桌面流程的 Step 1 ~ Step 3，如下圖所示：

1	**啟動新的 Chrome** 啟動 Chrome，瀏覽至 'https://fchart.github.io/test/testsite.html'，並將執行個體儲存至 Browser
2	**等待網頁內容** 等待 UI 元素 Anchor '主選單' 出現在網頁上
3	**按一下網頁上的連結** 按一下網頁的 Anchor 'NBA商品資料'

Step 1 瀏覽器自動化 > 啟動新的 Chrome 動作是啟動 Chrome 瀏覽器，以最大化視窗瀏覽前述的 URL 網址。

Step 2 瀏覽器自動化 > 等待網頁內容動作是為了避免網頁尚未載入就執行下一個步驟，在等待網頁欄可以選擇判斷是否有看到指定網頁元素或內容，來確認網頁內容已經載入，如下圖所示：

˅ 一般

網頁瀏覽器執行個體:	%Browser%
等待網頁:	包含元素
UI 元素:	本機電腦 > Web Page 'https://fchart.github.io/test/testsite.htr
失敗，發生逾時錯誤:	（關）

上述 UI 元素欄使用的 UI 元素，如右圖所示：

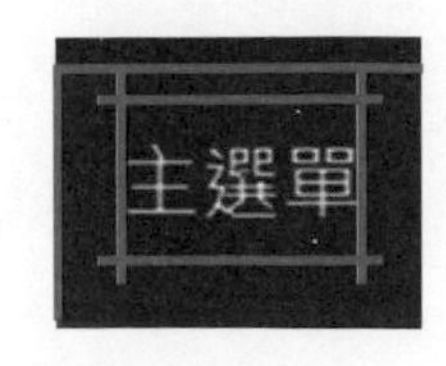

Step 3 **瀏覽器自動化 > 按一下網頁上的連結**動作就是模擬點選超連結來切換至下一個頁面，一樣是使用 UI 元素定位超連結，在**點擊類型**欄選如何點選，以此例是**按滑鼠左鍵**，如下圖所示：

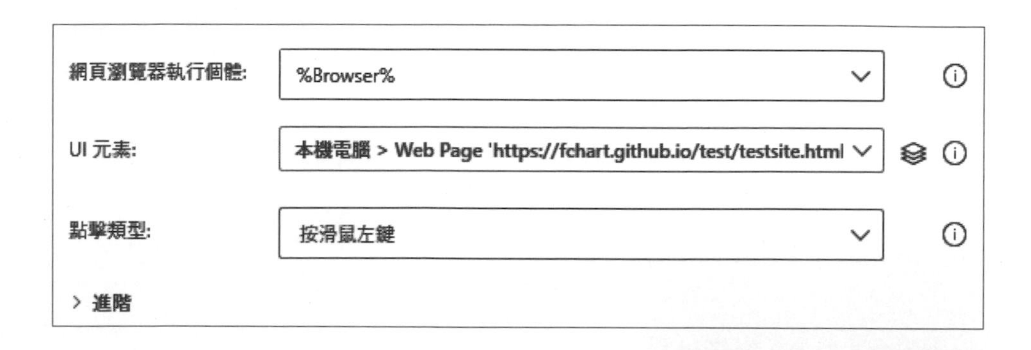

上述 UI 元素欄使用的 UI 元素，如右圖所示：

在第二部分的 Step 4 ~ Step 6 是切換至 NBA 商品資料的分頁 HTML 表格後，爬取前 5 頁分頁的 HTML 表格資料，如下圖所示：

4 **等待網頁內容**
等待 UI 元素 Heading 2 'NBA 商品資料' 出現在網頁上

5 **從網頁擷取資料**
使用分頁從多個網頁的 HTML 表格中擷取所有資料，並將其儲存於 DataFromWebPage 中

6 **關閉網頁瀏覽器**
關閉網頁瀏覽器 Browser

上述 Step 4 是使用 UI 元素等待網頁上方的標題文字 "NBA 商品資料 " 後，表示已經成功載入分頁的 HTML 表格資料，在 Step 6 的**瀏覽器自動化 > 關閉網頁瀏覽器**動作是關閉 Chrome 瀏覽器。

整個網路爬蟲就只有 Step 5 的**瀏覽器自動化 >Web 資料擷取 > 從網頁擷取資料**動作，此動作可以爬取分頁 HTML 表格資料，其建立步驟如下所示：

1. 請先啟動 Chrome 瀏覽器進入上述分頁 HTML 表格網頁後，在 Power Automate 的「動作」窗格拖拉**瀏覽器自動化 >Web 資料擷取 > 從網頁擷取資料**動作，可以編輯動作參數。

2. 然後切換至 Chrome 瀏覽器，能夠看到「即時網頁助手」視窗，請移動滑鼠至 HTML 表格的第 1 個儲存格，可以看到紅色方框的 Table header cell 標籤。

3. 因為是表格，所以在紅色方框中，可以執行右鍵快顯功能表的**擷取完整 HTML 表格**命令。

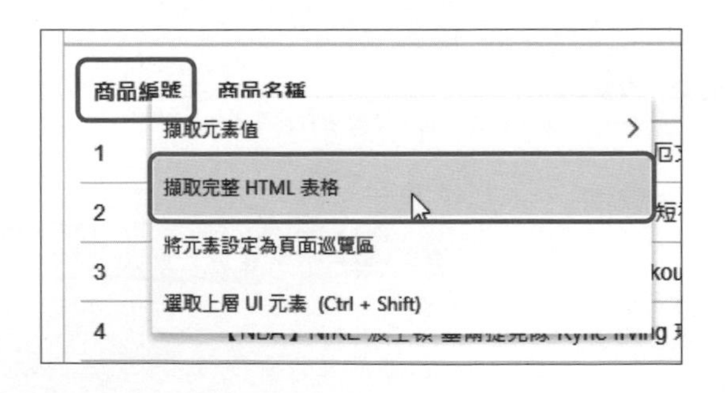

4. 可以在「即時網頁助手」視窗看到擷取的 HTML 表格資料。

5. 接著處理分頁切換，請移動滑鼠至下方的下一頁鈕，可以看到紅色方框的 Button 標籤。

6. 在紅色方框中執行右鍵快顯功能表的**將元素設定為頁面巡覽區**命令，即可自動點選按鈕來切換分頁。

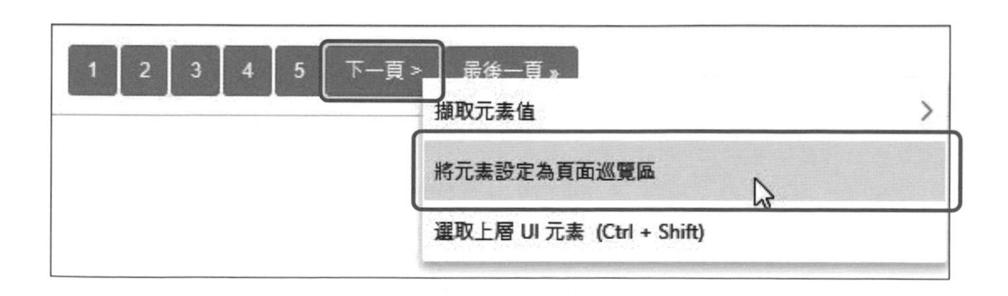

7. 在「即時網頁助手」視窗按下方**完成**鈕完成網頁資料擷取，在回到動作編輯後，在**擷取資料來源**欄可選全部分頁，或僅限前幾個，以此例是前幾個，**要處理的頁面數目上限**欄輸入 5，即前 5 頁，在**儲存資料模式**欄選**變數**，將擷取資料儲存至 DataFromWebPage 變數，按**儲存**鈕完成動作編輯。

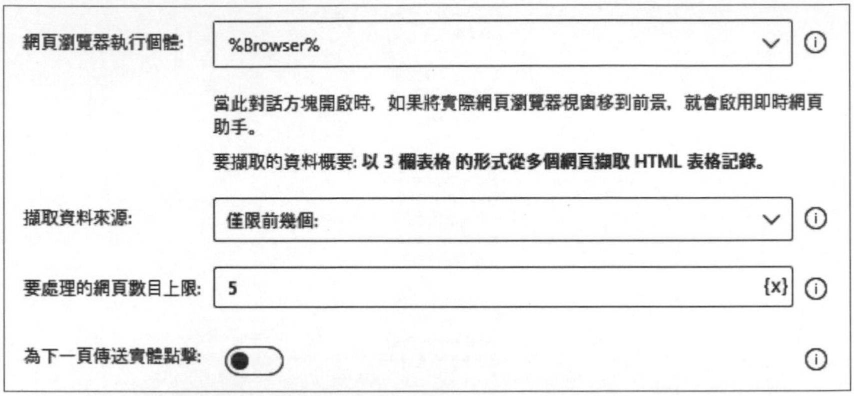

網頁瀏覽器執行個體:	%Browser%
	當此對話方塊開啟時，如果將實際網頁瀏覽器視窗移到前景，就會啟用即時網頁助手。 要擷取的資料概要: 以 3 欄表格 的形式從多個網頁擷取 HTML 表格記錄。
擷取資料來源:	僅限前幾個:
要處理的網頁數目上限:	5
為下一頁傳送實體點擊:	

在第三部分桌面流程的 Step 7 ~ Step 12 是將爬取的 DataFromWebPage 變數 (DataTable 資料表物件) 寫入 Excel 工作表，在 Step 7 啟動 Excel 的空白活頁簿，如下圖所示：

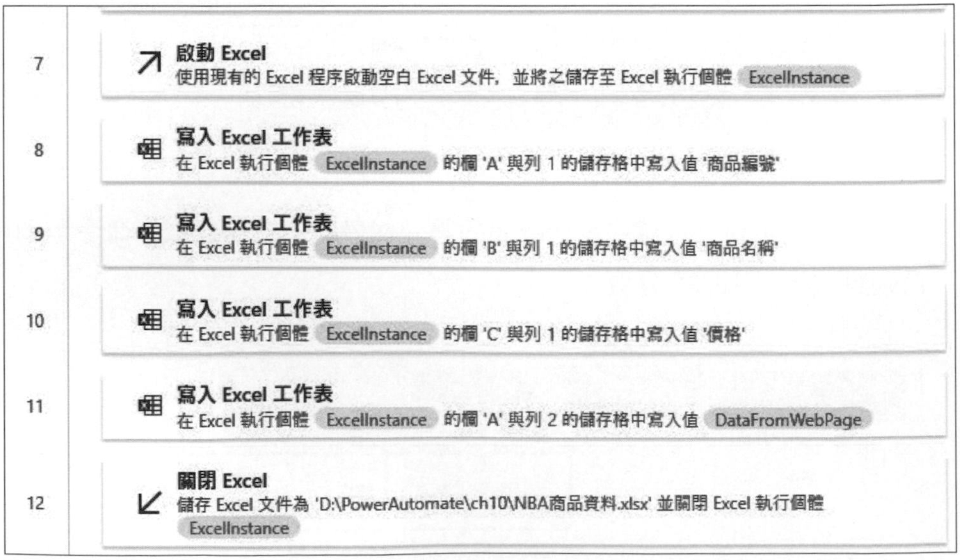

7	**啟動 Excel** 使用現有的 Excel 程序啟動空白 Excel 文件，並將之儲存至 Excel 執行個體 ExcelInstance
8	**寫入 Excel 工作表** 在 Excel 執行個體 ExcelInstance 的欄 'A' 與列 1 的儲存格中寫入值 '商品編號'
9	**寫入 Excel 工作表** 在 Excel 執行個體 ExcelInstance 的欄 'B' 與列 1 的儲存格中寫入值 '商品名稱'
10	**寫入 Excel 工作表** 在 Excel 執行個體 ExcelInstance 的欄 'C' 與列 1 的儲存格中寫入值 '價格'
11	**寫入 Excel 工作表** 在 Excel 執行個體 ExcelInstance 的欄 'A' 與列 2 的儲存格中寫入值 DataFromWebPage
12	**關閉 Excel** 儲存 Excel 文件為 'D:\PowerAutomate\ch10\NBA商品資料.xlsx' 並關閉 Excel 執行個體 ExcelInstance

上述 Step 8 ~ Step 10 在空白活頁簿寫入第 1 列的標題列，即 " 商品編號 "、" 商品名稱 " 和 " 價格 "，在 Step 11 是從 "A2" 儲存格開始寫入 DataFromWebPage 變數的資料表物件，最後在 Step 12 另存成 Excel 檔案 "NBA 商品資料 .xlsx" 和關閉 Excel。

上述桌面流程的執行結果可以擷取 Web 網頁前 5 頁分頁的 HTML 表格資料，共將 50 筆商品資訊存入 Excel 檔案 "NBA 商品資料 .xlsx"，其內容如下圖所示：

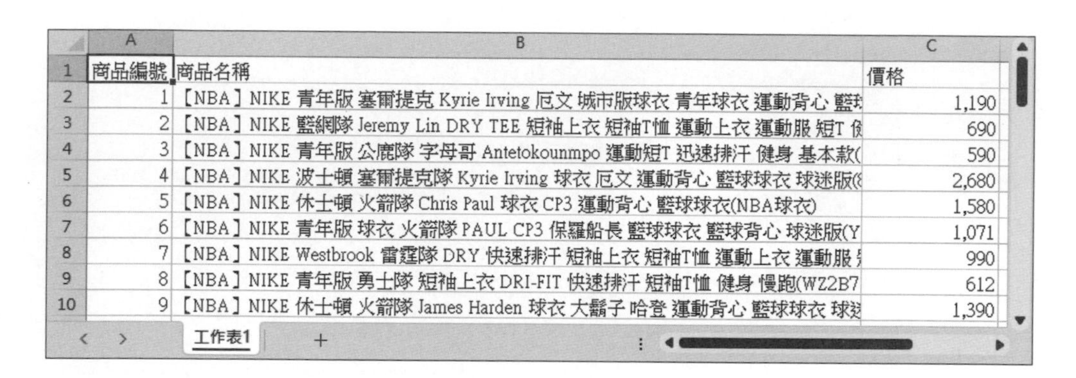

	A	B	C
1	商品編號	商品名稱	價格
2	1	【NBA】NIKE 青年版 塞爾提克 Kyrie Irving 厄文 城市版球衣 青年球衣 運動背心 籃	1,190
3	2	【NBA】NIKE 籃網隊 Jeremy Lin DRY TEE 短袖上衣 短袖T恤 運動上衣 運動服 短T	690
4	3	【NBA】NIKE 青年版 公鹿隊 字母哥 Antetokounmpo 運動短T 迅速排汗 健身 基本款(	590
5	4	【NBA】NIKE 波士頓 塞爾提克隊 Kyrie Irving 球衣 厄文 運動背心 籃球球衣 球迷版(	2,680
6	5	【NBA】NIKE 休士頓 火箭隊 Chris Paul 球衣 CP3 運動背心 籃球球衣(NBA球衣)	1,580
7	6	【NBA】NIKE 青年版 球衣 火箭隊 PAUL CP3 保羅船長 籃球球衣 籃球背心 球迷版(Y	1,071
8	7	【NBA】NIKE Westbrook 雷霆隊 DRY 快速排汗 短袖上衣 短袖T恤 運動上衣 運動服	990
9	8	【NBA】NIKE 青年版 勇士隊 短袖上衣 DRI-FIT 快速排汗 短袖T恤 健身 慢跑(WZ2B7	612
10	9	【NBA】NIKE 休士頓 火箭隊 James Harden 球衣 大鬍子 哈登 運動背心 籃球球衣 球	1,390

10-5 實作案例：分割與合併 PDF 檔案的頁面

在 Power Automate 的 PDF 分類提供 2 個動作可以分割與合併 PDF 檔案的頁面，我們能將 PDF 檔案的每一頁都獨立儲存成 PDF 檔案，或將整個資料夾的 PDF 檔案合併成單一 PDF 檔案。

☆分割 PDF 檔案中的每一頁成為 PDF 檔案 ch10-5.txt

PDF 檔案 "Python 海龜繪圖 .pdf" 是從 PPT 簡報輸出的 PDF 檔案，共有 4 個頁面，我們準備將此 PDF 檔案分割成 4 個 PDF 檔案，每一個頁面就是一個 PDF 檔案。

在**分割 PDF 檔案中的每一頁成為 PDF 檔案**桌面流程共有 6 個步驟的動作，使用**迴圈**動作來分割每一個頁面，因為沒有動作可以取得 PDF 檔案的頁數，所以在 Step 2 是使用錯誤處理來結束迴圈的執行，如下圖所示：

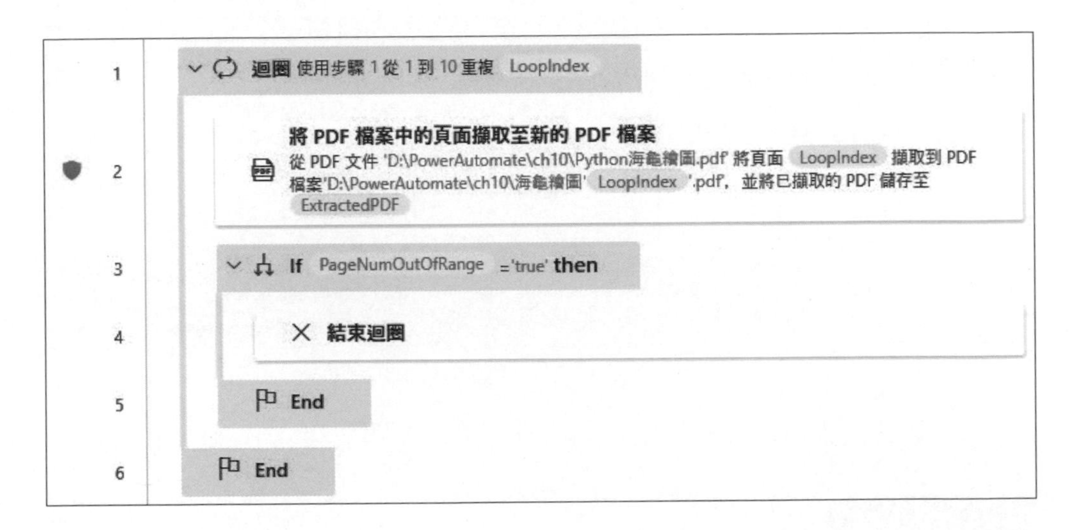

Step 1 ~ Step 6 迴圈 > 迴圈動作是從 1 至 10 的計數迴圈，計數器變數 LoopIndex 就是欲分割 PDF 檔案的頁碼，如下圖所示：

開始位置: 1 {x}

結束位置: 10 {x}

遞增量: 1 {x}

> 變數已產生 LoopIndex

Step 2 PDF> **將 PDF 檔案中的頁面擷取至新的 PDF 檔案**動作可以從 PDF 檔案中擷取指定的頁面來儲存成新的 PDF 檔案，在 **PDF 檔案**欄是目標 PDF 檔案的路徑，**頁面選擇**欄是頁碼，以此例是計數器變數 LoopIndex，在**已擷取的 PDF 檔案路徑**欄就是擷取頁面儲存的新 PDF 檔案，在檔案名稱有加上 LoopIndex 變數值，如果新的 PDF 檔案存在，就覆寫檔案，如下圖所示：

當頁碼 LoopIndex 變數值超過實際頁面數時，在**頁面選擇**欄的值就會超過範圍而產生錯誤，請按左下角**錯誤時**鈕來處理此錯誤，然後在「進階」區段找到**頁面超出邊界**錯誤，這是頁碼超過範圍的錯誤，如下圖所示：

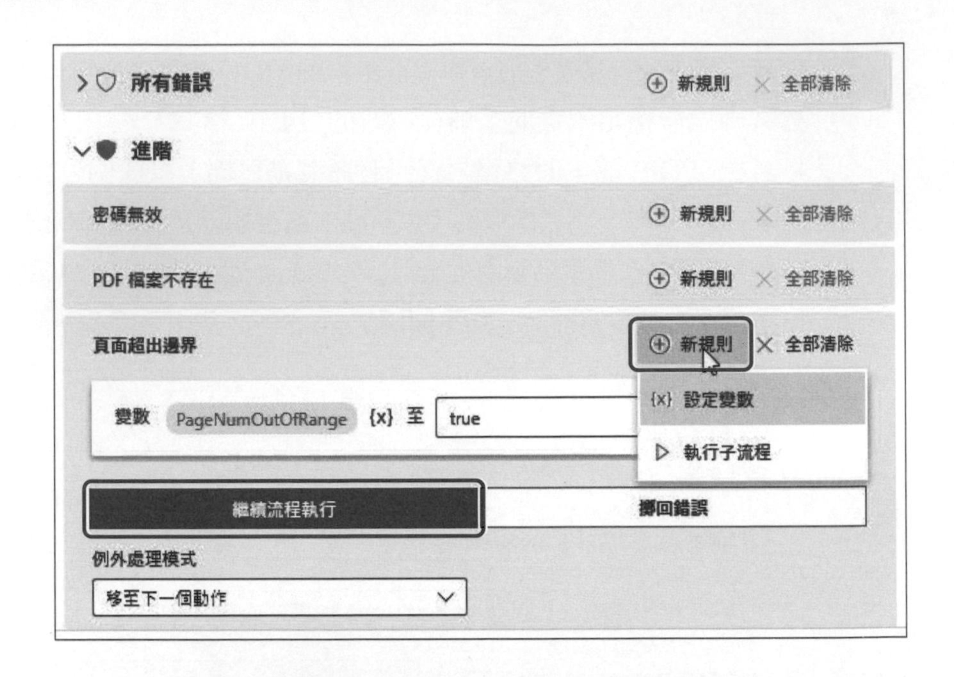

請點選頁面超出邊界錯誤後的新規則，可以新增執行子流程或設定變數值的規則（全部清除是清除所有規則），以此例是新增設定變數的規則，當超過範圍，就指定 PageNumOutOfRange 變數值為 true 字串，然後在下方選繼續流程執行，其例外處理模式是繼續執行下一個動作。

Step 3 ~ Step 5 條件 >If 動作建立單選條件，可以判斷 Step 2 新增規則的 PageNumOutOfRange 變數值是否是 true 字串，當條件成立，就表示已經分割完所有 PDF 檔案的頁面，如下圖所示：

第一個運算元: %PageNumOutOfRange% {x}

運算子: 等於 (=)

第二個運算元: true {x}

Step 4 **迴圈 > 結束迴圈**動作是條件成立執行的動作，可以結束目前迴圈的執行。

上述桌面流程的執行過程可以看到當 LoopIndex 變數值是 5 時，就結束迴圈的執行，其執行結果能在流程檔的相同目錄下新增 4 個分割的 PDF 檔案，每一個 PDF 檔案是 1 個頁面，如下圖所示：

海龜繪圖1.pdf
海龜繪圖2.pdf
海龜繪圖3.pdf
海龜繪圖4.pdf

☆合併資料夾下的 PDF 檔案

ch10-5a.txt

在「ch10\PDF」目錄下是從單一 PDF 檔案分割出來的 4 個 PDF 檔案，如右圖所示：

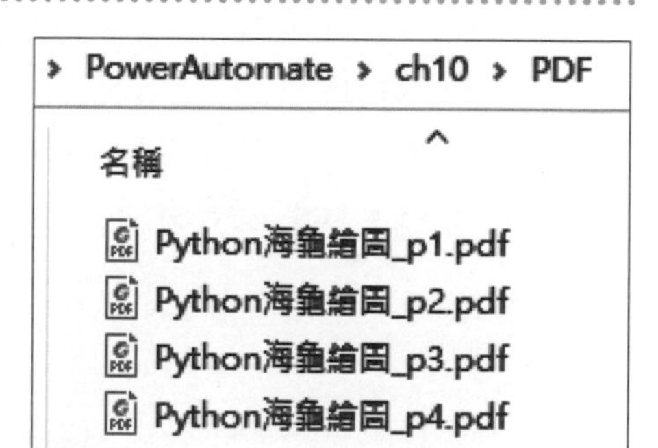

在**合併資料夾下的 PDF 檔案**桌面流程共有 2 個步驟的動作，可以取得資料夾下的所有 PDF 檔案後，合併這些 PDF 檔案，如下圖所示：

1 **取得資料夾中的檔案**
擷取符合 '*.pdf' 之資料夾 'D:\PowerAutomate\ch10\PDF' 中的檔案，並將其儲存至 Files

2 **合併 PDF 檔案**
將 PDF 檔案 Files 合併至 'D:\PowerAutomate\ch10\Python海龜繪圖-合併.pdf'，並將合併的 PDF 儲存至 MergedPDF

Step 1 **資料夾 > 取得資料夾中的檔案**動作是取得「D:\PowerAutomate\ch10\PDF」目錄下副檔名為 .pdf 的所有 PDF 檔案後，儲存至 Files 清單變數，如下圖所示：

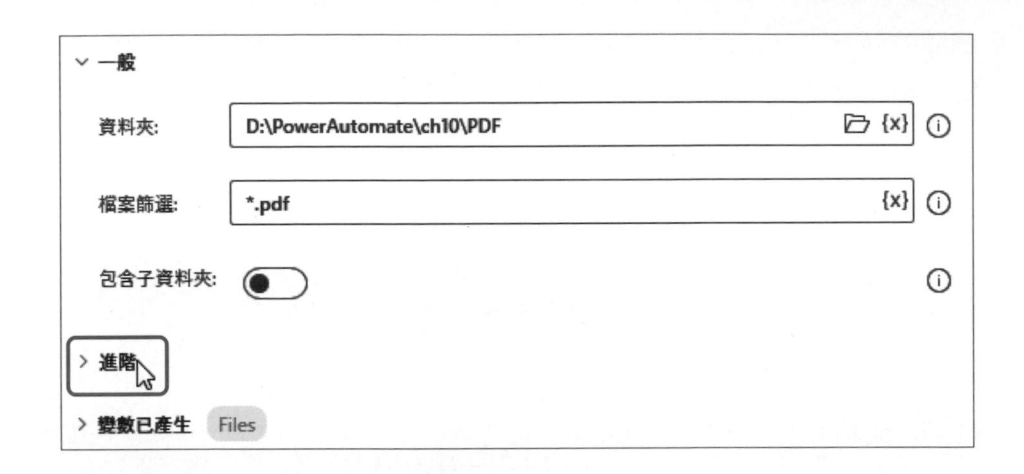

因為合併 PDF 檔案的方式是合併至前方，所以取得的檔案清單需設定檔名的遞減排序，請展開「進階」區段，在**排序方式**欄選**完整名稱**，和點選開啟下方**遞減**的遞減排序，如下圖所示：

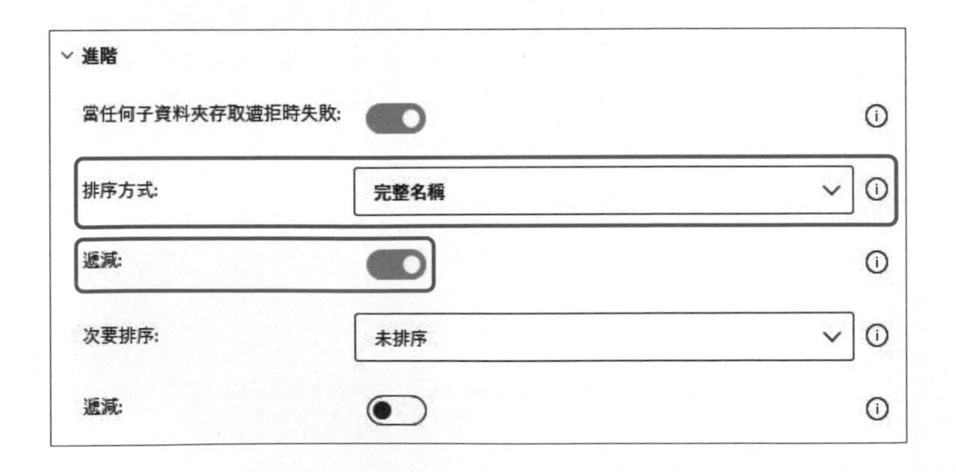

Step 2 PDF> 合併 PDF 檔案動作可以合併多個 PDF 檔案，在 PDF 檔案欄是欲合併的 PDF 檔案，如為檔案清單就是合併清單中的所有 PDF 檔案，合併的 PDF 路徑欄就是合併的新 PDF 檔案，如果合併的新 PDF 檔案存在，就覆寫檔案，如下圖所示：

一般	
PDF 檔案:	%Files%
合併的 PDF 路徑:	D:\PowerAutomate\ch10\Python海龜繪圖-合併.pdf
如果檔案已存在:	覆寫
進階	
變數已產生	MergedPDF

上述桌面流程的執行結果，在「變數」窗格檢視 Files 變數的值，可以看到遞減排序的檔案名稱清單，如下圖所示：

Files (清單檔案)

#	項目	
0	D:\PowerAutomate\ch10\PDF\Python海龜繪圖_p4.pdf	其他
1	D:\PowerAutomate\ch10\PDF\Python海龜繪圖_p3.pdf	其他
2	D:\PowerAutomate\ch10\PDF\Python海龜繪圖_p2.pdf	其他
3	D:\PowerAutomate\ch10\PDF\Python海龜繪圖_p1.pdf	其他

在流程檔的相同目錄下可以看到合併的 PDF 檔案 "Python 海龜繪圖 - 合併 .pdf"，其內容是依序從 p1~p4 來合併每一個 PDF 檔案的頁面。

1. 請簡單說明 Power Automate 是如何建立網路爬蟲來擷取網頁資料？

2. 請問 Power Automate 的 PDF 資料擷取功能有哪些？

3. 請建立 Power Automate 桌面流程擷取下列 URL 網址的 HTML 表格資料，然後儲存至 Excel 工作表，如下所示：

```
https://fchart.github.io/test/table.html
```

4. 請建立 Power Automate 桌面流程來擷取下列 URL 網址的三種收費方案，然後儲存至 Excel 工作表，如下所示：

```
https://fchart.github.io/test/pricing.html
```

5. 請活用第 10-1 節的螢幕畫面擷取和第 9-3 節的 OCR 文字識別，然後找一頁網頁來建立 Power Automate 桌面流程，可以從拍攝網頁的螢幕畫面中，使用 OCR 擷取出文字資料，例如：股票價格。

6. 請活用第 10-3 節的擷取 PDF 影像和第 9-3 節的 OCR 文字識別，然後找一個擁有影像的 PDF 檔案來建立 Power Automate 桌面流程，首先擷取 PDF 中的所有影像後，分別使用 OCR 擷取這些影像中的文字資料。

CHAPTER

11

自動化填寫表單、ChatGPT API 與下載網路資料

- 11-1 | 自動化填寫 Windows 應用程式表單
- 11-2 | 自動化填寫 Web 介面的 HTML 表單
- 11-3 | Web 服務與 ChatGPT API
- 11-4 | 實作案例：自動化下載網路 CSV 檔和匯入 Excel 檔
- 11-5 | 實作案例：自動化登入 Web 網站

11-1 自動化填寫 Windows 應用程式表單

在 Power Automate 的**使用者介面自動化 > 填寫表單**分類下是填寫應用程式表單欄位的相關動作，包含：文字方塊、選項按鈕、核取方塊和下拉式選單等，如右圖所示：

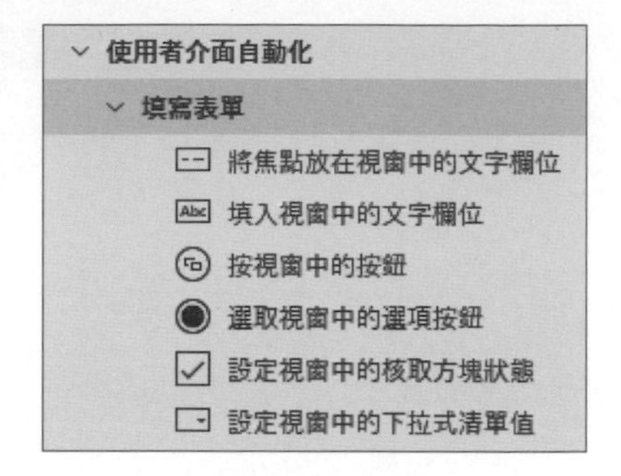

請執行「ch11\ 教學管理系統\ 教學管理系統 .exe」啟動教學管理系統，我們準備自動化填寫表單來更改學生**陳會安**的第一次小考成績，將目前分數加 1 分後，按**確定**鈕完成更新，如下圖所示：

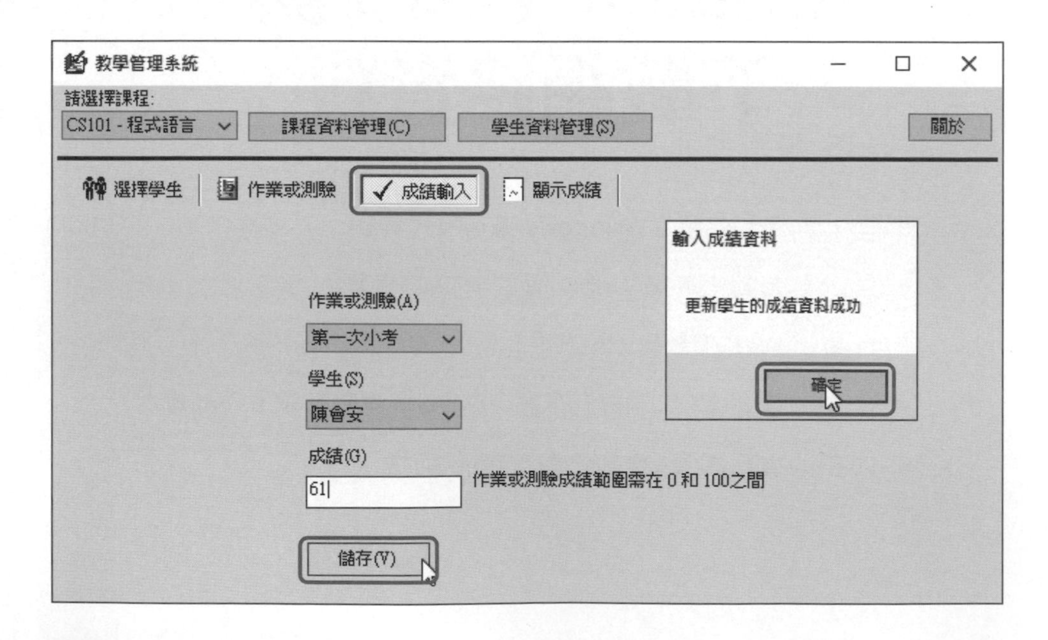

請注意！本節的 Windows 資料庫應用程式需要參閱附錄 B 安裝 SQL Server Express 版，才能正確的啟動執行。

上述輸入成績的自動化操作流程，其步驟依序是：

1. 啟動教學管理系統。
2. 選成績輸入標籤頁。
3. 選第一次小考。
4. 選學生陳會安。
5. 先擷取成績資料後，將成績加 1 分再填回。
6. 按儲存鈕。
7. 在「輸入成績資料」訊息視窗按確定鈕完成更新。
8. 關閉教學管理系統的視窗。

在自動化填寫 Windows 應用程式表單桌面流程（流程檔：ch11-1.txt）共有 9 個步驟的動作，可以完成上述 Windows 應用程式表單的填寫操作，在 Step 1 ~ Step 4 是執行應用程式來切換和選擇學生，如下圖所示：

Step 1 系統 > 執行應用程式動作是以最大化視窗執行「D:\PowerAutomate\ch11\ 教學管理系統」目錄下的教學管理系統 .exe 程式。

Step 2 使用者介面自動化 > 選取視窗中的索引標籤動作是切換標籤頁，可以切換至成績輸入標籤頁，如右圖所示：

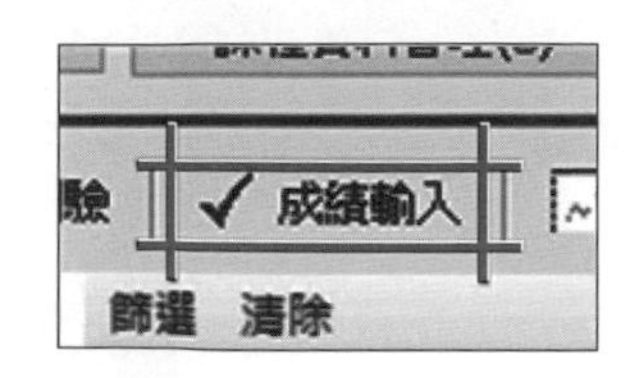

Step 3 使用者介面自動化 > 填寫表單 > 設定視窗中的下拉式清單值動作是設定下拉式選單作業或成績的選項，請在下拉式清單欄新增下拉式選單的 UI 元素 Combo Box，作業欄選依名稱選取選項 (也可用索引選取選項)，然後在選項名稱欄輸入第一次小考，如下圖所示：

下拉式清單: 本機電腦 > Window '教學管理系統' > Combo Box '作業或測驗(A)'
作業: 依名稱選取選項
選項名稱: 第一次小考 {x}

Step 4 使用者介面自動化 > 填寫表單 > 設定視窗中的下拉式清單值動作是設定下拉式選單學生的選項，請在下拉式清單欄新增下拉式選單的 UI 元素 Combo Box，作業欄選依名稱選取選項，然後在選項名稱欄輸入陳會安，如下圖所示：

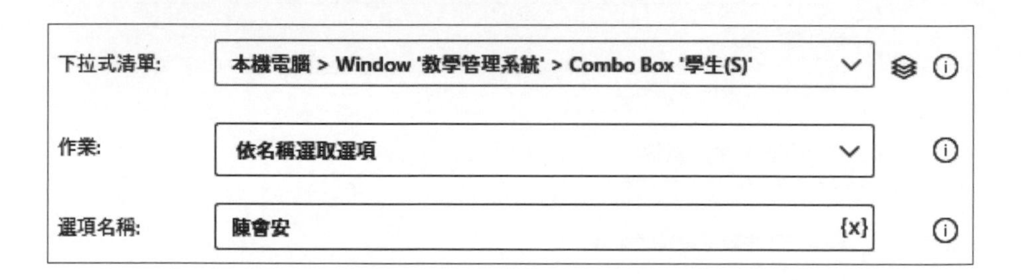

然後在 Step 5 ~ Step 7 更新成績，將目前成績加 1 分後關閉應用程式視窗，如下圖所示：

Step 5 使用者介面自動化 > 資料擷取 > 從視窗擷取資料動作能夠擷取指定 UI 元素的資料儲存至變數，在視窗欄是欲擷取資料的 UI 元素，即成績欄位的 Edit 元件，將擷取的資料儲存在欄選變數，可以儲存至 DataFromWindow 變數，如下圖所示：

⌄ 一般

視窗: 本機電腦 > Window '教學管理系統' > Edit '成績(G)'

將擷取的資料儲存在: 變數

› 變數已產生 DataFromWindow

Step 6 使用者介面自動化 > 填寫表單 > 填入視窗中的文字欄位動作是在成績欄位的文字方塊填入更新的成績，即將 DataFromWindow 變數值加 1，如下圖所示：

文字方塊: 本機電腦 > Window '教學管理系統' > Edit '成績(G)'

要填入的文字: 以文字、變數或運算式的形式輸入 {x}

%DataFromWindow + 1%

Step 7 **使用者介面自動化 > 填寫表單 > 按視窗中的按鈕**動作就是按下**儲存**鈕，UI 元素如下圖所示：

Step 8 **使用者介面自動化 > 填寫表單 > 按視窗中的按鈕**動作是按下「輸入成績資料」訊息視窗的**確定**鈕，UI 元素如下圖所示：

Step 9 **使用者介面自動化 > 視窗 > 關閉視窗**動作可以用 UI 元素、視窗標題等資訊來關閉指定視窗，在**尋找視窗模式**欄選**透過標題和 / 或類別**，即可按下方**選取視窗**鈕選取教學管理系統的視窗，如下圖所示：

尋找視窗模式: 透過標題和/或類別

視窗標題: 教學管理系統 {x}

視窗類別: WindowsForms10.Window.8.app.0.141b42a_r8_ad1 {x}

或 選取視窗

上述桌面流程的執行結果可以更新學生**陳會安**的第一次小考成績，請啟動教學管理系統切換至**顯示成績**標籤，就可以看到學生**陳會安**的成績已經更新。

11-2 自動化填寫 Web 介面的 HTML 表單

在 Power Automate 的**瀏覽器自動化 > 填寫網頁表單**分類下，提供填寫 Web 介面的 HTML 表單欄位的相關動作，包含：文字欄位、選項按鈕、核取方塊狀態和下拉式選單等，如右圖所示：

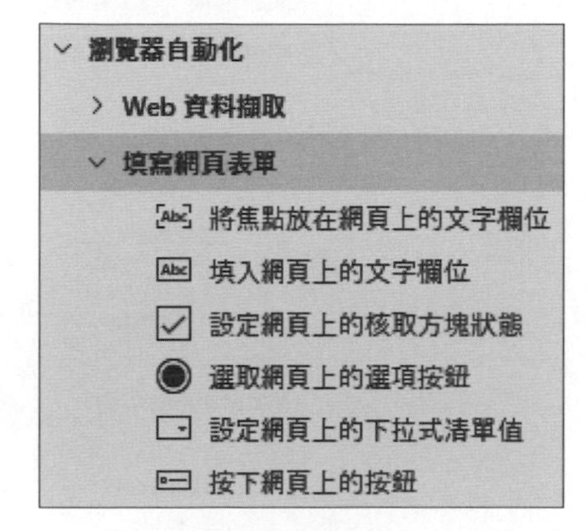

在本節和第 11-5 節都是使用 E-SHOPPER 免費範本所架設的網路商店測試網站，首先在本節是自動化填寫 HTML 表單來註冊成為客戶後，在第 11-5 節就以註冊客戶來自動登入網站，其 URL 網址如下所示：

◆ http://fchart.is-best.net/onlinestore/

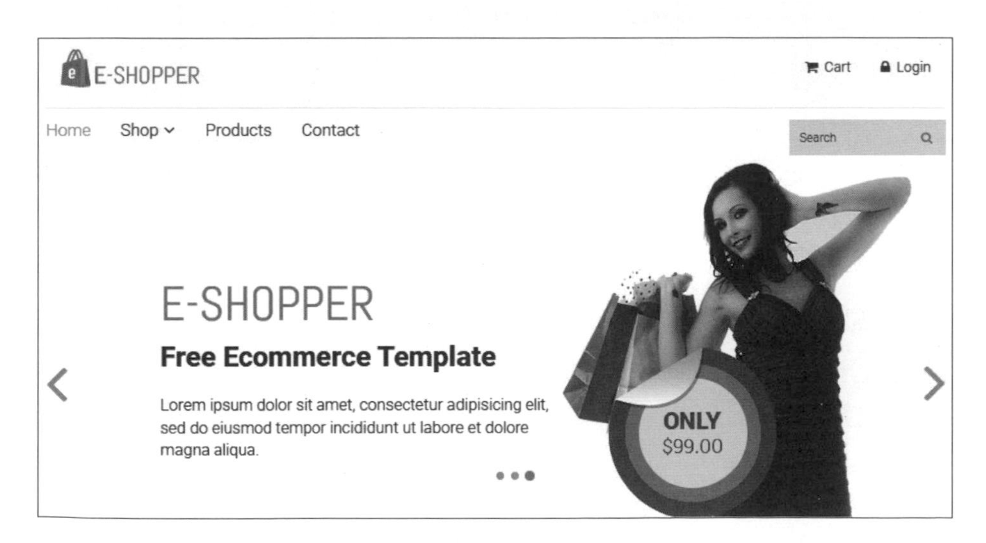

請點選右上方 Login，再按上方 Sign Up 鈕，可以看到 HTML 註冊表單，請使用英文填寫客戶的註冊資料，如下圖所示：

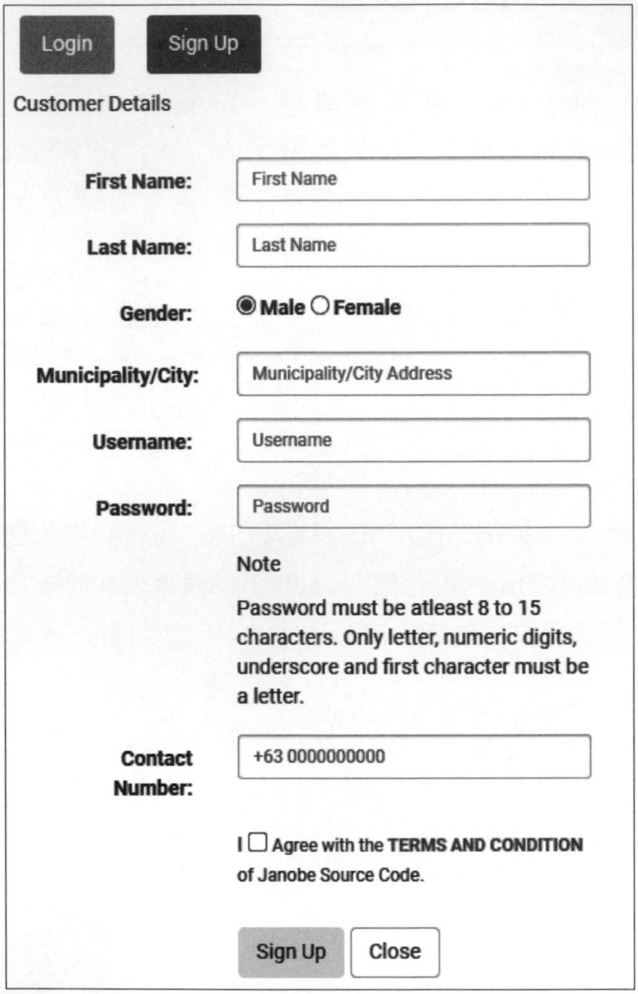

Login Sign Up

Customer Details

First Name: First Name

Last Name: Last Name

Gender: Male Female

Municipality/City: Municipality/City Address

Username: Username

Password: Password

Note

Password must be atleast 8 to 15 characters. Only letter, numeric digits, underscore and first character must be a letter.

Contact Number: +63 0000000000

I Agree with the **TERMS AND CONDITION** of Janobe Source Code.

Sign Up Close

在自動化填寫 Web 介面的 HTML 表單桌面流程（流程檔：ch11-2.txt）共有 16 個步驟的動作，可以完成上述 HTML 註冊表單的填寫操作，在 Step 1 ~ Step 5 是啟動 Chrome 來開啟 HTML 註冊表單，如下圖所示：

Step 1 ~ Step 2 2 個變數 > 設定變數動作分別指定使 Username 使用者名稱和 Password 密碼變數，請自行更改成註冊的使用者名稱和密碼，密碼長度至少 8 個字元，和 1 個英文字母。

Step 3 瀏覽器自動化 > 啟動新的 Chrome 動作是啟動最大化視窗的 Chrome 瀏覽器和進入網址 http://fchart.is-best.net/onlinestore/。

Step 4 ~ Step 5 2 個瀏覽器自動化 > 填寫網頁表單 > 按下網頁上的按鈕動作可以依序按下 Login 和 Sign Up 鈕來開啟註冊表單，這 2 個按鈕的 UI 元素是按鈕外觀的超連結，如下圖所示：

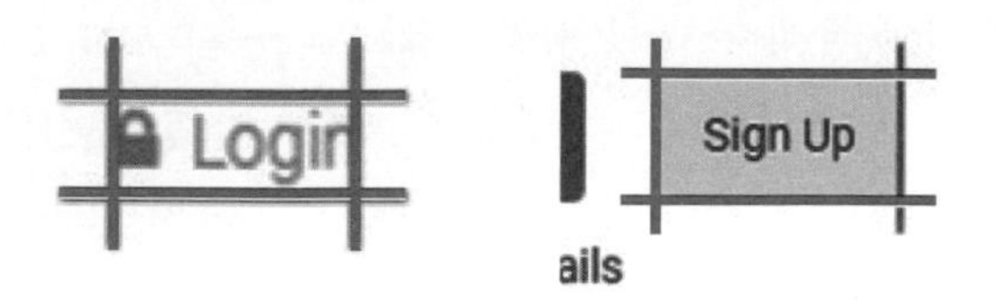

目前的桌面流程已經開啟 HTML 註冊表單，接著在 Step 6 ~ Step 7 依序輸入名、姓和選擇性別，如下圖所示：

6	填入網頁上的文字欄位 使用模擬輸入在文字欄位 Input text 'FNAME' 中填入 'Mary'
7	填入網頁上的文字欄位 使用模擬輸入在文字欄位 Input text 'LNAME' 中填入 'Wang'
8	選取網頁上的選項按鈕 選取選項按鈕 Input radio 'GENDER' 2

Step 6 ~ Step 7 2 個**瀏覽器自動化 > 填寫網頁表單 > 填入網頁上的文字欄位**動作可以依序填入名和姓，即 HTML 註冊表單的 First Name 和 Last Name 欄位，以 Step 6 為例是在文字欄位填入 Mary，UI 元素欄位是 Input text 文字欄位，如下圖所示：

網頁瀏覽器執行個體:	%Browser%
UI 元素:	本機電腦 > Web Page 'http://fchart.is-best.net/on
文字:	以文字、變數或運算式的形式輸入 {x} Mary

Step 8 **瀏覽器自動化 > 填寫網頁表單 > 選取網頁上的選項按鈕**動作是選擇性別的選項按鈕，以此例是選 Female，UI 元素是第 2 個 Input radio 選項按鈕，如右圖所示：

然後依序在 Step 9 ~ Step 12 填入 HTML 表單的 Municipality/City（城市）、Username（使用者名稱）、Password（密碼）和 Contact Number（聯絡電話）共四個文字欄位，其中使用者名稱和密碼是填入 Step 1 ~ Step 2 的 Username 和 Password 變數值，如下圖所示：

9	**填入網頁上的文字欄位** 使用模擬輸入在文字欄位 Input text 'CITYADD' 中填入 'Taipei'
10	**填入網頁上的文字欄位** 使用模擬輸入在文字欄位 Input text 'CUSUNAME' 中填入 Username
11	**填入網頁上的文字欄位** 使用模擬輸入在文字欄位 Input password 'CUSPASS' 中填入 Password
12	**填入網頁上的文字欄位** 使用模擬輸入在文字欄位 Input number 'PHONE' 中填入 '0412345678'

最後，在 Step 13 勾選同意授權後，即可在 Step 14 按下按鈕送出 HTML 表單來註冊成為客戶，當註冊成功就會顯示一個訊息視窗，最後 2 個步驟就是在關閉此訊息視窗，如下圖所示：

13 設定網頁上的核取方塊狀態
將核取方塊 Input checkbox 'conditionterms' 狀態設定為 已勾選

14 按下網頁上的按鈕
按下網頁按鈕 Input submit 'Sign Up'

15 等候 3 秒

16 傳送按鍵
傳送以下按鍵輸入: '{Return}' 至前景視窗

Step 13 **瀏覽器自動化 > 填寫網頁表單 > 設定網頁上的核取方塊狀態**動作是勾選或取消勾選核取方塊，我們是在**核取方塊狀態**欄選擇**已勾選**，如下圖所示：

網頁瀏覽器執行個體: %Browser%

UI 元素: 本機電腦 > Web Page 'http://fchart.is-best.net/onlinestore/'

核取方塊狀態: 已勾選

上述 UI 元素欄是 Input checkbox 核取方塊，如下圖所示：

Step 14 **瀏覽器自動化 > 填寫網頁表單 > 按下網頁上的按鈕動作是按下** HTML 註冊表單最下方 Sign Up 鈕來註冊成為客戶，因為註冊後就會顯示一個訊息視窗等待使用者按下按鈕，請展開進階，關閉等待頁面載入，否則無法執行下一個步驟，如下圖所示：

Step 15 **流程控制 > 等候動作是等待 3 秒鐘。**

Step 16 **滑鼠和鍵盤 > 傳送按鍵動作是送出** Enter 鍵來跳過訊息視窗（因為 UI 元素無法取得訊息視窗的按鈕），在要傳送的文字欄輸入 Enter 鍵是點選下方插入特殊鍵後，再選其他 >Enter 鍵，如下圖所示：

上述桌面流程在執行前，請先進入網站，如果在右上方是 Logout 表示已經登入，請點選右上方 Logout 登出 Web 網站，可以看到 Logout 改為 Login 後，即可執行此桌面流程，看到開啟 HTML 註冊表單一一輸入欄位資料、選擇和勾選相關欄位後，按 Sign Up 註冊成為客戶，成功註冊能夠看到一個訊息視窗。

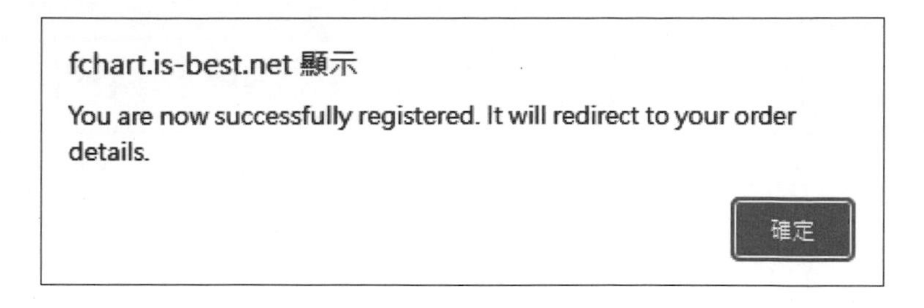

桌面流程會自動在 3 秒後送出 Enter 鍵來跳過上述訊息視窗，最後就是進入客戶的訂單詳情頁面，如下圖所示：

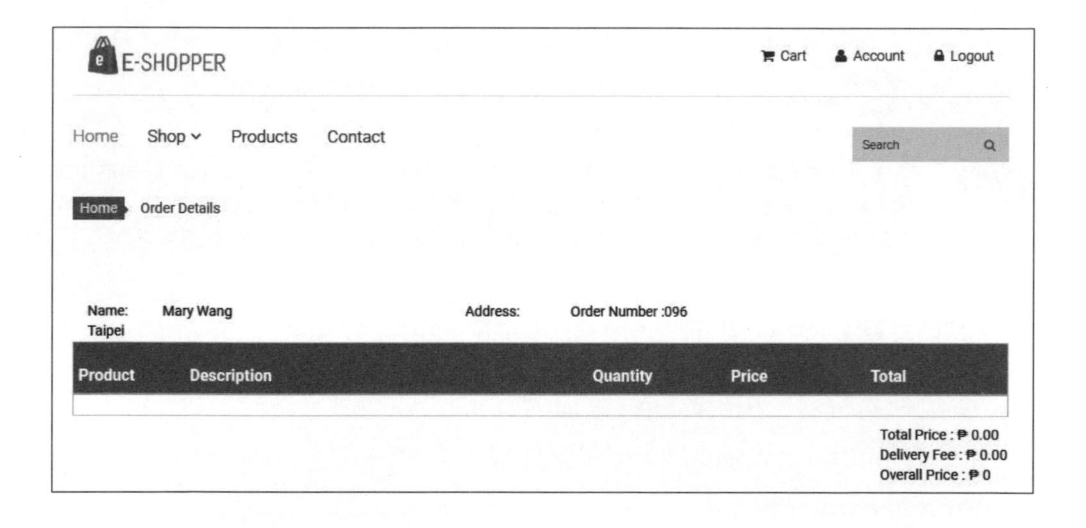

如果在註冊資料輸入的使用者名稱已經存在，就會註冊失敗顯示下列訊息視窗，和跳至網站首頁。

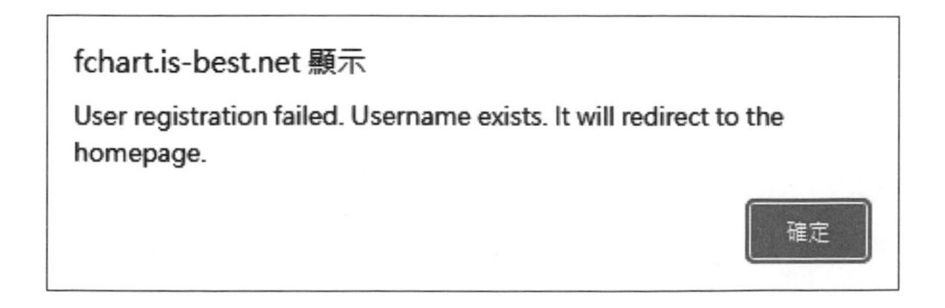

11-3 Web 服務與 ChatGPT API

OpenAI 在 2023 年 3 月初釋出官方 ChatGPT API，這是稱為 gpt-3.5-turbo 的優化 GPT-3.5 語言模型，也是目前 OpenAI 回應速度最快的 GPT 版本。

11-3-1 取得 OpenAI 帳戶的 API Key

在 Power Automate 桌面流程串接 ChatGPT API 前，我們需要先將 Open AI 帳戶設定成為付費帳戶和取得 OpenAI 帳戶的 API Key。

請注意！目前新註冊的 OpenAI 帳戶，已經沒有提供 ChatGPT API 的試用期和試用金額，Personal 版的 OpenAI 帳戶需要設定付費帳戶後，才能使用 ChatGPT API，其費用是每 1000 個 Tokens 收費 0.002 美元，1000 個 Tokens 大約等於 750 個單字。

☆ 設定付費帳戶和查詢 ChatGPT API 使用金額

請啟動瀏覽器使用附錄 A 註冊的 OpenAI 帳戶，登入 OpenAI 平台 https://platform.openai.com/ 首頁後，點選右上方 Personal，執行 Manage account 命令。

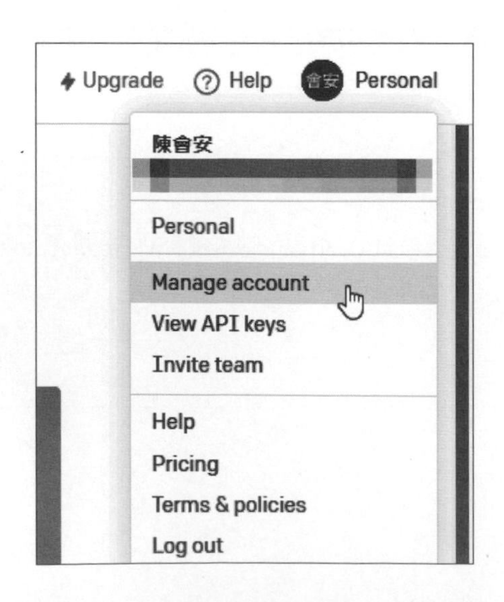

在帳戶管理可以查詢 ChatGPT API 的使用金額，這是使用圖表方式顯示每日或累積的使用金額，如下圖所示：

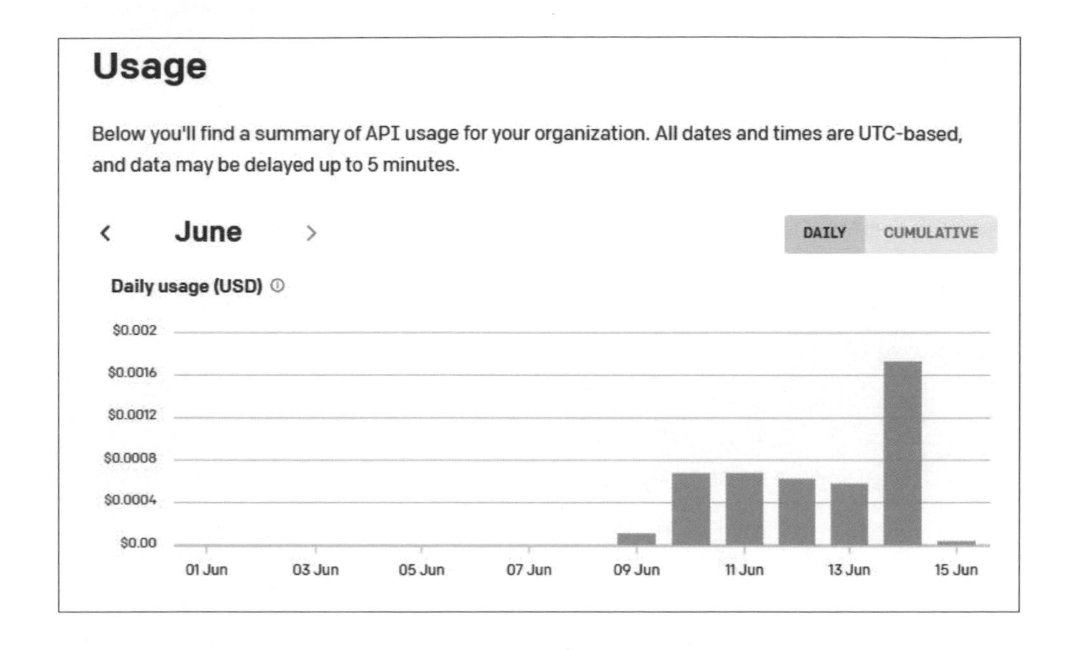

在左邊選 Billing 後，再選 Set up payment method 方法是個人或公司，就可以輸入付款的信用卡資料成為付費帳戶，如下圖所示：

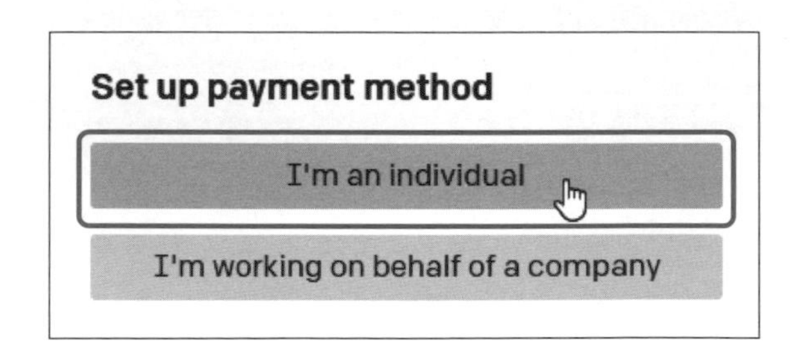

☆ 產生和取得 OpenAI 帳戶的 API Key

接著，我們需要產生和取得 ChatGPT API 的 API Key，其步驟如下所示：

Step 1 請在 OpenAI 平台首頁，點選右上方 Personal，執行 View API keys 命令後，按 Create new secret key 鈕產生 API Key。

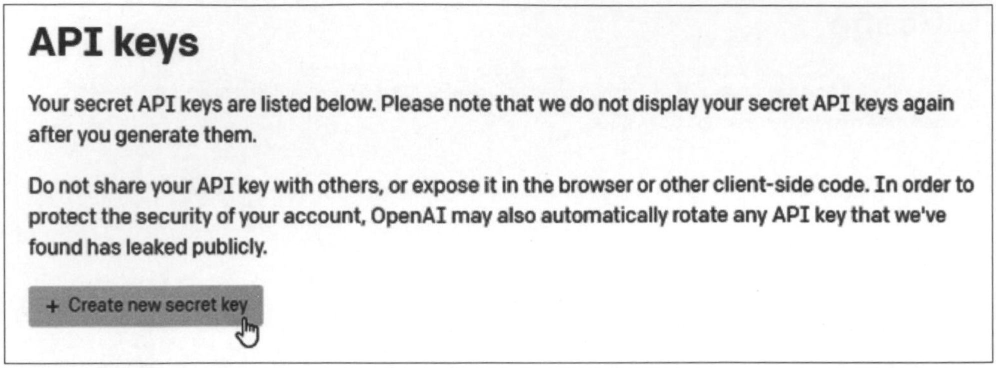

API keys

Your secret API keys are listed below. Please note that we do not display your secret API keys again after you generate them.

Do not share your API key with others, or expose it in the browser or other client-side code. In order to protect the security of your account, OpenAI may also automatically rotate any API key that we've found has leaked publicly.

+ Create new secret key

Step 2 可以看到產生的 API Key，因為只會產生一次，請記得點選欄位後的圖示複製和保存好 API Key，如下圖所示：

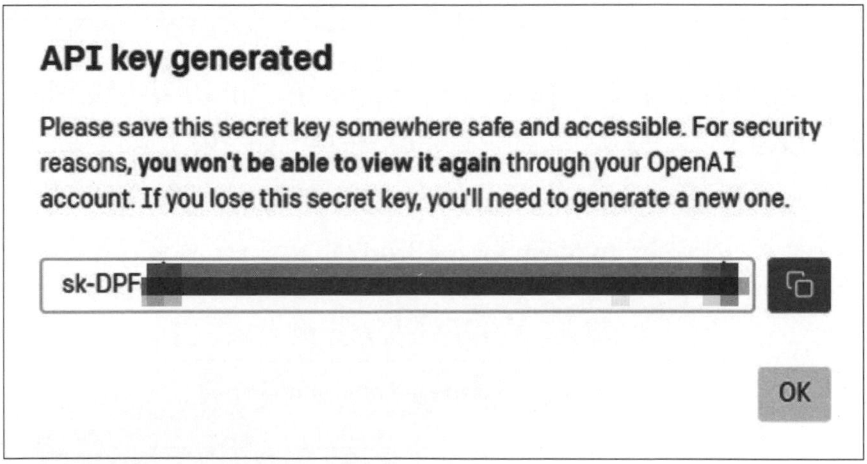

API key generated

Please save this secret key somewhere safe and accessible. For security reasons, **you won't be able to view it again** through your OpenAI account. If you lose this secret key, you'll need to generate a new one.

sk-DPF

OK

在「API Keys」區段可以看到產生的 SECRET KEY 清單，如下圖所示：

API keys

Your secret API keys are listed below. Please note that we do not display your secret API keys again after you generate them.

Do not share your API key with others, or expose it in the browser or other client-side code. In order to protect the security of your account, OpenAI may also automatically rotate any API key that we've found has leaked publicly.

SECRET KEY	CREATED	LAST USED	
sk-...2fH1	2023年2月28日	2023年3月9日	

+ Create new secret key

上述 API Keys 並無法再次複製，如果忘了或沒有複製到 API Key，只能重新產生一次 API Key 後，再點選舊 API Key 之後的垃圾桶圖示來刪除舊的 API Key。

11-3-2 用 Power Automate 串接 ChatGPT API

在成為付費帳戶和取得 Open AI 的 API KEY 後，我們就可以整合 Power Automate 桌面流程和 ChatGPT API，在桌面流程使用 ChatGPT 來詢問問題。

☆ 認識與使用 ChatGPT API

ChatGPT API 是一種 Web 服務，我們可以使用 HTTP 請求來進行呼叫，其端點是 https://api.openai.com/v1/chat/completions 的 URL 網址，這是使用 POST 請求送出 JSON 資料來詢問問題，其內容如下所示：

```
{
  "model": "gpt-3.5-turbo",
  "messages": [ { "role": "user", "content": "%UserInput%" } ]
}
```

上述 JSON 資料的常用參數說明，如下所示：

◆ model 參數：指定 ChatGPT API 使用的語言模型。

◆ messages 參數：此參數是一個 JSON 物件陣列，每一個訊息是一個 JSON 物件，擁有 2 個鍵，role 鍵是角色；content 鍵是訊息內容，每一個訊息可以指定三種角色，在 role 鍵的三種角色值說明，如下所示：

  ○ "system"：此角色是指定 ChatGPT API 表現出的回應行為。

  ○ "user"：這個角色就是你的問題，可以是單一 JSON 物件，也可以是多個 JSON 物件的訊息。

  ○ "assistant"：此角色是助理，能夠協助 ChatGPT 語言模型來回應答案，在實作上，我們可以將上一次對話的回應內容，再送給語言模型，如此 ChatGPT 就會記得上一次是聊了什麼。

◆ max_tokens 參數：ChatGPT 回應的最大 Tokens 數的整數值。

◆ temperature 參數：控制 ChatGPT 回應的隨機程度，其值是 0~2（預設值是 1)，當值愈高回應的愈隨機，ChatGPT 愈會亂回答。

當送出上述 HTTP 請求後，ChatGPT API 的回應內容也是 JSON 資料，我們可以詢問 ChatGPT 來幫助我們剖析回應的 JSON 資料，找出定位 "content" 鍵的鍵路徑，這就是 ChatGPT 回答內容，其詳細的問題描述 (ch11-3-2_gpt.txt)，如下所示：

Q 當剖析JSON資料時，我們可以找出取得指定鍵值的每一層鍵的路徑值，例如：取得"test"鍵的值，可以使用鍵路徑：

"JSON鍵" -> "test"

例如：取得"content"鍵的值，因為有JSON陣列，鍵值就是索引值，其鍵路徑如下：

"JSON鍵" -> 1 -> "content"

請依據上述說明，從根路徑找出"content"鍵的鍵路徑，JSON資料如下：

```
{
  "id": "chatcmpl-7mY067XBmCp9XlxB3n5T3Muzalt7h",
  "object": "chat.completion",
  "created": 1691804798,
  "model": "gpt-3.5-turbo-0613",
  "choices": [
    {
      "index": 0,
      "message": {
        "role": "assistant",
        "content": "Power Automate 是一種低代碼自動化工具，可幫助使用者將不同的應用程序、數據和服務連接在一起，以自動化工作流程和任務。它可以跨多個平台和服務進行整合，例如Microsoft 365、Dynamics 365、SharePoint、Power Apps等等。使用Power Automate，使用者可以輕鬆地設計、建立和自動執行各種工作流程，減少繁瑣的手動工作，提高工作效率。此外，Power Automate 還提供了多種觸發器和動作，以及豐富的應用程序和服務的連接，讓使用者可以根據自己的需求進行定製，實現更大的自動化能力。"
      },
      "finish_reason": "stop"
    }
  ],
  "usage": {
    "prompt_tokens": 32,
    "completion_tokens": 240,
    "total_tokens": 272
  }
}
```

> 要取得"content"鍵的值，按照您提供的JSON資料，鍵路徑如下：
>
> "JSON鍵" -> "choices" -> 0 -> "message" -> "content"
>
> 請注意，這個鍵路徑的每一層都代表著JSON資料結構的不同層次，從外部的"JSON鍵"逐步深入到您想要的目標鍵"content"的值。

上述 ChatGPT 回應的內容，就是找出的鍵路徑，如下所示：

```
"choices"->0->"message"->"content"
```

☆用 Power Automate 串接 ChatGPT API　ch11-3-2.txt

Power Automate 桌面流程可以使用 HTTP 分類的**從 Web 下載**或**叫用 Web 服務**動作來串接 ChatGPT API，在本節是使用**叫用 Web 服務**動作；下一節會說明**從 Web 下載**動作的使用。

在用 Power Automate **串接** ChatGPT API 桌面流程共有 9 個步驟的動作，可以使用**叫用 Web 服務**動作來串接 ChatGPT API，在 Step 1 ~ Step 3 是送出 Web 服務的 HTTP POST 請求，如下圖所示：

1	{x} **設定變數** 將值 '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' 指派給變數 API_KEY
2	**顯示輸入對話方塊** 在標題為 '輸入提示文字' 的通知快顯視窗中顯示輸入對話方塊，訊息為 '提示:'，並將使用者輸入的內容儲存至 UserInput，按下的按鈕儲存至 ButtonPressed
3	**叫用 Web 服務** 在頁面 'https://api.openai.com/v1/chat/completions' 中叫用 Web 服務，並將回應標頭儲存至 WebServiceResponseHeaders，將 Web 服務回應儲存至 WebServiceResponse，將狀態碼儲存至 StatusCode

Step 1 **變數>設定變數**動作是指定第11-3-1節 API Key 的 API_KEY 變數。

Step 2 **訊息方塊 > 顯示輸入對話方塊**動作是顯示輸入對話方塊來輸入使用者的問題，和儲存至 UserInput 變數，如下圖所示：

Step 3 HTTP> **叫用 Web 服務**動作是串接 ChatGPT API 送出 HTTP POST 請求，在 URL 欄是 ChatGPT API 端點的 URL 網址，**方法**欄是 POST，**接受**和**內容類型**欄是回應和送出的資料類型，即 application/json 的 JSON 格式，如下圖所示：

一般

URL: https://api.openai.com/v1/chat/completions

方法: POST

接受: application/json

內容類型: application/json

自訂標頭: Authorization: Bearer %API_KEY%

要求本文:

```
{
 "model": "gpt-3.5-turbo",
 "messages": [ { "role": "user", "content": "%UserInput%" } ]
}
```

儲存回應: 將文字擷取到變數中 (適用於網頁)

進階

變數已產生 WebServiceResponseHeaders WebServiceResponse StatusCode

上述要求本文欄是送出的 JSON 資料，這是使用 Step 2 的 UserInput 變數來建立問題內容，**自訂標頭欄**是認證資料的 API Key，在 Bearer 後的是 Step 1 的 API_KEY 變數，如下所示：

```
Authorization: Bearer %API _ KEY%
```

在**儲存回應欄**可以選擇將回應資料儲存至變數或檔案，以此例是儲存至 WebServiceResponse 變數，StatusCode 變數是請求是否成功的狀態碼，值 200 表示請求成功。然後請展開**進階**，關閉**對要求本文編碼**不進行編碼，如下圖所示：

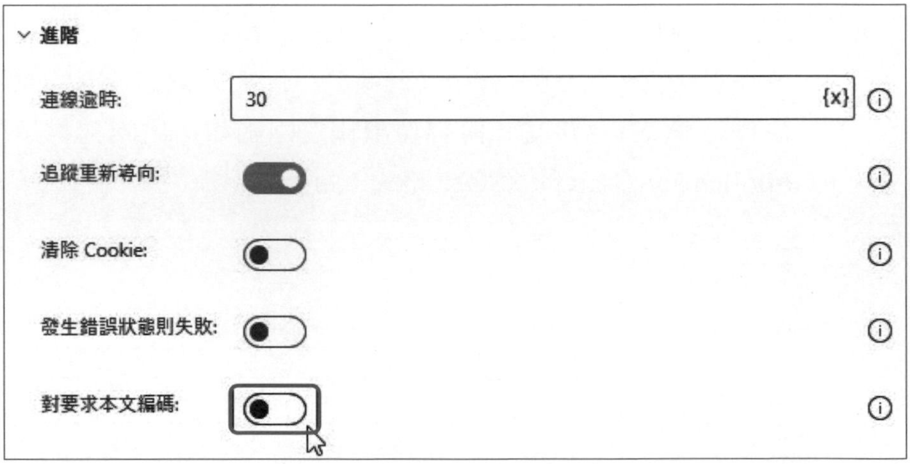

∨ **進階**		
連線逾時:	30 {x}	ⓘ
追蹤重新導向:	(開啟)	ⓘ
清除 Cookie:	(關閉)	ⓘ
發生錯誤狀態則失敗:	(關閉)	ⓘ
對要求本文編碼:	(關閉)	ⓘ

上述桌面流程是送出 Web 服務的 HTTP 請求，HTTP 請求成功的狀態碼是 200，在 Step 4 ~ Step 9 就是使用 If/Else 動作和狀態碼來判斷 HTTP 請求是否成功，如果請求成功就剖析 JSON 資料取得 ChatGPT 的回答，如下圖所示：

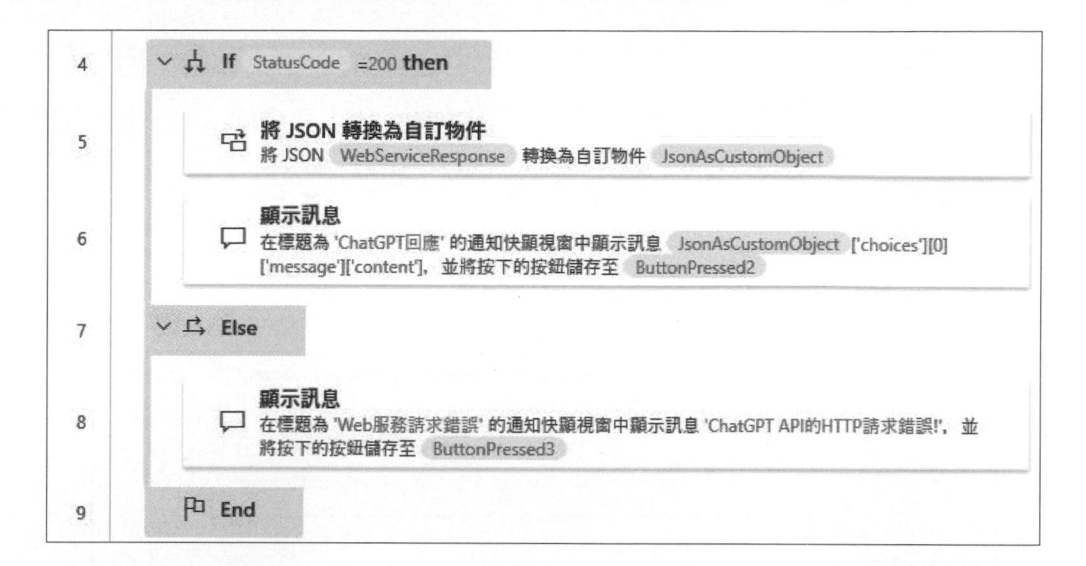

Step 4 ~ Step 9 條件 >If 和條件 >Else 動作是使用 StatusCode 狀態碼來建立二選一條件，判斷是否等於 200，如果是，就是請求成功，執行 Step 5 ~ Step 6 的操作；在 Step 8 是請求失敗顯示的訊息視窗，如下圖所示：

第一個運算元:	%StatusCode%
運算子:	等於 (=)
第二個運算元:	200

Step 5 變數 > 將 JSON 轉換成自訂物件動作可以將回應的 JSON 字串 WebServiceResponse 變數剖析成 JsonAsCustomObject 物件，以便使用物件方式來取出資料，如下圖所示：

一般

JSON: %WebServiceResponse%

變數已產生 JsonAsCustomObject

Step 6 訊息方塊>顯示訊息動作是以訊息視窗來顯示 ChatGPT 回答的內容，我們是使用之前的鍵路徑來取出內容，如下所示：

```
JsonAsCustomObject['choices'][0]['message']['content']
```

訊息方塊標題: ChatGPT回應

要顯示的訊息: %JsonAsCustomObject['choices'][0]['message']['content']%

訊息方塊圖示: 資訊

訊息方塊按鈕: 確定

Step 8 訊息方塊 > 顯示訊息動作是以訊息視窗來顯示 ChatGPT API HTTP 請求錯誤的訊息

上述桌面流程的執行結果可以看到一個輸入對話方塊來輸入詢問的問題，請輸入你的問題描述後，按 OK 鈕。

如果成功，稍等一下，就可以看到 ChatGPT 回答的內容，如下圖所示：

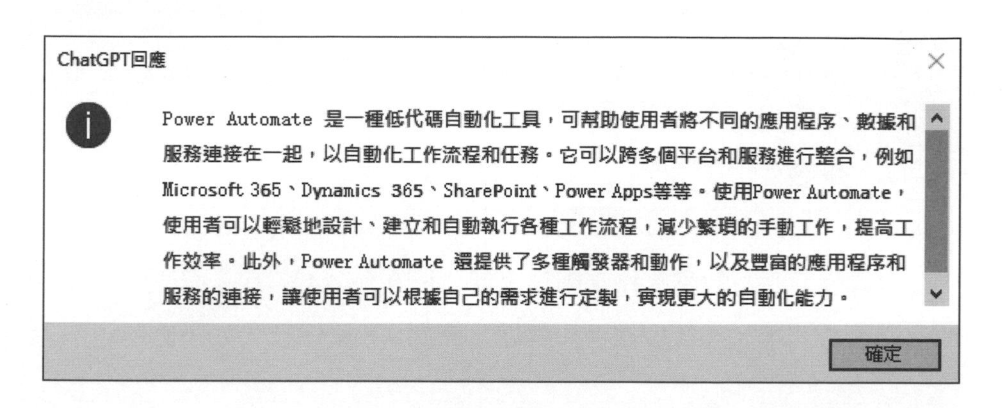

☆ 使用 ChatGPT API 撰寫客戶回應 ch11-3-2a.txt

在 Excel 檔案 "customer_service.xlsx" 是公司今天收到的客服問題郵件清單，如下圖所示：

	A	B	C	D
1	客戶姓名	電子郵件地址	客戶問題	ChatGPT回答
2	Tom Lee	tom_lee@gmail.com	我該如何設置我的產品/服務？	
3	Francisco Chang	francisco_chang@gmail.com	我可以退貨嗎？	
4	Roland Mendel	roland_mendel@gmail.com	我的訂單在哪裡？	
5	Joe Chen	joechen@gmail.com	您的產品/服務有哪些特點？	

工作表1

上述 Excel 工作表的 "C2"~"C5" 範圍是每一封電子郵件的客戶問題描述，我們可以建立 Power Automate 桌面流程讀取此欄位的問題，然後使用 ChatGPT API 取得 AI 客服機器人的回應訊息，再回填至 "D" 欄對應的 ChatGPT 回答欄。

在使用 ChatGPT API 撰寫客戶回應桌面流程共有 11 個步驟的動作，在 Step 1 指定 API_KEY 變數，Step 2 開啟 Excel 檔案 "customer_service.xlsx"，在 Step 3 讀取 "C2"~"C5" 範圍的客戶問題，如下圖所示：

1	{x} **設定變數** 將值 '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' 指派給變數 API_KEY
2	**啟動 Excel** 使用現有的 Excel 程序啟動 Excel 並開啟文件 'D:\PowerAutomate\ch11\customer_service.xlsx'，並將之儲存至 Excel 執行個體 ExcelInstance
3	**讀取自 Excel 工作表** 讀取範圍從欄 'C' 列 2 至欄 'C' 列 5 的儲存格值，並將其儲存至 ExcelData

在取得客戶問題的儲存格範圍後，就可以在 Step 4 ~ Step 10 的 For each 迴圈走訪客戶問題，然後取出客戶問題來詢問 ChatGPT，如下圖所示：

上述 Step 5 是使用 CurrentItem['Column1'] 取出客戶問題，Step 6 找出 D 欄的可用列索引，即可在 Step 7 呼叫 Web 服務來串接 ChatGPT API，送出的 JSON 資料（Prompt 變數是問題描述）如下所示：

```
{
  "model": "gpt-3.5-turbo",
  "messages": [ { "role": "user", "content": "%Prompt%" } ]
}
```

在 Step 8 將回應內容的 JSON 資料剖析成物件後，Step 9 寫入 D 欄的儲存格，如下圖所示：

Excel 執行個體:	%ExcelInstance%
要寫入的值:	%JsonAsCustomObject['choices'][0]['message']['content']%
寫入模式:	於指定的儲存格
資料行:	D
資料列:	%FirstFreeRowOnColumn%

最後在 Step 11 使用 Excel> 關閉 Excel 動作另存成 "customer_service2.xlsx" 後才關閉 Excel，如下圖所示：

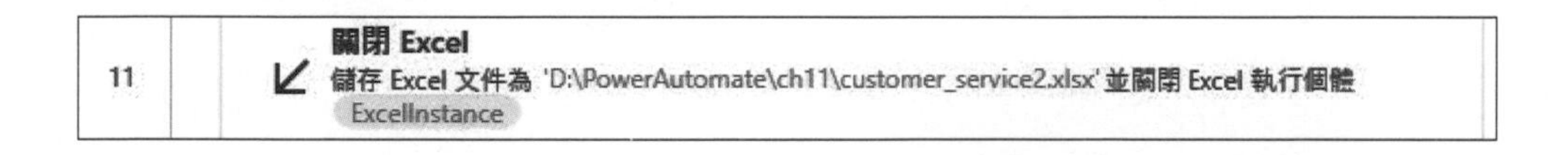

上述桌面流程的執行結果，可以在相同目錄看到 D 欄已經寫入 ChatGPT 回答的 Excel 檔案 "customer_service2.xlsx"。

11-4 實作案例：自動化下載網路 CSV 檔和匯入 Excel 檔

因為目前有很多 Web 網站或政府單位的 Open Data 開放資料網站都提供直接下載資料的按鈕或超連結，除了自行手動下載資料外，只需找出下載的 URL 網址，我們就可以建立 Power Automate 桌面流程來自動下載 CSV 檔案，並且匯入儲存成 Excel 檔案。

☆下載美國 Yahoo 的股票歷史資料

在美國 Yahoo 財經網站可以下載股票的歷史資料，例如：台積電，其 URL 網址如下所示：

◆ https://finance.yahoo.com/quote/2330.TW

上述網址最後的 2330 是台積電的股票代碼，.TW 是台灣股市，如下圖所示：

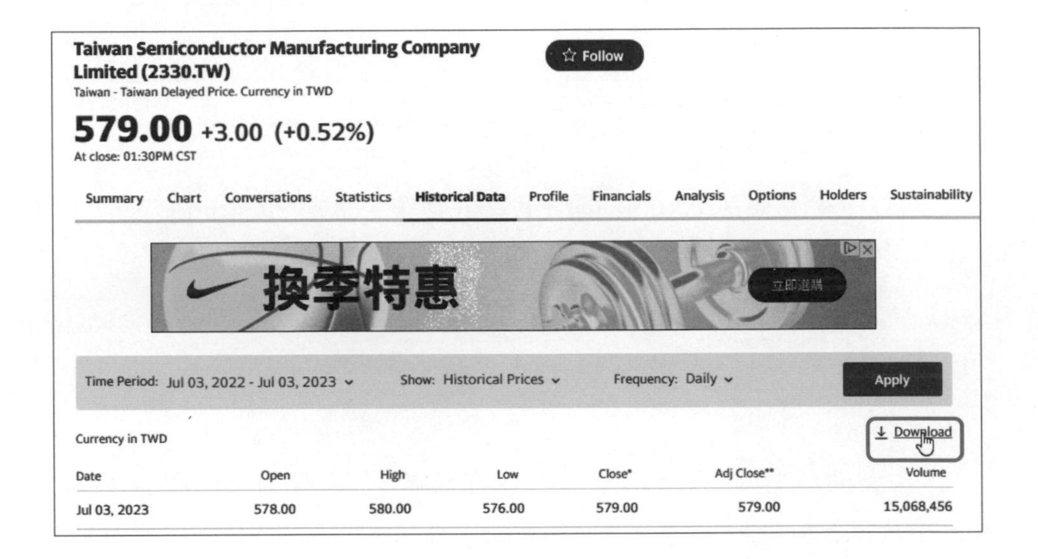

請在上述網頁選 Historical Data 標籤後，在下方左邊選擇時間範圍，右邊按 Apply 鈕顯示股票的歷史資料後，即可點選下方 Download Data 超連結，下載預設以股票名稱為名的 CSV 檔案。

☆自動化下載網路 CSV 檔和匯入 Excel 檔 ch11-4.txt

請在 Yahoo 股票資料的 Download Data 超連結上，執行右鍵快顯功能表的**複製連接網址**命令，即可取得下載 CSV 檔案的 URL 網址。

在自動化下載網路 CSV 檔和匯入 Excel 檔流程共有 8 個步驟的動作，可以下載網路的 CSV 檔和匯入儲存成 Excel 檔案，如下圖所示：

1 **從 Web 下載**
從 'https://query1.finance.yahoo.com/v7/finance/download/2330.TW?period1=1656815744&period2=1688351744&interval=1d&events=history&includeAdjustedClose=true' 下載檔案，並將其儲存至 'D:\PowerAutomate\ch11\2330TW.csv'

2 **等候檔案**
等候檔案 'D:\PowerAutomate\ch11\2330TW.csv' 完成建立

3 **從 CSV 檔案讀取**
從檔案 'D:\PowerAutomate\ch11\2330TW.csv' 載入 CSV 資料表至 CSVTable

4 **啟動 Excel**
使用現有的 Excel 程序啟動空白 Excel 文件，並將之儲存至 Excel 執行個體 ExcelInstance

5 **寫入 Excel 工作表**
在 Excel 執行個體 ExcelInstance 的目前使用中儲存格中寫入某些值 CSVTable

6 **關閉 Excel**
儲存 Excel 文件並關閉 Excel 執行個體 ExcelInstance

7 **移動檔案**
將檔案 'C:\Users\hueya\Documents\活頁簿1.xlsx' 移動至 'D:\PowerAutomate\ch11' 並儲存至清單 MovedFiles

8 **重新命名檔案**
將檔案 'D:\PowerAutomate\ch11\活頁簿1.xlsx' 重新命名為 'D:\PowerAutomate\ch11\2330TW.xlsx'，並儲存至清單 RenamedFiles

Step 1 HTTP> 從 Web 下載動作可以使用 HTTP 通訊協定以 URL 網址來下載檔案，如同瀏覽器瀏覽網頁一般，其下載資料是儲存在 DownloadedFile 變數，在 URL 欄位是取得的下載網址，方法是 GET 請求，在儲存回應檔選儲存至磁碟（適用於檔案）下載檔案，檔案名稱欄選指定完整路徑，即可在目的地檔案路徑欄指定下載檔案的完整路徑，如下圖所示：

∨ 一般

URL: https://query1.finance.yahoo.com/v7/finance/download/2330.TW?period1=1656815744&period2=1688351744&interval=1d&events=history&includeAdjustedClose=true

方法: GET

儲存回應: 儲存至磁碟 (適用於檔案)

檔案名稱: 指定完整路徑 (目的地資料夾 + 自訂檔案名稱)

目的地檔案路徑: D:\PowerAutomate\ch11\2330TW.csv

> 進階

> 變數已產生 DownloadedFile

Step 2 檔案 > 等候檔案動作是等候檔案直到檔案已經建立或刪除，在等候檔案完成欄是完成條件，檔案建立是選建立日期；檔案刪除是選已刪除，檔案路徑欄就是欲等待的檔案，以此例是等待下載檔案的建立，表示完成檔案下載，如下圖所示：

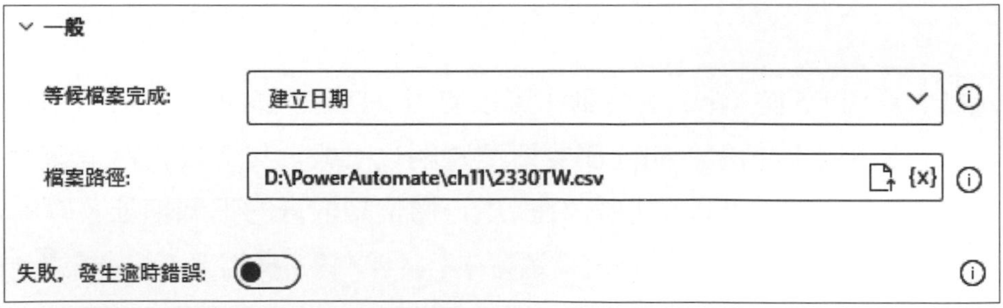

∨ 一般

等候檔案完成: 建立日期

檔案路徑: D:\PowerAutomate\ch11\2330TW.csv

失敗，發生逾時錯誤:

Step 3 檔案 > 從 CSV 檔案讀取動作是讀取 CSV 檔案內容成為 CSVTable 變數的資料表資料來存入 Excel 工作表，在檔案路徑欄是 CSV 檔案路徑；編碼欄是 UTF-8 編碼，如下圖所示：

Step 4 Excel> **啟動 Excel** 動作是啟動 Excel 建立空白活頁簿。

Step 5 Excel> **寫入 Excel 工作表**動作可以將讀取的 CSV 資料寫入 Excel 工作表，在**要寫入的值**欄就是之前讀取 CSV 資料的 CSVTable 變數，因為是空白活頁簿，**寫入模式**欄請選**於目前使用中儲存格**，如下圖所示：

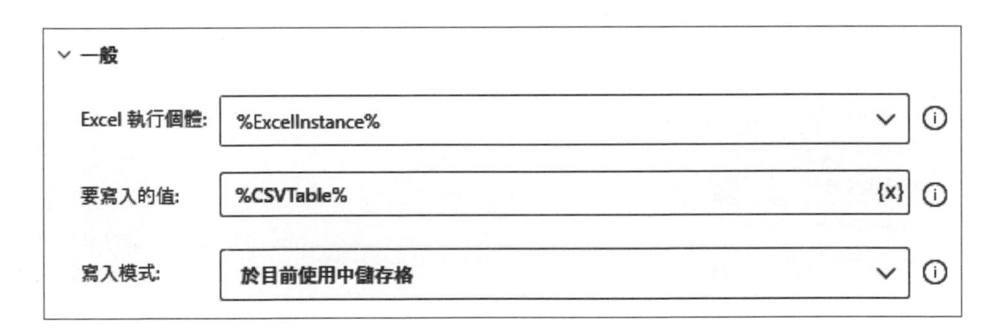

Step 6 Excel> **關閉 Excel** 動作是關閉 Excel 之前先儲存文件。

Step 7 **檔案 > 移動檔案**動作是搬移 Step 6 建立的 Excel 檔案，因為在 Step 4 是開啟空白活頁簿，預設是儲存在登入使用者的「文件」目錄，檔名是活頁簿 1.xlsx，在**要移動的檔案**欄的路徑中，hueya 是使用者名稱，請自行修改成你的使用者名稱，**目的地資料夾**欄是搬移的目的地路徑，如果檔案存在就覆寫，如下圖所示：

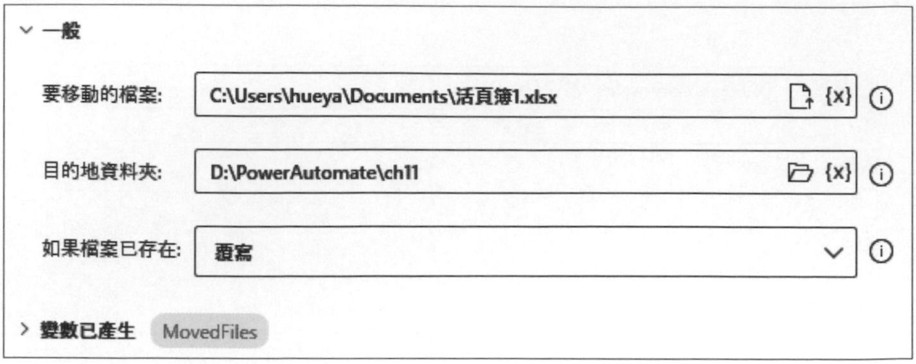

一般

要移動的檔案: C:\Users\hueya\Documents\活頁簿1.xlsx

目的地資料夾: D:\PowerAutomate\ch11

如果檔案已存在: 覆寫

變數已產生 MovedFiles

Step 8 檔案 > 重新命名檔案動作是將搬移至「D:\PowerAutomate\ch11」路徑的活頁簿 1.xlsx 檔案改名成為 2330TW.xlsx，如下圖所示：

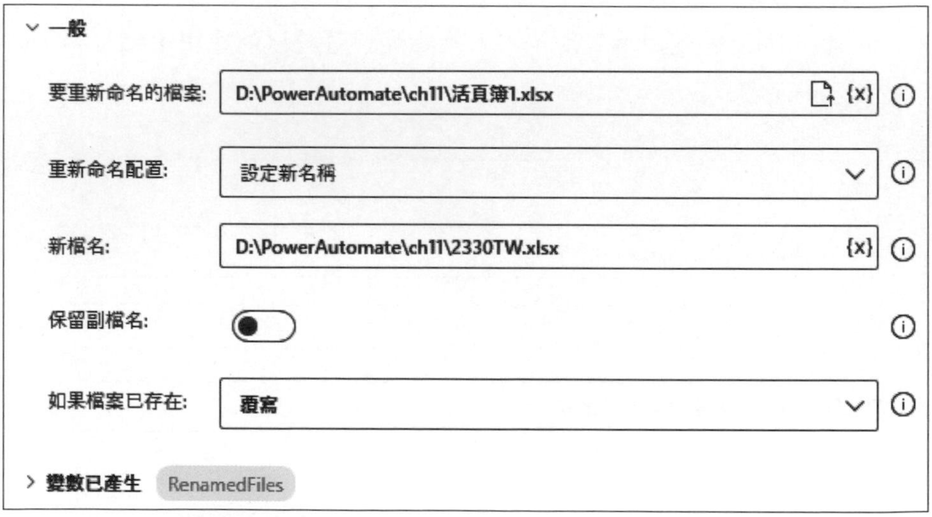

一般

要重新命名的檔案: D:\PowerAutomate\ch11\活頁簿1.xlsx

重新命名配置: 設定新名稱

新檔名: D:\PowerAutomate\ch11\2330TW.xlsx

保留副檔名:

如果檔案已存在: 覆寫

變數已產生 RenamedFiles

上述流程的執行結果，可以在「D:\PowerAutomate\ch11」資料夾看到下載 CSV 檔案 2330TW.csv 匯入建立的 Excel 檔案：2330TW.xlsx。

11-5 實作案例：自動化登入 Web 網站

在這一節是繼續第 11-2 節，使用該節註冊的使用者名稱和密碼來登入 Web 網站，請先登出網站後，點選右上方 Login，可以看到登入的 HTML 表單，如下圖所示：

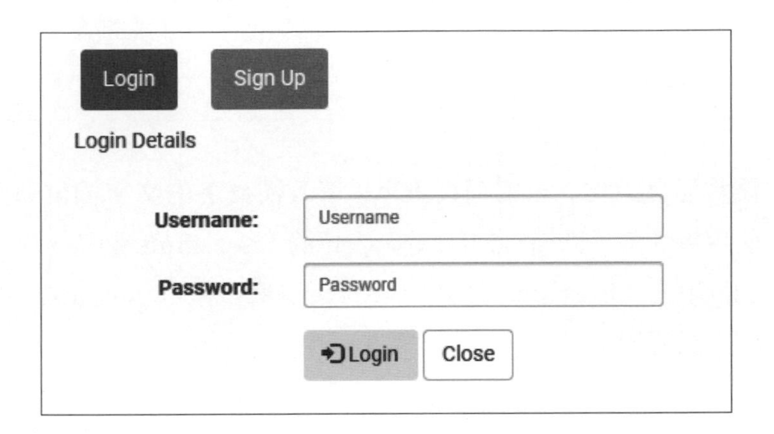

在自動化登入 Web 網站桌面流程（流程檔：ch11-5.txt）共有 7 個步驟的動作，可以完成上述 HTML 登入表單的填寫操作，在 Step 1 ~ Step 4 是啟動 Chrome 開啟 HTML 登入表單，這 4 個步驟和第 11-2 節完全相同，筆者就不重複說明，如下圖所示：

1	{x} **設定變數** 將值 'mary' 指派給變數 Username
2	{x} **設定變數** 將值 'a_12345678' 指派給變數 Password
3	**啟動新的 Chrome** 啟動 Chrome，瀏覽至 'http://fchart.is-best.net/onlinestore/'，並將執行個體儲存至 Browser
4	**按下網頁上的按鈕** 按下網頁按鈕 Anchor 'Login'

目前的桌面流程已經開啟 HTML 登入表單，接著在 Step 5 ~ Step 6 輸入使用者名稱和密碼，Step 7 是按下登入鈕，如下圖所示：

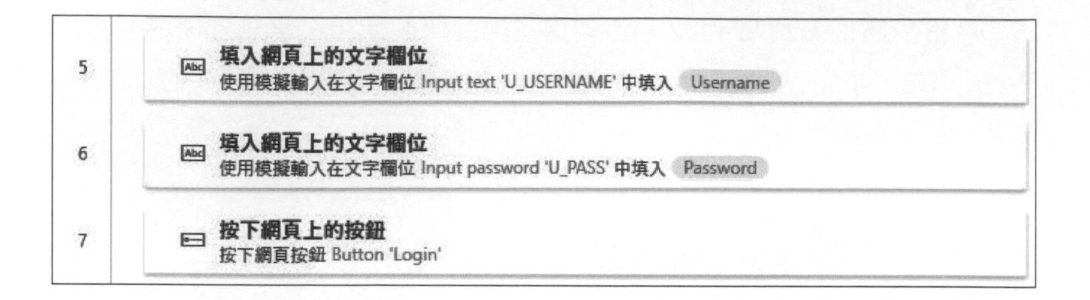

Step 5 瀏覽器自動化 > 填寫網頁表單 > 填入網頁上的文字欄位動作是填入使用者名稱，即 HTML 登入表單的 Username 欄位，這是在文字欄位填入 Username 變數值，UI 元素欄位是 Input text 文字欄位，如下圖所示：

Step 6 瀏覽器自動化 > 填寫網頁表單 > 填入網頁上的文字欄位動作是填入使用者密碼，即 HTML 登入表單的 Password 欄位，這是在文字欄位填入 Password 變數值，UI 元素欄位是 Input text 文字欄位，如下圖所示：

Step 7 瀏覽器自動化 > 填寫網頁表單 > 按下網頁上的按鈕動作是按下 HTML 登入表單下方 Login 鈕，其 UI 元素如右圖所示：

上述桌面流程在執行前，請先點選 Logout 登出 Web 網站，看到 Logout 改為 Login 後，即可執行此桌面流程，其執行結果可以看到開啟 HTML 登入表單，在輸入使用者名稱和密碼後，按 Login 鈕，能夠看到成功登入 Web 網站，顯示客戶的訂單詳細頁面，如下圖所示：

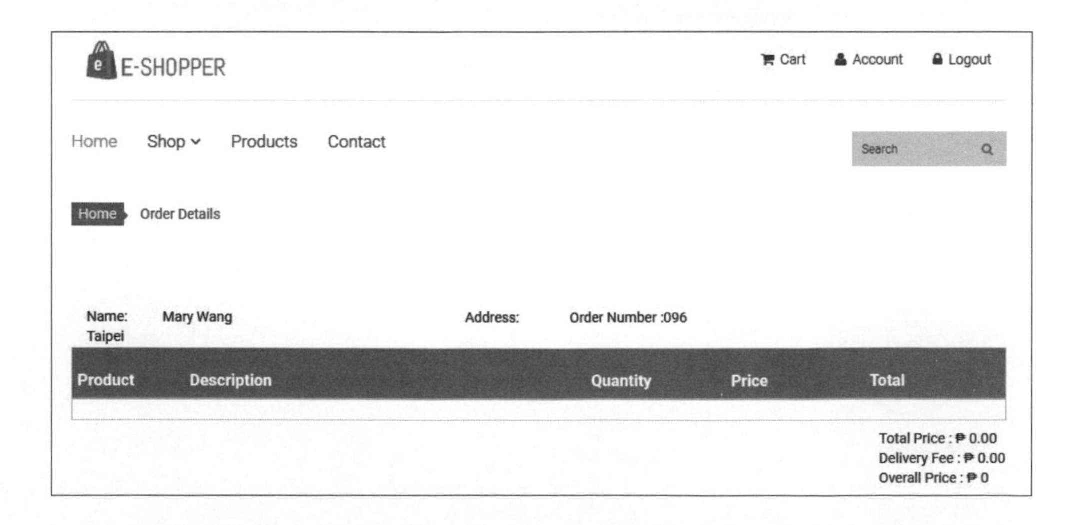

1. 請問 Power Automate 桌面流程是如何自動填寫表單？

2. 請問什麼是 ChatGPT API ？

3. 請問 Power Automate 桌面流程是如何串接 ChatGPT API ？

4. 請參考第 11-4 節在網路上找一個 CSV 檔的下載 URL 網址，然後建立 Power Automate 桌面流程來自動下載 CSV 檔案和匯入 Excel 檔案。

5. 請參考第 11-5 節在網路上找一個需要登入的 Web 網站，然後建立 Power Automate 桌面流程來自動登入網站。

CHAPTER

12

Power Automate 雲端版的網路服務

- 12-1 | 認識 Power Automate 桌面與雲端流程
- 12-2 | 使用 Power Automate 雲端版
- 12-3 | 建立您的 Power Automate 雲端流程
- 12-4 | 實作範例：用 Office 365 Excel X Outlook 自動化寄送業績未達標通知

12-1 認識 Power Automate 桌面與雲端流程

在第 1 章已經說明過 RPA (Robotic Process Automation) 機器人程序自動化，整個自動化流程還有 DPA 和 BPA，其簡單說明如下所示：

- **數位程序自動化** (Digital Process Automation，DPA)：使用自動化工具建立跨多個應用程式的自動化程序，DPA 強調使用數位技術的自動化工具、機器學習和人工智慧等來重新設計、優化和整合流程，能夠提高工作效率、降低成本和減少人為錯誤。我們可以詢問 ChatGPT 什麼是 DPA，其詳細的問題描述 (ch12-1_gpt.txt)，如下所示：

> Q 請使用繁體中文回答，什麼是 DPA (Digital Process Automation)？

- **商務程序自動化** (Business Process Automation，BPA)：使用自動化工具來自動化重複多步驟的商業交易流程，能夠優化和管理這些商務程序，其主要目的是在解決公司內複雜的企業級資訊系統，透過連接這些 IT 系統來完成公司所需的商業自動化程序和管理作業。我們可以詢問 ChatGPT 什麼是 BPA，其詳細的問題描述 (ch12-1a_gpt.txt)，如下所示：

> Q 請使用繁體中文回答，什麼是 BPA (Business Process Automation)？

Power Automate 桌面流程就是實作 RPA，主要是在處理 Windows 作業系統、Web 網頁和指定應用程式的自動化流程，而 Power Automate 雲端流程則是用來實作 DPA 和 BPA，可以建立跨多種雲端服務的自動化流程，如下圖所示：

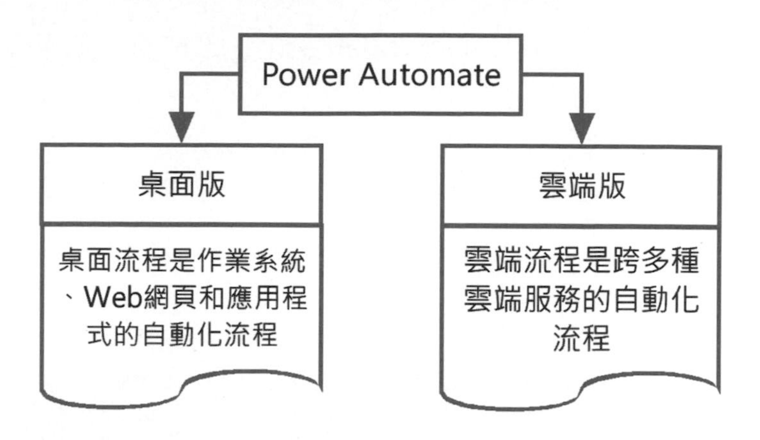

12-2 使用 Power Automate 雲端版

微軟 Power Automate 雲端版是一個雲端基礎工具 (Cloud-based Tool)，屬於 Power Platform 的一員，這是直接使用瀏覽器操控的低程式碼雲端工具，在本書前 11 章使用的 Power Automate 桌面版則是一個 Windows 應用程式。

基本上，Power Automate 雲端版提供設計介面和數以百計的連接器 (連接各種雲端服務)，可以幫助我們打造 Power Automate 雲端流程，讓我們輕鬆在瀏覽器建立跨不同 App 應用程式和網路服務的自動化操作流程，輕鬆實作 DPA 數位程序自動化和 BPA 商務程序自動化。

☆ 微軟 Power Automate 雲端版的需求與費用

微軟 Power Automate 雲端版的需求是擁有下列帳號來登入 Power Automate，如下所示：

- Microsoft 365 企業版或教育版帳號。
- Dynamic 365 帳號。
- Power Automate 使用者或流程授權的帳號。

我們也可以在下列網址申請 Microsoft 365 開發人員帳號來使用 Power Automate 雲端版，如下所示：

◆ https://developer.microsoft.com/en-us/microsoft-365

微軟 Power Automate 雲端版的詳細授權與費用說明，其 URL 網址如下所示：

◆ https://powerautomate.microsoft.com/zh-tw/pricing/

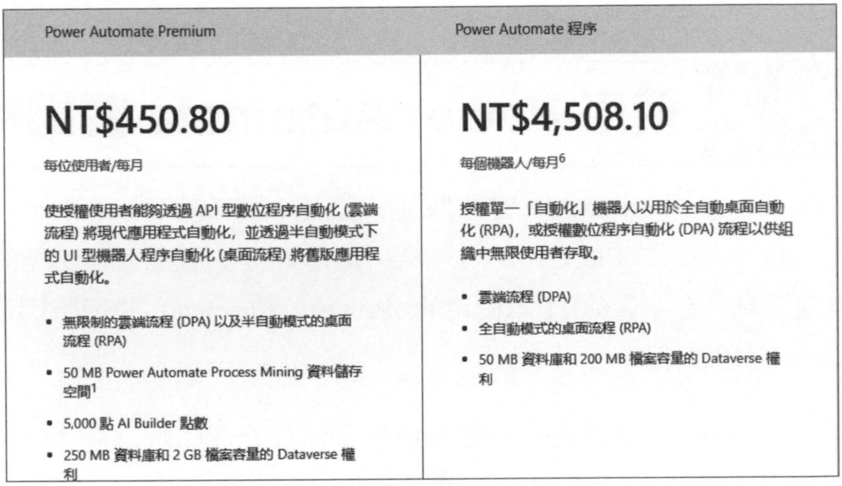

Power Automate Premium

NT$450.80

每位使用者/每月

使授權使用者能夠透過 API 型數位程序自動化 (雲端流程) 將現代應用程式自動化，並透過半自動模式下的 UI 型機器人程序自動化 (桌面流程) 將舊版應用程式自動化。

- 無限制的雲端流程 (DPA) 以及半自動模式的桌面流程 (RPA)
- 50 MB Power Automate Process Mining 資料儲存空間[1]
- 5,000 點 AI Builder 點數
- 250 MB 資料庫和 2 GB 檔案容量的 Dataverse 權利

Power Automate 程序

NT$4,508.10

每個機器人/每月[6]

授權單一「自動化」機器人以用於全自動桌面自動化 (RPA)，或授權數位程序自動化 (DPA) 流程以供組織中無限使用者存取。

- 雲端流程 (DPA)
- 全自動模式的桌面流程 (RPA)
- 50 MB 資料庫和 200 MB 檔案容量的 Dataverse 權利

☆Power Automate 雲端流程的類型

Power Automate 雲端流程主要有三種類型，其簡單說明如下所示：

◆ **即時雲端流程 (Instant Cloud Flow)**：這是手動觸發的雲端流程，可以讓使用者自行按下按鈕來執行雲端流程。

◆ **自動化雲端流程**：使用事件來觸發執行雲端流程，我們需要指定連接器的動作來作為觸發程序，當此觸發程序的動作發生時（產生事件），就會自動執行雲端流程。

◆ **已排程的雲端流程**：也是一種事件觸發來執行雲端流程，使用的事件是排程，可以在指定日期 / 時間或重複間隔時間來執行雲端流程。

12-3 建立您的 Power Automate 雲端流程

在本節的 Power Automate 雲端流程需要使用 Outlook.com 電子郵件地址。我們可以從頭開始自行打造 Power Automate 雲端流程，也可以使用 Power Automate 範本來建立雲端流程。

12-3-1 用 Outlook.com 寄送電子郵件

我們的第 1 個 Power Automate 雲端流程是準備從頭開始打造，這是一個手動觸發的即時雲端流程，可以寄送一封電子郵件到您的 Outlook.com 電子郵件帳號，其建立步驟如下所示：

1. 請登入 https://powerautomate.microsoft.com/zh-tw/ 的 Power Automate 網站後，在左邊選**＋建立**，再選**即時雲端流程**。

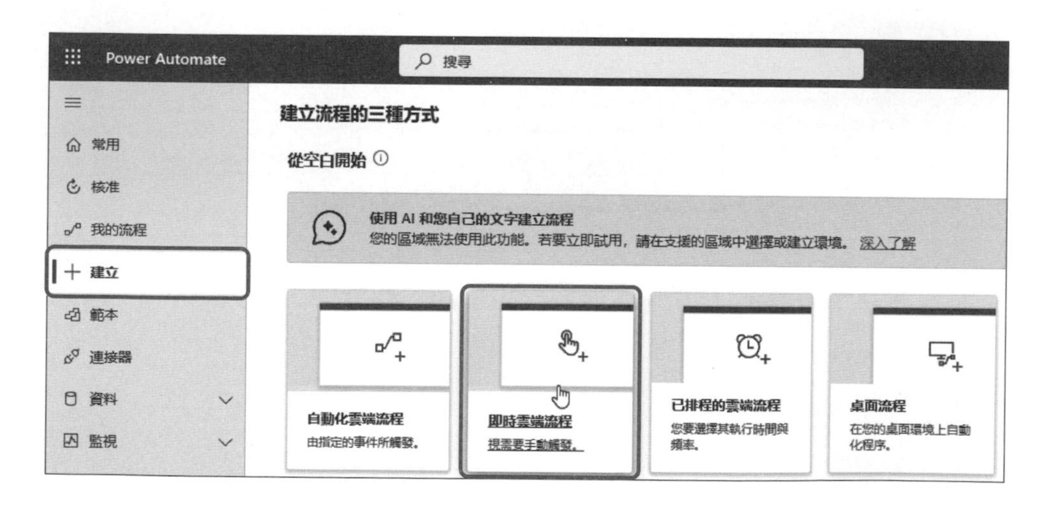

2. 在**流程名稱**欄輸入雲端流程名稱，然後在下方勾選**手動觸發流程**，按**建立**鈕建立流程。

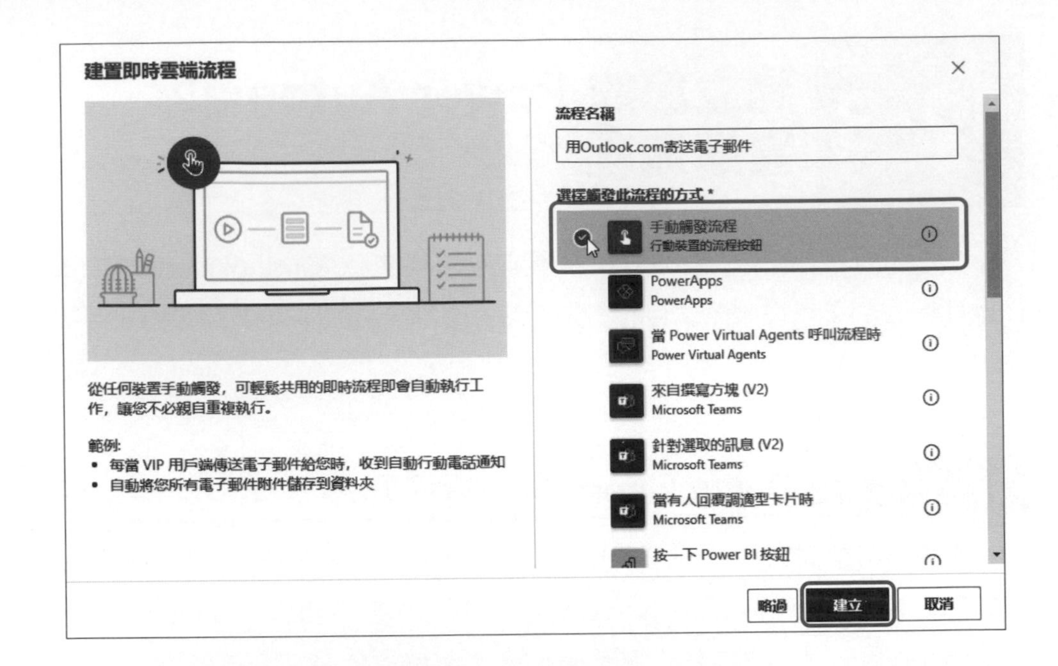

3. 可以看到流程的第 1 個步驟是手動觸發流程，按下方 + 新步驟鈕新增第 2 個步驟。

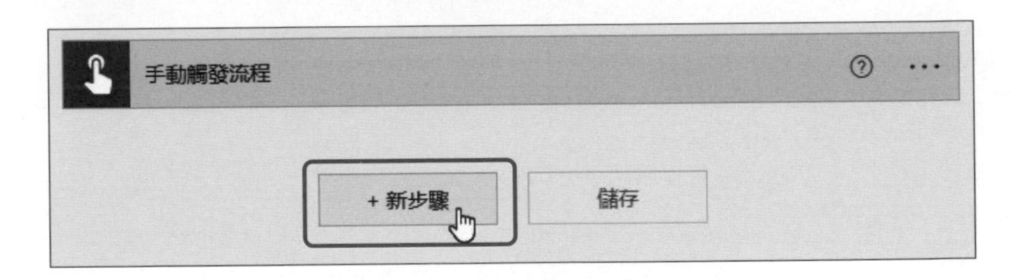

4. 在選擇作業步驟的上方欄位輸入 Outlook 關鍵字，可以在下方搜尋到 Outlook.com 連接器，請點選此連接器。

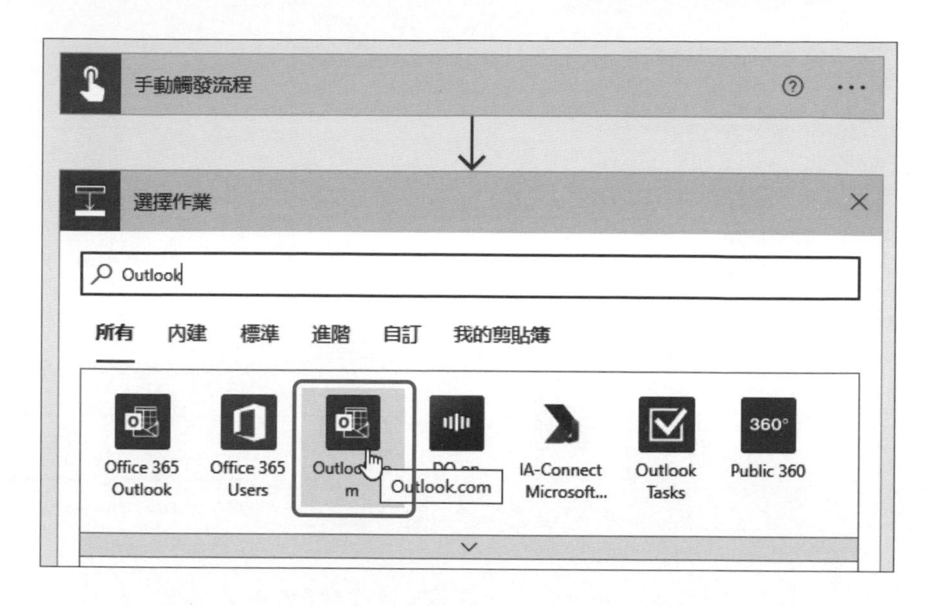

5. 可以在下方顯示 Outlook.com 連接器支援的動作清單，請選**傳送電子郵件 (V2)** 動作來寄送電子郵件。

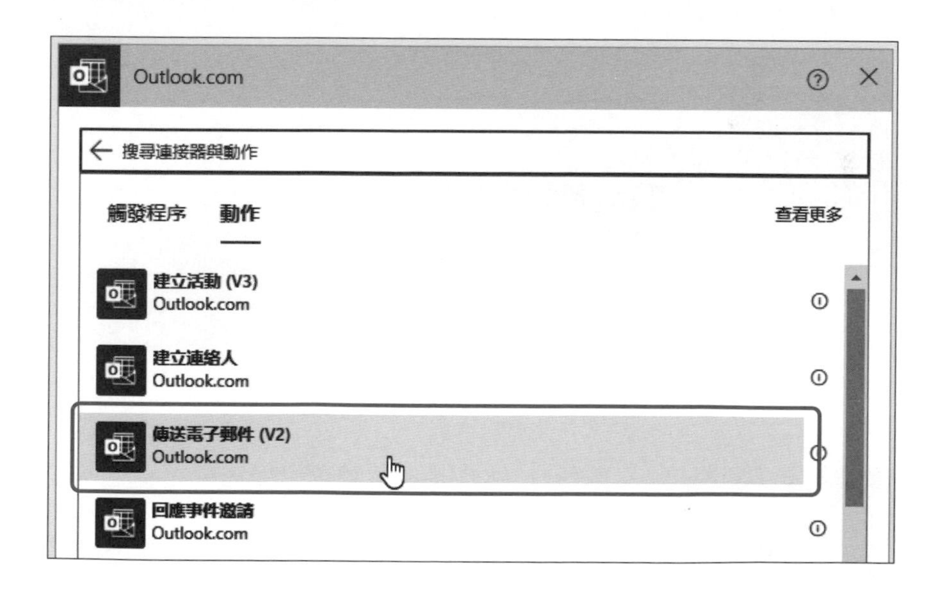

6. 在**至**欄輸入 Outlook.com 電子郵件地址，**主旨**欄輸入郵件主旨，在**本文**欄點選右下角**新增動態內容**，在動態內容標籤選**使用者名稱**，可以在**本文**欄插入此動態內容。

7. 然後在動態內容後輸入郵件內容，按儲存鈕儲存流程。

8. 請點選右上方的測試，可以測試執行建立的雲端流程。

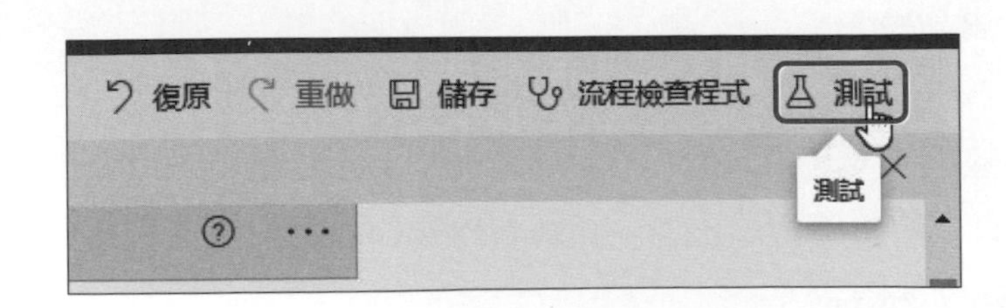

9. 然後在上方點選手動，按下方的測試鈕。

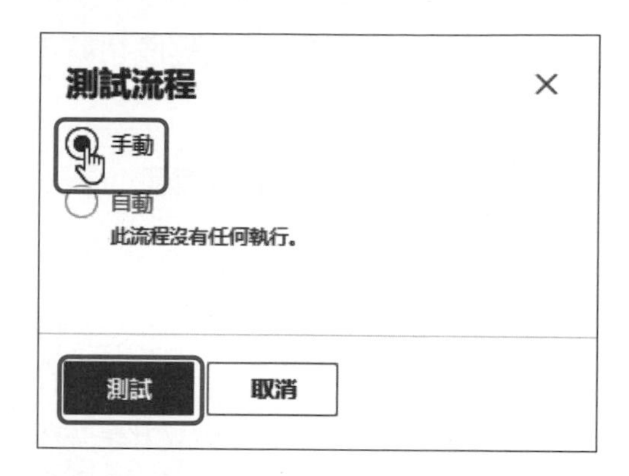

10.在上方可以看到準備好雲端服務的連接器後，按下方的繼續鈕。

11.然後按下方的執行流程鈕開始執行流程。

12.稍等一下，可以看到已經成功執行流程，請按完成鈕。

13.請開啟 Outlook 郵件工具，可以看到 Power Automate 寄送的電子郵件，如下圖所示：

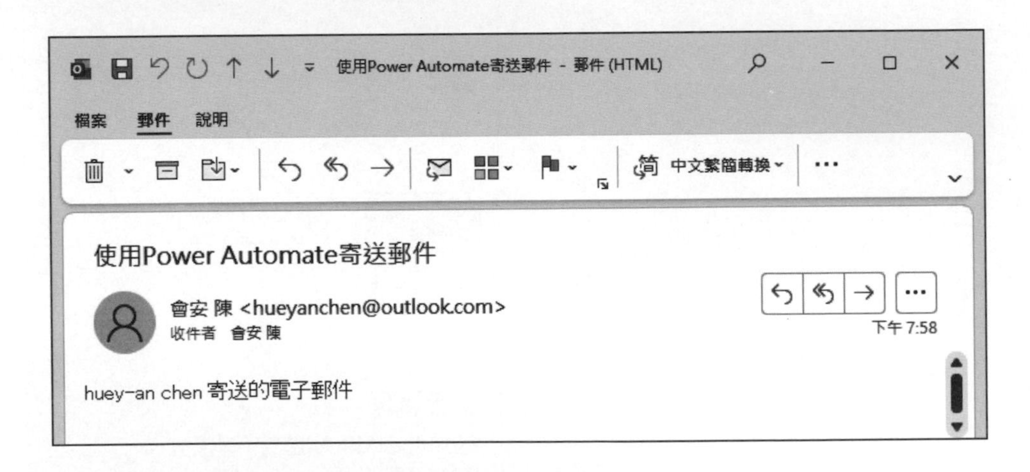

14.在 Power Automate 的左邊選我的流程，可以在右邊的雲端流程標籤看到我們建立的第 1 個雲端流程，如下圖所示：

在上述流程清單項目點選名稱後的第 1 個圖示可以執行流程，第 2 個圖示是編輯流程，第 3 個圖示是共用，點選垂直 3 個點，能夠顯示較多命令的快顯功能表，提供更多命令來另存新檔（建立複本）、匯出和刪除流程等操作。

當切換至我的流程時，可以執行上方「匯入 / 匯入封裝 (舊版)」命令，匯入書附 ZIP 格式的雲端流程檔，在上傳選取的流程檔後，首先點選更新改為新建流程，然後在下方點選匯入時選取，在成功設定所有連接器後，就可以按匯入鈕匯入雲端流程。

請注意！匯入或另存新檔的雲端流程有可能需要在流程項目上，開啟最後垂直 3 個點的快顯功能表，執行開啟命令來開啟流程。

12-3-2 將 Outlook.com 電子郵件附件儲存到您的 OneDrive

在第 2 個雲端流程範例是**自動化雲端流程**類型，可以使用觸發程序來自動啟動流程，即當收到的電子郵件擁有附檔且符合主旨條件時（產生事件），就會觸發流程，將附檔儲存至 OneDrive 雲端硬碟。

我們準備直接使用 Power Automate 範本來快速建立這一節的自動化雲端流程，其建立步驟如下所示：

1. 在 Power Automate 的左邊選**範本**後，在右邊的上方欄位輸入 Outlook OneDrive 關鍵字，可以在下方搜尋到**將 Outlook.com 電子郵件附件儲存到您的 OneDrive** 範本，請點選此範本來建立流程。

2. 此範本是使用 Outlook.com 連接器的**在收到新電子節郵件時 (V2)** 動作作為觸發程序，可以在 OneDrive 連接器的**建立檔案**動作將附檔儲存至 OneDrive 雲端硬碟，所以需要先登入這 2 個連接器，請依序點選 2 個連接器後的登入，如下圖所示：

3. 在選取或登入 Outlook.com 帳戶後，如果有看到授權視窗，請按**接受**鈕，可以看到已經成功登入帳戶，然後按下方**建立流程**鈕來建立流程。

4. 可以看到流程已就緒的訊息視窗和流程資訊，請在左邊點選**我的流程**，就可以在**雲端流程**標籤看到新建立的流程，因為需要修改流程，請點選**編輯**圖示編輯此流程。

5. 可以看到此雲端流程的 2 個動作，請點選第 1 個動作來新增主旨的篩選條件，如下圖所示：

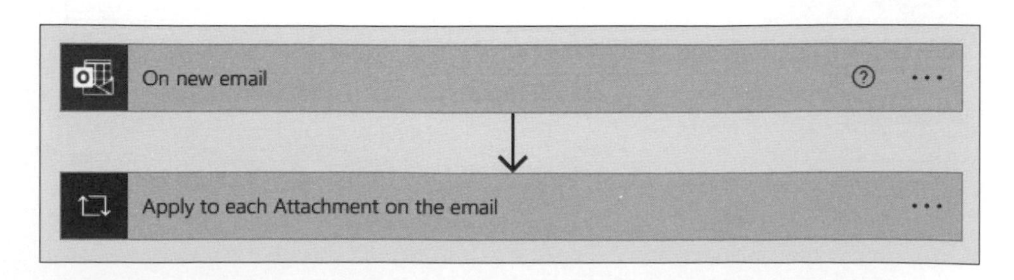

6. 然後點選下方的**顯示進階選項**來展開更多選項。

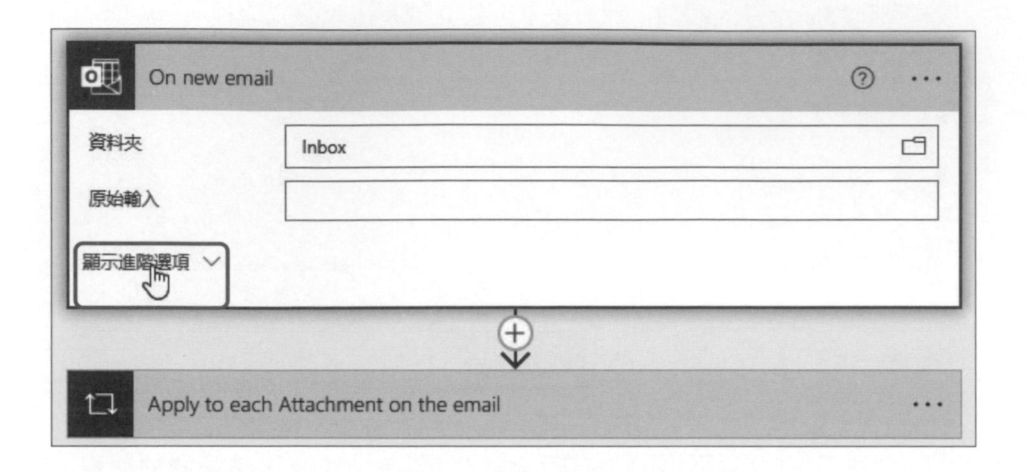

7. 在**主旨篩選**欄輸入 PDF 條件，即郵件主旨需有 PDF 子字串才符合條件。

On new email

資料夾	Inbox
至	以分號分隔的收件者電子郵件地址 (如有任何地址相符，將會執行...
副本	以分號分隔的副本收件者電子郵件地址 (如有任何地址相符，觸發...
收件者或副本收件者	以分號分隔的收件者或副本收件者電子郵件地址 (如有任何地址相...
從	以分號分隔的寄件者電子郵件地址 (如有任何地址相符，將會執行...
重要性	Normal
僅限包含附件	是
包含附件	是
主旨篩選	PDF
原始輸入	

要在主旨行中尋找的字串。

隱藏進階選項

8. 請點選第 2 個動作來編輯動作，再點選動作方框中的**建立檔案** (Create file) 動作。

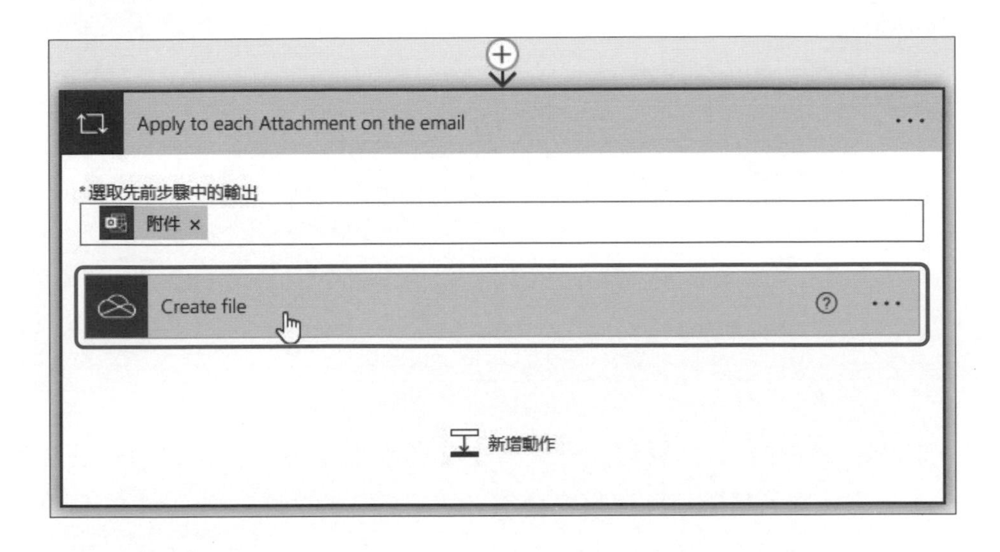

9. 在**資料夾路徑**欄修改儲存路徑為「/Email」。

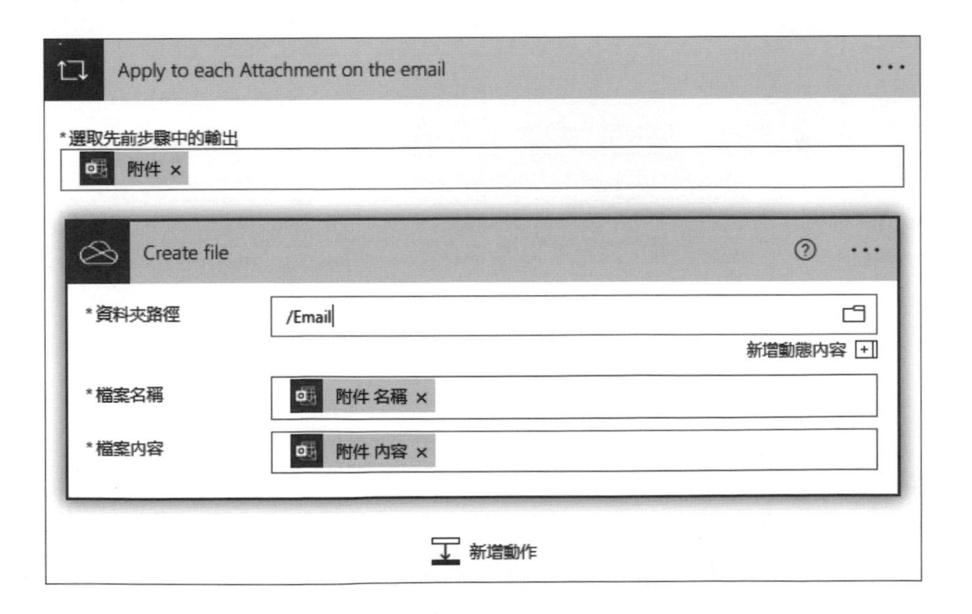

10. 在儲存流程後，點選**測試**手動測試執行此流程後，請寄送一封主旨有 PDF 和附檔郵件至您的 Outlook.com 電子郵件地址後，即可成功觸發和執行上述雲端流程，可以在 OneDrive 的「/Email」目錄下看到存入的郵件附檔，如下圖所示：

我的檔案 › **Email**

	名稱 ↑ ⌄	修改日期 ⌄	檔案大小 ⌄	共用
	Python海龜繪圖.pdf	不到一分鐘前	438 KB	私人

如果是從頭開始打造雲端流程，請在左邊選 **+ 建立**，再選**自動化雲端流程**，在上方**流程名稱**欄輸入流程名稱後，下方輸入 Outlook.com 找到連接器，再選**在收到新電子節郵件時 (V2)** 動作的觸發程序來建立流程（第 2 個步驟是**檔案**連接器），如下圖所示：

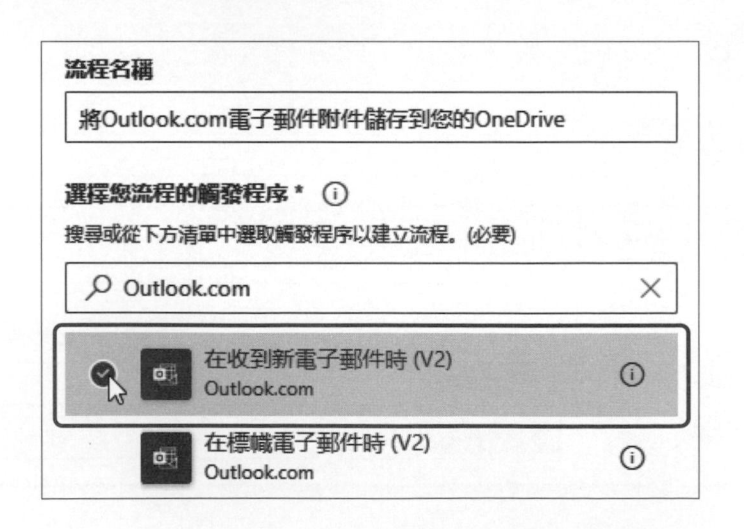

請注意！因為登入帳號的不同，有可能無法在 OneDrive 成功建立「/Email」目錄，此時的郵件附檔是存入名為「附件」的目錄。

12-3-3 排程取得 MSN 天氣來寄送 Outlook.com 郵件通知

在第 3 個雲端流程範例是**已排程的雲端流程**類型，可以使用排程來自動啟動流程，以此例是定時每天早上 10 點傳送 MSN 天氣預報描述的電子郵件至指定 Outlook.com 帳號。

如同第 12-3-1 節，我們也是準備從頭開始打造此雲端流程，其建立步驟如下所示：

1. 在 Power Automate 左邊選**＋ 建立**後，選**已排程的雲端流程**，然後在**流程名稱**欄輸入流程名稱，在下方選擇開始日期 / 時間，和重複啟動的間隔時間，以此例是從早上 10:00 開始，每間隔 1 天重複啟動流程，按**建立**鈕建立此流程。

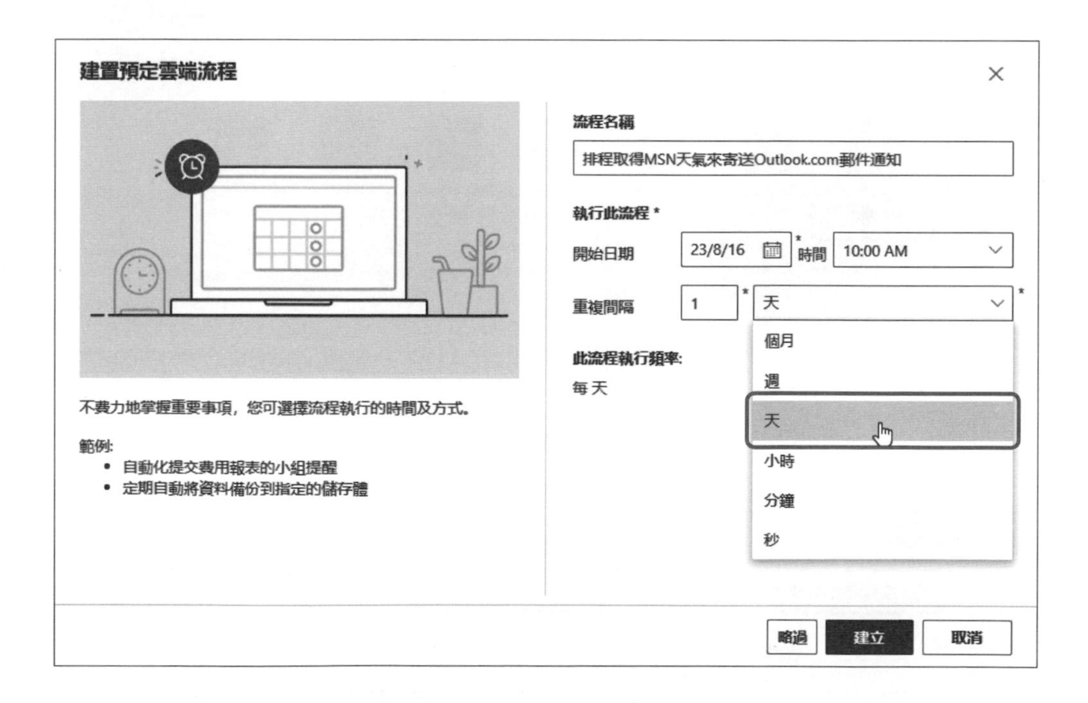

2. 在雲端流程可以看到 Step 1 的排程動作，請按下方**＋ 新步驟**鈕新增第 2 個步驟。

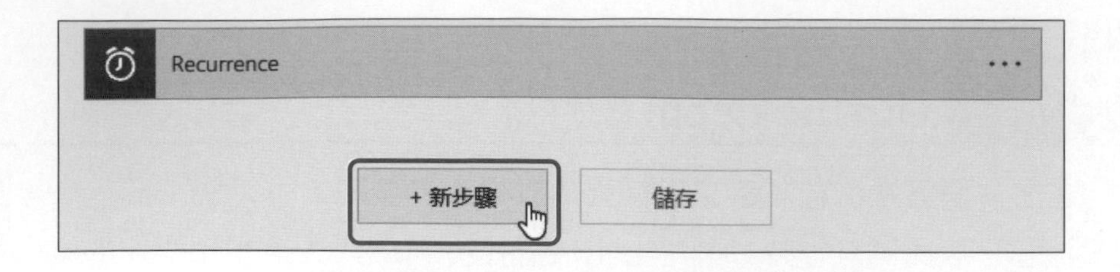

3. 在選擇作業步驟的上方欄位輸入 Weather 搜尋連接器，可以找到 MSN Weather，請選此連接器。

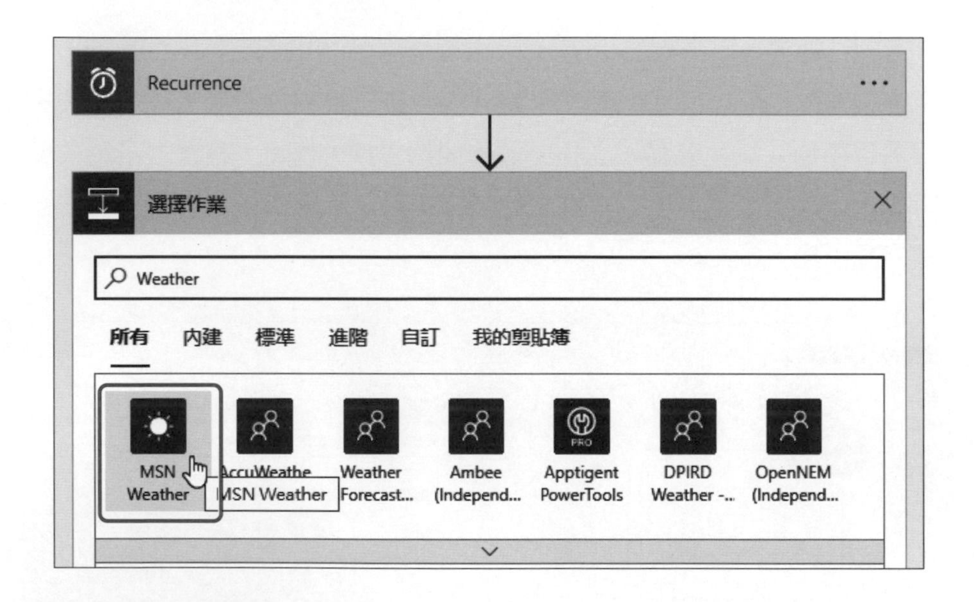

4. 選取得今日預報動作的天氣預報（選取得目前天氣動作可以取得目前的天氣資訊）。

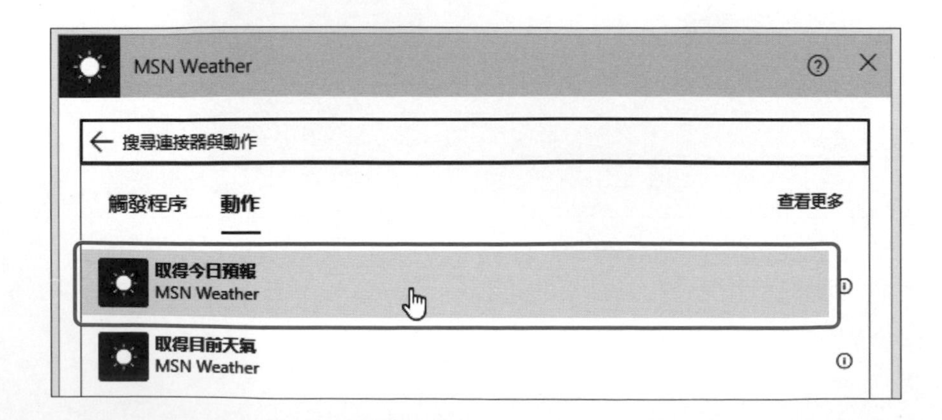

5. 在位置欄輸入城市名稱，單位欄選計量的公制，可以使用公制單位取得此城市的天氣預報資訊，按 + 新步驟鈕新增下一個步驟。

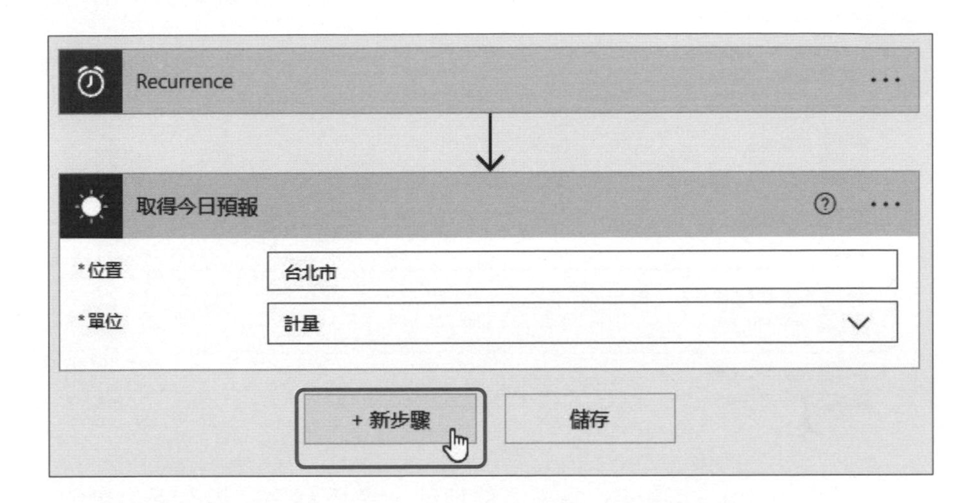

6. 在選擇作業步驟的上方欄位輸入 Outlook 搜尋連接器後，選 Outlook.com 連接器。

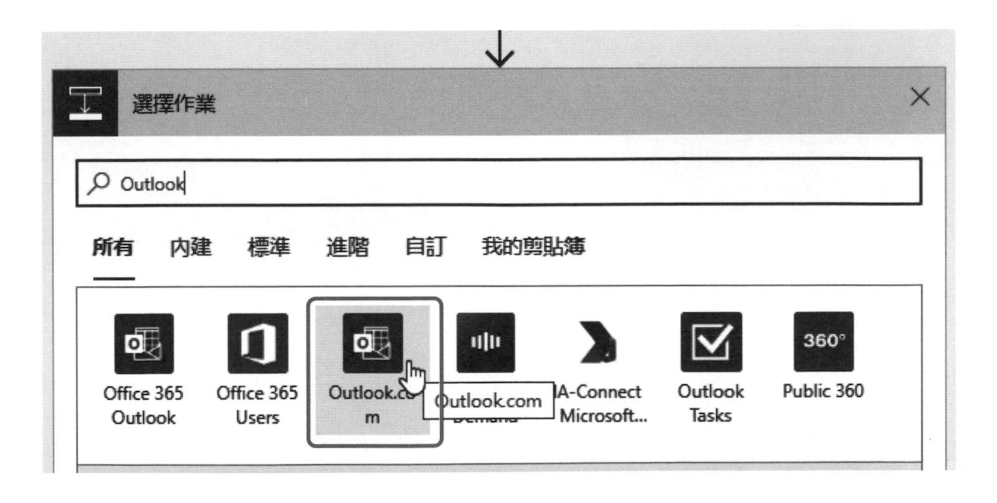

7. 然後選傳送電子郵件 (V2) 動作。

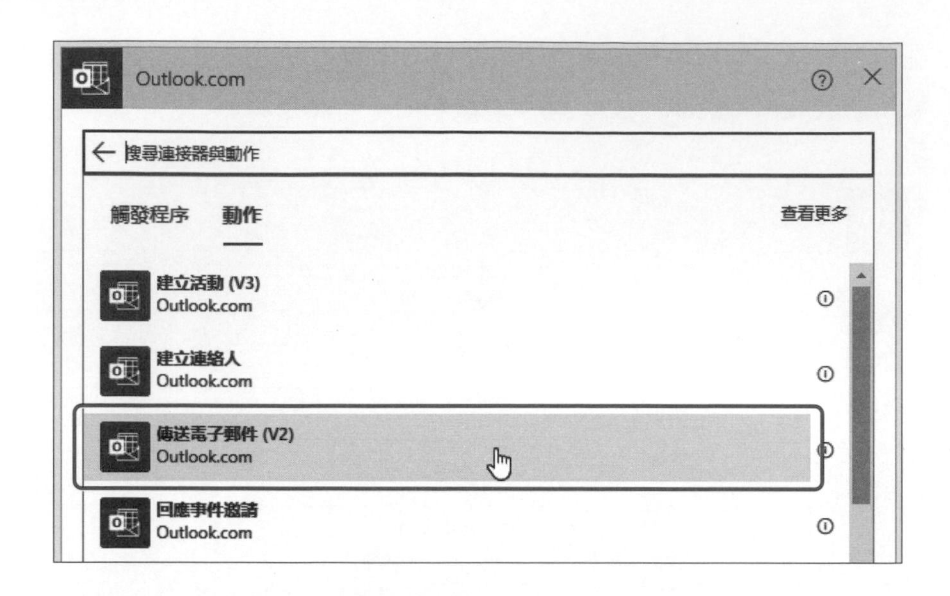

8. 在至欄輸入 Outlook.com 電子郵件地址，**主旨**欄先使用右下方動態內容選擇**日期**的預報日期，如下圖所示：

9. 然後在主旨欄的**日期**動態內容後輸入**的天氣預報**，**本文**欄是換行的**日 條件**和**夜間 條件**動態內容的天氣預報描述後，按**儲存**鈕儲存流程。

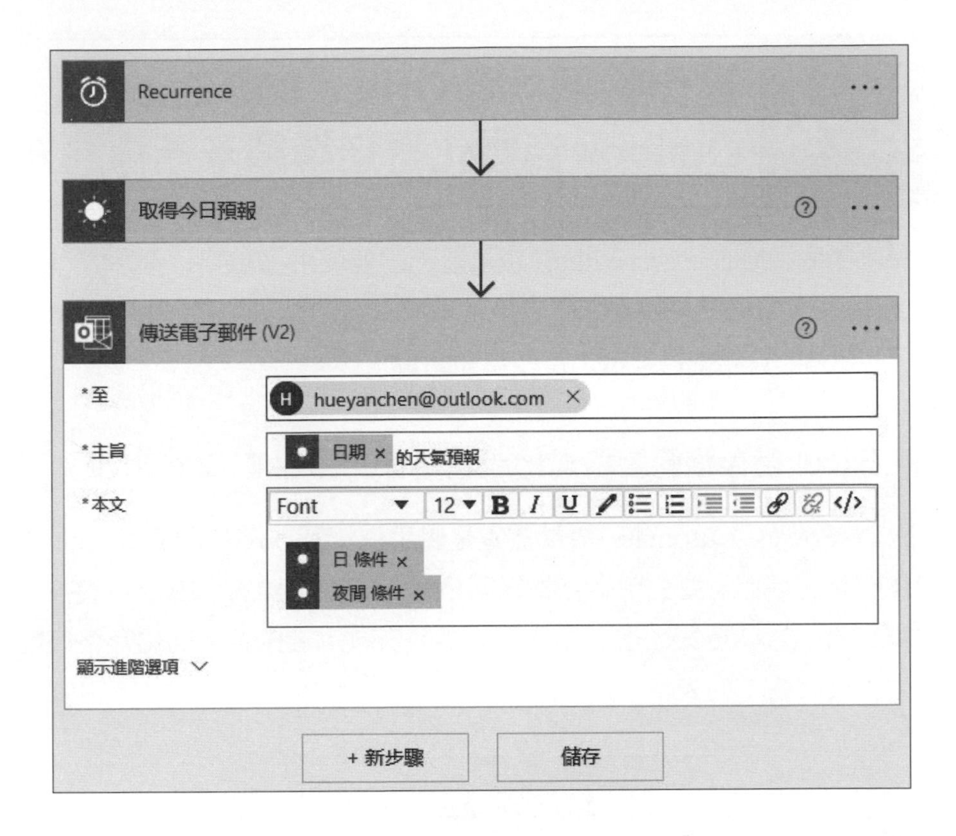

10.接著點選**測試**手動測試執行此流程，就可以在 Outlook 工具收到的天氣預報的電子郵件，如下圖所示：

12-4 實作範例：用 Office 365 Excel X Outlook 自動化寄送業績未達標通知

在本節的 Power Automate 雲端流程需要使用 Office 365 的 Excel 和 Outlook，我們準備建立即時雲端流程來取得 Excel 工作表的資料列和使用 Outlook 自動寄送業績未達標通知的電子郵件。

☆ 將 Excel 儲存格範圍格式化成表格樣式和上傳 OneDrive

因為 Power Automate 雲端流程是使用資料庫方式來處理 Excel 工作表的儲存格，我們需要先將儲存格範圍格式化成表格樣式。Excel 檔案 " 公司業績資料 .xlsx" 是第一季三種通路的業績資料，**工作表 1** 的儲存格範圍已經格式化成表格 1 的表格，如下圖所示：

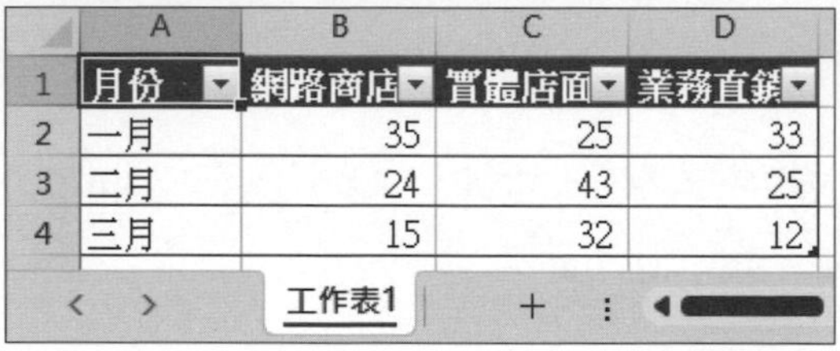

	A	B	C	D
1	月份	網路商店	實體店面	業務直銷
2	一月	35	25	33
3	二月	24	43	25
4	三月	15	32	12

工作表1

Office 365 的 Excel 是存取雲端的 Excel 檔案，請先上傳 Excel 檔案 " 公司業績資料 .xlsx" 至 Office 365 的 OneDrive 雲端硬碟，如下圖所示：

我的檔案

名稱	修改時間	修改者
PDF	昨天 下午 06:43	陳會安
公司業績資料.xlsx	21 小時前	陳會安

☆取得 Excel 工作表的所有列

Power Automate 雲端流程**取得 Excel 工作表的所有列**是一個手動觸發的即時雲端流程，可以讀取 Excel 檔案 "公司業績資料 .xlsx" 所有列的記錄資料儲存至 items 陣列變數，如下圖所示：

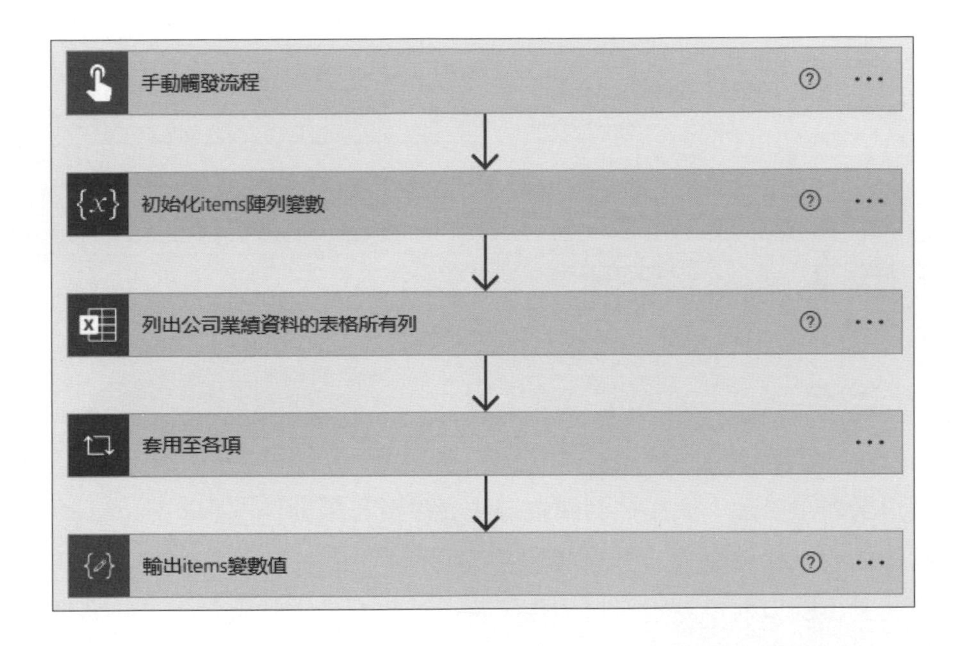

◆ **初始化 items 陣列變數**步驟：使用變數連接器的**初始化變數**動作初始化陣列變數 items，在**名稱**欄是變數名稱 items，**類型**欄是陣列資料型態，值欄輸入初值，如下圖所示：

初始化items陣列變數
*名稱 items
*類型 陣列
值 輸入初始值

◆ **列出公司業績資料的表格所有列**步驟：使用 Excel Online (Business) 連接器的**列出表格中的列**動作來讀取 Excel 工作表的記錄資料，在**位置**欄選 OneDrive for Business，**文件庫**欄選 OneDrive，在**檔案**欄選 Excel 檔案 "公司業績資料 .xlsx"，**資料表**欄選表格樣式的**表格 1**，如下圖所示：

◆ **套用至各項**步驟：使用**控制**連接器的**套用至各項**動作 (For each 迴圈)，動態內容 **value** 就是上一個步驟輸出的所有 Excel 工作表列，我們可以在此動作的方框中點選**新增動作**，新增**變數 > 設定變數**動作，在**名稱**欄輸入 items，**值**欄選動態內容 **value**，如下圖所示：

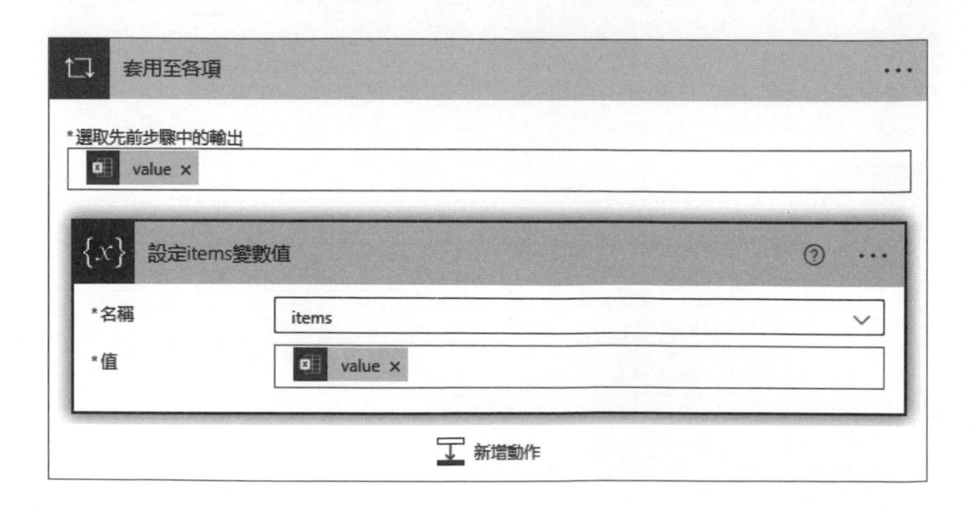

◆ **輸出 items 變數值步驟**：使用資料作業連接器的編輯動作，此動作可以在輸入欄重新編輯動態內容 items 變數和輸入其他資料，也可以作為資料輸出介面來顯示資料內容，如下圖所示：

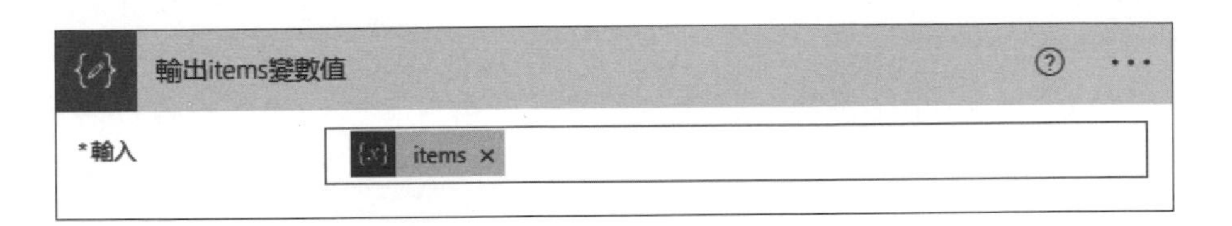

在儲存後，請手動執行上述流程，當成功執行流程，請展開最後一個步驟，可以看到 items 變數值是 JSON 物件陣列，每一個元素的 JSON 物件就是 Excel 工作表的一列，在上方是輸入資料；下方是輸出資料，如下圖所示：

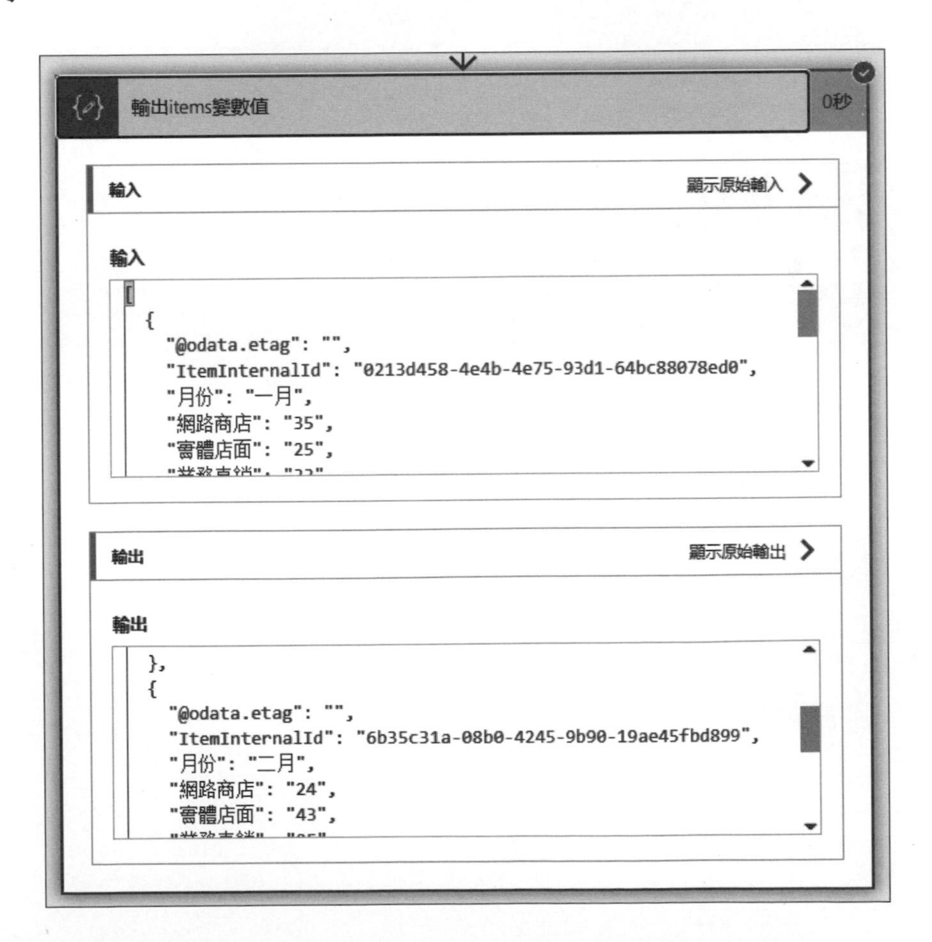

☆用 Excel 整合 Outlook 自動化寄送業績未達標通知

Power Automate 雲端流程用 **Excel 整合 Outlook 自動化寄送業績未達標通知**是一個手動觸發的即時雲端流程，可以讀取 Excel 檔案 "公司業績資料 .xlsx" 所有列的記錄資料後，計算出每一個月的業績，當業績沒有達標，就使用 Outlook 寄送業績未達標通知的電子郵件。其前幾個步驟都是在初始化變數，如下圖所示：

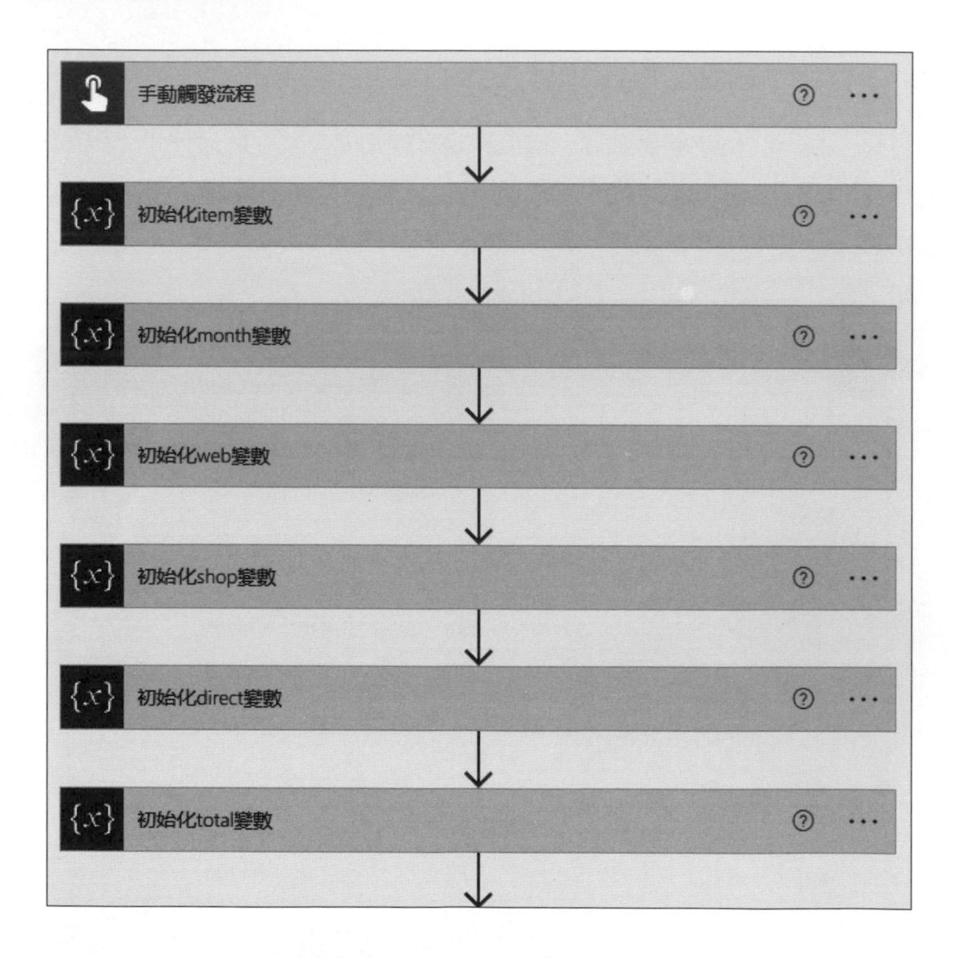

上述各步驟初始化變數的說明，如下表所示：

名稱	類型	初值	說明
item	物件	N/A	Excel 工作表的每一列
month	字串	N/A	月份欄位值
web	整數	N/A	網路商店欄位值
shop	整數	N/A	實體店面欄位值
direct	整數	N/A	業務直銷欄位值
total	整數	0	計算 3 個通路的業績總和

然後讀取 Excel 工作表的每一列後，使用套用至各項動作的 For each 迴圈來走訪 Excel 工作表的每一列，如下圖所示：

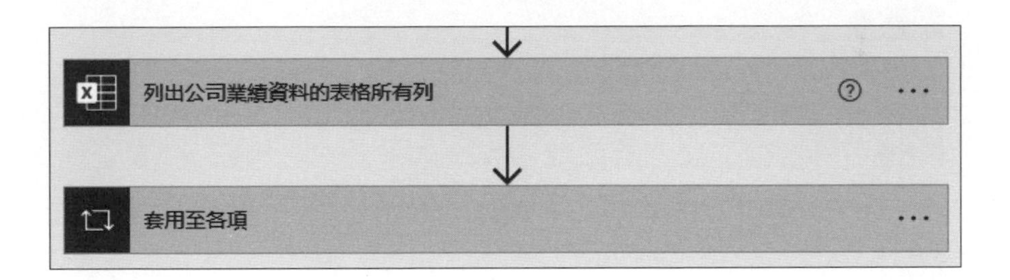

◆ **列出公司業績資料的表格所有列步驟**：使用 Excel Online (Business) 連接器的**列出表格中的列**動作來讀取 Excel 工作表的記錄資料，在**位置**欄選 OneDrive for Business，**文件庫**欄選 OneDrive，在**檔案**欄選 Excel 檔案 "公司業績資料 .xlsx"，**資料表**欄選表格樣式的表格 1，如下圖所示：

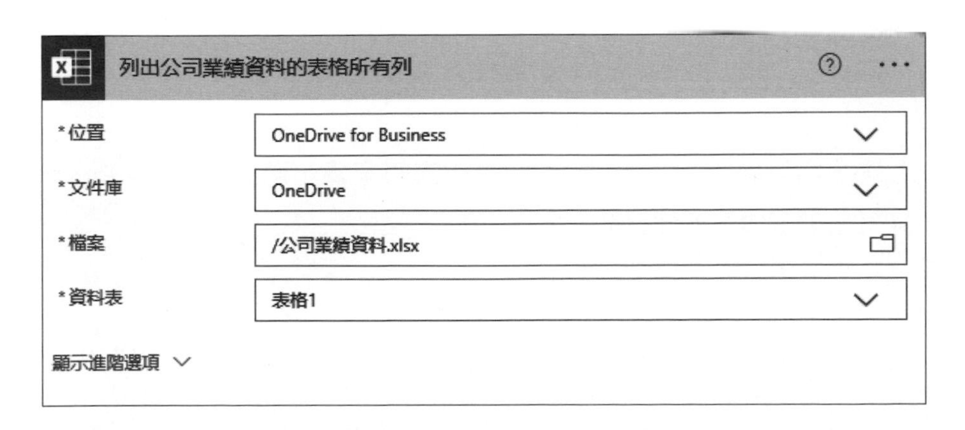

◆ **套用至各項步驟**：使用**控制**連接器的**套用至各項**動作（For each 迴圈），動態內容 value 就是上一個步驟輸出的所有 Excel 工作表列，我們可以在此動作走訪每一列來取出欄位和計算出業績總和，在接下來的 6 個**變數 > 設定變數**動作依序取出資料表的每一列、各欄位值和計算業績總和，如下圖所示：

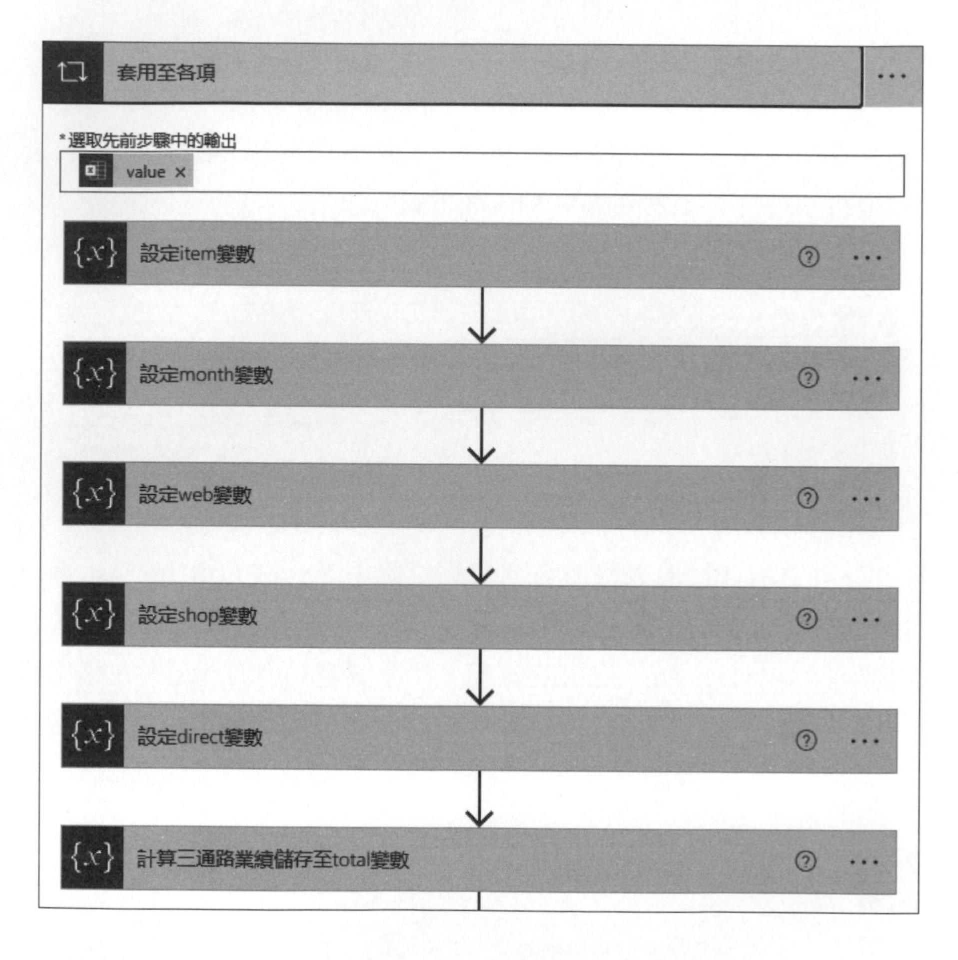

上述 6 個步驟可以取出 Excel 工作表的記錄和欄位資料，然後計算總和，其值是動態內容或運算式的函數，如下表所示：

變數	種類	變數值
item	動態內容	目前項目
month	運算式	variables('item')[' 月份 ']
web	運算式	int(variables('item')[' 網路商店 '])
shop	運算式	int(variables('item')[' 實體店面 '])
direct	運算式	int(variables('item')[' 業務直銷 '])
total	運算式	add(variables('web'),add(variables('shop'), variables('direct')))

上述位在**運算式**標籤的 variables() 函數可以取得變數值，因為 item 變數是陣列，所有在之後的方框指定陣列索引；int() 函數是轉換成整數；add() 函數能夠計算 2 個參數的總和，以此例是在第 2 個參數再次呼叫 add() 函數，就可以計算三個通路的業績總和。

接著的下一個動作是**控制 > 條件**的二選一條件，判斷 total 變數值是否小於或等於 60，當條件成立，就使用 Outlook 寄送業績未達標通知的電子郵件，如下圖所示：

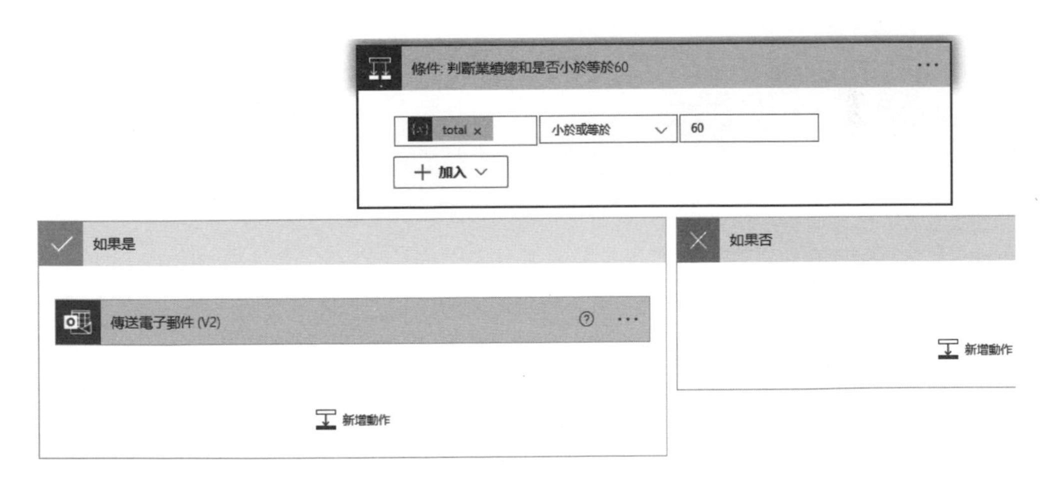

上述條件成立的左派方框是使用 Office 365 Outlook 連接器的**傳送電子郵件 (V2)** 動作來寄送電子郵件，如下圖所示：

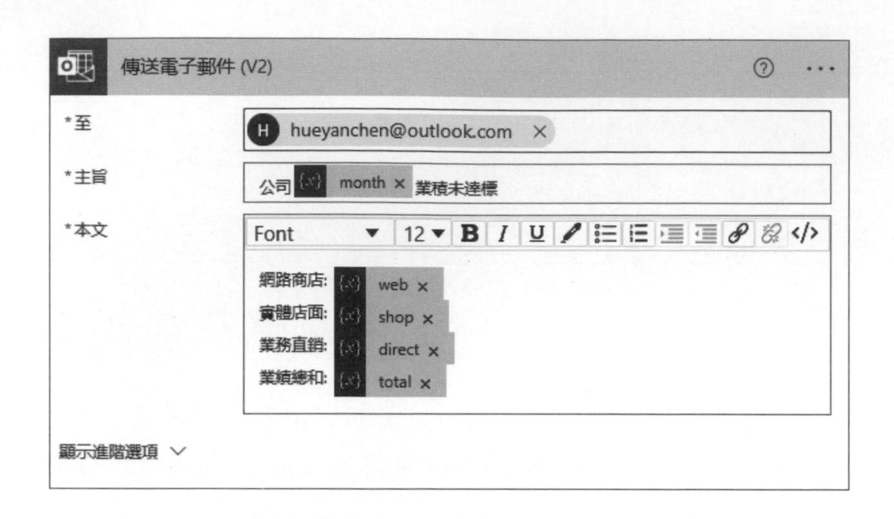

在儲存流程後，請測試執行此流程，因為三月份的業績並沒有達標，所以寄送了一封通知的電子郵件，如下圖所示：

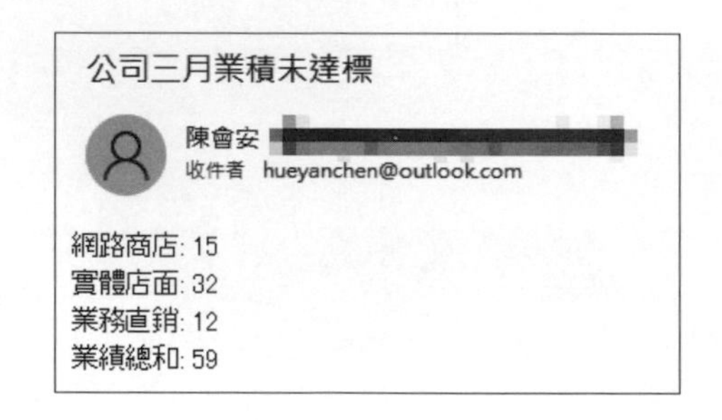

1. 請問什麼是 DPA 和 BPA？
2. 請比較 Power Automate 桌面和雲端流程的差異？
3. 請問 Power Automate 雲端流程的類型有哪幾種？
4. 請自行找一個 Power Automate 範本來打造你的雲端自動化流程。
5. 請使用第 11 章的 Excel 檔案「ch11/customer_service2.xlsx」為例，在 B 欄修改成可用的 Outlook.com 電子郵件地址後，建立 Power Automate 雲端流程來自動依據 Excel 工作表的內容來寄送客服的電子郵件。

M E M O

Power
Automate
自動化大全